本书系第二批"云岭学者"培养项目"中国西南边疆发展环境监测及综合治理研究"（项目编号：201512018）阶段性科研成果、云南大学服务云南行动计划"生态文明建设的云南模式研究"项目（项目编号：KS161005）阶段性科研成果、2016年云南省马克思主义理论研究和建设工程及哲学社会科学重大项目（第二批）"云南争当生态文明建设排头兵实践经验研究"（项目编号：K6050439）阶段性科研成果。

云南省生态文明排头兵建设事件编年

（第一辑）

周琼　杜香玉／编著

U0252474

科学出版社

北京

内 容 简 介

　　本书按照历史发展进程对云南生态文明建设进行分类、整理、考证，将云南生态文明建设分为理论篇、政策篇、实践篇、路径篇、区域特色篇，主要包含 2007—2015 年的生态规划、生态文明体制改革、生态环境监测、生态治理与修复、生态文明宣传与教育、生态文明交流与合作、生态经济、生态法治、生态科技、生态安全、生态屏障、生态红线等方面的内容。

　　本书可供历史学、地理学、生态学等相关专业的师生阅读和参考。

图书在版编目（CIP）数据

云南省生态文明排头兵建设事件编年. 第一辑 / 周琼，杜香玉编著.
—北京：科学出版社，2017.12

　　（生态文明建设的云南模式研究丛书 / 杨林主编）

　　ISBN 978-7-03-055684-4

　　Ⅰ. ①云… Ⅱ. ①周… ②杜… Ⅲ. ①生态环境建设 – 概况 – 云南 Ⅳ. ①X321.274

中国版本图书馆 CIP 数据核字（2017）第 292788 号

责任编辑：任晓刚 / 责任校对：韩　杨
责任印制：张　伟 / 封面设计：楠竹文化

编辑部电话：010-64026975
E-mail:chenliang@mail.sciencep.com

科学出版社 出版
北京东黄城根北街 16 号
邮政编码：100717
http://www.sciencep.com

北京教图印刷有限公司 印刷
科学出版社发行　各地新华书店经销

*

2017 年 12 月第 一 版　开本：787×1092　1/16
2017 年 12 月第一次印刷　印张：25 1/2
字数：500 000
定价：159.00 元
（如有印装质量问题，我社负责调换）

丛 书 总 序

　　生态文明是人类社会继原始文明、农业文明、工业文明后的新型文明形态，属于人类文明发展的新阶段，是一种超越工业文明的绿色文明。在党的"十七大"报告中，中央第一次明确提出"建设生态文明"的历史任务，把"生态文明"这个当时还是新概念的词语写入党代会的政治报告中。具体来说，其指出中国建设生态文明的基本目标是："基本形成节约能源资源和保护生态环境的产业结构、增长方式、消费模式。循环经济形成较大规模，可再生能源比重显著上升。主要污染物得到有效控制，生态环境质量明显改善。生态文明观念在全社会牢固树立。"这标志着国家在认识发展与环境的关系上有了重大转变，以经济建设为中心的战略开始逐步让位经济增长与环境保护和谐发展的理念。党的"十八大"将生态文明建设纳入中国特色社会主义事业"五位一体"总体布局，首次把"美丽中国"作为生态文明建设的宏伟目标。十八大审议通过《中国共产党章程（修正案）》，将"中国共产党领导人民建设社会主义生态文明"写入党章，作为行动纲领；十八届三中全会提出加快建立系统完整的生态文明制度体系；十八届四中全会要求用严格的法律制度保护生态环境。

　　经过近十年的理论摸索与实践，生态文明建设成效显著。如今以生态文明为中心的理论思考在高校及科研院所遍地开花，产生大批优秀成果；更为重要的是，生态文明观念已如细雨春风般深入普通百姓心中。这是近十年来生态文明观念走过的历程，也是国家发展理念不断转型并得到逐步落实的过程。党的"十九大"报告也明确指出我国的"生态文明建设成效显著"，"全党全国贯彻绿色发展理念的自觉性和主动性显著增强，忽视生态环境保护的状况明显改变"。除了观念上的转变之外，生态文明制度体系也在加快形成，主体功能区制度逐步健全，国家公园体制试点积极推进。全面节约资源有效推进，能源消耗强度大幅度下降。重大生态保护和修复工程进展顺利，森林覆盖率持续提高。生态环境治理的强度也明显加强，环境状况得到改善。即便如此，中央仍强调要大力推进生态文明建设，不仅要解决内部发展与保护的问题，还要成为全球生态文明建设的重要参与者、贡献者、引领者，具有新时代的更高要求。

环境史以历史时期人与自然的互动为研究主题，具有极强的现实关怀性。西南环境史研究所长期以来一直致力于西南地区的环境变迁研究，以期待从中探索出影响环境变迁的驱动因素及人与自然的互动关系，并探索出生态文明建设的云南模式。云南素有植物王国之美誉，拥有复杂的生态系统，是分析历史时期人与环境互动的最佳区域。2015年1月19—21日，习近平总书记对云南省进行了视察，视察期间，总书记做出了重要指示，要求云南省要主动服务和融入国家发展战略，努力成为民族团结进步示范区、生态文明建设排头兵、面向南亚东南亚的辐射中心。总书记对云南省提出的三个战略新定位，明确了云南省发展的新目标和新方向，特别是生态文明建设排头兵的提出，更是要求云南省把生态环境保护放在更加突出的位置，这深刻揭示了生态环境对于云南发展的极端重要性，为云南省进一步找准目标定位、突出优势特色、推动跨越发展具有重要指导意义。"十三五"期间，云南省将紧密围绕创新驱动发展和"三个定位"战略目标，牢固树立五大发展理念，主动服务和融入云南省林业发展战略，着力实施林木育种、森林资源高效培育、林药和林下资源培育、森林经营、湿地保护与修复、生物多样性保护、生态修复与保护、森林有害生物防控、森林生态功能评价、林产品加工等"十大林业科技创新工程"，为云南省争当全国生态文明建设排头兵做出新的更大贡献。

云南省还是中国西南边疆的重要生态安全屏障，是中国面向南亚东南亚的前沿地带。在国内外资源环境形势日益严峻的时期，云南省可持续发展既面临严峻挑战，生态文明建设也孕育着重大机遇。加快转变发展方式，把保护好生态环境作为云南省各族人民的生存之基和发展之本，积极探索资源节约型、环境友好型的现代文明发展道路，不仅是云南省可持续发展的迫切需要，也是维护西南生态安全和保障国家整体生态安全大局的需要，还是云南贯彻落实科学发展观和习近平总书记"绿水青山就是金山银山"理论的必然选择，对全国生态文明建设也将发挥先行示范作用。云南省委、省政府高度重视生态文明建设，将其视为云南省发展的生命线。目前，云南省正秉持"创新、协调、绿色、开放、共享"的五大发展理念，以"等不起"的紧迫感、"慢不得"的危机感、"坐不住"的责任感抓好云南省生态文明建设。

云南省是展示"美丽中国"的重要窗口。作为西南生态安全屏障和生物多样性宝库，云南省承担着维护区域、国家乃至国际生态安全的战略任务。为当好生态文明建设排头兵，2009 年以来，云南省先后制定并发布《七彩云南生态文明建设规划纲要（2009—2020 年）》《中共云南省委、云南省人民政府关于争当全国生态文明建设排头兵的决定》《云南省生态保护与建设规划（2014—2020 年）》《云南省生态文明先行示范区建设实施方案》《云南省主体功能区规划》《云南省生态功能区规划》《云南省国民经济和社会发展第十三个五年规划纲要》等一系列重要文件，先后成立云南省生态文明建设处，全面负责全省生态文明建设的相关工作。通过多年来的努力和奋斗，云南省围绕成为生态文明建设排头兵的总目标，竭尽全力完成培育生态意识、发展生态经济、保障生态安全、建设生态社会、完善生态制度五大任务，九大高原湖泊及重点流域水污染防治、生物多样性保护、节能减排、生物产业发展、生态旅游开发、生态创建、环境保护基础设施建设、生态意识提升、民族生态文化保护、生态文明保障体系十大工程建设取得了显著的成效。

以云南省为试点，生态文明建设研究丛书希望通过对历史时期西南地区人与自然互动过程的探讨，以及相关文献资料的搜集整理等工作，论证云南省生态文明建设的合理性与紧迫性，以及为如何科学、有效地开展生态文明建设提供理论与经验总结。目前生态文明建设研究团队取得了部分成绩，但这些工作只是阶段性的成果，随着生态文明建设项目的继续推进，更多、更优秀的研究成果将不断涌现，殷切希望能有更多的学者加入生态文明建设研究的队伍。

周 琼

2017 年 11 月于云南大学西南环境史研究所

前　言

生态文明建设是党的十八大提出的重要思想，也是云南省生态文明建设的重要组成部分，更是我国的重大政策。自 2007 年党的十七大将生态文明纳入全面建成小康社会的五大奋斗目标之一，生态文明建设提上日程，逐渐从理念向制度转化；十八大以后，生态文明建设在全国全面展开。自生态文明建设作为国家重要战略布局以来，云南省生态文明建设在不断的摸索之中取得了一定成绩。

学术界关于我国生态文明建设的相关研究可追溯至 20 世纪 90 年代，云南省生态文明建设的相关研究进入 21 世纪以来逐渐增多，尤其是 2007 年以后，学术界关于云南省生态文明建设的研究成果如雨后春笋般相继出现。2009 年，云南省颁布了全国第一个关于生态文明建设的规划纲要——《七彩云南生态文明建设规划纲要（2009—2020 年）》；2010 年，云南省组建了我国环保机构中第一家生态文明建设行政机构——生态文明建设处；2010 年，由林业主管部门审批，香格里拉普达措国家公园成为我国内地第一个国家公园；2015 年 1 月，习近平总书记在考察云南时，要求云南把生态环境保护放在更加突出的位置，成为生态文明建设排头兵，这对云南省生态文明建设起到了重要的推动作用。

云南省生态文明事件散见于各种新闻报道之中，本书以纪年为单位，按照历史进程进行编排，但由于云南省生态文明建设可追溯的时间上限并未确定，但下限至今。云南省生态文明建设在不同时期的侧重有所区别，本书遵循略古详今的原则，党的十八大之后，重点记述云南省生态文明建设事件。全书将云南省生态文明建设事件分为理论篇、政策篇、实践篇、路径篇、区域特色篇，从生态文明建设的内容来看，包含生态规划、生态城乡及示范区、生态文明体制改革、生态环境监测、生态治理与修复、生态文明宣传与教育、生态文明交流与合作、生态经济、生态文化、生态法治、生态安全、生态红线方面的内容。本书按照历史学方法，在搜集文献的基础上进行分类、整理、考证，忠实于原基本数据、政治观点，不做改动。因业师周琼老师、笔者本身皆是历史学出身，对于文稿的编排、整理均以历史学方法进行修订、考证，不同于以往环境保护年鉴、环境保护志，本书对资料的作者、出处进行了详细的说明。

由于本书内容涉及一些敏感人物，在编年之中会做出一些改动，但并不改变历史事实。在此，对各位带来的不便，敬请原谅！

目录

第一编　云南省生态文明排头兵建设理论篇

第二编　云南省生态文明排头兵建设政策篇

第三编　云南省生态文明排头兵建设实践篇

第四编　云南省生态文明排头兵建设路径篇

第五编　云南省生态文明排头兵建设区域特色篇

第一编

云南省生态文明排头兵建设理论篇

中国具有悠久的生态文明思想与实践，但传统经济生产方式及不断增长的人口对生态环境造成了极大的破坏，生态文明思想与实践在很多地区逐渐淡漠。在"华夏失礼，求诸四裔"的中国文明发展史上，生态文明的很多内涵与实践措施在边疆民族地区被保留和传承了下来。各民族在不自觉中进行着生态文明的实践，保持全民共同遵守生态法规，他们对自然资源取用有度的思想，是中国优秀生态文明传统的体现。但云南省在逐渐内陆化的历史发展过程中，其生态环境发生了巨大变化，云南省本土生态文明建设与发展的历史，既有经验也有教训，值得现当代生态文明建设者和研究者重视。

　　生态文明建设的核心主旨之一，是建设一个人与自然、人与人、人与社会和谐共生，彼此良性循环、全面发展、持续繁荣的社会形态。边疆民族地区生态文明的建设，在中国生态文明建设中占据着举足轻重的地位。云南省作为边疆多民族聚居的地区，在生态文明建设中进行了诸多有益的探索，为边疆民族地区生态文明建设做出了积极贡献，但其在生态文明建设的具体探索中，因盲目推进及片面注重经济效益而导致生态破坏的经验教训也不乏实例。目前云南省生态文明建设面临前所未有的机遇，也存在严峻的、必须正视的问题。总结生态文明建设的经验及教训，注重云南省边疆民族生态思想的转型，重视生态文明意识的公民教育与大众宣传和普及，不冒进、不乱决策、不乱施政，稳中求进；在推进小康社会的全面发展中，根据不同区域的生态特点，采取不同的措施，个别自然及生态基础好的区域，以自然恢复为主；一些生态脆弱的区域，利用当代林业、农业科技，重建本土生态系统、重塑和谐持续的环境，是云南省生态文明建设中应该注重的方面。

第一章 边疆民族地区生态文明建设的历史
必要性与现实基础

边疆民族地区生态文明的建设,在中国生态文明建设中占据着举足轻重的地位。云南省地处边疆,自然环境基础较好,多民族长期和谐共处,有建设生态文明的自然及人文基础,也有环境变迁史的经验及教训,很多自然及人文条件优良的区域有建设生态文明的历史基础。关于云南省生态文明建设及研究,学术界尚未对此进行探讨及研究,本书在梳理云南省环境变迁史及其经验教训的基础上,对云南省生态文明排头兵建设的历史动因进行首次探讨。

第一节 云南省生态变迁史中的环境问题

云南省是中国生态环境保护相对较好、生态变迁较慢、生态问题出现较晚的边疆多民族地区。元明清以来的农业垦殖及矿业开采,使很多区域的生态环境,特别是农垦区、矿冶区的生态基础遭到了极大的冲击及破坏。20世纪上半期的战争及边疆建设,尤其 80 年代以来的工业化建设，使很多生态脆弱区的环境遭到了巨大的毁坏。开垦及经济开发带来的生态教训是惨痛的，经验值得当代生态文明建设借鉴。

一、历史上云南的生态变迁与环境问题

在云南历史发展的早期至三代、春秋战国、秦汉时期，云南的石器时代及青铜时代生态环境保存较好，人作为生物个体，与其他生物共处并受制于各种环境要素。这是人与自然共处中地理环境决定论最适用的时期，也是生态系统最好、最稳定的时期，各种生物按照自然规律繁衍演进。人作为孤独的生物个体在自然界中处于弱势，在生物界的食物链中是繁殖力中等、存活率偏低的普通生物，其繁殖及发展受制于恶劣的气候、地理环境、毒蛇猛兽及有害微生物；人、生态系统遵循着自然界物竞天择的规律发展演替，人以种群的社会方式存在，对自然的改变力尚未凸显。

汉晋至隋唐时期，云南民族聚居区的生态发生了初步变迁。人口的增加、铁器的使用及生产力的进步，使人类对自然环境的改造能力得到了极大提高。滇池、洱海等地成为政治经济文化发展中心区域，农业、畜牧业的发展，使当地生态环境得到大幅度开发，瘴气笼罩的区域逐渐成为农耕区。随着人类聚居区的扩大、环境开发力度的增强，以及气候和自然环境的变化，大型动物繁殖力及适应能力低下，形状和习性怪异的动植物种类及数量开始减少，生物种类及生态系统发生了自然的变迁。人的群体性及社会性特点日益凸显，人类成为自然界中最强有力的生物，对自然环境的改变力度日益增强，但与自然界依然保持着自然的和谐共处状态。

宋元时期，各民族人口增多，民族生产力、科学技术等取得了极大进步，人们对环境的改造力度增强。中央王朝对边疆民族地区的经营及开发逐渐深入，中原地区的生产方式及生存模式、思想意识形态对边疆民族地区造成了极大影响，尤其是农耕技术、水利工程技术的传入及中原地区移民的进入，使各民族对自然环境的改造力度增强，人成为自然界生物食物链最顶端的生物，某些区域的生态及生物的自然更替方式被打破，但大部分人烟稀少的地区仍维持在自然演替的状态中。

明代是边疆民族地区政治、经济、文化、军事开发史上，也是边疆生态环境变迁史上农业及矿冶业开始大规模破坏的里程碑时代。全国范围内的屯田活动，使大量来自中

原地区的军、民、商屯大军源源不断地充实了边疆多民族聚居区，垦殖向半山区、山区拓展，地面覆盖由亘古未易的原生植被变为各种农作物，山岭上以绿色为主的自然色系被色彩丰富的农作物和园蔬取代，许多瘴气充斥之地渐渐变成米粮之乡。金、银、铜、铁、锡等矿产资源的开采及冶炼，加剧了矿冶区生态的破坏。外来人口的移入及生产力的进一步发展，迫使水土资源良好区的各族群众向毒蛇野兽出没、疾疫丛生的环境恶劣区迁移。平坦、水热资源较好的地区逐渐成为人口密集、开发集中的地区，生态进一步受到破坏，洪涝灾害、旱灾、水土流失、泥石流、滑坡、土地沙砾化等环境灾害在开发较早的滇池、洱海流域普遍发生，各民族出于生存及持续发展的切身需求，开始将本民族人与自然和谐共处、人需要但更要保护生物资源的思想意识在社会生产生活中体现出来，并将其以共同遵守、约定俗成的方式固化下来，催生了各民族最朴素、本真的保护生态环境的思想及实践。

清朝对边疆的政治、经济、文化、军事经营和开发更为深入，生态环境受到人为的影响及破坏的范围日广、力度日强。农业垦殖活动日益深广地向山区和林区推进，这些地区被开垦为玉米、马铃薯等高产农作物种植区。随着人口的大幅度增长，农作物与植被争夺生存空间的现象越来越普遍，玉米、马铃薯、荞、麦等代替了半山区、山区的原生植被，农垦区原有的水土涵护力遭到破坏，很多山坡耕地因水土流失严重、土壤肥力下降而弃耕，生态破坏的程度日益加深、范围日益加大。雍乾年间人们加强了对铜、铁、金、银、锡、盐等矿产的开发及冶炼，大批森林因矿冶而消失，矿区山林遽减，"濯濯童山"等词开始普遍地出现在地方志书及笔记辞赋文集中，很多依赖森林为生的生物物种数量减少乃至灭绝，环境灾害不断爆发。矿冶区、农垦集中区成为水旱灾害、泥石流、滑坡甚至地震灾害多发区，生态环境发生了历史以来最剧烈的变迁。但在大部分边远及交通不便的深山、河谷区，人口稀少，生态环境依然保持着原始状态。

总之，云南历史上的生态破坏主要集中在传统生产方式影响的范畴内，以农业、矿产、森林资源的开发为主，除滇池、洱海、澜江等农垦集中区及滇东北、滇中、滇南等矿冶区的生态环境出现较大破坏及变迁外，大部分地区的生态环境保存较好，尤其是与内陆横向比较时，云南社会经济活动对生态环境的影响不算严重，生态环境的承载力及自我恢复的能力依然很好。

二、近代化以来边疆民族地区环境问题的凸显

边疆民族地区资源比较丰富，近现代以来，矿产、动植物等资源大量被开采，开采区的生态环境遭到严重破坏，部分生态脆弱区的环境开始了不可逆转的退化。

首先，近代化进程带来的环境破坏及生态变迁。19世纪末20世纪初，滇越铁路建成通车，拉开了云南近代化进程的帷幕，各民族地区尤其是南部边境地区很快被卷入近代化潮流中，民族社会进入跨越发展轨道。近代化很快凸显出双刃性效应，其在推动历史车轮前行并对社会产生积极影响的同时，因新科技在生产生活诸领域的推广应用，对生态环境表现出前所未有的、更强烈和迅速的冲击及破坏，导致更大范围的生态环境脆弱化及不可逆转的恶化。

20世纪以来，资源的开发及输出依旧是西南边疆经济开发的主流，近代化进程的持续推进使云南成为中国近代化的前沿区域，近代科技迅速运用，矿产及作物资源的持续内输，工矿业开发及农业垦殖速度加快，并将此前因交通不便的广大山地河谷区纳入开发范围，生态环境受到了前所未有的冲击及破坏。生态基础脆弱的金沙江、澜沧江河谷区、部分丘陵盆地的生态环境被破坏后，地质结构、地面覆盖、生物构成、森林覆盖率等发生了严重退化，原始森林面积迅速消减，动植物资源减少，导致不可逆转的灾难性后果，生态逆向演替，如石漠化、干热河谷范围扩大，洱海、滇池、抚仙湖等高原湖泊水域萎缩、水生物种减少。

这使边疆民族地区逐渐突破了传统的内陆化发展范式，政治制度及经济建设制度的高度划一性特点更为凸显，部分土司区的有条件保留及设治局、殖边督办、对汛督办的设置，使云南边疆民族地区不断进入集权体制的统治范畴，对国家统一及边疆民族地区的稳定发展、经济开发等产生了积极作用，在无意识中销蚀民族及文化多样性特点的同时，也加速了生物多样性特点的丧失。近代在西南地区频繁活动的大型野生动物如虎、蟒蛇、灵长目动物、野生印度犀、野生亚洲象、大熊猫、鹿科动物、嘉鱼、孔雀、鹦鹉等的活动及分布范围逐渐向云南南部及西南部迁移。华南虎和孟加拉虎在西南分布广泛，清代云南54个厅州县志中均有老虎出没的记载，但民国年间有虎活动的州县仅14个；同时，植物分布区也在向南退缩，以热带亚热带植被如荔枝、龙眼、柑橘、甘蔗、

芭蕉等分布的南向移动最为突出①。

滇西北是纳西族、彝族、傈僳族、白族等民族聚居区，也是著名的"三江并流"区，地形特殊，地势险峻，气候类型复杂，环境优美，物种多样性特点突出，但生态基础极为脆弱，生存条件极为恶劣。各民族在长期的繁衍生存过程中保持了与环境协调发展的态势，生态环境未遭破坏。但近代自然资源开发促发了不可遏制的环境恶化，恶化趋势从一些矿产资源、动植物资源密集区开始后，邻近区域逐渐卷入，环境良好、物种繁多、生态系统稳定的天地人和谐共处区演变成斑驳陆离的生态破坏区。

其次，物种入侵现象的发生。20 世纪二三十年代，云南政局跌宕起伏，各阶段的政策和资源开发措施受到军阀利益集团及统治需求的极大影响，大部分地区的生态环境因战争及灾荒遭到严重破坏。但近代化进程日益加快，近代交通迅速发展，工农业科技逐渐推广，近代实业促动下的棉花、咖啡、鸦片的种植及高产农作物在山区的持续垦种，使森林覆盖面积迅速缩减，资源耗减速度加快，区域生态环境受到了强劲且持续的破坏，成为云南生态变迁史上的重要转折阶段，即从传统的缓慢、低强度破坏跨入近代科技迅速、高强度破坏阶段。

在生态环境受到普遍冲击的背景下，外来的脊椎、无脊椎动物乃至细菌、微生物、病毒等物种首先越过毫无防范意识及措施的边疆民族地区，在物种易成活并适宜生存的南部热带区很快繁殖起种群，开始发生从引种物种到引进种的伴随物种入侵的征程，部分植物如飞机草、紫金泽兰等有害物种乘机成功入侵，拉开了云南生物多样性特点丧失及物种入侵的帷幕。边疆民族地区生态系统的平衡与稳定遭到前所未有的冲击，生物多样性特点的保持受到威胁，生态系统的持续发展遭到挑战。但此期异域生物对本土生态环境的破坏规模及数量还不大，其毁坏生态系统的威力尚未凸显。

此时是国际生态问题集中爆发期，英国、美国、日本等国家的"八大公害事件"暴露出工业化后人与自然关系的紧张及生态的恶化问题。与国际工业化社会相比，中国近代生态破坏尚不严重。

再次，社会经济活动造成的人为生态破坏。20 世纪 50 年代后是云南贯彻中央各项方针、制度、措施及指示最深入、与内陆高度一致的时期，随着社会的稳定、工农业生产的稳步推进，其经济开发及建设纳入全国性宏观调控，资源开采及农业垦殖与全国性

---

① 蓝勇：《历史时期西南经济开发与生态变迁》，昆明：云南教育出版社，1992 年，第 77—120 页。

运动浪潮保持高度一致，生态环境受制度及经济政策影响的特点极其明显，发生着剧烈变迁。

新科技不断运用，制度成为生态变迁及恶化的根本动因，尤其是在制度装上技术的翅膀后，生态环境受到了更深广的破坏。计划经济时代的经济开发策略及措施如大炼钢铁、开山垦地、围湖造田等活动在广大山乡推行，导致程度更强、范围更大的生态破坏，森林面积剧减，私有林也被征用砍伐，围海造田、毁林开荒成为人定胜天的标志，这些不计生态后果的措施加速了生态脆弱区尤其是河谷、高海拔区生态环境不可逆转的变化，金沙江、澜沧江河谷等生态脆弱区生态的逆向演替加速，干热河谷面积迅速增加。

"文化大革命"期间，云南遵守"以粮为纲"的方针，积极开展"荒山变良田"运动，毁林开荒成为主要措施，大片森林急速消失，包括世代栽种的果木林。云南森林覆盖率从元代以前的70%，下降到20世纪50年代初的47%、70年代的24%。

最后，城市化是生态持续破坏的诱因之一。云南城镇大多临湖、池、河、潭而建，城市化不仅占用大量耕地，而且导致用水量增加及水域面积缩减，水生物种减少乃至发生物种入侵。滇池、洱海在明清时期水域面积依然广阔，20世纪以来湖面不断被填埋为耕地及建筑用地[①]，昆明、下关城市化的扩大及发展在某种程度上是滇池、洱海水域萎缩、水域生态环境不断恶化的标志。

但云南作为边疆民族地区，近代化以来的经济发展、资源开发虽然对环境产生了严重的影响和扰动，但因交通、信息滞后，生态恶化的区域性特点突出，多数地区未经历近代工业化的冲击，生态环境的基本外貌及基础依然保存，环境状况总体上优良。

第二节　全球化时期边疆民族地区的生态危机

20世纪七八十年代，随着全球化程度的加深，人与自然的冲突和危机不断升级，臭氧层损害、全球气候变暖、生物多样性锐减，空气、水质、土壤污染等一系列全球性

---

① 方国瑜：《滇池水域的变迁》，《思想战线》1979年第1期。

环境问题开始全面爆发，中国的环境危机开始出现并日趋严重。20 世纪 80 年代以后，中国现代化（全球化）进程逐渐展开，产业技术迅速推广，计划经济体制逐渐向市场经济转变，内陆及边疆地区逐渐国际化。以资源及生态开发求生存、谋发展的模式成为普遍现象，一些贫困地区对自然资源不计后果的开发及滥用现象日益突出，制度一刀切的模式及政治指令高效贯彻的发展惯习在很多地区延续。以日新月异的速度发展及更新的现代科技再次被政治制度管理及控制后，成为制度影响及破坏生态的利器，发挥着出乎技术发明者和使用者意愿及意料之外的恶劣影响。很多原始生态地区因生态的迅速恶化，土壤及水源迅速污染与劣变，本土物种急速减少乃至灭绝，外来物种不断入侵，小江、金沙江干热河谷区成为世界著名的生态劣变区。

虽然当代环境破坏的原因、途径、表现及结果多种多样，但中国传统制度模式尤其是政策促发的蜂拥性、盲目性特点，以及因环境意识淡薄或利益驱动而漠视甚至破坏生态的发展模式，再次使制度插上了科技的翅膀，成为加速区域生态破坏速度和扩大破坏程度及范围的推手，部分地区的生态危机达到了有史以来最严重的程度。

一、旅游资源及交通开发引发环境问题

云南破坏生态环境的资源开发方式，除了传统的矿冶业、木材采伐业之外，旅游资源的开发也成为当代生态破坏的重要推手[①]。早期旅游业对动植物、水源、景观等生态环境造成了极大的冲击与破坏，"生态旅游"以其时尚的理念及经营策略在 20 世纪 90 年代以后成为重要的旅游模式，备受青睐，边疆风情、民族民俗和初步开发的秀丽风光在生态旅游中独具魅力。但生态旅游资源保护和利用的矛盾不断升级，一些地区思变求富心切，冀望靠旅游业获得最快最大的经济效益，急功近利，在旅游区开发及投入使用后，人们的环境保护意识及传统思想淡漠，旅游区生态环境迅速被破坏，本土生态系统受到极大冲击与损害。

旅游开发对土地资源及生态系统造成了较大的负面影响，简单脆弱的旅游区人工生态系统取代了复杂丰富的自然生态系统，生态平衡被打破，生物群落的层次和数量减

---

① 杨桂华：《云南自然生态环境与旅游开发》，《生态经济》1999 年第 2 期；曹寿清：《探讨泸沽湖旅游开发导致的生态问题及对策措施》，《生态与环境工程》2011 年第 19 期。

少，影响了当地生态系统的自然循环与发展。旅游对动植物资源及其生存环境造成了极大影响，如旅游区开发使森林植被被大肆砍伐，数量庞大的游客在景区聚集，影响某些动植物的生长及生态交换、修复，甚至间接导致其灭绝，破坏本土生态系统及其平衡，火源管理难度增大，引发了山林火灾的频次增加，造成了严重的生态灾难。

此外，20世纪90年代以后，边疆民族地区开始了高速公路、铁路的建设，十余年之间，高速公路及铁路网络先后在各民族地区延伸开来，促进了区域社会经济文化的迅速发展，也导致了生态环境的剧烈破坏。公路、高速公路及铁路的建设占用了大量耕地及林地，山体开挖对地质结构及环境产生了破坏性影响，交通沿线的森林植被遭到砍伐，土壤发生严重侵蚀，地形地貌发生极大变动，破坏了水文情况及水系水环境，对区域生态造成不可逆转的负面影响，在工程的石质边坡地区，生态重建的难度加大[1]。

道路建成通车后对周边森林环境造成的危害更为严重，交通运输中带来的外来有害生物而给生物入侵提供了机会，对本土生物多样性造成了冲击，改变了区域自然群落的演替方向，导致群落演替停止甚至逆行演替。近年来，云南高速公路边坡土壤因含水量降低、土质松散且易风化而导致与之相伴的坡面土壤侵蚀、水土流失、山体坍塌、滑坡、河流阻塞、水污染、林业病虫害侵入等人为灾害的例子屡见不鲜，很多交通路线导致的生态危机成为危害各民族生命财产安全、水利设施、农业生产持续发展的重要因素之一。

二、水域生态环境的严重破坏

云南水域生态环境的严重破坏主要表现在水电开发及水体污染两个方面，水电开发虽然带来了巨大效益，却对河流生态及水环境造成了极大的破坏，改变了河流原有的生态系统及生态平衡；水体污染彻底破坏了水域生态系统。

水电开发的建设工程不仅占用土地，还造成对森林和其他生物资源的砍伐和毁坏。继而破坏了陆生动植物的生存环境，使陆生动植物个体数量减少，危及流域区重要、稀少物种的生存及生态系统，如原有鱼类和水生生物区系随之改变，生活路线和周期的改

---

① 马永排：《云南高速公路建设对生态环境的影响及对策分析》，《林业调查规划》2011年第3期。

变使鱼类和其他水生生物的种类和数量发生巨变，导致整个河流生态系统的根本巨变[①]。流域区的自然生态景观和自然保护区的生态环境受到破坏，导致外来物种入侵及土著物种减少乃至灭绝[②]。大坝上游蓄水区人工养殖经济鱼类加速了坝前滞缓水体的富营养化进程，给土著鱼类的生存带来了极大威胁[③]。此外，水电开发还影响陆生生物的迁移和交流、水生生物的分布和繁殖，对区域农业生态尤其是农业灌溉系统造成严重影响，对地方经济和农业生态环境产生较大冲击。

同时，水体污染及水体生态环境也发生了严重退化。淡水水域面积日渐减少，工厂排污导致的水体污染日益严重，人水供求矛盾等问题日趋突出，已成为中国及全世界的问题。云南近三十余年的水污染和水资源过度开发利用，严重破坏了水域生态系统，造成了对水生植物、浮游生物、底栖生物的严重危害，影响水生生物的繁衍与增殖，更多水生生物成为濒危物种，种群数量减少，外来入侵物种种群日渐庞大，对水域生态系统造成了毁灭性冲击。

云南高原水域的污染不仅发生在滇池水域，也发生在洱海、星云湖、异龙湖、阳宗海等湖泊及水域，其污染原因及污染状况与滇池大同小异。这种水域污染对区域生态系统产生了严重影响，引发了诸多生态及社会后果。这与不同时期的地方开发及发展政策有密切关系，也与一些不恰当的水域生态治理及生态恢复措施有关，很多措施不但没有达到治理效果，反而加剧了生态恶化的程度。这更与现当代水域生物养殖技术的进步有关，正是在这些技术的支持下，各种外来物种才一次次进入滇池，成为入侵物种并成功瓦解了滇池的本土生态系统。

三、经济作物引种导致的生态破坏

21世纪的中国依旧延续了20世纪以人为主、以制度和科技推动及加速的发展模式，部分地区大规模引进经济作物、观赏动植物，导致本土物种灭绝及异域生物的大规模入侵，本土生态变迁加速，生态破坏规模更大、程度更深。边疆民族地区因区域经济及地方社会的发展需要，在未进行生态影响及后果的充分论证的背景下，广泛引进

① 何玉芹、欧晓昆：《云南省水电站开发对生态环境的影响及保护对策》，《云南环境科学》2006年第2期。
② 薛联芳、顾洪宾、李懿媛：《水电建设对生物多样性的影响与保护措施》，《水电站设计》2007年第3期。
③ 王伟营、杨君兴、陈小勇：《云南境内南盘江水系鱼类种质资源现状及保护对策》，《水生态学杂志》2011年第5期。

多种经济作物种植于半山区、山区，导致土著物种普遍性地萎缩灭绝，引发了诸多物种入侵及更深层次的生态危机。对于云南来说，经济价值较高的橡胶树、桉树及诸如咖啡、可可等其他经济作物的引进和物种入侵造成的生态危机，成为当代生态危机的焦点。

橡胶树、桉树的生态破坏效应毋庸多论，它们与热带经济作物的引种一样，是以驱逐山坡地上的森林为代价实现的，据 1976—2003 年的卫星遥感影像数据，西双版纳近30 年间共损失了约 40 万公顷（1 公顷=0.01 平方千米）的热带季节雨林，其中很大一部分都被转换为单一种植的橡胶林，很多砍掉的树木树龄都在 100—300 年以上。生物多样性特点凸显的热带雨林生态系统是保持热带土壤肥力的理想结构，但该系统因热带经济作物的大量种植而转变成单一人工生态系统，土壤肥力急速下降，逐渐丧失其生产力。而各地经济作物的广泛引进及大量种植，是在借助现当代植物学、园林学和生物学等学科及其技术的基础上，在国家制度及地方政策支持下得以实现的，对生态环境造成了极大的负面影响，各引种区物种单一化趋势越来越明显，生态链的断裂及区域生态系统的崩坏不断发生，成为云南生态危机不断爆发的重要原因。

云南面积广大的烟草种植也是生态危机爆发的原因。烟草种植业对环境影响极大，很多地区的烟草栽种在山地陡坡上，造成了坡地严重的水土、化肥流失，导致湖库河流淤积。烤烟也对当地森林植被造成了严重破坏，每吨烤烟需耗木材 3—4 吨，如 1993 年云南烤烟用柴消耗木材 486 万立方米，相当于毁掉了 56.76 万亩（1 亩≈666.667 平方米）森林，导致本土生态的单一化及脆弱化。生态系统的单一化还导致外来入侵物种的加速，给社会经济带来严重损失，也对本土生态系统造成了不可逆转的破坏，使区域生物多样性特点丧失以及生态环境急速恶化。

此外，一些地区的中低产林改造导致了严重的生态危机。21 世纪初，云南生态变迁中最突出的现象是原生植被被连片的特色经济林取代，各地围绕木本油料林、速生丰产林和珍贵用材林等产业建设，以采伐更新、树种更替、整体推进的方式，铲除当地山地地表植被，栽种高产速生的经济林，一度形成了所谓的"中低产林改造"热潮。这虽然对地方经济的发展起到了短暂的促进作用，但是客观上加剧了山地水土流失，导致区域性森林物种多样性特征的丧失，区域物种单一化、生态脆弱化的特点日渐凸显，加快了物种入侵的概率及速度。

四、物种入侵的加剧及其生态危机

国际化进程在很大程度上加速了边疆民族地区物种入侵的速度，入侵种数量越来越多，入侵区域也越来越广。作为世界性的生态灾难，物种入侵无疑对云南边疆民族地区生态系统的正常发展构成了严重威胁，破坏了本地生态系统结构和功能的完整性，威胁到了生物种群的多样性，直接减少了被入侵地土著物种的数量，导致云南边疆民族地区局部生物种群的消亡，最终使本土生态系统崩溃，危害社会环境乃至人类健康，并带来巨大的经济损失。

纵观云南的物种入侵尤其是人为导致的入侵，制度及管理的缺陷是显而易见的，一些追求经济利益引进新物种而导致物种入侵的政策，给云南本土生态系统带来了空前灾难，引发了一系列问题及生态危机，数以百计的土著物种灭绝，生物链中依赖当地物种生存的其他土著物种遭受灭顶之灾，彻底改变了本土生态系统和生态景观。自然生态系统对火灾、虫害及其他气象灾害的控制和抵抗能力降低，也降低了当地土壤保持和营养改善的能力、水分保持和水质提高的能力，导致本土物种丧失了对生物多样性的保护及恢复能力，本土生态系统单一化。

此期继续着传统的人为破坏生态的模式，但也出现了新的破坏主体即异域生物开始了对本土生物大规模的虐杀及灭绝行动。在这场以生物入侵为主要方式、完全不以人为主体的生态破坏中，科技及制度继续发挥着先导及促发作用。但在改变生物对生物的破坏、一个或一些异域生物对本土稳定平衡的生态系统的破坏及毁灭趋势时，制度及科技却束手无策。因此，这是云南生物入侵开始泛滥及生态破坏开始转型的时期，即生态破坏彻底改变了固有的模式及途径，在没有人类参与的区域及条件下，一场没有硝烟的生态争夺战，在本土与异域的生物（个体或群体）、生态系统之间展开，其导致的生态破坏程度比传统的以人为主体的破坏广泛、严重、彻底得多。遗憾的是，人类尤其是制度制定者几乎没有有效的应对措施。

总之，云南边疆民族地区的生态环境及持续发展受到了现代化以来社会经济、科技发展的巨大冲击及破坏，并且在很多地区表现出了进一步恶化的态势，尤其是物种跨境入侵的趋势以及石漠化范围与干热河谷区域的扩大化正在发展中。而现代化进程引发的环境问题及生态危机，与制度的主导、科技的广泛应用密切相关。若不进行干预及恢复，不从制度上改变当前的发展模式、制定生态保护及生态恢复政策、建立生态安全意识及法律制度，不进行生态文明建设，边疆地区的生态环境及生态系统将会进一步遭到严重破坏，会对整个中国的生态环境治理造成极大威胁，对其他地区生态文明的建设造成严重影响。

第三节 云南生态文明建设的良好本土条件

很多学者认为云南生态系统较为脆弱、经济社会发展水平总体滞后，面临既要保护生态环境又要加快经济发展、改变贫困落后现状的双重压力，面临资源约束趋紧、环境污染加重、生态系统退化的严峻形势，生态文明建设任务繁重。但是从整体上来看，云南依然具有建设生态文明的良好基础。

一、自然条件良好，生态基础雄厚

云南的自然资源丰富，气候条件优越。云南地处北回归线两侧，属热带、亚热带高原季风气候，降水充沛、干湿分明，非常有利于动植物的繁衍及其种群的扩大、发展，也有利于生态环境的自然及人为的恢复与建设。同时，云南地理环境独特，海拔高差较大，立体气候特点突出，集中有全国各类气候类型，造就了繁多的生物种类，形成了寒带、温带、热带动物交汇的奇特现象，自然资源及物种极其丰富，生物多样性资源在全国名列第一。

云南集中了从热带、亚热带至温带甚至寒带的所有物种，以"植物王国""动物王国"著称，有高等植物426科、2592属、17 000多种；脊椎动物1836种，淡水鱼类366种，其中5科、40属、249种为云南特有，昆虫1万多种，兽类300种，鸟类793种，爬行类143种，两栖类102种，其中有46种为国家一级保护动物、154种为国家二级保护动物，珍稀濒危保护植物171种（占全国的44%）、珍稀濒危保护动物243种（占全国的 72.5%）[①]，列为国家重点保护的野生动物 199 种（占全国的 59.4%），亚洲象、野牛、绿孔雀、赤颈鹤等 23 种仅云南独有[②]，一些民族地区更是中国特有物种种属分布最多之地，一些区域还保存了大批物种子遗种、独特种和古老种。

虽然近年来云南的环境问题及生态危机使部分物种濒临灭绝或已灭绝，但其生态基础依然比其他地区优厚。据林业部门统计，云南林业用地面积和活立木蓄积量为全国第二，有林地面积和森林蓄积量为全国第三，土地面积和森林覆盖率为全国第八。如此优厚的自然气候条件及生物资源，使云南常年能保持良好的空气质量，全省 18 个主要城市的空气质量优良率都在 93% 以上；省内河流水质良好，全省 6 大流域 95 条河流有 70% 以上的水质在良好以上。

云南生态系统具有极强的自然恢复及更新能力，为人工生态建设及恢复提供了较好基础，尤其是人工栽培植物及培育动物的成活率、巩固率较高，成为生态文明排头兵建设的前提和保障。

二、有丰富的民族传统生态文化可供发掘利用

边疆民族地区传统生态思想及具体实践措施的发掘、恢复、重建及新构，成为当代生态文明建设实践的重要组成部分。云南民族传统生态文化极为丰富，在区域环境保护中曾发挥过积极作用。目前虽然有学者做过研究，一些生态文明建设部门及人士也注意到了其对生态文明建设的积极作用，但其在具体政策及实践中并未得到足够重视，也未被发掘利用，使云南生态文明建设既无特色也无优势。为此，可从以下几方面来考虑改变现状。

第一，尊重各地区、各民族传统的生态知识及生态文化，挖掘少数民族的生态观，融入生态文明建设的观念，提炼出云南生态文明建设的理念及宗旨。生态观是各民族适应环境、与自然生态和谐一体的重要体现，尤其是一些与生态相关的吃、住、行的规则及方法和生产生活资源获取的途径与原则，是各民族在不同生存环境中与自然生态共处共进的行为准则，对本民族聚居区的生态环境能够起到保护及调节作用。在生态文明建

---

① 阮雪梅、侯明明：《重视生物因子对环境变化的影响，维护云南生态屏障》，《中国科技信息》2006 年第 2 期。

② 高正文：《提高认识、加强管理开创云南生物多样性保护新局面》，《环境教育》2005 年第 9 期。

设中对这些观念及其精华进行挖掘，与生态文明建设理念相结合，可以更好地服务于各地生态文明建设的实践。

很多民族对自然资源的适度开发与有序利用的观念，为经济社会变迁提供了可持续发展的动力。尊重这些观念，并挖掘其中有生态价值的理念及内涵，与生态文明建设相结合，在实践中不断强化各民族尊重自然的理念，强化全球生态环境是一个相互联系、制约的整体观念，进一步强化尊重、爱护自然的理念，并提炼出具有云南及民族特色、能够推广的生态文明建设理念及宗旨，从而为有云南特色的生态文明排头兵建设模式提供理论基础。

第二，做好自然物神灵崇拜行为的生态环境保护行为的转化及协调。云南很多少数民族如彝族、白族、怒族、傣族、哈尼族、瑶族等几乎都有自己的神山、神树、神林、神泉、神井等，这些分布在各民族村寨后方或附近被赋予神秘、神圣色彩，或被作为宗教崇拜对象、有不同称呼的神圣自然物所在的区域，成为本族禁地，不能随意进出，里面的鸟兽及树木花草也不能随意猎杀及砍伐。这种对自然的崇拜和对自然物的敬畏，有效地维护着各民族生存的良好环境，起到了客观、积极的生态保护作用。在这些神灵崇拜区，森林茂密、物种自然繁衍，生物多样性特征极为明显。

保存、恢复云南生物多样性特点，保护生态环境，正是云南生态文明建设的目的之一。神灵崇拜行为，长期以来都被视为迷信或是神秘文化、民俗文化，很少有人真正从生态、环境的角度去挖掘其中的内涵及精华。云南生态文明建设应当在保留传统及精华的同时，较好地将其中的生态精华尤其是各民族形成的生态（环境）传统行为转化为当代生态文明建设的意识及行为，并提炼其中的共同点，总结出云南生态文明建设的特点及创新点，从而使云南生态文明排头兵建设拥有更新的起点及目标。

第三，因势利导，尊重各民族的农耕传统及方法，是云南绿色农业建设长久发展的重要基础。云南各民族形成了各式各样的传统农耕文化，很多农耕方法在利用、因势改造生态环境的同时，对生态基础及环境起到了较好的保护作用并达到了长效、持续利用的目的。例如，哈尼族和彝族的梯田、傣族稻作等都是少数民族千百年来适应、改造和创造自然时的农耕文化遗产，是人地和谐共处的具有持续发展特性的文化景观，也是高寒山地、炎热河谷区的农业资源利用模式，较适合本地的生态特点，保证了各民族地区数千年来自然生态和人文生态的平衡和谐、社会经济的持续发展和民族文化的长盛不衰。

在各民族地区的生态文明建设中，对民族地区经济社会发展和各民族生产生活进行引导和调整，优化民族地区的产业结构，对发展方式和生活方式进行根本性变革，在努力走科技含量高、经济效益好、资源消耗低、环境污染少、人力资源优势得到充分发挥的特色新型发展道路的同时，慎用现当代科技，妥善、恰当地发掘及运用各民族生态农作技术及传统，创造出一套适合云南不同气候带并可以推广的农业工作经验。

第四，发掘、保护并支持、推广各民族地区保护生态环境的习惯法、乡规民约等，促使当地人形成与自然生态环境和谐发展的调节机制。这些规定及制度、约定，对妨碍和危害生态环境的行为予以规范及制裁，成为全族老少沟通遵守的原则及习惯，在客观上达到了保护生态、维持环境平衡的作用。在云南生态文明法律及制度建设中，吸取民族生态法规的内容并加以改造和妥善利用，将会对云南生态文明法制建设产生积极的推进作用。

在民族地区生态环境恶化时，各民族保护生态环境的乡规民约及措施、制度等传统生态文化，不仅没有焕发青春、与时俱进，反而被追求经济效益的观念所约束，使原本应受民族传统生态文明思想及措施保护的生态环境受到了持续不断的侵蚀。

三、小结

生态文明排头兵建设，不是一项一蹴而就的工程，而是一项光荣而艰巨的任务，也是一项伟大而任重道远的工作，值得探索和实践。回顾历史并非要否定过去，云南要建设生态文明排头兵，面临生态保护与发展的双重压力，但大部分地区的生态基础还在，近年生态恢复效果良好，生态文明建设机遇与挑战并存。

历史上在生态意识缺乏时代制定的诸多资源开采、农业垦殖等政策和制度带来的环境问题及生态危机时刻警醒人们：我们早已到了甚至已延误了在对人与自然的关系、制度与技术在自然界变迁中的作用，以及人对自然产生的消极影响进行深刻反思，并自觉检讨施政措施、思想得失的时候，到了检讨新科技如何避免成为某些制度破坏生态环境推手的时候，我们需要反思那些违背了发明者意愿及初衷的新科技是如何在各项经济发展制度的促动下，以什么方式不自觉地充当了生态破坏的急先锋并发挥了恶劣影响。

中国是一个注重人与自然和谐相处的国家，有悠久生态文明历史及传统。但在明清以后，人的生存及社会发展一度成为王朝统治及书写意识形态的主流，人与自然和谐相处、资源取用有度等生态文明的传统思想及行为措施，逐渐淡出并远离了人们的思想及生活。但中国生态文明的优秀文化传统，从来未曾远离，很多思想及传统长期保存于民间，保存于受到汉文化影响较小的边疆民族地区。"华夏失礼，求诸四裔"，生态文明的优秀思想及传统在一些边疆民族中完整地保存及传承下来。人与自然和谐共生、资源适度利用等生态文明的思想及规范、准则等在少数民族生产活动及社会生活中有较好的体现，在处理人与自然、人与人、人与社会的共处关系时形成了较好的模式，取得了较好的生态效应。在生态危机严重、环境问题凸显的现当代，云南边疆民族地区成为生态文明建设的样板。

云南与东南亚毗邻，是中国生态形象的主要展现区，其生态环境及生态文明状况对中国的生态外交、生态安全有巨大影响。云南生态文明的建设不仅关系着云南本土未来生态环境的质量及人类的可持续发展，更肩负着展示中国国际生态形象的责任及使命。只有坚持绿色发展，坚持节约资源和保护环境的基本国策，形成人与自然和谐发展的现代化建设新格局，才能推进美丽中国的建设进程，进而为全球生态安全做出新贡献。

第二章 云南边疆民族地区生态文明的建设历程

云南作为多民族聚居的边疆地区，其生态文明建设有漫长的历史发展、变迁过程，从不同时期文明的内涵及特点来看，主要可以分为四个时期。

第一节 先秦时期：人作为生物个体与其他生物共处、受制于环境的生态文明初级阶段

这是人与自然最和谐共处的时期，从自然生态系统的角度来说，是各种生物按照自然规律繁衍演进的时期，是生态系统最好、最稳定的时期；从人的角度来说，人作为孤独的生物个体，处于弱势，这是受到各种恶劣气候、毒蛇猛兽及有害微生物伤害的时期，这些因素使人口的增长受到极大制约；从整个自然环境、生态系统的角度来说，人只是生物界食物链中繁殖力中等、存活率偏低的普通生物。这个时期的生态文明，遵循着自然界物竞天择的规律发展演替，人以种群的社会方式存在，对自然的改变力尚未显现出来。

从新石器时代及青铜时代的文化考古遗址可以知道，春秋战国直至西汉王朝统治时

期，云南各地居住的民族人口还很少，除了自滇池流域往滇西，经今楚雄至洱海区域、怒江峡谷部分区域有人类活动的遗迹外，其余大部分地区都处于极其原始的状态，在低纬度、低海拔、地理环境相对封闭、气候湿热薰郁、生物种类繁多且繁殖迅速的地区，瘴气横行肆虐，瘴水遍布在河渠沟壑、溪涧潭箐中，瘴雾弥漫，徜徉在山洼和丛林间，即便在滇池区域及洱海流域生存的从事农业或游牧的各土著族群，也常常受到瘴气的毒害[①]。云南早期生态文明最早被人认知，是滇池流域青铜文化遗址的发掘及发现引起了人们对古滇国时期生态环境及生态文明内涵的探究热潮。

云南青铜器是西南青铜文化中成就最高的代表，时代晚于中原青铜文化，兴盛于春秋战国至西汉末年，以昆明滇池流域的滇国（晋宁石寨山、江川李家山、呈贡天子庙）、滇中楚雄万家坝、滇西大理洱海流域（剑川海门口、祥云大波那）青铜文化为代表。滇国创造的青铜文化最为辉煌，出土器物也最多，青铜贮备器、扣饰上的动物种类及形态最为多彩和丰富。

与中国境内其他地区青铜器造型及雕绘图像多以动物实体形象为表现主题相似，云南大部分青铜器也以动物造型最具代表性。因云南特殊的地理位置与热带亚热带气候孕育的丰富动植物种类及其生态环境的特点，滇国青铜器最大限度地展现了各类野生动物及驯养动物的形象，古滇人多将动物雕铸于青铜贮备器或扣饰上，动物多以厮杀、搏斗或被人类猎获、驯养为表现形态，表现出与中原青铜器动物图像的迥异特点，也表现了最突出的写实、形象的特点。滇国青铜图像中的动物多是历史时期在云南长期存在的动物。

滇国青铜图像的铸造极为精确、细致，艺术性与写实性高度融合。青铜器动物种类丰富，形象灵活，单个青铜器上动物相互搏斗场景的数量很多，青铜图像上铸造及刻绘的动物及其他生物，是云南历史上的代表性生物，其反映的生态环境状态在大部分地区一直保持到了明清时期。

滇国青铜文化兴盛于中原青铜文化衰落之际，而无论是从文化内涵还是从艺术风格来看，滇国与中原王朝的青铜器均迥然而异……极少抽象的图案，而多写实的

[①] 在目前的瘴气研究中，部分学者认为瘴气是水土不服。从笔者的考察及研究来看，瘴气不仅对外来的人有危害，对本地的居民也有极大的危害，因为瘴气的影响，瘴区少数民族如傣族等的人口长期停留或徘徊在一个相对稳定的数量之内，并且瘴气对这些民族的政治、经济、文化、生产和生活习俗等方面产生了巨大的影响。

图像，如动物图像，在中原的青铜器上并不多见，而在滇国青铜器上却有众多灵动的动物，充分显示了部落社会与大自然共生、亲和的特点。①

1955 年以后考古学者对晋宁石寨山、江川李家山、昆明羊浦头三处滇国重要遗址进行了 8 次发掘，获得以青铜器为主的文物 15 000 余件。大部分青铜器上刻绘、装饰着不同的动物图像，有虎、豹、熊、狼、兔、鹿、猴、狐狸、牛、羊、马、猪、狗、蛇、水獭、穿山甲、鳄、鹄、鹈鹕、凫、鸳鸯、鹰、鹇、燕、鹦鹉、鸡、乌鸦、麻雀、枭、雉、孔雀、凤凰、青蛙、鱼、虾、螺丝、鼠、蜥蜴、蜜蜂、甲虫等 40 余种②。仅江川李家山墓地第一次发掘的青铜器中，就有各种动物图像 296 个，其中一件铜臂甲镌刻动物图像 10 余种③，"塑造、刻画的数量众多的动物图像，可以称之为古代滇池地区的'动物志'。这些栩栩如生的动物图像……蕴含的古代滇池地区的生态环境、生物、气候以及人与自然相互关系的信息"④。

晋宁石寨山众多铜扣饰正面均有生动的人物和动物浮雕图像，有用孔雀石镶嵌成几何图案，背面均有矩形扣，可插入腰部束带的钉眼中，扣饰名称即由此来⑤。器形主要有圆形、长方形和不规则形三种，以圆形扣饰数量最多，不规则形扣饰的构图最生动，制作最精美。图形题材广泛，有狩猎、舞蹈、祭祀、掳掠及动物搏斗等场面，反映了古代滇国生产生活的不同侧面⑥。例如，晋宁石寨山 10 号墓出土的战国鎏金骑士贮贝器高50 厘米、盖径 25.3 厘米，是典型的束腰圆筒形贮贝器，腰部两侧各饰一虎形耳，虎作向上攀爬状，异常逼真、生动；器盖上装饰较为复杂，分为两层：外层雕铸呈逆时针方向排列的公牛 4 头，牛角长而弯，显得膘肥体壮；里层一圆柱物之上，饰一骑马之骑士形象，马昂首翘尾，骑士佩剑，全身鎏金，蕴含了人类驯养动物，可以使其稳定地繁衍发展，但生存环境依然险恶，聚居地周围野兽出没无常，人类及家畜常常受到虎、豹等

① 尹绍亭、尹仑：《生态与历史——从滇国青铜器动物图像看"滇人"对动物的认知与利用》，《云南民族大学学报》（哲学社会科学版）2011 年第 5 期。
② 李昆声：《云南艺术史》，昆明：云南教育出版社，1995 年。
③ 张增祺：《滇国与滇文化》，昆明：云南美术出版社，1997 年。
④ 尹绍亭、尹仑：《生态与历史——从滇国青铜器动物图像看"滇人"对动物的认知与利用》，《云南民族大学学报》（哲学社会科学版）2011 年第 5 期。
⑤ 扣饰是云南古滇国特有的装饰品，正面为浮雕人物、动物等，背面有矩形横扣，一般悬挂在身上或其他器物上。工匠凭借着熟悉动物习性以及对生活的深刻体验，雕塑各种动物及人、动物的生存斗争场面而成。
⑥ 张增祺：《滇国与滇文化》，昆明：云南美术出版社，1997 年；陶园园：《"动物题材铜扣饰"增古滇情趣》，http://spzx.foods1.com/show_1167371.htm（2011-07-08）。

猛兽的窥视及袭击，各类动物数量较多，能够供养上一个食物链层级的动物。这些青铜器上的动物图像大致可以分为四种类型①。

一是各种动物的独立图像，如牛、马、鸡、羊、鱼、鸟、蛙、蛇、鹰等反映与人类共生的常见动物。这些动物多为从容、静立、温顺的造型，即便是野生凶猛动物，其野性都极有收敛，但刻绘者对动物的特性把握得极为准确，简单古朴的线条准确勾勒出动物的形态，反映古滇人对个体动物尤其是驯养、渔猎的动物及其动静习性极为熟悉，也反映了此类动物数量众多，随处可见，不仅猎获、驯养方便，也便于观察。

二是同类动物种群生态图像，如二牛交合扣饰、五牛铜线盒、四牛头铜扣饰、三孔雀铜扣饰、鸡边组合扣饰、蛇边组合扣饰、猴边组合扣饰、狐边组合扣饰等表现生态系统中动物交配、繁衍、群聚生存的状态。例如，高 11.5 厘米、宽 11 厘米的三水鸟铜扣饰图像，铸造了三个水鸟横排站立，正中一水鸟昂首、展翅欲飞，左、右两水鸟昂首侧立；中间水鸟的两足旁各有一鱼，鱼头向下，鱼尾向上，身躯弯曲作游动状；其下有一蛇盘绕，蛇头被水鸟践踏。五牛铜线盒器盖饰蛇纹及竹节纹，顶端正中饰一大牛，周围有四小牛，牛身有云纹及编织纹图案。四牛头铜扣饰有大小二牛头组成，大牛头的额顶重叠着一小牛头，双角上各卧一小牛，其下有蛇盘绕。此类图像明显表现了动物的群居特性，且群居的野生动物就在滇人聚居区周围出没，使滇人能够近距离、仔细地观察它们。

三是两种动物生态关系图像，如滇国青铜器最具代表性的重器牛虎铜案以及虎牛铜枕、八牛虎贮贝器、虎牛搏斗铜扣饰、三虎噬牛铜扣饰、驯马虎贮贝器、二虎噬猪铜扣饰、虎熊搏斗铜戈、二豹噬猪铜扣饰、豹衔鼠铜戈、三狼噬羊铜扣饰、二狼噬鹿铜扣饰、水獭捕鱼铜戈、三孔雀践蛇铜扣饰、鸟践蛇铜斧、鸟衔蛇杖头铜饰、水鸟捕鱼铜像、鱼鹰衔鱼铜啄等，表现了动物界不同等级的肉食动物之间以及肉食动物与草食动物之间弱肉强食的生态关系。

例如，战国牛虎铜案是云南青铜艺术的杰作，其在江川李家山墓葬群 24 号墓出土。器物主体为一头站立的大牛，牛角飞翘，背部自然下落成案，尾部饰一只缩小了比例的猛虎，虎做攀爬状，张口咬住牛尾；大牛腹下中空，横向套饰一只站立躲避的小

---

① 尹绍亭、尹仑：《生态与历史——从滇国青铜器动物图像看"滇人"对动物的认知与利用》，《云南民族大学学报》（哲学社会科学版）2011 年第 5 期。

牛。晋宁石寨山 12 号墓猴蛇铜钺扣饰，扁圆銎、弧形刃，銎上铸一猴，正在顺銎攀爬，猴首高昂，长尾垂地，四肢作弯曲状，两前肢用力踩踏一蛇，张嘴咬住蛇头，动感十足，表现了动物搏斗中少见的场景。

四是由数种动物生态关系构成的图像，如虎豹噬牛铜扣饰、虎豹噬鹿铜扣饰、狼豹争鹿铜扣饰、虎牛鹿贮备器、桶形铜贮备器等，此类图像或为几种动物捕食一种动物，或为一种动物捕食几种动物，表现了高级肉食动物捕食对象的多样性及高级肉食动物相互之间的激烈竞争。例如，江川李家山 17 号墓出土的战国时期虎噬牛铜枕高 15.5 厘米，器物整体似马鞍状，两端上翘，各雕铸一牛，牛静立状，恬静可爱；枕一侧雕三组虎噬牛图像。1972 年江川李家山出土的高 6.5 厘米、宽 12.3 厘米的二人共猎野猪铜扣饰图像中，猪、人形象极为生动，一人被猪咬住腰部，人前有犬作逃遁状，另一人持剑刺猪，犬咬猪腰，下有蛇口咬猎犬，尾绕猪腿。晋宁石寨山 10 号墓出土的二豹噬猪铜扣饰高 8.5 厘、宽 16 厘米，图像中动物的野性彰显得极为准确，两豹前后夹击一只野猪，遭到袭击的野猪拼命向前狂奔，张口怒吼嘶叫，将前面的豹撞倒在地，身临危境的豹不甘失败，尽力扭转头部，张口欲咬野猪，同时挥动前足作反攻状，抓挠野猪的耳部及前腿，与此同时，另一只豹乘机从后面猛扑野猪，狠狠咬住野猪的后背，三只利爪死死抓住野猪。猪和豹脚下的长蛇，口咬野猪后腿，尾绕一豹左肩。如将重叠着的三种动物联系起来，整个构图就有了一种向前滚翻的运动感……这些集几种动物之间惊心动魄的争斗厮杀场面于一体的扣饰，形象地展现了古滇国动物生存状态及生态环境的一个侧影。

又如，在高 7.2 厘米、宽 12.5 厘米的狼豹争鹿铜扣饰图像中，一狼一豹争食一小鹿，鹿被两兽践于足下，作仰卧挣扎状，鹿腹已被狼抓破，肠露腹外，狼、豹又展开了一场争夺小鹿的恶斗，豹口咬住狼颈，前爪紧抓狼腰不放；狼又咬住豹后腿，用左前爪抓住豹子腹部，右后爪拨开豹头，左后爪及右前爪紧按小鹿不放，其下有一蛇，蛇口咬住豹尾。在高 12.7 厘米、宽 16.7 厘米的二狼噬鹿铜扣饰图像中，两狼共噬一鹿，其中一狼跃踞鹿背，口噬鹿右耳，前爪抓住鹿头不放，另一狼前爪紧抓鹿后腿，咬住鹿胯，鹿两前足曲跪，张口作惨叫状，其下一蛇，口咬鹿尾，尾绕一狼的后腿。在高 9 厘米、宽 13 厘米的三虎背牛铜扣饰图像中，一牛已被三虎咬死，其中一大虎负牛而行，两小虎紧随其旁，昂首扬尾，姿态活泼，其下尚有一蛇盘绕[①]……这些图像生动形象地表现了

[①] 张增祺：《滇国与滇文化》，昆明：云南美术出版社，1997 年。

野生动物之间生存搏斗、血腥残酷的景象，具有更原始的动物生态竞争的特点。

熊、野猪、鸡、鱼、虾、蜈蚣、蜜蜂、甲虫等十余种动物，以及其相互之间的复杂关系，如一头老虎腾空而起，圆睁双眼，张开双爪，做凶猛捕食状，下为慌忙逃亡的野鹿和猴子，还有不知祸之将至、迎面游来的鱼和虾；一头硕壮的野猪口里衔着一条蛇状捕获物，另有一头剽悍的豹子扑到了它的身上；一只公鸡正在得意地啄食蜥蜴，其同伴却被狼咬住了脖颈，狼后面虎视眈眈地立着三只豹子；一只蜜蜂凌空飞翔，而蜂蛹是许多动物梦寐以求的美食，整个画面显示了生态系统食物链的能量流动。[1]

滇国青铜动物扣饰及贮备器铸造图像上显现的各类动物及其生动的生存状态，构成了一个生态环境及其动物食物链的体系，明确反映出先秦时期云南亚热带、热带季风气候及其相应的生态特点。大部分地区生态环境原始，生物多样性特点极为突出，河流众多，水域面积宽阔，自然资源丰富。在温暖湿润的滇池区域内，滇人过着渔猎、耕作的生活，在与老虎、豹子、豺狼等大型肉食动物的搏斗中繁衍、发展，他们不仅亲自猎杀、驯养动物，也亲眼见过动物之间的厮杀及血腥争斗场面，能够将猎捕动物、动物厮噬的情景准确地铸造在铜扣饰、贮备器上。在很多动物厮杀的扣饰图像中，蛇是常常出现的动物，蛇往往咬在其他动物的足端，这透露出一个生物信息，即在很多生态原始、地形相对封闭的湿热环境中，蛇、蜥蜴、龟等水生动物数量较多，分布广泛，说明当时水域面积极为广泛，滇池区域是一个河流湖泊、沼泽湿地、溪涧箐潭密布的地区，是一个典型的渔猎耕作的水乡之国，《后汉书·西南夷传》记载："河土平敞，多出鹦鹉、孔雀，有盐池田鱼之饶，金银畜产之富。"

在古滇国广袤起伏的雄山奇川中，在郁郁葱葱的阔叶林中，虎豹熊狼、巨蟒大蛇、兔鹿猴猪、狐鱼龟贝等动物栖息其间，在湿热的原始森林中，植被茂密，种类众多，多层级生长、分布的特点极为突出，虎豹成为森林里最凶猛的动物，也是食物链最顶端的动物。青铜图像中的各种动物游弋、厮杀于林间水滨的景象，是最原始的人与自然共处的生态景观的写照。

西南地区是汉文史料记载较少、各种族群体杂居的地区，在考古遗址发掘有限的情况下，史料稀缺成为区域历史难以推进及深入的重要原因。青铜图像史料的发掘及运

---

[1] 尹绍亭、尹仑：《生态与历史——从滇国青铜器动物图像看"滇人"对动物的认知与利用》，《云南民族大学学报》（哲学社会科学版）2011年第5期。

用，使滇国生物种类及其生态环境、生态系统和生态文明初级状况的发掘研究，有了极大的发展空间。

第二节　汉晋至隋唐时期：边疆民族生态文明的启蒙、发展及初步建设阶段

这个时期，随着铁器的大量使用及生产力的进步，人类对自然环境的改造能力得到了极大的提高。由于气候的变化、人类聚居区的扩大、大型动物繁殖力及适应能力低下的生物特点，很多大型、怪异动植物逐渐自然减少，生物种类及生态系统发生了自然变迁。这个时期，人的群体性及社会性特点凸显，使人成为自然界中最强有力的生物。人类对自然环境的改变力度虽然日益增强，但人与自然依然保持在自然状态的和谐共处阶段，各民族的生态意识逐渐萌芽、形成。

西汉时期，云南还是一个瘴气密布的区域。带着浓烈、复杂毒素的瘴气在西南夷生活的益州刺史部（南部）所属的越巂郡、益州郡、犍为郡、牂柯郡以及更远的交趾刺史部、哀牢地区升腾、游荡。东汉时期，浓烈的瘴气依然在益州刺史部所属（南部）的犍为郡、牂柯郡、越巂郡、益州郡、永昌郡、交州刺史部等范围广大的地区继续存在。只是在洱海、滇池流域等有古代部族生活的地区，因农耕发达，瘴气逐渐淡薄。

此期流入云南的汉族移民和云南土著民族的人口稀少，人类活动范围较小，对自然生态环境的开发也较少，绝大部分地区的生态环境都保持在原初阶段，云南绝大部分地区都笼罩在浓烈瘴气、瘴水的包围之中，不论是地势平坦和缓的坝区盆地，还是陡峻荫翳的河谷深山，都有瘴气的影子在游荡，并对各民族的生活及蜀汉政权的征发经营造成了较大影响。

从考古资料和有关记载来看，滇池、洱海区域是云南开发较早的区域，也是各民族人口聚居较多的区域，这里的民族在秦汉时期就创造了高度发达的青铜文化，从事农耕、渔猎和畜牧业，为了生存而进行频繁激烈的战争，原始封闭的自然生态环境被打破，水域周围成为人们生活的家园，原来生物物种的生存繁殖条件被改变，瘴气存在

的基础逐渐散失，瘴毒逐渐散薄减弱，瘴气发挥影响的空间及其控制力逐渐减小。

滇池区域的农业文明和农业生产活动情况，可从晋宁石寨山、江川李家山、楚雄万家坝的青铜遗址及文物遗存中得到较好的证明。这些遗址中不仅有大量农业生产工具，还有数量庞大的青铜动物模型及兵器，反映出这里有着发达的畜牧业，战争极为频繁。洱海区域的民族畜牧业极为发达，人们过着"夏入深山、冬入深谷"的生活。在水源较好、地势平坦的洱海坝区，农业生产发达，剑川、祥云、宾川等地的考古发掘文化，以农具、炭化谷物、水田及动物模型证实了这一地区的开发情况。瘴气在这些地区的影响力随之逐渐减弱。

在人类活动较少的深山河谷、密林燠区，或是自然生态环境极为原始、从未开发的地区，瘴气几乎就是这里的无冕之王，徜徉在云山雾海中，尤其是在滇西、滇西南、滇南、滇东南、滇中等以潞江、澜沧江、元江、南盘江、金沙江等云南六大著名流域区内封闭潮湿、炎热熏燠的区域，更是瘴毒浓烈、瘴气弥漫，商旅为之裹足，亦是各土著民族深入较少的地区，"开发"一词对于这些地区来说，还是一个陌生的词。在永昌郡所辖的怒江（怒水）流域区，永昌郡与云南郡交界的澜沧江（兰沧水）流域区，云南郡与兴古郡境内的元江（仆水）、盘龙江、西洋江等流域区，生态环境极为原始，开发较难，瘴气长期存在，直至明清时期，这里的瘴气依然对中央王朝的经营活动产生了重大影响，直至 20 世纪还对当地民众的生产生活产生了影响，个别地区的瘴气直至今天依然存在。

两晋南北朝时期是中央王朝经营西南以来云南历史上地方势力发展壮大的第一个高峰期，南中统治集团成为势力最强大的统治集团。此时以各种形式进入云南的汉族移民逐渐增多，但相对于当地少数民族，汉族移民尚属少数，他们处于不断夷化的过程中，人地关系较为疏松。

这一时期云南腹里地区的自然生态环境得到了更大程度的开发。宁州所辖的以滇池流域为中心的建宁郡，如宁州、味县等地区和以洱海流域为中心的云南郡如楪榆、云平等地，尤其是以当时统治区为中心的一些盆地及其周围地区，成为当时云南人口分布较集中的区域，较前代更为深入的农业、畜牧业开发，逐渐改变着瘴气产生和存在的生态基础。

南中统治集团对统治中心区及经济中心区的开发，尤其是俞元、怀山、连然等地的银、铜等矿产资源的开采，使云南出现了短暂的繁荣，曲州、靖州等中心统治区的政治、经济、文化发展程度最高。因绝大部分的开发均集中在统治中心附近及面积较大的坝区，各种开发活动不仅使人们对云南有了更普遍的接触和认识，环境及生态基础发生了改变。同时，南中统治集团之间的矛盾及其与周围族群乃至与中原王朝之间的长期争战，对自然生态环境造成了相应的破坏。但严格来说，此期的"破坏"只能算是对自然生态环境的改变，其程度和范围较小，除部分地区外，南中统治集团的开发及战争对生态环境造成的改变，还在生态环境承载力的范围内。

云南郡西部、永昌郡、兴古郡等以怒江、兰沧江、元江（仆水）、盘龙江、金沙江流域等为中心、几乎占宁州 2/3 以上尚未开发的地区，瘴气存在的生物基础和地理环境基础没有改变，浓烈的瘴毒依然使商旅禁足、各土著民族畏惧，宛温《南中志》记载的长满毒草、飞鸟于夏月瘴起时均为之殒命的堂狼山①生态状况令人在不自觉中心生怖意，"堂狼山多毒草，盛夏之月，飞鸟过之，不能得去"，"（盘江②）广数百步，深十余丈，此江有毒气"。生活在这些区域边缘瘴气稍淡薄地区的各古老族群，以落后原始的生产生活方式，艰难地开发、建设着这片土地，只是开发力度较弱，未足以引起自然生态环境的大变化，人与自然环境的自然共处关系，依然继续保持。

经过南北朝时期各种政治势力的分合重组，至隋唐时期，进入云南的汉族移民人数有所增加，人口总量与前一时期相比有了很大的提高，种植业、畜牧业、矿冶业得到了较大程度的发展，云南各部族之间的争夺及兼并战争较前剧烈，对自然生态环境的开发力度也随之提高，人口集中、耕地开垦众多的坝区盆地生态环境变迁的程度较高。

以滇池、洱海为中心的地区经各族人民的辛勤开发，逐渐成为政治、经济和文化较发达的地区，同时，处于滇池、洱海流域文化区过渡带的弄栋③得到了自蜀汉政权以来最为深入的开发，逐渐成为云南的繁庶之区，亦成为唐朝在云南的重要统治据点之一。

洱海区域是唐朝及南诏政权长期经营的地区，尚有瘴毒，中央统治尚未深入、开发较少的地区，更是为瘴气所笼罩，丽水节度、永昌节度、剑川节度、银生节度、通海都督、拓东节度、会川都督所辖的怒江、兰沧江、元江、南盘江、金沙江等流域区，瘴气的分布范围及活动情况与前期相比，没有太大改变，黑齿等十部落生活的地区，瘴气异

---

① 今云南省昭通市巧家县东部，金沙江流经区。
② 南盘江，时在云南广西府境内，今在红河哈尼族彝族自治州弥勒市境内。
③ 以今云南省楚雄彝族自治州姚安县为中心，包括大姚县、牟定县及南华县部分地区在内的区域。

常浓烈。永昌节度等地的瘴气也极为浓重，唐人樊绰记录了该地瘴气及其生态环境状况、官吏因惧瘴气而不敢亲往理事的情况，"越礼城在永昌北……自寻传、祈鲜已往，悉有瘴毒，地平如砥，冬草木不枯，日从草际没。诸城镇官，惧瘴疠，或避在他处，不亲视事"[①]。

樊绰还记录了永昌节度西北的大赕[②]的瘴气情况，这里生态环境原始，瘴气丛生，给南诏的统治及经营造成了极大障碍，"大雪山[③]在永昌西北，从腾冲过宝山城，又过金宝城以北大赕，周回百余里，悉皆野蛮，无君长也。地有瘴毒，河赕人至彼中瘴者，十有八九死。阁罗凤尝使领军将于大中筑城，管制野蛮。不逾周岁，死者过半。遂罢弃，不复往来"[④]。

中原人士认识云南瘴气的重要时期及切入点，就是对唐朝统治造成重大影响的天宝战争，因唐朝、南诏对弄栋的争夺，"天宝七载（748），南诏阁罗凤袭云南……（天宝十三载，754）奏征天下兵，俾留后侍御史李宓将十余万辈，饷者在外，涉毒瘴，死者相属于路，天下始骚然苦之。宓复败于太和城[⑤]北，死者十八九"[⑥]。这场历时久远的残酷战争，使中原将士饱受云南瘴疠之苦，制造了无数家庭的悲欢离合，"杨国忠以剑南节度当国，调天下兵凡十万讨南诏。人闻云南多瘴疠，行者愁怨，父母妻子送之，所在哭声震野"[⑦]。

许多著名诗人为战争写下了千古名句，使云南瘴地几乎成为死亡的同义词，骆宾王《军中行路难》写出了唐军远征云南的艰辛及云南瘴气使将吏胆寒的状况：

> 将军拥旄宣庙略，战士横戈静夷落。长驱一息背铜梁，直指三危登剑阁……去去指哀牢，行行入不毛。绝壁千重险，连山四望高。中外分区宇，夷夏殊风土。交趾枕南荒，昆弥临北户。川原饶毒雾，溪谷多淫雨。行潦四时流，崩崖千岁古。漂梗飞蓬不暂安，扪萝引葛陟危峦……沧江绿水东流驶，炎州丹徼南中地……三春边

---

① （唐）樊绰著、赵吕甫校释：《云南志校释》卷六《云南城镇第十六·越礼城》，北京：中国社会科学出版社，1985 年。

② 今缅甸坎底坝子。

③ 方国瑜《中国西南历史地理考释》（北京：中华书局，1987 年）考证，大雪山即迈立开江上游之大山，多高耸积雪。

④ （唐）樊绰著、赵吕甫校释：《云南志校释》卷二《山川江源第六》，北京：中国社会科学出版社，1985 年。

⑤ 今云南大理古城。

⑥ （北宋）王钦若等编：《册府元龟》卷四百四十六《将帅部·生事门》，北京：中华书局，1960 年。

⑦ （清）王崧著、（清）杜允中注、刘景毛点校、李春龙审定：《道光云南志钞》四《封建志下·南诏世家》，昆明：云南省社会科学院文献研究所，1995 年。

地风光少，五月泸州瘴疠多……灞城隅，滇池水，天涯望转积，地际行无已。徒觉炎凉节物非，不知关山千万里。[①]

白居易的《新丰折臂翁》生动形象地刻画了云南瘴气的恐怖及大量军士因瘴气葬身蛮地后，男子宁愿自残也不愿从军南征的史实，以及瘴气让人在心理上产生的深切恐惧和因之导致骨肉分离的惨剧：

> 无何天宝大征兵，户有三丁点一丁。点得驱将何处去?五月万里云南行。闻道云南有泸水，椒花落时瘴烟起。大军徒涉水如汤，未过十人二三死。村南村北哭声哀，儿别爷娘夫别妻。皆云前后征蛮者，千万人行无一回。[②]

与前一时期相比，这一时期云南各地得到了更为深入的开发，生态环境及生态要素缓慢地发生着变化。瘴气在聚居区逐渐减弱，滇池、洱海所属的拓东节度及阳苴咩城等传统农业区的瘴气更为淡薄，并开始出现了无瘴区。尽管这一时期的无瘴区范围很小，却是云南瘴气区域变迁史上的重要时期。此后，无瘴区便以这些狭小的区域为中心，逐渐向周围扩展。当然，生态环境也随之发生着开发者所不能预料的变化，生物物种的消亡或新物种的产生也从此开始，尽管新物种出现的速度远远跟不上旧物种的消亡速度，并且物种消亡的速度越来越快，时间间隔越来越短，生态面貌的历史差异越来越大，但这种变化在此后较长的时期内依然没有被人们认识和关注到。

第三节　宋元时期：各民族传统生态文明的初步形成阶段

随着中原人口的增加以及中央王朝对边疆民族地区经营的加深，边疆民族地区的生态环境受到了中原地区的生产方式及生存模式、思想意识形态的极大影响，古代各民族自然科技的进步、中原地区农耕技术的传入，都使各民族对自然环境的改造力度增强，人真正成为自然界生物食物链最顶端的生物，某些区域的生态及生物自然更替方式被打

---

① （明）谢肇淛撰：《滇略》卷八《文略》，昆明：云南大学历史系民族历史研究室，1979年。
② （明）谢肇淛撰：《滇略》卷八《文略》，昆明：云南大学历史系民族历史研究室，1979年。

破，大部分人烟稀少的地区，依旧维持在自然演替的状态中。但在人口密集、开发集中的地区，生态环境受到破坏，出现了泥石流、滑坡、水土流失及水旱灾害增多等环境灾害，各民族出于生存及持续发展的切身需求，开始将本民族人与自然和谐共处、人需要生物资源更要保护生物资源的思想意识，以共同遵守、约定俗成的方式固化下来，催生了各民族传统生态文明的最朴素、本真的思想及实践。

宋元时期是云南大理段氏政权及大理总管府统治时期。这是云南地方民族发展史上一个较为重要的时期，地方政治、经济、文化都得到了较大发展。滇池、洱海区域的汉族移民逐渐增多，平坦、肥沃且水热资源较好的坝区得到了开垦，中原地区的农耕技术得到推广，定居农业的生活模式被各民族采用，滇池、洱海区域的生态环境进入持久开发及变迁阶段。元代统一云南后，汉族及其他民族移民大量进入，生态开发力度随技术的发展及生产工具的改进而增强，滇池、洱海区域的农业进入高度发展阶段，生态环境开始遭到严重破坏，河流及水利工程因水土流失严重而严重淤塞，被沙石积淤而埋废的农田数量逐渐增多。

在传统农业开发区，即以滇池、洱海为中心的大理、鄯善等区域及中间过渡带的弄栋府、威楚府及其邻近区域，农业生产技术得到了很大提高，农业和畜牧业有了长足发展，成为云南的米粮之乡。东川郡和会川府等地的矿业、弄栋府和威楚府等地的盐业得到了开发，茂密的森林开始减少，矿区的生态环境随之发生了改变。

元朝是云南从唐宋时期的相对独立状态向中央集权的统治迈出第一步的关键时期。云南的腹里地区在元朝大军南征后，设立了行省，被纳入中央王朝的大一统版图中，无论是统治疆域还是统治政权，或是经济、文化、军事开发，都得到了进一步的加强和拓展，以汉族为主的移民，包括蒙古族等北方民族的移民数量大为增加。

滇池、洱海区域的大理路、中庆路成为云南政治、经济和文化的中心，两个区域中间的威楚路及其他一些大中盆地逐渐成为人烟密集之地，生态环境得到了进一步开发。元朝在云南设立行省后，统治力量更为深入，瘴气在这些地区的减退速度加快。赛典赤任平章政事时，较重视农业生产的发展，在滇池区域疏浚海口、治理河道，兴修了滇池流域著名的松华坝水利工程，滇池周围广大的丘陵地区得到了进一步开发，成为云南山地高原上的鱼米之乡，瘴气的踪影基本上退出了这一区域。洱海区域的水利工程也得到了修建，洱海坝区平原及周围丘陵地区的农业、畜牧业普遍发展起来，半山区、山区逐渐得到了开发，长期保持的原始生态环境发生变迁。

随元朝流官官员的到来以及土司制度在民族地区的推行，坝区盆地的开发逐渐深入，瘴气存在的生态基础及生物要素逐渐消失，瘴气的消减成为必然。瘴域在元朝开始了由坝区盆地向丘陵及深山、由云南腹里向边地、由流官统治区向土司统治区渐渐退缩的历程。此历程自开始后，就随云南社会历史的发展、自然生态环境的开发及生物多样性的逐渐改变，一直持续下来，直至 20 世纪 70 时代。虽然这个渐进、退缩的过程不是一帆风顺的，中间个别地区甚至出现反复，但随着开发深入和开发范围的日益广泛，总的趋势并未改变。

这个时期，滇池、洱海区域随着开发的深入，发生了水旱灾害，为了保证农业生产顺利进行，中央王朝督促地方政府开始兴修水利。例如，元朝平章政事赛典赤修筑了六河和松华坝、六河诸闸水利设施。人们对自然环境的改变开始增多、强度加大。

第四节 明清时期：云南各民族生态文明的发展及建设时期

明代以前，云南土著民族人口稀少，移民也较少，对环境的开发及破坏力度较弱，除滇池、洱海区域以外，其余地区的生态环境没有人为干扰及破坏，生态系统中的各生态要素按自然生存原则，自由繁殖及发展，绝大部分地区处于因生物多样性特征显著、气候地理条件典型而产生的瘴气环境中。

明代是云南政治、经济、文化、军事开发史上具有划时代意义的时期，也是云南瘴气分布及变迁史上的重要时期。中央王朝对云南大部分地区的直接控制权得到了加强，对土司及土司地区的控制经营较以往历史时期深入，云南边疆民族地区的封建化以史无前例的规模和速度发展，经济、文化发展的水平达到了历史以来的最高峰。记载云南的史料数量有了极大的增长，为我们更详细地了解明代云南瘴气分布的状况提供了文献资料，瘴气分布区更为明朗。

明朝在全国范围内开展的屯田活动，使大量来自中原地区的军屯、民屯、商屯大军源源不断地充实了明朝的边疆地区及多民族聚居区。云南正是被中原地区人口不断充实的边疆多民族地区之一，随着源源不断的移民垦殖大军的到来，汉族移民的数量超过了以往历史时期的总和，对云南历史的整体发展方向产生了重要影响，云南地方民族发展史的轨迹随之改变，也使云南民族的分布格局发生了历史以来最为重大的变化。垦殖活动的开发范围逐渐向半山区、山区拓展，原始森林倒在垦殖者的刀斧之下，地面覆盖物由亘古未易的原生植被变为各种农作物，瘴气充斥之区逐渐成为米粮之乡，生态环境发生了巨大变迁，洪涝灾害、旱灾、水土流失、土地沙砾化等环境灾害在开发较早的滇池、洱海区域普遍发生。

汉族移民的增加以及各土著民族的人口因生产力的提高而出现增长，使云南自然地理的面貌尤其是地面覆盖物发生了重大而深远的变革。坝区、半山区原始森林的面积逐渐在垦殖活动中消减，绝大部分丘陵地区及半山区的地面植物由亘古未易的原生植被变成了以荞、梁、麦为主的农作物，云南山岭上以绿色为主的自然色系被色彩丰富的农作物和园蔬取代，玉米等高产农作物也在明代中后期逐渐被引种于山地，许多瘴气充斥的地区逐渐成为米粮之乡，瘴域发生了历史时期以来最深刻和快速的变化。开发较为深入、时属云南腹里地区的云南府、大理府、姚安府、楚雄府、曲靖府、澂江府等辖区内的无瘴区范围更加扩大。

明代的垦殖活动对生态的破坏还未严重到影响和威胁当地民族生存程度，而清代范围日广、力度日强的各类垦殖活动对生态环境的破坏力度越来越大。云南山区多、耕地狭窄的特点使垦殖活动日益深广地向山区和森林地带推进，大片山地被开垦出来，玉米、马铃薯等高产农作物在山区、半山区推广，人口大幅度增长，对生态环境的压力随之增大。农作物与植被争夺生存空间的现象越来越多，玉米、马铃薯、荞、麦等代替了山区、半山区的原生植被。人口的增长使耕地严重不足，田头地角的"零星"土地都不得不派上用场，并享有以中下田地标准收税或永免升科等减免科税的优惠政策，水滨河尾、砂石硗确的畸零土地被垦殖出来[1]，植被大量减少，濯濯童山随处可见，垦区原有的水土涵护力遭到破坏，很多山坡耕地由于水土流失严重、土壤肥力下降而弃耕，生态破坏的程度和范围日益加大。

自雍乾年间人们加强对云南矿产资源尤其是铜、铁、金、银、锡、盐等矿产的开发以后，云南森林迅速减少，生态环境进入了历史以来变迁最强烈、迅速的时期。矿产的

---

[1] （清）岑毓英修、陈灿纂：光绪《云南通志》卷五十八《食货志二·田赋二》，光绪廿年（1894）刻本。

开采及冶炼、煮盐都需要大量木炭，一般情况下，炼铜百斤（1斤=0.5千克）需用木炭千余斤，滇铜产量多在一千四五百万斤乃至一千七八百万斤，年需木炭亿斤以上，成片森林在较短时间内消失殆尽。矿丁长年累月开矿，一些大厂的矿丁多至数万人，矿山周围的山林被耕地所取代，数量庞大的樵采也促使大批森林消失。清代繁盛一时的滇铜冶炼业及煮盐业是建立在大片森林消失的基础上的，滇东北、滇西、滇南等地矿山、盐井周围方圆十余里（1里=0.5千米）甚至四五十里的范围内普遍出现了青山尽秃、雨水流沙的现象。矿产资源日渐减少乃至枯竭，植被破坏的范围及消失速度加快，矿区地质及生态环境的恶化速度加剧，使很多依赖森林为生的生物减少乃至灭绝，环境灾害不断出现，矿冶区、农垦集中区成为水旱灾害、泥石流滑坡甚至地震灾害多发的地区。

清代的云南不仅在政治领域，也在矿冶业（包括铜、铁、盐、金等矿产的开采冶炼铸造）、农业、商业等经济领域，以及文化、教育、生活等领域实施着普遍意义上的内陆化。很多长期处于羁縻甚至是半独立状态的民族地区，相继被以武力或和平的方式改土归流，流官官员及其政府职能机构迅速进驻，在短期内建立起了有效的专制集权统治秩序，广泛地推行早就在内陆实施的经济、文化措施，把内陆对矿冶业、农业的开发模式移植到云南，积极地改变少数民族的风俗、习惯和生活方式等，如雍乾以后，鄂尔泰、高其倬、尹继善、张允随等官员，在武力改土归流后的滇东北广泛地进行移民屯垦及铜矿的开采冶铸，在滇西、滇南、滇中等地区开采井盐及铁、锡、金、银等矿产，用内陆的文化及其标准在鲁魁山等滇南民族地区推行改变婚俗、丧葬方式等移风易俗的措施，在全省各地广泛兴修水利、垦殖荒地，在坝区推广水稻种植，在山区和半山区引种高产农作物等。

清代在云南边疆民族地区推行的一系列内陆化措施，给民族社会带来了史无前例的影响。边疆民族地区的政权体制从分散走向集权，更便于中央政府政令的推行和措施的贯彻实施；经济及生活从简单走向多元和复杂，在矿冶业、农业、商业等方面得到了巨大发展，呈现出繁荣景象；文化及教育从多元化走向统一、先进的儒学化，成就斐然，各族民众的物质和精神生活开始呈现出内陆式的丰富多彩的特点。

但在内陆呈现过的社会矛盾和后果，也因为内陆化的深入而在云南普遍出现，一些灾难性的悲剧也在云南上演。例如，人口日渐增多，坝区、矿山成为人口密集之处，给山多地少的云南造成了极大压力，垦殖不得不向半山区、山区推进，加上矿冶业对薪炭的巨额需求，植被遭到了大量、永久性的破坏，很多生物物种减少或消失，坡地大量裸露，导致极为严重的水土流失。这些流失的水土对山下河边，尤其是坝区的农田水利造成了严重的、毁灭性的破坏，大量成熟田地被沙埋、石压、水冲、水淹，成了永荒田地，很多使用多年的水利设施被泥沙淤塞湮毁，生态环境发生了历史以来最为剧烈的变迁，对云南及周围地区的发展造成了不可挽回的影响。

生态基础脆弱的河谷地区及山间盆地的生态环境一经变迁，就导致不可逆转的灾难性后果。20世纪50年代以来，随着生态变迁及各种自然灾害的打击，物种日渐减少、灭绝，生物多样性特征逐渐丧失，云南各民族地区因自然灾害造成的经济损失不断增加。21世纪以来，云南频繁出现干旱天气，尤其是2009年冬季以后连续4年的特大干旱，是历史以来环境灾害累积的结果。

咸同时期是全球气候变化极为突出的时期，气象灾害频发，也是云南天灾人祸及诸多环境问题不断涌现的时期。云南复杂的低纬高原地理环境、局地气候背景，以及东亚、南亚季风共同作用形成的鲜明、突出的区域气象灾害特征，使云南出现除矿冶区及农垦区的泥石流、滑坡、塌陷等地质灾害外，干旱、洪涝、低温冷害、风雹等影响范围更大的气象灾害逐年增加，对生态系统产生了更大的冲击及影响，森林病虫害及成灾面积随之增加。随着天然林的持续性破坏，云南林地面积开始呈现出持续性减少的态势，森林结构劣化、生态功能削弱，林地开始退化。滇西北、滇西等半山区、山区草甸产草量下降，毒草、害草及杂草滋生，鼠害加剧，水土流失、土壤沙化及石漠化交替出现，大部分高山草甸及草场也开始退化[1]。例如，红河流域的生态环境在清代以来的山区开发中受到破坏，植被急剧减少，加快了土壤的风化过程，风化土在暴雨季节被冲刷流失，很多区域演变为典型的干热河谷区；地处滇北部、金沙江流域的元谋县在明代还是生态环境较原始的地区，森林茂密，瘴气丛生，元谋县"历黑箐哨，阴翳多淖。出箐至八蜡哨、干海子，林杉森密，猴猱扳援，不畏人……树多木绵，其高干云"[2]。清以降以资源输出为主的国家政策促导下的农业垦殖及矿冶业开发，使其生态环境逐渐恶化并向脆弱化方向演进，元谋县早期"山川多瘴疠，仕宦少生回"[3]的生态景观也演变成了

① 邓振镛、闵庆文、张强等：《中国生态气象灾害研究》，《高原气象》2010年第3期。
② （明）刘文征撰、古永继校点、王云、尤中审订：《滇志》卷四《旅途志》第二《陆路·建昌路考》，昆明：云南教育出版社，1991年，第166页。
③ （明）杨慎：《元谋县歌》，（清）莫顺蕭修、彭雪曾篆、王弘任增修：康熙《元谋县志》卷五《艺文志·五言古诗》，康熙五十一年（1712）增刻本。

典型的干热河谷，灾害的累积性效应使干旱成为元谋县经常性的灾害，且愈演愈烈，在2009—2013年大旱中元谋县成为灾情最为严重的地区之一。

总之，自秦汉以降，云南的生态环境就呈现了在开发中不断破坏，破坏范围及程度逐渐加强的趋势。当然，面对这些灾害，人们也采取了相应的生态保护措施，生态文明建设的主动性与能动性开始在社会生产及生活实践中展现出来。虽然这些保护措施未必具有环境保护的主观意识，但在客观上起到了保护生态的积极效果，是区域环境思想意识及主观环境行为中的亮点。

明清时期，部分地方官员出于防灾、减灾的目的，采取了在河堤植树的措施，即堤岸筑好后在两旁栽种柳树护卫堤坝。这些行为虽未上升到环境保护的主观意识上，却在客观上达到了通过森林涵养水源、坚固河堤、防风止沙等效果。与此同时，地方官府为保护森林还颁布了不得随意采伐的禁令，对破坏森林者予以严格制裁。例如，乾隆四年（1739）楚雄府镇南州正堂发布了不得樵采的饬令。类似的禁令，在乾隆六十年（1795）、嘉庆四年（1799）均有所出台和执行。除了禁止砍伐，地方官府还积极倡导植树，恢复地方生态环境。乾隆三十八年（1773），大理知府在下关东旧铺村劝民种植松树，"合村众志一举，奋然种松"，生态环境迅速得到恢复，"由是青葱蔚秀，紫现于主山……良材之产于此，即庙宇倾朽，修建不虑其无资"，规定将种松之山作为公山，禁止采伐扦葬①。这些禁令因为出自官府，具有极大的约束力及法律效力，对地方生态环境的保护起到了积极作用。

除官方法令外，很多民族村寨的乡规民约也发挥了生态保护的作用。目前，从很多民族村寨中保留下来的碑刻及乡规民约中，我们可以比较容易地找到禁止砍伐森林以保护生态以及对水源林和幼小林木进行保护的规定。例如，大理洱源右所乡莲曲村的《栽种松树碑》记录了因为道光以后林木采伐严重，村中父老共相商议，于光绪八年六月按户出夫，栽种松树，作为薪柴及建筑之用，因担心日后村寨中的无良之徒假公济私、擅自砍伐，就制定章程，规定毁坏松林者严惩②。又如，大理老君山下的林地被恶霸颜仁率、李万常等盘踞，他们沿山砍伐树木，纵火烧空，开挖田地，森林毁坏后导致水源枯竭，栽种维艰，乡老于乾隆四十八年（1783）十月十二日制定了保全水源林的乡约，禁

---

① 大理下关市东旧铺村本主庙《护松碑》，参见段金录、张锡禄主编：《大理历代名碑》，昆明：云南民族出版社，2000年，第498页。

② 段金录、张锡禄主编：《大理历代名碑》，昆明：云南民族出版社，2000年，第604页。

止在岩场出水源头处砍伐活树、放火烧山，禁止砍伐幼树，禁止砍挖树根、贩卖木料。此外，为了永久保护已种树木，一些地方还规定只能采取枝叶作为柴薪，蓄养的牲畜不得践踏树苗。这类乡规民约均对当地生态环境的保护起到了积极作用。

总体而言，当因不合理开发而导致生态环境恶化之后，云南各民族体会到了生态恶化对自身生活的影响，无论是官方还是民间都采取了积极的措施来保护环境。这些措施均涉及生态思想之本，即适度、有计划地利用自然资源，以维护并保持生态环境的良性循环、保障子孙后代能够持续使用这些资源。例如，江川县于光绪三年（1877）立的《万古如新》护林碑，记载了种植、保护树林以保障子孙后代有柴薪使用的乡规，对公私树林及林材不能砍伐树木，只能修枝"种植树株……以济后人之柴薪。自种之后，树株成材，私不得与公争论树株，公亦不得估骗私家之山"[1]。

这些沿袭的实践措施得到认同后，逐渐作为共同遵守的规章制度确立下来，成为各民族长期坚持的实践指南，其反映了人们生态环境保护意识的初期觉醒，并在客观上达到了保护生态、维持人与生态环境和谐稳定发展的效果，可谓可持续发展的萌芽。

---

[1] 曹善寿主编、李荣高编注、金沙勇审校：《云南林业文化碑刻》，潞西：德宏民族出版社，2005年，第409—410页。

第三章　近现代生态文明思想的建设及法制实践

19 世纪末 20 世纪初，随着滇越铁路的建成、通车，云南近代化进程的大幕揭开，各民族地区尤其是边境地区很快被一种跨越式的发展趋势卷入近代化潮流中。近代化在推动历史车轮滚滚前行的同时，也对生态环境产生了前所未有的冲击及破坏，体现了近代科技的双刃效应。既对社会产生了积极的推动作用，也因新科技在生产生活诸领域的推广及广泛应用，对生态环境表现出了更强烈、快捷的破坏性。与传统技术的生态破坏性特点相比，近代科技的应用导致了生态环境更大范围的破坏以及不可逆转的恶化。

近代化初期的资源继续内输态势导致山区生态环境的急速变迁，拉开了云南生物多样性特点迅速丧失及物种大规模入侵的帷幕。20 世纪以来，资源开发及输出依旧是西南地区经济开发的主流，近代科技迅速运用到经济开发领域，加快了云南工矿业开发及农业垦殖的速度，也将此前因交通不便而未开发的广大山区纳入开发范围中，民族地区的生态环境自此受到了强烈的冲击及破坏。

例如，1910 年滇越铁路全线通车后，交通运输业的迅猛发展推动了个旧锡矿业更快速、更大规模的发展，1890—1949 年个旧锡矿产大锡 323 042 吨，取代铜业成为近代云南矿冶业的支柱。但锡矿开采对个旧及周边地区的生态环境产生了巨大冲击，土法炼锡消耗木炭的数量极为惊人，当地天然林平均覆盖率急剧减少，个旧、蒙自、建水、开远和石屏五县地区天然林平均覆盖率从清初的 90% 锐减至 1940 年的 2.98%，减少了 80%

以上①。锡矿的粗放开采和冶炼严重污染了土壤、水源和空气，成为近代个旧及周边地区生态环境变迁的重要原因。

自明清以来就在丘陵地区及山区普遍种植的玉米、马铃薯等高产农作物种植面积的继续扩大，是云南近代生态环境变迁的重要动因之一，"玉米、马铃薯的大量种植，并向中高山推进后……造成农业生态的破坏，水土流失加大，土坡肥力递减，使种植业的产出越来越少"，"南方亚热带山区形成了结构性贫困，制约了亚热带山区……商品经济发展……影响了社会进步"②。

烟草尤其是质量上乘、需求量巨大的鸦片的广泛种植，同样是云南近代生态破坏的重要原因之一。云南鸦片种植面积较大，"云南省是我国历史上出产鸦片最多……国民党政府依靠鸦片为其财政收入的一部分，官僚财阀经营鸦片贸易，强迫与利诱农民种植……估计种植鸦片面积约有650余万亩，占全省可以耕种土地面积的1/5，年产鸦片量为3000万两至5000万两"，"1948—1949年为最盛时期，普遍种植鸦片，边疆少数民族地区平均80%的人口以鸦片为换取生活必需品的主要资源，鸦片产值占当地农作物总产值的70%以上"③。种植鸦片不仅破坏了森林植被，也使土壤结构、肥力及区域水资源的利用与生态环境受到了破坏，"各省曾种鸦片之地，耗竭地力过甚，非越多年不能再行种植五谷，甚或全成废土，绝粒之祸，时有所闻"。"山区种罂粟仍行刀耕火种，需要扩大烟地以便轮休，凉山彝族平均每户能种4亩罂粟……每户烟地至少就需12亩，这就导致大量毁林开荒"④，种植区出现了严重的水土流失，土壤瘠薄，"傈僳种植鸦片，必择肥沃园地。鸦片增加，农产减少，田园因种鸦片之故，亦渐变为贫瘠"⑤。盈江县在20世纪三四十年代因铲除森林种植鸦片，土壤大面积裸露，泥石流灾害频繁发生，城镇周围山地变成童山⑥，民国《姚安县志》记："自鸦片禁种……山坡瘠壤，仅种蜀黍、高粱等物，产量不丰，益形困敝"，种植鸦片导致土质变硬，地力大减，收割罂粟后，大春作物无法栽种，或虽然种下但产量低。安科乡迪窝村的村民们1950年在可播133.55斤苞谷种的土地上种植了鸦片。这一年该村大春作物减产10%—20%。派

---

① 谭刚：《个旧锡业开发与生态环境变迁（1890-1949）》，《中国历史地理论丛》2010年第1期。
② 蓝勇：《明清美洲农作物引进对亚热带山地结构性贫困形成的影响》，《中国农史》2001年第4期。
③ 云南省民政厅：《我省鸦片烟毒情况（1954年11月）》，《云南档案史料》1991年第4期。
④ 四川省编辑组编写：《四川省凉山彝族社会历史调查》，成都：四川省社会科学院出版社，1985年，第15—18页。
⑤ 林耀华：《凉山夷家》，上海：商务印书馆，1947年，第68页。
⑥ 云南森林编写委员会编著：《云南森林》，昆明：云南科技出版社，1986年，第43页。

来乡的下半乡每年种一季大烟，便不能种任何农作物[1]，蒙化县"先时洋烟盛行，谷米昂贵，人谋旦夕之利，往往有改塘为田者甚，而惰农自安，不治沟洫，洫水日干而土日积，山泽之气不通又焉得而无水旱乎"[2]。

民国年间，云南很多以自然景观为基础形成的胜景也因生态环境的变迁而发生了剧烈变化，或因原有胜景消失而导致胜景数量减少，或某些自然景观消失后以人工新景取而代之。师宗州胜景在康熙《志》时尚有六景，即"东郊烟雨""透石灵泉""西寺山茶""腊山倒影""绿堤新柳""叠巘来青"，但乾隆《志》时仅有前四景，"绿堤新柳""叠巘来青"两个纯自然生态景观因环境变迁而消失。很多景观随原生态环境的改变永远退出了胜景行列，如永昌府"西山晚翠"胜景的变迁就反映了当地生态的恶化，"太保山左右诸峰，久时青松遍岭，将晚时翠色欲滴，蔚然可爱，今废久矣"[3]。许多地区的胜景虽未完全消失，但景观周围布满了人类活动的痕迹，范围日渐缩小，缺少了周围环境的映衬，孤景难以为胜，"呈贡逼近城会，山川固号清淑，然而历年兵马樵苏，山木无有存者，尚可以为美乎？且丧乱之余，小民急于耕凿，潭泉河坝，随处俱湮"[4]，故时人论曰："景固有长乎？是在培植得人，守护有方，毋使昔时歌舞地，竟成凄烟断草中耳。"[5]

在生态环境受到普遍冲击及破坏的情况下，外来的脊椎动物、无脊椎动物乃至细菌、微生物、病毒等生物逐渐扩张到湿热、较适宜生存的云南，很快繁殖起自己的种群；很多植物如飞机草、紫金泽兰等有害物种乘机成功入侵，由此拉开了云南生物大规模入侵的序幕，使云南生物多样性特点的保持和继续发展受到严重的持续性威胁。

此外，计划经济时代的经济开发策略及措施，导致了程度更强、范围更大的生态变迁。20世纪50年代以来，大炼钢铁、开山垦地、围湖造田等活动在广大山乡热火朝天地掀起，使云南的生态环境受到了更严重的破坏。据近年来云南大学西南环境史研究所与复旦大学历史地理研究所联合开展的"西南山地环境变迁调查研究"项目组成员在云南不同地区的调查可知，在20世纪五六十年代的大炼钢铁运动中，大部分身强力壮的

---

[1] 吴雨、梁立成、王道智：《旧中国烟毒概述》，《公民与法治》2005年第7期。
[2] 樊友檀编：《蒙化县志稿》卷九《地理部·水利》，杨世钰、赵寅松主编：《大理丛书·方志篇》卷六，北京：民族出版社，2007年，第441页。
[3] （清）刘毓珂等纂修：光绪《永昌府志》卷六十《名胜·永昌府》，光绪十一年（1885）刻本。
[4] （清）夏瑑修：康熙《呈贡县志》卷一《胜景》，康熙五十五年（1716）钞本。
[5] （清）呈肇奎修、叶涞等纂：康熙建水州志卷二《疆域·胜景》，康熙五十四年（1715）刻本。

村民都有到山里伐大树烧炭的经历，各地山区巨大、茂密的树木被砍伐消耗一空，大批千百年长成、因交通不便保留下来的原始森林旦夕之间被砍伐烧炭，做了土法炼铁的燃料。这一时期成为云南有史以来生态破坏范围最广的时期，近年来笔者对云南本土生态变迁进行了持续的调查及采访，各地农民对大炼钢铁、砍伐森林的记忆极为深刻，几乎都认为那个时期大肆砍伐森林、烧炭炼钢造成了对本地生态环境最严重的破坏。

"文化大革命"期间，云南积极开展并推进"让荒山变良田"的运动，毁林开荒成为主要策略，山区大片森林急速消失，农民世代栽种的果木林也在其中。这种集体开荒行为，导致了严重的生态破坏后果。

除了垦荒造田运动对山区生态环境造成严重冲击外，城市化也是导致生态严重破坏的因素。云南很多城镇临湖、临池而建，城市化不仅占用大量耕地，也导致湖泊面积缩减、水生物种减少乃至发生物种入侵现象。例如，滇池、洱海的大部分地区在明清时期还是一片广阔的水域，20世纪以来湖面不断被填埋为耕地及建筑用地。故云南水域面积缩减及破坏的主要原因是各地的围湖、围沼造田活动，以开始于20世纪70年代的滇池围湖造田最为典型。

透过各阶段的生态破坏现象，不难发现，近代化以来在新科技不断运用的基础上，制度成为生态变迁及恶化的重要动因之一。20世纪50—80年代是云南贯彻中央各项方针、制度、措施及指示最深入、与内陆在制度及政策上高度一致的时期，云南的开发及建设被纳入全国性的宏观调控中，资源开采及农业垦殖与全国性运动浪潮保持着高度的一致，生态环境受国家制度及经济政策制约的特点彰显。制度装上了技术的翅膀以后，云南气候及地理条件复杂多样的生态环境受到了更深广的破坏，很多生态脆弱区尤其是河谷及高海拔地区的生态环境在这个过程中发生了不可逆转的变化。

区域生态链及生态系统是一个高度平衡、密切联系的整体，内部各要素都是该系统维系平衡及发展的不可或缺的链环，每个系统又是其他系统存在及发展的支点，是一个国家及地球整体生态系统的构成部分。区域生态恶化后出现的植被退化、动物迁徙及物种减少乃至灭绝、部分地区生态系统崩溃等后果，与生态系统的整体性特点、生态变迁及变迁后果存在累积性特点有关，这些特点产生的历史效应随自然及其要素的变迁发挥着不同的作用及影响。此期生态环境的大范围破坏及恶化对各地生态环境的持续发展造成了极为深远的影响，成为气象及地质灾害频繁爆发的诱因之一。20世纪以后频繁出现干旱天气无疑是这一时期环境问题累积及作用的结果，"云南是气候王国和自然灾害王国，除海啸、沙尘暴和台风的正面侵袭外，几乎什么自然灾害都有……往往多灾并发、交替叠加，灾情重，有'无灾不成年'之说"[①]。

历史及现实中的诸多生态灾害，以及在生态意识缺乏时代制定的诸多资源开采、农业垦殖等政策及制度带来的环境问题及生态危机，时刻警醒人们：我们早就已经到了，甚至已经延误了在对人与自然关系、制度及技术在自然界变迁中的作用，以及人对自然产生的消极影响进行深刻反思，并自觉检讨施政措施、施政思想得失的时候，更到了检讨新科技如何避免成为某些制度破坏生态环境推手的时候，我们需要反思那些违背了发明者意愿及初衷的新科技是如何在各项经济发展制度的促动下，以什么方式在生态破坏中不自觉地沦为制度的奴婢而充当了生态破坏的急先锋，在区域生态变迁史中发挥了消极影响。但这个时期的生态破坏，还集中在传统破坏范畴内。外来生物对本土生物及生态环境的破坏虽然已经开始，但规模及数量还不大，其对生态恶化的威力尚未凸显。

在这个时期，云南各民族的生态文明思想有了极大的发展及变化。例如，云南各民族在长期的生产生活及历史发展中形成了特有的人与自然和谐相处的朴素生态思想，认为森林与风水及人的生存密切相关，认为万物有灵，花草树木、虫鱼鸟兽都有灵魂，应当得到人们的爱护与尊重，在此基础上形成的自然崇拜、禁忌、村规民约和祭祀习俗，尤其是保护动植物的法律条文，在客观上对生态环境起到了积极的保护作用。

傣族、彝族、壮族、白族、苗族等少数民族对良好的生态环境对于生存及农业经济发展、水源利用的重要意义有深入认识，对生态环境破坏后造成的水源枯竭等生态恶果深有体会，认为森林与地方风水密切相关，在朴素的生态思想的促使下，保护森林、不得随意砍伐的思想逐渐凸显，他们制定了不得砍伐幼小树木、有计划采伐林木的相关规章制度，民间生态文明建设的法制开始发展起来。

例如，江川县《万古如新护林碑》反映其植树的目的之一是"关村中之风水"；安化彝族乡柏甸村宣统三年（1911）《保护山林碑》强调注重林木保护的传统，"自古及今，未有不注重林木也"，森林茂密会给地方带来富贵吉昌的好运，使风水隆盛，衣食自裕，若地方没有森林树木，"则杀气显露，灾害自生"，全村计议保护公私山场的林木，严禁砍伐林木，不准砍伐幼小林木，如有拿获，予以处罚；遇到红白事、起盖房屋

---

① 解明恩：《云南气象灾害的时空分布规律》，《自然灾害学报》2004年第5期。

等，应有计划地采伐，公私山场所产树木，不准私卖他乡①。

丘北县锦屏镇上寨村于光绪十八年（1892）刻制的护林碑《永入碑记》反映了当地人认为森林丰茂情况与风水及水源有密切关系，"风水所系，土民养命之物，向以封禁"，在生存利益驱动下樵采过甚，森林遭到破坏，水源枯竭，"昔之年山深木茂而水源不竭，今之日山穷水尽而水源不出"，故鼓励种植树木，规定不准砍伐树木，也不准砍伐树枝，"以培风水"②。祥云县恩多摩乍村的彝族人于光绪十八年（1892）刻制了《东山彝族乡恩多摩乍村护林碑》，序文中记录了森林对风水、民生的重要意义，认为森林是风水所攸关、水源之所系、民生之悠赖，制定了龙潭附近的树木不得随意砍伐的乡规③。广南县立于道光四年（1824）、现存旧莫乡底基村汤盆寨老人厅外的《护林告白碑》认为林木茂密有助于保护风水，有林木才能人才辈出，"尝闻育人才者莫先于培风水，培风水者亦莫先于禁山林。夫山林关系风水，而风水亦关乎人才也……林木掩映，山水深密，而人才于是乎振焉"④。

由于生态灾害事件频繁爆发，各少数民族中的生态精英人士认识到保护森林的重要性，制定了植树、禁止放火烧山、保护森林的规定。这些在各地少数民族中形成并传承下来的习惯法及乡规民约，在客观上发挥了重要的生态保护功能，使当地生态环境发生了积极变化。例如，云南武定县九厂乡于乾隆二十九年（1764）立的《姚铭护林碑》指出森林是柴薪的来源，"生木以供薪，故永不可少"，提倡种植松林，"一以供薪，二则培植水源"，如有随意砍伐践踏森林者处以重罚⑤。

类似的规定，在云南各民族中都有，相关碑刻也很多，不胜枚举。这种出于培植风水、保障水源林目的的措施在客观上达到了保护地方生态环境的效果，对各民族的持续生存及发展起到了积极有益的作用。

云南高山深谷，长江险河绵延奔腾，交通不便，生活艰难，少数民族祖先对当地的动物、山水、森林有一种天然的敬畏和崇拜心理，很多民族长期保持着原始宗教崇拜的习俗，在自然崇拜、图腾崇拜中，山川、河湖、溪潭、树林、龙蛇、祖先、神灵等都成

---

① 曹善寿主编、李荣高编注、金沙勇审校：《云南林业文化碑刻》，潞西：德宏民族出版社，2005年，第506—507页。
② 曹善寿主编、李荣高编注、金沙勇审校：《云南林业文化碑刻》，潞西：德宏民族出版社，2005年，第436—437页。
③ 曹善寿主编、李荣高编注、金沙勇审校：《云南林业文化碑刻》，潞西：德宏民族出版社，2005年，第439页。
④ 曹善寿主编、李荣高编注、金沙勇审校：《云南林业文化碑刻》，潞西：德宏民族出版社，2005年，第285页。
⑤ 曹善寿主编、李荣高编注、金沙勇审校：《云南林业文化碑刻》，潞西：德宏民族出版社，2005年，第124页。

为崇拜的对象。

在"万物有灵"思想及原始宗教信仰的驱动下，各民族形成了各具特色的生态保护思想，由此形成的爱护山林和保护山林的良好习惯和行为美德，在民族生态思想的传承及生态保护的实践中起到了积极作用。这种植根于自然崇拜心理的生态思想，在客观上达到了保护生态环境的效果，形成了云南各少数民族共同存在的"神树（林）生态思想"。这类在彝族、白族、哈尼族、傣族、苗族等少数民族中广泛存在的神树（林），成为其生态思想及文化中的重要组成部分，尽管各民族对神树（林）的称谓不同，有"密枝林""祭龙林""垄林"等称呼，但神树（林）多与各民族的万物有灵观念和祖先崇拜有关[①]，对民族区域生态环境起到了积极的维护作用。例如，迪庆藏族自治州的藏族认为神山上的一草一木、一鸟一兽均不能砍伐或猎取，否则便会受到神灵惩罚，这种生态保护意识和行为，使香格里拉县和德钦县的大面积森林植被幸免于1949年以后因经济建设和林权变动引发的几次毁林高潮而得以保存下来[②]。

原始宗教作为少数民族生活中最神圣的文化追求，其中的生态思想反映出各民族内在的对生态环境价值的判断和精神理想，很多民族将图腾视为自己的族标与象征，虽然表面上是对某一自然物或动植物的直接崇拜，实际上却是民族生态思想的传承及精神的寄托。各民族的圣水、神井、神潭等水源区都禁止洗涤、捕鱼、大声喧哗，禁止牲口践踏水源，不能往水里吐口水，也不得在水源地丢弃脏物、宰杀牲畜、大小便等，如有违反，处以重罚。这些规定得到当地民族严格的遵守，如《景东封山育林碑》规定，在出水箐边，左右离箐二丈（1丈=3.3333米）的地方不准砍树种地、污染水源[③]；祥云县《东山彝族水利碑》规定龙潭附近种植树木，沟上留二丈之地、沟下留一丈之地，不得妄自砍伐，否则处以重罪[④]。

云南各民族特有的生态思想反映出他们对满足其基本的物质生存条件的山水树木等自然环境充满了特殊深厚的依赖思想，萌生出朴素的强调保护森林的思想观念，使各民族注重在村前寨后植树造林，既保持了水土，又避免了山洪、泥石流等自然灾害对村寨

① 王俊、黄红、欧阳安：《云南少数民族法文化演变及成因分析：以生态环境保护为视角》，《云南行政学院学报》2011年第4期。
② 景跃波、张劲峰、陈隽：《云南藏民族传统文化与生态保护》，《福建林业科技》2007年第4期。
③ 曹善寿主编、李荣高编注、金沙勇审校：《云南林业文化碑刻》，潞西：德宏民族出版社，2005年，第356—357页。
④ 曹善寿主编、李荣高编注、金沙勇审校：《云南林业文化碑刻》，潞西：德宏民族出版社，2005年，第439页。

的危害，维护了各地区的生态平衡，在生物多样性保护方面也发挥着重要作用，这些思想观念在各民族的乡规民约中也有较全面的反映。

总之，云南很多少数民族把自己视为生物个体，从原始宗教、传统文化、思想观念、习惯法等角度，对不同的生态要素给予保护，采取了保护神山、神树、神水或保护水源林的措施，并遵从乡规民约的制约，与自然和谐相处。正是各个民族长期传承的保护生态环境的思想观念及法规，使很多民族聚居区的生态环境长期保持在良好状态中。苍苍莽莽的原始森林里，物产丰富，珍禽异兽、各类药材遍地皆是，直至 20 世纪中后期，云南还是中国生物多样性最丰富的地区。因此，各民族的生态观念及其保护生态环境的乡规民约，主观上是出于尊崇、尊奉神灵以求护佑及保证生存资源长久为族人使用的心愿，但这种生存态度及生态保护行为，在客观上达到了保护生态、缓解环境危机的效果。

20 世纪以前，云南大部分地区林木茂密，生态环境因为人口稀少、开发迟缓而长期保持在原始状态中，山区、半山区或河谷地区是人烟稀少的瘴气区。各民族作为自然环境中的一个组成要素，形成了各自原始宗教及其对山、树、水等的崇拜，使民族聚居区的生态环境受到了保护。但是，在生存、发展及经济利益的驱动下，这些原始宗教崇拜对生态环境的保护功能也随之丧失，清代中后期，各民族的神山、神树（林）遭到了破坏，水源林被毁，水源枯竭。

在各种灾害面前，原始宗教尤其是对山、树、水源的崇拜及其功效重新受到重视，生态保护措施重新贯彻实施，人们还将其刻在石碑上以使族人永远遵守。这些存留在草巷青山上的碑刻、在民间口耳相传并得到尊奉的乡规民约，其闪光的生态保护意识及思想，不仅在当时，而且在现当代，在地方生态危机的恢复、生态系统的稳定方面发挥着不可替代的作用。

第四章 现代化时期边疆民族地区生态恶化及生态文明的衰退

20世纪80年代以后，随着中国现代化进程的逐渐展开，生产技术迅速推广，计划经济体制逐渐向市场经济体制转变，内陆及边疆地区逐渐国际化。边疆地区很多特色资源的开发进入国际化轨道，一些贫困地区为达到经济发展的目的，对自然资源不计后果的开发及滥用现象日益突出，以资源换生存、谋发展的模式成为普遍现象。现代科技无论是数量还是技术都以日新月异的速度在发展及更新，在区域生态变迁中继续发挥着出乎技术发明者及使用者意愿和意料之外的恶劣影响，很多原生态地区因生态的迅速恶化而出现了历史以来最严重的土壤及水源污染与劣变、本土物种急速减少乃至灭绝、外来物种不断入侵的现象。

虽然现当代生态环境破坏的原因、途径、表现及结果多种多样，但中国传统制度模式尤其是政策促发的蜂拥性、盲目性特点，以及环境意识淡薄或利益驱动而漠视甚至破坏生态的发展模式，使制度插上了科技的翅膀，成为加速区域生态破坏、加大生态破坏程度及范围的动因，生态危机也达到了有史以来最严重的程度。目前边疆地区环境保护与社会可持续发展中最突出的问题，是民族地区国际化进程中资源开发及交通线不断拓展导致的一系列环境问题及危机，此仅以旅游、水电、交通开发为例进行说明。

一、旅游资源开发失措引发环境问题

云南独特的自然生态环境成为旅游业独具特色的资源，因局限于地理环境、交通通信、社会经济发展缓慢等原因，各民族地区长期以来仍保持着民族传统的生活方式和未被破坏的自然景观，优良的气候及淳朴的民族风情使云南成为旅游黄金区。因早期旅游业对动植物、水源、景观等生态环境造成了极大的冲击及破坏，"生态旅游"时尚的理念及经营策略深入人心之后，云南凭借边疆风情民俗和初步开发的秀丽风光在生态旅游中独具魅力。但生态旅游资源的保护和利用的矛盾也不断出现，一些地区的旅游资源被开发及投入使用后，由于人们的环境保护意识不足，旅游区生态环境迅速遭到破坏，生态系统受到了极大的冲击与损害。

旅游开发对土地资源及其生态系统的负面影响最突出。生态旅游区开发后，土壤裸露面积增加，加大了水土流失量，土层变薄；旅游者的不断踩压使土壤板结程度增加，水分渗透力减弱。旅游区的经济活动如公路、宾馆、电力通信设施及人造景观、体育娱乐场地的建造，生活污水的排放及垃圾的堆积等均使景区自然景观及植被受到破坏，使简单脆弱的人工生态系统取代了复杂丰富的自然生态系统，生态平衡被人为因素打破，生物群落的层次和数量减少，影响了当地生态系统的自然循环与发展，这在大理、丽江、香格里拉等生态旅游区最为突出。

旅游开发还对动植物资源及其环境造成了极大影响。方兴未艾的生态旅游吸引了大量游客，却导致了生物资源及生态环境的破坏。例如，一些新佛教寺院文化景观群在恢复重建和旅游设施的建设中，建筑施工队和旅游人员大量涌入，对森林植被大肆砍伐。大量游客在旅游地的聚集，对植被造成了广泛损害甚至导致某些植物死亡，如有的游客看到有较高观赏价值的花草、苗木，便随意采摘藏匿带走，甚至偷采珍稀树木花草、盗伐森林、猎杀野生动物，采集食用菌和名贵药材等行为也造成了很多珍稀生物资源的流失，破坏了动植物的生长及生态系统的平衡，还导致火源管理难度增大，引发了不少旅游点及山林火灾，造成了严重的生态灾难。例如，2014 年 1 月 11 日云南香格里拉县独克宗古城火灾使 2/3 的古城被烧毁[①]，损失惨重，其对生态系统的影响将在后期建设中

[①] 新浪新闻中心：《香格里拉千年古城 2/3 面积被烧毁 排除人为纵火》，http://news.sina.com.cn/c/2014-01-12/022029218124.shtml（2014-01-12）。

陆续呈现出来。

二、水电资源开发导致水域生态环境的严重破坏

云南省河流众多，是中国水能资源最丰富的省份之一，也是国家级水电能源的基地，水电站建设是现代化以来云南资源开发的重要项目，云南径流面积在一百平方千米以上分属长江、珠江、红河、澜沧江、怒江和独龙江六大水系的河流有 908 条，其中800 条正在建设或即将建设水电站，六大水系干流上已规划有 50 座大型水电站，除干流外正在建设和规划将要建设的中小水电站超过 216 座[①]。水电资源开发虽然带来了巨大的经济效益，却对河流生态及水环境造成了极大的破坏，改变了河流原有的生态系统及生态平衡。

水电建设工程不仅占用土地，建设中的开挖还造成了对森林、植被和其他生物资源的砍伐和毁坏，破坏了陆生动植物的生存环境和栖息地。例如，澜沧江干流的小湾电站在修建大坝和相关道路建设时，对河流两岸进行了大面积的工程开挖，大坝的面山几乎被铲平，表土完全被剥离，导致原生态环境发生巨大变化，电站附近的动植物失去了赖以生存的环境，导致陆生动植物个体数量减少，危及该流域区重要、稀少物种的生存及其生态系统。

电站建设影响到水电开发区及其下游河流环境的生态平衡，导致水生生物种类及其生存环境发生变化，最突出的是对鱼类和水生生物的影响。大坝的修建使河流的鱼类和水生生物的栖息地及洄游路线受到干扰及阻隔，对洄游性鱼类的生长、生存、繁殖及其数量产生了毁灭性的影响。河流流量的季节变化和洪水在电站建坝后变成人工控制，下游生态环境系统的结构和功能由此发生了重大变化，尤其是一些径流引水式开发的电站易导致河床干涸，引起水流速度、水温和水位等河流水文情势的变化，河流原有鱼类和水生生物区系发生改变，其生活路线和周期的改变使鱼类和其他水生生物的种类和数量发生巨变，整个河流的生态系统随之发生根本性改变[②]。

水电资源开发促使河流湖泊化是河流生态毁灭的动因之一，并影响到流域区的自然

---

① 云南旅游网：《云南省水电站分布图》，http://ditu.551.cn/Item/12073.aspx（2012-02-04）。
② 何玉芹、欧晓昆：《云南省水电站开发对生态环境的影响及保护对策》，《云南环境科学》2006 年第 2 期。

生态景观和自然保护区的生态环境。水电站的建设及使用改变了河流固有的生态结构及平衡，扰乱了鱼类的生活习性，如口部极其特化的野鲮亚科鱼类，由于急流环境的消失，已经濒临灭绝。电站建成后相对静止的水流环境使污染物扩散减缓，造成污染物沉积。水电建成后下游水量减少，水体自净能力降低，大坝下泄的低温水、气体过饱和水等都对鱼类繁殖和鱼苗发育造成严重影响[①]。

导致外来物种入侵及土著物种减少乃至灭绝是水电站建设的另一个生态恶果。电站水库的淹没给水生生物带来巨大影响，河流水生生态系统变为水库湖泊水生生态系统后，水生生物的生长、繁殖所必需的水文条件和生长环境由此受到破坏[②]。大坝上游蓄水区人工养殖经济鱼类非常普遍，如雷打滩电站坝上静水区有很多网箱养鱼并人工投放饲料，加速了坝前滞缓水体的富营养化进程，许多坝前水葫芦泛滥，遮蔽了河流水面，给土著鱼类的生存带来了极大威胁[③]。

水电站建设还影响陆生生物的迁移和交流，影响了生物的分布和繁殖。水电站建设导致的水体流失对区域农业生态造成严重影响。电站工程修建时大量土石方开挖及对地表植被的破坏，使裸地面积增加，加剧了水土流失，影响河道行洪，增加了河道淤积的概率，流入库区的泥沙量增加，降低了水库的综合效益，缩短了水库的寿命，导致土壤有机质流失，土壤结构遭到破坏，给植被恢复和土地复垦增加了难度。部分电站建设还影响到当地的农业灌溉系统，对以农业为主的地方经济和农业生态环境产生了较大影响[④]。

三、交通的开发引发了边疆民族地区严重的生态危机

边疆民族地区多是山地丘陵区，20 世纪二三十年代以后虽然开始了公路的修筑，六七十年代初步建成了公路网络，但交通总体状况依然滞后。90 年代以后，边疆民族地区开始出现现代高速公路、铁路的建设，一二十年内高速公路及铁路网络先后在各民族地区延伸开来，交通运输业的飞跃发展促进了这些地区社会经济文化的迅速发展，但也导致了生态环境的剧烈恶化。

---

① 王伟营、杨君兴、陈小勇：《云南境内南盘江水系鱼类种质资源现状及保护对策》，《水生态学杂志》2011 年第 5 期。
② 薛联芳、顾洪宾、李懿媛：《水电建设对生物多样性的影响与保护措施》，《水电站设计》2007 年第 3 期。
③ 王伟营、杨君兴、陈小勇：《云南境内南盘江水系鱼类种质资源现状及保护对策》，《水生态学杂志》2011 年第 5 期。
④ 何玉芹、欧晓昆：《云南省水电站开发对生态环境的影响及保护对策》，《云南环境科学》2006 年第 2 期。

高速公路及铁路的建设占用了大量土地，边疆民族地区耕地资源原本不多，高速公路及铁路的修建使土地用途发生了变更，交通沿线的森林植被遭到砍伐，土壤发生严重侵蚀，尤其是修筑路基时开山劈石造就了众多裸露山体缺口，取土填方及砂石料的开采形成了大面积的取土场、采石场，以及剩余渣土外弃形成的大面积弃渣场，地形地貌由此发生了极大变动，改变了水文情况及水系水环境，对区域生态造成了不可逆转的负面影响。在工程的石质边坡地区，生态重建的难度极大，表土与植被平衡关系失调后，裸露的土地表层使土壤抗蚀能力减弱，原地面坡度、坡长因道路修建发生了改变，地表水被迫改向或改道，降雨时水流集中区发生水土流失，水流结构不平衡的地方出现了土壤侵蚀[①]。

道路建成通车后对周边生态环境造成的危害也非常严重，交通运输中带来的外来有害生物给生物入侵提供了机会，公路的施工及运行均对路域环境造成了干扰。最显著的是对本土生物多样性造成了冲击，使局部群落的生物多样性降低、层次缺失和群落垂直结构发生了较大改变，改变了这些地区自然群落的演替方向，导致群落演替停止甚至逆行演替。近年来，云南民族地区高速公路边坡土壤因含水量降低、土质松散且易风化而导致与之相伴的坡面土壤侵蚀、水土流失、山体坍塌、滑坡、河流阻塞、水污染、林业病虫害侵入等灾害的例子屡见不鲜。

总之，现代化进程中引发的环境问题及生态危机，与制度的主导及科学技术的广泛应用有密切关系。此期的生态破坏，继续沿用了传统的人为破坏模式，但也出现了新的破坏主体，即异域生物开始了对本土生物大规模的虐杀及灭绝行动。在这场以生物入侵为主要方式、离开了人也完全不以人为主体的生态破坏行动中，科技及制度继续发挥着先导及促导的作用，但在生物对生物的破坏，或者是一个或一些来自异域的生物对本土那些稳定平衡的生态系统开始其破坏及毁灭行动时候，制度及科技的力量开始显得束手无策。因此，这个阶段是云南生物入侵开始泛滥的时候，也是生态破坏开始转型的时候，即生态破坏彻底改变了其惯有的模式及途径，在没有人类参与的条件下、在见不到人影的地方，一场场没有硝烟的生态争夺战，在生物个体与生物个体、生态系统与生态系统之间展开，其导致的生态破坏程度比传统的以人为主体的破坏要广泛、严重、彻底得多。但遗憾的是，人们尤其是制度制定者几乎没有任何有效的应对措施，也缺乏应对

---

① 马永排：《云南高速公路建设对生态环境的影响及对策分析》，《林业调查规划》2011年第3期。

的制度。

21 世纪以来，中国的生态变迁依旧延续了上一个阶段以人为主体、以制度与科技推动及加速的模式，尤其是经济作物、观赏动植物的引种，以及其他物种引进而导致的本土物种灭绝及异域生物入侵的方式，此期的生态变迁速度更快，生态破坏规模更宏大、程度更深入。边疆民族地区出于区域经济及地方社会的发展需要，在未进行生态影响及后果的充分论证的情况下，就广泛引进多种经济作物，在森林繁密的半山区、山区普遍种植，导致区域原生生态环境遭到破坏，土著作物普遍性地萎缩灭绝，引发了诸多更深层次的生态危机。

国际经济价值较高的橡胶树、桉树及其他诸如咖啡、可可等经济作物的引进及物种入侵造成的生态危机，成为云南当代生态危机的焦点。咖啡、可可等热带经济作物的推广种植，是区域国际化进程中最突出的经济发展方式，但这些热带经济作物的引种是以驱逐山坡地上的森林为代价实现的。生物多样性特点凸显的热带雨林生态系统是保持热带土壤肥力的理想结构，但这个系统因热带经济作物的大量种植而转变成了极为单一的人工生态系统，土壤肥力迅速下降，其生产力逐渐丧失。总之，各地经济作物的广泛引进及大量种植，是在借助现当代植物学、园林学和生物学等学科及其技术的基础上，在国家制度及地方政策支持下才得以实现的，对生态环境造成的负面影响与橡胶树、桉树的引种一样，使各引种区物种单一化趋势越来越明显，生态链断裂及区域生态系统崩坏时有发生，成为云南生态危机不断爆发的重要原因。

外来入侵物种不仅对社会经济造成了严重损失，更重要的是对本土生态系统造成了不可逆转的破坏，尤其是导致区域生物多样性特点丧失及生态环境的急速恶化。国际化进程在很大程度上使边疆民族地区物种入侵的速度加快，入侵种数量越来越多，入侵区域也越来越广。

物种入侵也对中国边疆民族地区生态系统的正常发展构成了严重威胁，破坏了本地生态系统，威胁到了生物多样性，导致各民族地区局部种群的消亡，最终导致这些地区本土生态系统崩溃。很多成功入侵的物种都是不挑剔生存环境的生物，在入侵地缺少天敌而大量繁殖，迅速在新环境中占据最适宜的生态位。诸如飞机草等入侵植被不仅能迅速适应入侵地的气候及其他立地条件，还大量占用入侵地的水分及土壤肥力；入侵动物则能快速在入侵地找到适合自己种群繁衍壮大的食物，在短期内就能在当地食物链中成为优势种群，导致本地物种减少乃至灭绝，彻底改变区域生态环境，进而危害社会环境乃至人类健康，并造成巨大的经济损失。

纵观云南近代化以来的物种入侵尤其是人为导致的物种入侵，制度及管理的缺陷是显而易见的，一些追求经济利益而引入新物种导致物种入侵的政策，给云南本土生态系统带来了空前的危害，由此引发了一系列问题及生态危机。不仅直接减少了入侵地土著物种的数量，而且导致了众多土著物种灭绝，间接减少了生物链中依赖于当地物种生存的其他土著物种的数量，彻底地改变了当地的生态系统和生态景观，使自然生态系统对火灾、虫害及其他灾害的控制和抵抗能力降低，也降低了当地土壤保持和营养改善的能力，以及水分保持和水质提高的能力，导致本土物种丧失了对生物多样性的保护及恢复能力。因此，入侵生物给入侵地造成了巨大的经济损失，土壤肥力降低，也使生物多样性及其功能丧失，区域水资源的调节能力下降，本土生态系统由此发生了不可逆转的恶化。

水域生态的污染及水体环境的严重退化，淡水水域面积日渐减少、水体污染日益严重、人水矛盾日趋突出，已成为中国乃至全世界的问题。云南近几十年的水资源过度开发利用以及多种因素造成的水污染，严重地破坏了水域生态系统，对水生生物的繁衍与增殖产生了巨大影响，导致更多的水生生物成为濒危物种，种群数量减少，外来入侵物种种群日益庞大，给水域生态系统带来了严重的冲击。

总之，在当代国际化进程中，云南各地方政府出于发展经济的目的，引进了一系列陆生或水生经济物种，虽然短期内取得了一定经济成效，但很多物种很快成为入侵物种，本土原生及次生的森林植被消失，不仅破坏了本土生态环境，降低了本土自然环境的抗灾能力，也带来了一系列严重后果，以物种入侵导致本土生物多样性丧失及生态系统的破坏最为突出，致使各民族地区的泥石流、滑坡、水旱、病虫害等环境灾害逐渐增加，程度日益严重，尤其是以森林植被减少后引发的泥石流灾害最具典型性。近十余年来云南绝大多数州（市）、县（市、区）都有泥石流灾害的新闻报道，如德宏傣族景颇族自治州芒市，怒江傈僳族自治州贡山独龙族怒族自治县，保山市、临沧市、丽江市，楚雄彝族自治州等地就是近年来泥石流灾害频繁发生的地区。长期的生态破坏导致的生态危机，以及由此导致的生存危机，已经迫近到每一个人的眼前，因生态恶化引发的生存危机事件及其恐慌，离我们并不遥远，它就在我们身边。但此刻的很多危机，依靠制度及科技的力量，已经不能解决及制止了。

在民族地区生态环境恶化的同时，按照传统的、历史正向发展的态势，各民族生态文明的思想、措施、制度应该有重大的发展及飞跃的进步。但令人遗憾的是，各民族传统的生态文明不仅没有焕发青春、与时俱进，反而在"经济利益至上"的口号下被许多人抛至脑后，使原本应该受到本民族生态文明思想及措施保护的生态环境受到了持续不断的破坏。

第五章　当代云南民族地区生态文明建设的思考

明清以降，云南内陆化进程加快，农业及矿冶业快速发展，坝区、矿业区汉族移民人口迅速增加，生物的生存环境遭到破坏，生态系统发生了激烈变迁，很多地区成为环境灾害频发区。水源枯竭、水旱灾害频发的现象促使一些地方官员在生态破坏区采取植树护林的措施以恢复生态环境，虽然成效不一，但却在客观上达到了缓解生态危机、稳定民心的效果。这些防护措施，虽然是危机出现后被动的行为，但在一定程度上也是时人主动防范灾患的意识的觉醒，并把这种意识体现在了施政措施中。

大部分山区、半山区或河谷地区林木茂密，生态环境因为人口稀少、开发迟缓而长期保持在原始状态。生活在这里的少数民族创设了自己的原始宗教崇拜以及其对山、树、水等生态要素的崇拜，民族聚居区的生态环境得到了保护。但随着开发的深入，各民族原始宗教崇拜对生态环境的保护功能也在生存、发展及经济利益的驱动下逐渐丧失，各民族的神山、神树在清代中后期以后遭到了破坏，水源林被毁，水源枯竭，水域面积缩减。在频发的环境灾害面前，各民族原始宗教中对山、树、水的崇拜及其功效重新受到重视，其措施重新得到贯彻实施，人们将其作为基层法律制度刊刻在石碑上使族人永远遵守。这些存留在民间的习惯法或乡规民约所蕴含的生态保护意识及思想，即使在今天，也能够对地方生态危机的恢复、生态系统的稳定发挥不可替代的作用。

以当今学术研究的主流术语来考量，云南各民族的生态观及生态思想，既不属于生态中心主义的范畴，也不属于人类中心主义的范畴，而是具有土著民族朴实本真的生存及发展需求本性的、在客观上尊重及保护了自然生态系统稳定的本土生态观。揭开宗教的外衣，其思想及生态效果值得现当代民族地区生态政策制定者深思和借鉴，是值得以唯物辩证的态度去推广的生态生存观。

反思云南历史时期地方官府及各少数民族采取的生态保护措施及其生态思想，尤其是地方政府及其基层法制与乡规民约、原始宗教等多途径、多层次环保制度相结合，以地方政府为主、民族民间习惯法及信仰为辅的环保措施并行体制下的点面结合、基层官员与民众齐心协力、由点成网的生态保护模式，不仅曾经对地方生态环境起到了积极的保护作用，也对解决当今的生态危机具有极大的借鉴作用，有利于生态系统协调、平衡发展。但其中的一些内容尤其是原始宗教崇拜的思想要素已不适应社会发展及生态保护的需求。

目前，各民族地区因经济及资源开发方式失当导致的生态危机、环境问题频繁出现，生态灾害逐渐加剧，应当在充分发扬各民族生态文化中积极、进步的生态观如禁止随意砍伐森林、保护培植水源林的措施，发掘森林与地方人文发展密切相关的生态思想及森林资源的适当利用思想的基础上，融入现当代的环保理念及具体措施，通过各种形式的宣传、教育及法律途径将其发扬光大，将一些即将失传的民族生态传统习惯通过制度、法律及文化教育等手段保存和确定下来，使其产生积极的社会效应。同时，在一些生态恢复能力较强的地区，应该利用自然资源的优势，专门制定出特殊的、符合区域条件的生态恢复措施及习惯的政策法规，由点及面地恢复民族地区的生态环境，扩大生态保护的范围。

在边疆民族地区的开发中，单纯追求经济效益而破坏地方生态环境的行为已经受到了社会的谴责，为了保护少数民族地区的生态环境及民族文化而试图保持其社会经济、文化、交通等落后状态的思想及行为也已经被唾弃。但某些为了发展旅游业、开发水电资源、发展经济林木等支柱产业，歪曲民族文化尤其是生态思想，不顾区域生态平衡而在某一区域人为制造单一生物系统的危险做法却在边疆民族地区愈演愈烈；只考虑区域资源开发，忽视或无视地方生态基础及条件，不做整体及综合考虑就激进冒进的做法，还屡禁不止，其导致的生态灾难日趋强烈。

面对民族地区的种种不适宜生态发展的措施及现状，制定生态文明建设的严密制度、措施及网络，充分借鉴各少数民族全民参与和尊崇环保措施的做法与传统生态文明建设的成果经验，在进行生态保护、生态恢复、构建生态安全屏障的同时，重新建构新时期民族生态文明建设的制度及范式。

同时，在科技就是生产力的发展时代，应当重视专家学者在其中的积极与消极作用，环境监测与评估专家、环境问题专家尤其是民族生态史研究者应该在强化民族生态意识的前提下，保持独立人格及独特思想，不盲目充当地方政府或利益集团的宣传工具，切实站在区域环境保护及可持续发展的立场，为民族自治政策的制定提供独到、客观、有效的建议，真正发挥专家学者资鉴致世的作用。

边疆民族地区的环境问题的出现，并非一朝一夕的事情，期间经历了一个漫长的发展变迁历程，但从总体情况来看，生态环境的变迁及环境的恶化，是以顺势、加速的趋势在发展的。传统社会时期，尽管存在制度及资源内输导致边疆民族的生态环境破坏，但破坏是局部的，还有很多交通不便的地区尚未得到开发，环境问题及生态危机没有普遍爆发，大部分山区的生态环境保持着良好状态。近代化以后，近代科技应用到各项开发中，既加速了开发的速度及力度，也加速了生态环境变迁及破坏的速度。现代化时期，经济及资源开发依旧是社会发展的主动脉，交通的发展尤其是国际化的进程促动了橡胶树、桉树及咖啡、可可等外来经济作物的大量引种，导致了诸如物种入侵、生物灭绝、水域污染及生态退化等环境问题，并且很多地区为了发展地方经济，常常不惜破坏区域生态环境，大肆砍伐森林，更换生态系统，破坏乃至毁灭本土生态环境的事屡屡上演，最终导致绝大部分地区的本土生态系统全面崩溃。

近年来，无数想解决生态危机的组织和团队，探讨了无数种解决的方案及方法，也在生态恢复及建设中取得了极大的成效，但很多成效都是局部区域、少数国家级地区的。在中国，生态保护的重要性虽然每年被政府，民间组织，个人一再地强调和提醒，政府部门也采取了诸多措施，投入了大量经费、派出了大量科研人员进行研究，但环境危机还是不断出现，环境问题层出不穷。究其原因之一，是引发环境问题的根源未能被截止斩断，很多环境治理的措施只停留于表面及口号，缺乏政府行政及制度的有力支撑，一些具体措施不恰当，致使很多环境恢复的措施成为新的环境问题和环境危机的根源，导致旧危机未去但新危机又源源而来的后果。目前环境危机已经遍及生产生活领域，已经深入水域、空气、食品、医疗卫生等关乎人类生存及命运的领域。

　　这样的局面不仅在云南这块对于中国而言生态还算是保持较好的区域存在，而且在中国更多的地区生态破坏更为严重。日益严重、日趋迫近的生存危机已经让人寝食难安，对于世界而言，广大发展中国家的生态危机屡屡爆发而引发了国际组织的关注，因此，生态治理及恢复的研究与实践是全中国、全世界必须重视的问题。那么，该怎样去认识、思考及应对这个问题呢？相信答案绝非一个，措施也绝对不是唯一的，不仅云南地区，也不仅中国，而是全球系统存在的客观现实，即各区域的生态子系统存在着巨大差异性，但也存在着相似性及发展目的的统一性，在目前危及人类生存的危机中，需要全人类对此进行不懈的探索和努力。

　　发达国家的生态环境，无疑是公认的全球最好，但这样的好环境状况，却是以牺牲发展中国家的环境换来的，这样以牺牲部分国家及地区生态利益换取本国生态发展的途径与发展模式，不仅应该遭受全球生态系统的唾弃，也应该被制止。

　　人类常常用很短的时间去破坏一个事物以获取微薄的利益及权力，却要花数百甚至数十万倍的经费及努力去恢复和医治创伤。人类对生态环境的破坏是这种破坏模式的顶级发展形态，目前已经付出的数千倍经济及人力、物力的代价，既不能恢复原来的生态环境状态，也很难建立起良好的生态环境。人类是一个"好了伤疤忘了痛"的生物群体，甚至伤疤未好就又为了经济及其他利益而继续开始饮鸩止渴的破坏行动。这就使环境破坏、生态系统的黑洞像雪球一样越滚越大，处于一个永无休止的漩涡中，未来发展中地球生态系统彻底崩溃、人类灭亡的前景虽然让人惊恐，但在面对这个似乎有些遥远的未来，国家、集团、区域的利益需要却又在天平上超过了人类未来的命运，成为第一位的破坏驱动因素。因此，生态恢复及环境重建任重道远，前景不容乐观尤其是广大发展中国家的前景更不容乐观。因此，建立跨区域的、全球生态系统的观念及制定相关的制度与实践措施已经非常迫切和必要，不仅应当成为各区域的共识，也应当成为全世界的共识。

第二编

云南省生态文明排头兵

建设政策篇

云南省的生态文明制度建设主要从生态规划、生态创建及生态文明体制改革三个层面展开。生态规划主要是基于云南省针对保障人与自然关系可持续发展提出的政策；生态创建是在生态规划的基础上具体到州市的建设性行为，生态规划所制定的目标、内容都是通过生态创建逐步实现的；生态文明体制改革是保障生态文明建设得以有效实施的重要制度。

云南省生态文明制度建设发端于云南省各民族的环境保护乡规民约，有保护水源、森林、动物等的碑刻专门限制当地百姓破坏环境，这类前生态文明时代的思想和民间"法制"是生态文明制度建设早期的表现形式[①]。中华人民共和国成立以来，云南省环境保护事业的开展为生态文明制度建设提供了良好的保障。从1949年以来云南省生态文明制度建设的历程来看，其主要经历了三个阶段。

第一阶段：孕育时期（1949—1971）。在这一时期，由于国家没有明确的关于生态文明建设的相关政策、规划、目标等，生态文明制度建设作为政策并未成型，但云南各民族地区保护环境的各种乡规民约在约束人们破坏环境的行为方面发挥着重要的作用。

第二阶段：萌芽时期（1972—2006）。这一时期，由于环境污染加剧，环境保护事业受到重视，云南环境保护事业全面展开。根据《中华人民共和国环境保护法（试行）》相关规定，云南省政府也相继制定《螳螂川水域环境保护暂行条例》《云南省排放污染环境物质管理条例（试行）》等管理办法；建立了第一个由环保部门管理的自然保护区——松华坝水源保护区；1982年初开始建设生态农业试点工作。环境保护法规的出台、试点的创建等一系列举措为生态文明的制度化建设奠定了基础。

第三阶段：发展时期（2007—2015）。这一时期，由于党的十七大将生态文明建设作为发展目标，十八大以来，生态文明建设全面展开，2015年1月，习近平总书记在云南省发表的一系列讲话成为云南省生态文明建设的重要契机。2008年2月20日至21日，云南省政府在丽江召开滇西北生物多样性保护工作会议，提出要健全和完善保护法规和政策，建立生物多样性保护的政策法规保障体系，全面推行规划环评制度，统筹兼顾区域生产力布局、产业发展、环境容量和生态功能，从规划和建设源头保护生物多样性，这是生态文明制度建设的较早实践。2009年，云南省出

---

① 周琼：《云南生态文明建设的历史回顾和经验启示》，《昆明理工大学学报》（社会科学版），2016年第4期。

台《七彩云南生态文明建设规划纲要（2009—2020 年）》，真正将生态文明建设融入经济建设、政治建设、文化建设、社会建设各方面和全过程。2010 年 6 月 9 日，昆明将生态城市、生态文明建设纳入干部政绩考核，昆明市委、市政府下发了《关于加强生态文明建设的实施意见》，要求从生态经济、生态环境、生态设施、生态文化、生态保障等方面确立生态文明建设指标体系和考核办法，此实施意见标志着云南省生态文明建设的制度化。

综上，云南省生态文明制度建设尚处于初步发展阶段，虽然取得了一定成效，但是仍有不足之处。其一，监督执行力度有待加强。其二，法制化建设有待提高。因此，云南省生态文明建设在制度层面必须围绕国家政策与地方实际进行调整，加快实现生态文明制度化。

第一章　云南省生态规划建设事件编年

　　生态规划是实现生态文明建设可持续发展的重要工具。我国的生态规划起源于 20 世纪 80 年代，"生态规划"这一概念脱胎于生态学之中，最早的研究来自欧美。学界对生态规划的概念和内涵，不同学科之间各有侧重，多学科的交叉和融合，构成了生态规划的多元化。生态规划的实质是运用生态学原理去综合、长远地评价、规划和协调人与自然资源开发、利用和转化的关系，提高生态经济效率，促进社会经济的持续发展。[①] 可以说，生态规划是人类协调人与自然之间关系的桥梁。

　　中国生态规划较早以制度形式出台的省区是云南省。早在 2009 年，云南省就颁布了《七彩云南生态文明建设规划纲要（2009—2020 年）》，这是全国第一个关于生态文明建设的规划纲要，此规划围绕成为生态文明建设排头兵的总目标，从生态意识、生态行为、生态制度三个领域着手，努力完成培育生态意识、发展生态经济、保障生态安全、建设生态社会、完善生态制度五大任务，实施九大高原湖泊及重点流域水污染防治、生物多样性保护、节能减排、生物产业发展、生态旅游开发、生态创建、环保基础设施建设、生态意识提升、民族生态文化保护、生态文明保障体系十大工程。此规划的颁布意味着云南省在生态文明建设中以具体的实践行

---

① 欧阳志云、王如松：《生态规划的回顾与展望》，《自然资源学报》1995 年第 3 期。

动，在全国开创了制度建设的新模式、新路径，首次在生态文明排头兵建设中走出了坚实的一步。

2009—2014 年是云南省生态规划建设的奠基阶段，森林生态系统、湖泊生态系统、城市生态系统等在经过制订具体实施方案、评价体系、编制科学可行的生态建设规划的基础上全面启动。《中共云南省委、云南省人民政府关于加强生态文明建设的决定》《抚仙湖生态环境保护试点实施方案》《洱海生态环境保护试点实施方案》《八湖规划》《临沧市生态市建设规划》等规划方案的相继出台，从政策制度层面更好地保障了生态城市建设、生态环境保护、九大高原湖泊治理，《中共云南省委、云南省人民政府关于加强生态文明建设的决定》的出台是云南省生态文明建设贯彻落实的重大举措，更是云南省争当生态文明排头兵的重要基础。2015 年至今是云南省生态规划建设的蓬勃发展阶段，西双版纳以"生态立州"作为生态文明工作的主要任务和重点，2015 年习近平总书记到大理洱海考察，对云南省生态文明工作给予了肯定，并对洱海水更清表示了殷切期望，极大地推进了云南省各州市的生态文明建设工作。之后，一大批生态县（市、区）建设规划出台，如《富宁生态县建设规划》《开远生态市建设规划》《思茅生态区建设规划》《孟连傣族拉祜族佤族自治县生态县建设规划》《南华生态县建设规划（2015—2020 年）》《永仁生态县建设规划（2015—2020 年）》《大姚生态县建设规划（2015—2020 年）》等，生态县的大批建立从生态学原理出发，在保障社会、经济、文化发展的同时，自然生态系统功能得到不断优化，人类的生存环境逐步改善，生活质量提高，实现人与自然的可持续发展。云南省针对湖泊、湿地、动植物等的保护也陆续编制了可行的生态规划，如《洱海保护治理与流域生态建设"十三五"规划》《云南湿地生态监测规划（2015—2025 年）》《亚洲象保护工程规划（2016—2025 年）》《玉溪市林业生态保护红线划定原则方案》等，为云南省争当生态文明排头兵建设提供了重要支撑。

云南省的生态规划建设尚处于发展阶段，虽然一系列保护城镇、森林、湿地、湖泊等的生态规划已经出台，但仍存在一些问题需要进一步改进。生态规划从编制到落实再到建成并非一蹴而就，需要一个长期的过程。

第一节　云南省生态规划事件的奠基阶段（2009—2014 年）

一、2008 年

2008 年 2 月 20 日至 21 日，云南省政府在丽江召开滇西北生物多样性保护工作会议，认真贯彻党的十七大精神和云南省第八次党代会提出的"生态立省，环境优先"的战略部署，加强生态文明建设，专题研究、部署和全面推动以滇西北为重点的生物多样性保护工作。会议强调，保护好滇西北的生物多样性，是云南省对全国和全世界的庄严承诺。全省上下要进一步行动起来，凝聚各方力量，创新工作思路，改进工作方法，确保滇西北地区青山永驻、碧水长流、物种多样性永存，使生物物种资源造福当代人民、惠及子孙后代，为云南经济社会的全面、协调、可持续发展，为保障国家和世界的生态安全做出不懈努力。

云南省委副书记、省长秦光荣出席会议并发表重要讲话。他指出，生物多样性保护是实现可持续发展的重要内容，滇西北是具有全球意义的物种多样性地区，是全球重要的生物资源宝库，是生态安全的重要屏障，加强生物多样性保护意义重大。近年来，各级政府高度重视滇西北生物多样性保护工作并取得初步成果。滇西北生物资源尽管十分丰富，但生态环境极其脆弱，环境承载能力有限，保护任务艰巨。如何处理好当地经济发展与生物多样性保护的关系，是摆在各级政府面前必须解决的一个重大难题。必须尽快转变发展方式、创新发展模式，走出一条滇西北差异化发展的特色之路。

秦光荣强调，保护好滇西北生物多样性是云南省建设生态文明的重要组成部分，要创新思路，明确重点，积极推动滇西北生物多样性保护实现三个转变。

一是创新保护思路，明确保护目标。要深入贯彻落实科学发展观，高举生态文明旗帜，加快建设资源节约型、环境友好型社会，增强"生态立省，环境优先"意识，坚持以人为本，促进人与自然和谐，坚持全面规划、科学管理、积极保护、合理利用，坚持体制机制和科技创新，坚持在发展中解决环境问题，突出生物物种多样性、生物遗传基因多样性和生态系统类型多样性三大保护重点，全面实施"七彩云南保护行动"，加快推进十大保护工程，进一步提高保护水平，促进生物资源可持续利用，巩固云南省在国内外生物多样性保护中的突出优势地位，促进滇西北地区经济社会可持续发展。到2020年，基本形成结构科学、布局合理、功能完备、管理高效的生物多样性保护体系，所有珍稀濒危动植物和典型生态系统类型、绝大多数特有物种得到有效保护；公众生物多样性保护意识和参与程度明显增强，区域内经济社会与生态环境协调发展，生物多样性可持续利用能力明显提高。

二是结合滇西北实际，突出保护重点。重点是保护好滇西北生物物种的多样性、生物基因的多样性和生态系统类型的多样性。要通过完善就地保护、迁地保护、离体保护相结合的生物多样性保护体系和保护网络，防止生态环境破坏、物种绝迹和生态功能退化；要以各类保护区和其他野生动植物主要原生地、栖息地、迁徙地以及有特殊保护价值的区域为核心，努力维护现有各类生态系统的功能，恢复退化生态系统的功能，切实保护好生态系统多样性；要通过积极抢救保护珍稀濒危物种，加强特有物种保护，有针对性地开展就地、近地和迁地保护，保护好生物物种多样性；加强动植物胚胎、体细胞、生殖细胞、基因库等离体保护工作，保护好遗传基因多样性。

三是努力实现三个转变，形成生物多样性保护的新格局。在保护方式上，要从单纯以政府为主向政府主导、全社会参与的多元化开放式保护转变；在保护手段上，要从主要用行政办法保护生物多样性，向综合运用法律、经济、技术和必要的行政手段加强保护转变；在保护工作机制上，要从各部门各管一块，向省政府统筹协调、部门与州市联动保护的新机制转变。

秦光荣强调，要加快转变经济发展方式，以污染防治改善生态环境，以生态修复扩大环境容量，牢牢把握开发利用的底线和保护的红线，在确保生态环境良好的前提下，努力开创滇西北生态环境保护和经济社会发展的新局面。一要统一思想、提高认识，进一步加强对生态环境保护和生物多样性保护的组织领导，完善综合协调、分部门实施保护的管理体制，共同做好保护工作。二要健全和完善保护法规和政策，建立生物多样性保护的政策法规保障体系，全面推行规划环评制度，统筹兼顾区域产业发展、环境容量和生态功能，从规划和建设源头保护生物多样性。三要以各类保护区为重点，构建全方位、多层次的生物多样性保护体系，编制禁止发展、限制发展和退出产业目录，引导和规范社会投资，形成保护与开发相协调的良好格局。四要进一步改善环境质量、扩大环境容量，提高环境对人口和经济社会发展的承载力，加强分类指导、分区发展，采取综合措施加大生态建设力度和环境污染防治，加快生态文明示范县等建设，实现城镇农村生产生活与自然环境的协调发展。五要把握滇西北在全省经济发展中的分工，大力发展生态经济和生态产业体系，争取成为全省优先保护生态环境的典范、率先转变发展方式的典范和领先培育特色产业的典范，努力构建与自然环境承载力相适应的生态产业体系。六要多渠道加大保护投入，增加政府投入，引导社会投入，建立生态补偿机制，形成保护的长效机制。七要依靠科技人才，强化科技创新，积极开展基础和应用研究，为生物多样性保护提供有力的支撑。八要广泛开展宣传教育活动，使生物多样性保护工作家喻户晓、深入人心，调动社会各方力量，形成全社会共同参与保护的良好局面。

云南省委常委、常务副省长罗正富主持会议。云南省人大常委会副主任李春林，副省长和段琪，省政协副主席白成亮，省政府秘书长丁绍祥，省级有关部门，滇西北五州市及相关县市政府，其他 11 个州市有关部门，部分大型企业，中央驻滇有关科研院所，中央驻滇及省级新闻单位负责人，国内外民间环保组织代表共 160 多人出席会议。

会议听取了滇西北五州市生物多样性保护工作情况汇报和省级有关部门发言，通过了《滇西北生物多样性保护丽江宣言》，与会代表还观看了滇西北生物多样性保护专题片。[①]

2008 年，云南省在保护生态环境方面采取了一系列有效措施，"七彩云南"保护取得新成绩。九大高原湖泊水污染防治措施得到落实；实施了滇西北生物多样性保护行动；加强土地资源管理；天然林野生动植物保护、水土保持、农村能源、石漠化治理等重点生态建设工程稳步推进；国家公园建设继续推进，并被确定为全国试点省；加快循环经济发展，节能减排统计、检测、考核三大体系进一步完善；重视城镇环境建设。[②]

2008 年底，中央领导在云南省考察时要求云南省要"切实加强生态文明建设，努力使'七彩云南'放射出更加耀眼的光芒"，"努力争当全国生态文明建设的排头

---

① 云南省环境保护局办公室：《云南省人民政府在丽江召开滇西北生物多样性保护工作会议强调：坚持生态立省实现三个转变建设生态文明 开创滇西北生态环保经济社会发展新局面》，http://www.7c.gov.cn/zwxx/xxyw/xxywrdjj/200802/t20080222_5198.html（2008-02-22）。

② 资敏：《云南省省长秦光荣在十一届人大二次会议上指出 努力争当全国建设生态文明的排头兵》，http://www.7c.gov.cn/zwxx/xxyw/xxywrdjj/200902/t20090209_6501.html（2009-02-09）。

兵"。和段琪说，争当全国生态文明建设排头兵为云南省加强环境保护工作提供了新的机遇，提出了新的要求。①

二、2009 年

2009年1月初，中共云南省委八届六次全委会指出，2009年，云南省坚持"生态立省，环境优先"战略，生态建设和环境保护工作取得长足进展。面对已经取得的成绩，会议强调，在新的一年里，云南省的生态文明建设要迈开新步伐。会议指出，良好的生态环境是云南省最大的特点和优势，也是最大的资源和资本。云南省委始终坚持正确处理发展与保护的关系，坚决关闭了一批规模小、水平低、污染重的企业，全面推开循环经济试点工作，积极推行清洁生产，建立健全节能降耗目标责任制，单位地区生产总值能耗降低 4.4%。加强资源保护与开发，有效遏制了一些地区和行业破坏性开发资源现象的发生。坚持走"生态建设产业化，产业发展生态化"的道路，大力发展木本油料等不与粮争地、不与人争粮的可持续发展产业。继续推进"七彩云南保护行动"，加大滇池等九大高原湖泊水污染综合防治力度，开展农村小康环保试点示范和水电、矿产资源开发的生态补偿试点工作。天然林保护、退耕还林还草成效显著，全省森林覆盖率超过50%，节能减排指标继续保持下降势头。面对取得的成绩，会议强调，必须清醒地看到，与科学发展观的要求相比，与人民群众的期望相比，全省还存在不少问题：经济发展的质量效益不高，城乡和区域差距较大，资源浪费和环境污染突出，社会建设滞后，改革开放不到位，等等。面对这些困难和问题，必须予以高度重视并下大力气加以解决。

对于 2010 年的工作部署，会议指出，生态文明建设要迈新步伐。良好的生态环境是人民之福，是新型工业化的显著标志，是科学发展的重要目标，也是云南的重要竞争优势。要把生态文明建设摆在更加突出的位置，从战略高度及早统筹谋划工业化和后工业化两个发展阶段的衔接和协调，着力提高统筹人与自然和谐发展的水平，努力成为全国生态文明建设的排头兵。继续深入实施"七彩云南保护行动"，全面加强城乡环境污

---

① 程伟平、资敏：《云南省副省长和段琪在全省环保工作会议上强调 全面推进争当全国生态文明建设排头兵工作》，
　http://www.ynepb.gov.cn/zt/zt/2009zt/2009gzh/tpxwll/200902/t20090220_157749.html（2009-02-20）。

染防治，继续突出抓好以滇池为重点的九大高原湖泊和重点流域水污染综合治理，继续推进城镇污水和生活垃圾处理设施建设，切实加强以滇西北为重点的自然生态保护和建设，深入推进林业重点生态工程，力争使全省生态一年更比一年好。要深刻吸取教训，加强监管、防微杜渐，对生态违法乱纪者依法严惩、决不姑息。把节能减排作为加强生态文明建设的重要抓手，突出重点地区、重点行业、重点企业、重点领域，加快调整区域经济结构，加快淘汰落后生产能力，加快培育低碳经济、循环经济和环保产业，不断提高可持续发展水平。深入推进矿产资源开发秩序整顿与资源整合，切实提高资源开发利用水平和矿山生态保护水平，切实增强重要资源对全省经济社会发展的长期保障能力。积极探索生态文明建设综合配套改革试点示范，推行有利于节约资源、保护环境的生产方式、生活方式和消费模式，力争走出一条生态建设与产业发展有机结合、形式多样、符合省情的可持续发展路子。广泛开展"节能减排全民行动"，努力在全省形成尊重自然、热爱自然、善待自然的浓厚氛围，使生态文明观念深深扎根于云岭大地。

2009 年 2 月 7 日，云南省召开了第十一届人民代表大会第二次会议，省长秦光荣在做政府工作报告时指出，要立足于 2008 年环境保护方面所取得的成绩，更加深入扎实地推进"七彩云南保护行动"的实施，努力争当全国生态文明建设排头兵。秦光荣说，良好的生态、优美的环境是云南最大的特色和优势、最重要的资源和资本、最珍贵的品牌和形象。我们要把"生态立省，环境优先"的战略思想贯穿到每一项工作、每一个具体项目的实施中，大力发展循环经济和低碳竞技，全面推行清洁生产和加快形成有利于节约能源资源和保护生态环境的产业结构、增长方式和消费模式。更加深入扎实地推进"七彩云南保护行动"的实施，努力争当全国生态文明建设排头兵。秦光荣强调，在2009 年要认真落实责任，切实抓好生态建设和环境保护。将抓紧城镇污水和生活垃圾处理设施建设；并确保完成节能减排目标；加大九大高原湖泊水污染综合治理力度；大力推进生态建设；以滇西北为重点，深入开展生物多样性保护。[①]

2009 年 2 月 19 日至 20 日，云南省政府召开了环境保护厅成立后的第一次全省环保工作大会，云南省副省长和段琪指出，要重点抓好争当全国生态文明建设排头兵工作，并使之成为 2009 年乃至今后很长一段时期工作的重中之重。和段琪总结了 2008 年云南

---

① 资敏：《云南省省长秦光荣在十一届人大二次会议上指出　努力争当全国建设生态文明的排头兵》，http://www.7c.
　gov.cn/zwxx/xxyw/xxywrdjj/200902/t20090209_6501.html（2009-02-09）。

省环保工作呈现出的六大亮点：超额完成了主要污染物减排政府工作目标任务；全面启动了滇西北生物多样性保护工作；进一步加大了水污染防治工作力度；进一步提高了环境行政管理服务水平；进一步加强了环境保护能力建设；有效解决了突出环境问题。同时，和段琪指出，当前云南环保工作主要面临着污染减排任务十分艰巨，农村环境污染问题突出，城市环境问题依然严峻，水污染防治工作任务繁重，环境监管压力较大五个方面的难点。2009 年是云南争当全国生态文明建设排头兵的起步年，和段琪强调，2009 年云南省将着重解决七个方面的环保问题。一是重点抓好争当全国生态文明建设排头兵工作。二是重点抓好主要污染物减排工作。三是重点抓好九大高原湖泊和重点流域水污染综合防治工作。四是重点抓好滇西北生物多样性保护工作。五是重点抓好以九大高原湖泊沿湖村落环境为重点的农村环境整治工作。六是重点抓好城市环境保护工作。七是重点抓好环境保护系统自身建设工作。①

2009 年 2 月 25 日上午，云南省召开省委常委会，审议通过了《中共云南省委、云南省人民政府关于加强生态文明建设的决定》。会议认为，加强生态文明建设是云南贯彻落实科学发展观的重大举措，是建设富裕民主文明开放和谐云南的必然要求，是实现可持续发展的迫切需要。要坚持"生态立省，环境优先"的战略，经济建设与生态建设一起推进，物质文明与生态文明一起发展，树立云南生态环境最好、云南生态环境保护得最好、云南经济社会与生态环境协调发展得最好的形象，努力争当全国生态文明建设排头兵。该决定提出了加强生态文明建设的指导思想、基本原则和目标任务。坚持发展云南、服务全国、面向世界，突出云南特色，以资源环境承载力为基础，以自然规律为准则，以可持续发展为目标，以"七彩云南保护行动"为载体，努力构建生态文明产业支撑体系、生态文明环境安全体系、生态文明道德文化体系、生态文明保障体系，力争在"十一五"末，圆满完成"十一五"期间"七彩云南保护行动"既定的各项目标任务，形成争当全国生态文明建设排头兵的良好氛围；"十二五"末，"七彩云南保护行动"深入实施，为争当全国生态文明建设排头兵奠定良好基础；到 2020 年，实现争当全国生态文明建设排头兵的目标，让彩云之南天更蓝、地更绿、水更清，人与自然更加和谐，各族人民共享生态文明建设成果。

---

① 程伟平、资敏：《抓好七项工作　建设生态文明》，http://www.cenews.com.cn/xwzx/zhxw/qt/200902/t20090224_599044.html（2009-02-24）。

　　该决定提出，要从加强环境分类管理，推进循环经济、低碳经济发展，大力发展生态产业，加快发展生态林产业，严格执行环境准入等六个方面构建生态文明产业支撑体系；从加强自然生态环境保护与建设，加大高原湖泊和重点流域水污染防治，强化污染防治与节能减排，加强城乡环境保护与治理，严格资源开发环境监管五个方面构建生态文明环境安全体系；从牢固树立生态文明观念，建立生态文明道德规范，推广可持续消费模式三个方面构建生态文明道德文化体系；从加强生态文明建设的科技支撑，建立健全生态文明建设的综合评价体系，完善生态文明建设的法规政策体系等五个方面构建生态文明保障体系。会议强调，生态文明建设是五大建设体系的重要组成部分，努力争当全国生态文明建设排头兵，既是中央的明确要求，也是云南长久可持续发展和建设富裕民主文明开放和谐云南的基石。要统一思想，提高认识，高度重视，抓住重点，明确目标，落实责任，严格奖惩，扎实推进。要重点转变现有的落后生产方式和生活方式，突出抓好滇池污染治理、水土流失整治、工业化及城镇化过程对生态环境保护、生态修复等重点项目的推进，用最小的环境代价获得最大的效益。

　　2009 年 4 月 22 日左右，在云南省政府新闻发布会上，面对数十家媒体，云南省政府发言人庄严宣布：力争到 2020 年，云南要实现成为生态文明建设排头兵的目标。新闻发布会上，云南省环境厅副厅长高正文说："良好的生态环境和自然禀赋，是云南最突出的特点和优势，也是云南最重要的资源、资本和最珍贵的品牌形象。"2008 年底，中央领导来云南视察时提出了云南要努力争当全国生态文明建设排头兵的要求。云南省委、省政府高度重视，2008 年出台了《云南省人民政府关于加强滇西北生物多样性保护的若干意见》，印发了《滇西北生物多样性保护联席会议工作制度》和《滇西北生物多样性保护专家咨询委员会工作制度》。2009 年 2 月，云南省委、省政府出台了《中共云南省委、云南省人民政府关于加强生态文明建设的决定》，提出要以"七彩云南保护行动"为载体，在全省范围内构建生态文明产业支撑体系、生态文明环境安全体系、生态文明道德文化体系和生态文明保障体系，力争到 2002 年实现成为全国生态文明建设排头兵的目标。

　　高正文说，云南省目前重点抓了几项工作：一是积极开展以滇西北为重点的生物多样性保护。目前云南省政府批复了《滇西北生物多样性保护规划纲要》《滇西北生物多样性保护行动计划》，编制了《滇西北地区禁止发展、限制发展和退出产业名录》。二是组织开展了生物多样性评价，基本建立了云南省生物多样性基础数据库，从物种丰富度、生态系统类型多样性、植被垂直层谱完整性、物种特有性与外来物种入侵度等 5 个方面对全省 129 个县的生物多样性进行了综合评估。评价结果为云南省生物多样性在全国名列前茅：有野生高等动植物物种 20 312 种，其中高等脊椎动物 1972 种，高等植物 18 340 种；生态系统丰富，有 12 个植被型、34 个植被亚型、445 个群系、数量众多的植物群。三是稳步推进生态创建工作。昆明市及其 14 个县（市、区）、峨山、易门等地的生态县建设规划已实施；楚雄生态州、弥勒生态县的建设规划已通过技术审查；滇西北 5 州市及其 18 个县启动了生态创建的前期工作。四是加强农村环境保护工作。编制了《云南省农村环境综合整治规划》，抓好"以奖促治""以奖代补"的村庄环境综合整治试点示范工作；完成了《云南省九大高原湖泊沿湖村庄环境综合整治工作方案》，开展以农村饮用水源地、农村生活、畜禽养殖、农村工业污染防治和控制农业面源污染为重点的"四治一控"工作。五是抓好主要污染物减排工作。在 2008 年全省二氧化硫、化学需氧量双双超额完成减排任务的基础上，2009 年 2 月，云南省政府提出 2009 年要力争完成化学需氧量削减 3.5%、二氧化硫削减 3%的目标。六是正组织编制《七彩云南生态文明建设规划纲要（2009—2020 年）》。该纲要围绕生态省建设要求，初步确定由总报告和 19 个专题报告组成，预计 5 月份完成。《七彩云南生态文明建设规划纲要（2009—2020 年）》作为云南省生态文明建设的重要指导性文件，将生态文明建设划分为准备启动、全面推进、完善提高 3 个阶段，大致与"十一五""十二五""十三五"相对应衔接，力争到 2020 年实现成为生态文明建设排头兵的目标。①

2009 年 6 月 25 日，《七彩云南生态文明建设规划纲要（2009—2020 年）》通过专家论证会评审。专家组建议编制组根据与会专家及领导的意见，进一步修改完善，尽快上报审批。专家和代表们认为，云南省正处于城镇化和工业化加快发展的历史时期，保护与发展的矛盾突出，只有加快转变发展方式，全面推动生态文明建设，才能建设好国家大西南生态屏障，发挥云南省生态资源丰富的比较优势，实现云南省经济社会发展的新跨越。云南省委、省政府立足省情、把握规律，做出了加强生态文明建设的决定，以"七彩云南保护行动"为载体，以生态省建设为内涵，明确努力争当生态文明建设排头

---

① 郑劲松、资敏：《云南要争当生态文明建设的排头兵》，http://www.7c.gov.cn/zwxx/xxyw/xxywrdjj/200904/t20090421_6740.html（2009-04-21）。

兵的目标，体现了云南省大力发展生态经济、建设全国生态屏障的信心和决心。云南省政府组织编制了《七彩云南生态文明建设规划纲要（2009—2020 年）》，以加强对全省生态文明建设的指导。云南大学、云南省环境专家咨询委员会委员陈景院士等专家说，《七彩云南生态文明建设规划纲要（2009—2020 年）》科学分析了云南省生态文明建设的基础和条件、面临的挑战和机遇，围绕争当全国生态文明建设排头兵的总体目标，从生态意识文明、生态行为文明、生态制度文明三个层面，确定了培育生态意识、发展生态经济、保障生态安全、建设生态社会、促进生态文明制度建设五大任务，在省级层面上提出了较为系统和完整的生态文明建设体系，具有显著的创新性。[1]

　　2009 年 12 月 14 日，云南省《七彩云南生态文明建设规划纲要（2009—2020 年）》编制完成。云南省委副书记、省长秦光荣在"七彩云南保护行动"研讨座谈会上做了题为"感悟造化天道涤荡尘世心灵——为七彩云南保护行动计划实施 3 周年而作"的书面发言，提出人与自然和谐相处新思考，从人要"了解自然、敬畏自然、亲近自然、保护自然"的深层次思考着眼，总结发展的经验和教训，提出人类需要重新审视与自然的关系。按照《中共云南省委、云南省人民政府关于加强生态文明建设的决定》的要求，云南省委、省政府编制了《七彩云南生态文明建设规划纲要（2009—2020 年）》，将生态省建设的指标任务细化分解到"七彩云南保护行动"中，通过实施九大高原湖泊及重点流域水污染防治工程等十大工程，力争到 2020 年生态省建设的主要任务基本实现，生态环境指标保持全国领先，生态经济具有较强竞争力，初步建成资源节约型、环境友好型社会。"十一五"前 3 年，云南单位地区生产总值能耗累计下降 10%。2009 年 1 月至 9 月全省单位地区生产总值能耗同比下降 5.14%。2008 年全省二氧化硫净削减 3.2 万吨，较 2007 年削减 6%，超额完成了减排 3%的年度目标任务；化学需氧量净削减 0.95 万吨，较 2007 年削减 3.29%，超额完成了 2.5%的年度减排目标任务。全省城镇生活污水处理厂、垃圾填埋场建设当时有 192 个项目已完成前期准备工作，163 个已开工建设。阳宗海湖体砷浓度已下降到 0.114 毫克/升，比最高值约下降了 15%。南盘江干流全部断面砷浓度监测值均达到Ⅲ类水标准限值。2009 年 11 月沘江兰坪金鸡桥断面、云龙县石门断面水质类别分别为Ⅲ类和Ⅱ类，均达到水环境功能要求。在短短 1 年时间内，

① 郑劲松：《发展生态经济 完善制度建设 云南生态文明建设规划纲要通过评审》，http://www.mep.gov.cn/xxgk/hjyw/200906/t20090626_153243.shtml（2009-06-26）。

滇池流域主城区污水处理能力由原来的处理 55.5 万吨/日，跃升到 110.5 万吨/日。[①]

三、2010 年

2010 年，云南省启动实施了《七彩云南生态文明建设规划纲要（2009—2020年）》和"森林云南"建设计划，推进"三江"流域生态保护和水土流失治理规划。滇池治理全年投入资金 53 亿元，对程海、杞麓湖水污染防治进行了专题研究部署。全省县以上城镇 248 个污水和垃圾处理设施项目全部开工建设，已累计建成投运 105 个，城镇污水处理率和生活垃圾无害化处理率均提高到 70%以上。[②]

2010 年 1 月 22 日下午，昆明市代表团审查云南省《政府工作报告》，代表们表示：要抓住千载难逢的机遇，实现昆明科学发展新跨越，做生态文明建设的领头羊。杨保建代表首先发言，他说，经济危机对西部以原料为基础的重化工产业的冲击不可低估。但一年来，省委、省政府出手快、措施实，牢牢把握住了工作主动权，争取到的中央资金比历史上任何一年都多得多。投资快速对经济形成拉动，形成了地区生产总值的增长。民生工作也做得非常实，实现了经济结构和发展方式的转变，成绩来之不易。2010 年的工作安排思路清晰、重点突出、目标明确，按照这个部署，相信云南省经济社会发展得越来越好。杨保建认为，多年来云南省一直靠投资这"一驾马车"来拉动经济发展，消费和进出口是短板。如果不及时把这"两驾马车"组装起来，今后的发展会受到很大制约。

李培山代表认为，报告对 2009 年的总结全面客观、实事求是，对 2010 年工作的安排分析透彻、目标定位准确、措施扎实有力。2010 年云南省政府对滇池治理投入 11.5亿元，是前所未有的，对昆明的改革试点也给予了充分肯定。报告对昆明的要求也很高，如坚决推进滇池治理、全面落实"十一五"规划项目、加快新机场建设、全面开工牛栏江引水工程、提升新昆明建设水平等，对昆明发展寄予厚望。作为昆明代表，他深感责任重大，一定把报告对昆明的要求，逐一细化，变成现实。同时他建议报告应高度

[①] 资敏：《用十年时间建设生态省》，http://www.cenews.com.cn/xwzx/zhxw/ybyw/200912/t20091215_628824.html（2009-12-15）。

[②] 资敏：《全面推进生态文明建设》，http://www.cenews.com.cn/xwzx/zhxw/ybyw/201102/t20110209_692423.html（2011-02-10）。

重视工业突破、园区建设工作；高度重视基层民主法制建设。在听到多位代表谈到工业发展问题时，云南省委副书记表示，投资拉动、消费拉动、出口拉动"三驾马车"的动力是产业，产业支撑力不强，其他就不会强。区域经济运作有五个层面，从低层次到高层次依次是资源运作、产业运作、资本运作、知识产权运作和人才运作。必须清醒地认识到我们尚处在最低层次——资源运作层面。他谈到，三产是财富交换、资本增加，二产工业才是财富、资本双增加，财率、费率、税率、就业率高。他认为，没有治理不了的工业污染，也没有无污染的工业，不能把二者对立起来。当听到王道兴介绍昆明市2009年在滇池治理上的具体措施和初步成效时，云南省委副书记告诉大家："今年7月就是一个分水岭、一个标志。"他说，一直以来，滇池治理都在做增量污染减法，从2010年7月将开始做内源性存量污染的减法：2010年上半年做到杜绝内源性污染增量，2010年7月确保污水管网到位、污水得到百分百收集。他鼓励大家对滇池治理一定要有信心：尽管滇池污染比太湖、巢湖严重得多，但只要措施到位，坚定不移地实施"六大工程""四大措施"，水质变好、水环境变好的进程可能比太湖和巢湖要快。他提出昆明要以滇池治理作为着力点、突破口，做生态文明建设的领头羊。

张祖林代表最后发言，他说，云南省委、省政府在2009年初非常困难的情况下，有预见性、超前性，从云南省实际出发，逐步使经济发展由被动变为主动，全省上下齐心努力，取得了可喜的成绩。昆明市2009年的成绩也非常瞩目，特别在滇池治理上，按照秦光荣省长提出的六大措施，昆明市积极实施四退三还、湖内清淤、湖外截污等有力措施，使滇池水有望在五六年内从现在的劣Ⅴ类改善成为Ⅳ类水质。[①]

四、2011 年

2011年2月上旬，云南省第十一届人民代表大会第四次会议在昆明召开，省长秦光荣在政府工作报告中，总结了云南省"十一五"期间的环境保护工作，并在"十二五"规划纲要的发展目标中着重突出了环境保护的内容。秦光荣指出，在看到成绩的同时，也要清醒地认识到，云南省仍然是一个欠发达省份，节能减排面临着更大的压力，实现

[①] 吴晓松、冯丽俐：《昆明市代表团审查〈政府工作报告〉时表示：昆明要做生态文明建设领头羊》，http://yn.yunnan.cn/km/html/2010-01/23/content_1053486.htm（2010-01-23）。

人口、资源、环境协调发展的任务艰巨。"十二五"期间，必须全面推进生态建设和资源节约，促使生态文明建设迈上新台阶。要坚持"生态立省，环境优先"，全面推进生态文明建设。深入开展"七彩云南保护行动"，以更大力度推进"森林云南"建设，增强森林碳汇能力，力争森林覆盖率提高到 55%。推进生物多样性保护、九大高原湖泊水污染综合防治，做好节能减排工作，加强资源节约、集约利用，实行最严格的耕地保护和水资源管理政策。积极应对气候变化，大力发展循环经济，加快构建以低碳为特征的产业体系和消费模式。2011 年，云南将加强生态建设和环境治理，全力推进节能减排，启动低碳省试点等工作。[①]

　　2011 年 3 月 12 日，云南省环境保护厅在昆明主持召开了《屏边苗族自治县生态文明建设规划》专家论证会。云南省政府研究室，西南林业大学，云南省环境科学研究院，云南省环境监测中心站的 5 名专家应邀到会并组成专家组，云南省环境保护厅自然生态保护处，屏边苗族自治县政府及相关部门，编制单位（昆明理工大学）有关负责同志共 27 人参加了会议。专家组在审阅《屏边苗族自治县生态文明建设规划》、听取编制单位汇报及质询、讨论的基础上，同意《屏边苗族自治县生态文明建设规划》通过论证，并提出了详细的修改意见和建议。编制县级生态文明建设规划，在云南省尚属首次。《屏边苗族自治县生态文明建设规划》的编制，是屏边苗族自治县委、县政府贯彻落实《中共云南省委、云南省人民政府关于加强生态文明建设的决定》和《七彩云南生态文明建设规划纲要（2009—2020 年）》，努力提升县域竞争力，全面推进经济、社会、环境协调可持续发展的重大举措。鉴于生态文明建设的各项标准较高，生态县建设作为生态文明建设的载体，是建设生态文明的必经之路，云南省环境保护厅要求屏边苗族自治县政府要以生态县建设指标为支撑，在《屏边苗族自治县生态文明建设规划》中突出生态县建设的各项指标，落实生态文明建设的各项措施，在开展生态文明建设的过程中建设国家级生态县。作为《屏边苗族自治县生态文明建设规划》的编制和实施主体，屏边苗族自治县政府要认真抓好《屏边苗族自治县生态文明建设规划》的实施工作，切实加大力度，深入、持久地开展多层次、多形式的宣传教育活动，动员全社会广泛参与，积极营造生态文明建设的良好氛围。会议决定，编制单位按照与会专家和领导

① 资敏：《全面推进生态文明建设》，http://www.cenews.com.cn/xwzx/zhxw/ybyw/201102/t20110209_692423.html（2011-02-10）。

提出的意见建议，对《屏边苗族自治县生态文明建设规划》文本进行必要的修改完善，报送屏边苗族自治县政府提请县人大常委会审议颁布实施。[①]

2011 年 7 月份，云南省林业厅委托省林业调查规划院，对云南省的自然区森林生态系统服务功能价值进行了一次评估。据介绍，对自然保护区森林生态系统服务功能价值进行评估，这在全国来说也是首次。此次评估，以 2005—2008 年完成的全省森林资源规划设计调查成果为基础，以 2008 年国家林业局发布的国家行业标准《森林生态系统服务功能评估规范》为依据，通过多次专家咨询，确立了涵养水源、保育土壤、固碳释氧、积累营养物质、净化大气环境和生物多样性等 6 个类别的调节水量、净化水质、森林固土、森林保肥、林木氮磷钾等营养积累、吸收污染物、阻滞降尘和生物多样性等 11 个指标。经过近半年的调查、评估及专家评审，7 月 22 日云南省林业厅召开新闻发布会，通报了此次调查结果：生态服务价值 12.31 万元；涵养水源等于 565 个水库；固碳释氧价值达 122 亿元。经过评估，纳入评估的国家级、省级自然保护区 2010 年提供的森林生态服务价值达 2009.02 亿元，相当于云南省 2010 年地区生产总值的 27.8%。自然保护区每年每公顷的森林生态服务价值达 12.31 万元（每亩价值 8200 元）。根据《中国森林生态服务功能评估》报告，为云南省平均森林生态服务价值 5.06 万元的 2.4 倍，充分体现了自然保护区这一特殊区域的森林生态服务的价值和地位。经过评估，自然保护区每年的生物多样性保护价值达 755.07 亿元，在 6 项评估指标类中位居第一，占总价值量的 37.58%。这一数据，符合自然保护区建立、建设和管理的功能和目的，彰显了自然保护区保护典型生态系统、珍稀濒危特有物种的潜在价值，奠定了云南省"动物王国""植物王国"与林产业和生物产业发展的牢固基石。[②]

五、2012 年

2012 年 2 月 21 日、3 月 8 日，玉溪市、大理白族自治州分别将《抚仙湖生态环境保护试点实施方案》《洱海生态环境保护试点实施方案》上报云南省政府，请求批准实施

---

① 云南省环境保护厅自然生态保护处：《屏边县生态文明建设规划通过省级专家论证》，http://www.7c.gov.cn/zwxx/xxyw/xxywrdjj/201103/t20110322_8450.html（2011-03-22）。

② 杨质高：《云南评估森林生态功能价值 60 自然保护区值 2009 亿》，http：www.ynepb.gov.cn/zwxx/xxyw/xxywrdjj/201112/t20111226_9196.html（2011-12-26）。

并转报财政部、环境保护部备案。云南省环境保护厅将《抚仙湖生态环境保护试点实施方案》《洱海生态环境保护试点实施方案》印送省级有关部门征求了意见，玉溪市、大理白族自治州根据省级部门意见对实施方案进行了修改完善。2011 年财政部、环境保护部将云南省抚仙湖、洱海列入国家生态环境保护试点湖泊，并给予资金支持，为进一步推进抚仙湖生态环境保护试点工作，根据财政部、环境保护部《关于印发〈湖泊生态环境保护试点管理办法〉的通知》（财建〔2011〕464 号）有关要求，玉溪市和大理白族自治州分别组织编制了《抚仙湖生态环境保护试点实施方案》《洱海生态环境保护试点实施方案》，并由财政部、环境保护部组织有关专家进行了评审论证。2012 年财政部、环境保护部将泸沽湖纳入了国家湖泊生态环境保护试点湖泊，并安排云南省抚仙湖、洱海、泸沽湖生态保护试点资金 1.8 亿元。

2012 年 3 月 6 日至 22 日云南省将抚仙湖、洱海、星云湖、杞麓湖、阳宗海、程海、泸沽湖、异龙湖八大高原湖泊水污染综合防治"十二五"规划在七彩云南网站向社会进行了公示。根据《云南省人民政府关于在全省县级以上行政机关推行重大决策听证重要事项公示重点工作通报政务信息查询四项制度的决定》（云政发〔2009〕40 号）文件规定，公示初期，公示内容引起了社会各界的高度重视，该规划的内容被多家媒体网站引用和报道，并给予了很多肯定的评价。总的看来，社会公众对该规划确定的指导思想、目标任务、项目投资等内容提出的意见不多，评价较好。[①]

2012 年 9 月 11 日上午，云南省环境保护厅在临沧市组织召开《临沧市生态市建设规划》专家审查会，云南省环境监测站，环境科学学会，云南省农业大学的规划评审专家和省市相关部门负责人参加了会议。云南省环境保护厅党组成员、副厅长张志华，临沧市委常委、统战部部长张中义出席会议并做了重要讲话。会上，编制单位（云南省环境科学研究院）对规划的编制情况进行了汇报，与会专家和相关部门负责人对规划的编制提出了修改意见和建议。经过认真审查，审查组一致认为《临沧市生态市建设规划》文本结构合理，内容全面，基础资料翔实，编制依据充分，目标定位较明确，具有较强的针对性和可操作性。审查组要求规划编制单位要根据专家和相关部门提出的意见和建议，对规划进行认真修改后上报云南省环境保护厅审批。

[①] 云南省环境保护厅湖泊保护与治理处：《九湖动态总第 89 期——云南省九大高原湖泊 2012 年一季度水质状况及治理情况公告》，http://www.ynepb.gov.cn/gyhp/jhdt/201206/t20120607_11652.html（2012-06-07）。

会上，张志华副厅长对临沧市如何推进生态市建设提出了注重宣传教育、加强组织协调，制定创建指标、抓好细胞工程，创新机制体制、务求创建实效三点意见和要求，并强调指出，在推进临沧市生态市创建工作中，要重点解决影响临沧市经济、社会、环境协调发展的关键问题和群众关心的热点问题。要因地制宜，突出地方特色；要注重实效，不搞形式主义；要量力而行，不盲目攀比；要积极推进，不搞指标摊派；要突出特色，不强求一律。要把工作重点放在建设过程中，加大建设力度，提高建设质量，扩大建设规模。

会后，张志华副厅长率云南省环境保护厅生态文明建设处张建萍处长，云南省环境保护宣传教育中心程伟平主任及工作人员一行 4 人到临沧市镇康县、耿马傣族佤族自治县、沧源佤族自治县、双江拉祜族佤族布朗族傣族自治县进行了调研。调研采取实地查看、走访座谈、听取汇报等方式进行，调研组实地查看了镇康县边境特色工业园区、镇康南伞国家二类口岸、耿马傣族佤族自治县孟定镇四方井村及贺派乡者卖村。调研中，张志华副厅长对镇康县、耿马傣族佤族自治等县的环保工作给予了充分肯定，认为两县的环境保护局在县委、县政府的坚强领导下，各项工作开展得有声有色，重点工作推进顺利，环保工作成效明显。对如何做好下一步工作，张志华副厅长提出了四点要求：一要加强宣传，牢固树立在发展中保护、在保护中发展的工作理念。二要切实抓好生态示范区创建的细胞工程，从生态村、生态乡镇创建抓起。三要抓住市、县生态规划编制的契机，积极推进生态示范区创建工作，使生态示范区创建工作再上新台阶。四要抓住重点、突破难点，按照即将召开的全省环保重点工作推进会的要求完成好年度各项环保工作任务。[①]

六、2013 年

2013 年 1 月 23 日，云南省长李纪恒在召开的云南省第十二届人民代表大会第一次会议上做政府工作报告时指出，今后 5 年，要坚持"生态立省，环境优先"，突出绿色发展，争当全国生态文明建设排头兵。李纪恒说，5 年来，云南生态文明建设取得显著

---

① 云南省环境保护厅生态文明建设处：《环保厅张志华副厅长出席临沧市生态市建设规划专家审查会并带队调研》，http://www.ynepb.gov.cn/zwxx/xxyw/xxywrdjj/201209/t20120920_35819.html（2012-09-20）。

成效。深入推进"七彩云南保护行动"和"森林云南"建设，绿色经济强省建设迈出新步伐。建成自然保护区 158 处，以滇池为重点的九大高原湖泊水污染综合治理取得新进展，洱海成为全国湖泊治理典范。完成营造林 5100 万亩，森林覆盖率超过 53%。治理水土流失面积 1.49 万平方千米，水土保持生态修复面积 2.9 万平方千米。127 个县（市、区）建成污水和生活垃圾处理设施。圆满完成国家下达的节能减排目标任务。李纪恒指出，今后 5 年，是云南省加快推进中国面向西南开放重要桥头堡建设的关键时期，也是实现后发赶超、跨越发展的黄金时期。要正确处理好经济社会发展与人口、资源、环境的关系，严格保护、科学配置和高效利用土地、矿产、水、生物等资源。加快实施主体功能区战略，加强高原湖泊、水库、河流水环境和农村面源污染综合治理。建立体现生态文明要求的目标体系、考核办法、奖惩机制，全面完成节能减排任务，资源节约型、环境友好型社会建设取得明显成效。

李纪恒对 2013 年着力推进七彩云南建设的重点工作进行了部署。他强调，要全面节约利用资源。推进重要饮用水水源地达标建设，建设一批高效节水示范项目。加强矿产资源勘查、保护、合理开发。建设好个旧国家级工业固体废弃物综合利用示范基地。加强生态建设和环境保护。积极建设生态功能区，加快普洱绿色经济试验示范区建设。实施天然林保护二期工程，完成营造林 650 万亩以上。推进陡坡地生态治理，开展 65 个县石漠化综合治理。健全污染控制、生态保护、环境监管和环境责任四大体系，确保完成滇池等高原湖泊保护治理的年度目标任务。加大重点流域重金属污染防治力度。抓好主要城市 $PM_{2.5}$ 监测能力建设。建立环境公益诉讼制度，完善生态环境风险防范和应急管理。坚持不懈抓节能减排，强化节能降耗目标考核评价和指标预警预测工作，运用差别电价等经济杠杆促进节能减排。力争县以上城镇污水和垃圾集中处理率均超过 80%。[①]

2013 年 6 月 26 日，云南省委书记秦光荣主持召开省委常委会议，审议并原则通过了《中共云南省委、云南省人民政府关于争当全国生态文明建设排头兵的决定（送审稿）》。会议指出，出台该决定，是云南省委、省政府认真贯彻落实党的十八大精神和习近平总书记重要讲话精神的又一重大举措。一是当好全国生态文明建设排头兵是云南

[①] 蒋朝晖：《争当全国生态文明建设排头兵》，http://www.cenews.com.cn/xwzx/zhxw/ybyw/201301/t20130123_735640.html（2013-01-24）。

义不容辞的责任。良好的生态环境，是云南省最宝贵的资源、最明显的优势、最靓丽的名片。加快推进美丽云南建设，争当全国生态建设的排头兵，是桥头堡建设的内在要求，是推动云南省科学发展、和谐发展、跨越发展的重要保障。二是要始终坚持"生态立省，环境优先"的发展道路。按照"五位一体"的总体布局，将生态文明建设贯穿经济社会发展全过程。三是要以坚实的行动抓好《中共云南省委、云南省人民政府关于争当全国生态文明建设排头兵的决定》的贯彻落实。把生态文明建设摆上重要议事日程，确保生态文明建设各项工作落到实处；制定具体贯彻落实措施，尽快组织编制实施方案，在"十二五"规划中期评估和编制"十三五"发展规划时，要做好与《中共云南省委、云南省人民政府关于争当全国生态文明建设排头兵的决定》的衔接工作，把《中共云南省委、云南省人民政府关于争当全国生态文明建设排头兵的决定》的贯彻落实与部门的职能和实际工作结合起来，群策群力推动生态文明建设；要落实目标责任，抓好任务分解，加强对目标责任、重点任务和工作进度的跟踪检查和阶段性问责。四是要积极营造全社会共同推进生态文明建设的良好氛围，进一步在全社会树立起保护自然人人可为、人人有责的责任观，聚集全社会了解自然、敬畏自然、亲近自然、保护自然的正能量，引导社会各方形成合力，努力营造党委政府直接领导、人大、政协大力推动、相关部门齐抓共管、社会公众广泛参与生态文明建设的良好氛围，让七彩云南这颗明珠绽放出更加绚丽的光芒。

《中共云南省委、云南省人民政府关于争当全国生态文明建设排头兵的决定》明确指出，云南省将坚持经济建设与生态建设同步进行、经济效益与生态效益同步提高、产业竞争力与生态竞争力同步提升、物质文明与生态文明同步前进的原则，着力提高资源节约和综合利用水平，着力加强生态保护与建设，着力建设生态文化，着力建设城乡宜居生态环境，着力完善生态制度建设，着力强化生态保障措施，到 2020 年，努力把云南省建设为美丽中国示范区，争当全国生态文明建设排头兵。[1]

2013 年 8 月 7 日，美丽云南最后一场发布会后，云南省环境保护厅透露：8 月中旬，云南省拟召开争当全国生态文明建设排头兵会议，下发《中共云南省委、云南省人民政府关于争当全国生态文明建设排头兵的决定》。云南省环境保护厅生态文明建设

---

[1] 张寅、谭晶纯：《秦光荣：云南要争当全国生态文明排头兵》，http://politics.yunnan.cn/html/2013-06/28/content_27855 05.htm（2013-06-28）。

处，职能就是具体负责指导、协调云南省生态文明建设工作，成立 3 年来承担着七彩云南保护行动领导小组办公室和云南省生态文明建设领导小组办公室的具体工作。2009年，云南省出台了《七彩云南生态文明建设规划纲要（2009—2020 年）》。云南省环境科学研究院副院长卢云涛表示，这是全国第一个生态文明建设的规划纲要，它体现了云南省对生态文明的理解。这个纲要不仅仅是口号、理念，更为重要的是有明确的行动、硬性目标和指标。事实上，早在 2007 年，云南省就全面启动"七彩云南保护行动"。几年来，生态文明建设工作体系初步建立，"七彩云南保护行动"成效显著。"十一五"在全省经济总量五年翻一番（由 3424 亿元增长到 7220 亿元）、固定资产投资五年增加 2.3 倍（由 5600 亿元增长到 1.86 万亿元）的情况下，超额完成了"十一五"节能和污染减排目标任务。2012 年，在全省地区生产总值突破万亿元大关的同时，全省万元生产总值能耗和四项主要污染物减排目标均顺利完成。全省已经建成 158 个自然保护区，占全省土地面积的 7.5%。此外，还建成了 11 个国家级和 54 个省级风景名胜区、28 个国家级和 12 个省级森林公园。截止到 2013 年 8 月，云南省林业用地面积居全国第二位，森林面积居全国第三位，活立木总蓄积量居全国第二位。此外，低碳经济发展也初见成效，烟草、电力、矿业、生物资源开发、旅游五大支柱产业占生产总值 55%左右。在全省地区生产总值总量中，低碳产业的比重已超过 2/3。

在这些背景下，云南做出了争当全国生态文明建设排头兵的决定。《中共云南省委、云南省人民政府关于争当全国生态文明建设排头兵的决定》从争当全国生态文明建设排头兵的重要意义、总体要求、着力提高资源节约和综合利用水平、着力加强生态保护与建设、着力建设生态文化、着力建设城乡宜居生态环境、着力完善生态制度建设、着力强化生态保障措施等 8 个方面进行了安排部署。该决定包含江河湖泊流域综合治理、植树造林、天然林保护和保护林建设、陡坡地生态治理、石漠化治理、生物多样性保护、节能减排、循环经济和低碳经济发展试点、产业生态化、生态建设保障十大工程。①

2013 年 10 月 29 日下午，玉溪市生态文明建设暨绿化造林动员大会在聂耳大剧院召开，贯彻落实党的十八大精神和云南省委、省政府生态文明建设重要战略部署，安排部

---

① 罗南疆、张雅棋、胡思倩：《"美丽云南"将做全国生态文明建设排头兵》，http://yn.yunnan.cn/html/2013-08/08/content_2836071.htm（2013-08-08）。

署玉溪市 2013 年冬季和 2014 年春季绿化造林和今后一个时期的生态文明建设工作。要聚全市上下之智，集社会各界之力，大干植树造林、大兴绿化美化，努力争当全省生态文明建设排头兵，走出一条生产发展、生活富裕、生态良好的文明发展之路，为玉溪市科学发展新跨越提供坚实的生态保障和环境支撑。会上，红塔区、新平彝族傣族自治县做了交流发言，分别介绍了绿化造林的经验做法；玉溪市政府与 9 个县（区）政府签订了《2013—2015 年玉溪市绿化造林责任状》。

张祖林指出，推进生态文明建设，是遵循发展规律、顺应时代潮流的战略选择，是坚持科学发展、全面建成小康社会的内在要求，是优化发展环境、增强竞争实力的现实需要。"生态环境是玉溪的魂、玉溪的根，也是玉溪的本。开展生态文明建设和绿化造林工作，关系人民福祉，功在当代、利在千秋。"各级各部门要从全局和战略的高度，充分认识生态文明建设的重要性，牢固树立保护生态环境就是保护生产力、改善生态环境就是发展生产力的理念，提倡"美丽玉溪是我家，希望人人都爱她"，在新的起点上全面推进生态文明建设大发展。

张祖林强调，加快全市生态文明建设，努力打造天蓝地绿、水清气爽的美好家园，一是要转变发展方式，积极发展低碳环保的生态经济。不断完善生态功能区划，加快构建绿色产业体系，大力发展循环经济，强化资源集约节约利用，着力打造低碳城市。二是要加强生态建设，全面营造优美宜居的生态环境。坚持环境优先，持续强化生态修复和环境保护，着力提升环境质量和生态服务功能，努力营造碧水、蓝天、青山、绿树的优美环境。三是要培育生态理念，大力弘扬绿色和谐的生态文化。强化生态文明意识，建立生态文明道德规范，倡导绿色生活方式，形成全民共建共享生态文明的良性格局。四是要加强绿化造林，迅速掀起 2013 年冬季和 2014 年春季植树造林新热潮。在重要交通沿线、"三湖"和村庄周边开展绿化造林，实现绿化种植区域由交通要道向城区面山和荒山荒坡延伸，基本形成绿色生态屏障框架。五是要增强创新动力，加快形成可持续发展的体制机制。大力开展节能减排、环保监管、生态补偿、资源综合利用等环境保障体制机制创新，为生态文明建设提供制度保障。

张祖林指出，生态文明建设是一项社会性、参与性很强的工作，各级各部门要切实增强责任意识，加强领导，狠抓落实，集中社会各界的智慧和力量，充分调动广大群众的积极性、主动性和创造性，形成人人关心、支持、参与生态文明建设的强大合力，不断开创玉溪市生态文明建设新局面。饶南湖市长对全市绿化造林工作进行了安排，要求重点实施道路绿化工程、以生态屏障建设为主的城区面山绿化工程、以美丽家园行动计划为平台的村庄绿化工程、"三湖"周边防护林带工程和林业生态建设工程，确保绿化造林目标任务圆满完成。①

2013 年 11 月 1 日，昆明市委常委会专题研究《市委、市政府关于加快推进生态文明建设的意见》。会议提出，要全面推进生态文明建设十大工程，提升生态文明建设水平，争当全省生态文明建设排头兵，为把昆明建设成为世界知名旅游城市提供有力支撑。该意见指出，加快推进生态文明建设，是把昆明建设成为世界知名旅游城市的内在要求，是争当全省生态文明建设排头兵的迫切需要，是建设"美丽春城，幸福昆明"的重要途径，是推动昆明科学发展、和谐发展、跨越发展的有力保障。该意见提出，要把生态文明建设融入经济、政治、文化和社会建设各方面和全过程，并全面推进生态文明建设、实施土地利用优化、循环经济发展、低碳昆明建设、生态安全屏障、城乡环境综合整治、饮水安全保障、大气污染防治、生态文明制度建设、生态文化培育等十大工程。到 2017 年，昆明要力争生态文明建设稳步推进并取得阶段性明显成效；到 2020 年，生态屏障建设和生物多样性保护全面加强，滇池综合治理取得显著成效，符合昆明资源环境承载力要求的产业结构体系基本形成，绿色发展、循环发展、低碳发展水平全面提升。全市森林覆盖率达到 55%以上，林木绿化率达到 60%以上，受保护地区占土地面积比例超过 15%，空气质量优良率达 100%，地表水水质达标率提高到 75%以上，单位地区生产总值能耗降至 0.8 吨标煤/万元以下。②

2013 年 11 月 7 日，澄江县召开生态文明建设暨绿化造林工作会。此次会议贯彻落实玉溪市委、市政府关于争当全省生态文明建设排头兵的重大决策部署及全市生态文明建设暨绿化造林动员大会精神，安排部署当前和今后一个时期全县生态文明建设和绿化造林工作，澄江县委副书记、县长李朝伟强调，全县各级要提高认识、突出重点、强势组织，以大绿化、大造林，在新的起点上全面推进生态文明建设大发展，努力争当全市生态文明建设排头兵。

---

① 许月丽：《玉溪市生态文明建设暨绿化造林动员大会召开》，http://yuxi.yunnan.cn/html/2013-10/30/content_2938495.htm（2013-10-30）。
② 傅碧东、杨春波：《昆明加快生态文明建设 2020 年森林覆盖率将达 55%》，http://yn.yunnan.cn/html/2013-11/02/content_2942367.htm（2013-11-02）。

　　李朝伟对推进澄江县生态文明建设和绿化造林工作提出要求。他说，良好的生态环境是澄江县经济社会可持续发展的根本基础。推进生态文明建设，是优化发展环境、增强竞争实力的现实需要。绿化造林是生态建设的核心内容，是保护和改善生态环境的根本性措施，加快推进绿化造林，既可以美化环境，提高人居质量，也是解决当前澄江县生态脆弱、水土流失的重要举措，是一项功在当代、利在千秋、惠及子孙后代的伟大事业，和全面贯彻落实科学发展观、建设生态文明的必然要求。

　　李朝伟要求，全县上下要牢固树立"绿水青山就是金山银山"的生态理念，按照"科学规划，分类指导，因地制宜，适地适树"的原则，以城区面山、重要交通沿线、村庄道路、机耕道路、主要河堤、湖泊湿地、村庄空闲地等为绿化重点，实施好道路绿化，抚仙湖周边绿化，县城、集镇、抚仙湖面山绿化，以及以美丽家园行动计划为平台的村庄绿化和林业生态建设五大工程，大力实施植树造林，着力改善生态环境和人居环境，构建绿色生态屏障，实现主要公路林荫化，城镇面山景观化，抚仙湖主要入湖河道、沟渠林带化，村庄林果化，努力把澄江县建设成为"集湖光山色、山川秀美，融人文景观、自然风光为一体的园林生态县"。力争通过两年努力，到2015年，全县新增造林651.9万株，新增森林面积3.25万亩，森林覆盖率达36%以上，林木绿化率达45%以上；林业总产值年递增30%以上，产值达2500万元。

　　李朝伟强调，绿化造林是一项涉及面广的系统工程。全县各级各部门要强化组织领导，把绿化造林工作摆上重要议事日程，落实工作责任，创新投入机制，千方百计加大投入力度，保证绿化造林工作顺利开展，确保绿化造林质量。要按照"科学规划，适地适树"原则，抓紧完善绿化造林详细方案和项目规划、设计。相关部门要对优质苗培育及种植的全过程进行服务和跟踪检查，对种苗使用、种植、病虫害防治等各个环节进行指导服务。统一栽种标准，确保造林绿化有效果、出成效。要加强督查考核，将绿化造林工作作为重点内容列入年度目标管理和任期目标。通过生态文明建设和绿化造林工作，努力把澄江县打造成天更蓝、地更绿、水更清、林更茂的现代生态宜居城市，争当全市生态文明建设排头兵。

　　澄江县委副书记康凌华主持会议，并对落实会议精神，扎实做好澄江县生态文明建设和绿化造林工作提出要求。会上，澄江县委常委、副县长吴正坤还与各街道和镇签订了 2013 年冬至 2015 年绿化造林目标责任书。①

七、2014 年

2014 年 1 月 15 日，西双版纳傣族自治州召开全州推进生态文明建设工作会议，安排部署了 2014 年生态文明工作的主要任务和工作重点。西双版纳傣族自治州人大常委会副主任、州实施"生态立州"战略领导小组副组长刀琼平，州政协副主席玉香伦，云南省环境保护厅生态文明建设处负责人参加会议。会议要求，要继续高度重视生态文明建设，生态创建办公室要编制指导意见书，把生态县（市、区）的创建指标分到各部门；强化执行环保一票否决制，严格执法，加强督促检查；在生态州建设工作中要注意防腐拒贪，强化责任，抓好落实；加大宣传力度，着力提高社会各界的生态文明意识和参与生态文明建设的意识，确保生态州创建工作达到预期目标。据了解，2013 年以来，全州紧紧围绕州委提出的努力把西双版纳傣族自治州建设成为全国生态文明先行示范区和美丽云南典范，率先在全省建设生态州的总体要求，加强生态建设，着力加快国家级生态乡镇创建，打牢生态州创建基础，在保障体系建设、生态经济体系建设、生态资源与环境体系建设、生态人居环境体系建设、生态文化体系建设等方面取得了新成效。西双版纳国家级自然保护区创建为"国家生态文明教育基地"，西双版纳热带雨林入选"中国 20 大最美森林"。目前，全州有国家级生态乡镇 3 个、云南省生态文明乡镇 31 个、州级生态村 178 个，待环境保护部复核命名的国家级生态乡镇 23 个、国家级生态村 1 个，待云南省政府复核命名的云南省生态文明县（市、区）4 个。②

2014 年 2 月 12 日，昆明市滇池生态建设规划专项工作会召开。会议听取了盘龙江景观提升、滇池湿地公园建设等项目规划方案汇报。会议强调，要坚定不移地把滇池治理作为全市的头等大事、头号工程，坚持一手抓治理、一手抓美化，努力实现污染治理与生态文明建设双赢。会议指出，目前，滇池生态建设取得一定成效，但与昆明打造世

---

① 王楠、陈超：《澄江县召开生态文明建设暨绿化造林工作会》，http://yuxi.yunnan.cn/html/2013-11/12/content_2953981.htm（2013-11-12）。

② 张春玲、李玉洁：《西双版纳州部署推进生态文明建设工作》，http://xsbn.yunnan.cn/html/2014-01/16/content_3040025.htm（2014-01-16）。

界知名旅游城市的要求相比，还有不小差距。全市各级各部门要统一思想、凝聚共识，把蓝图变成现实、口号变成行动、行动变成成效，加快推进环滇池生态圈、文化圈、旅游圈建设，为打造世界知名旅游城市做出应有贡献。"滇池不清，世界知名旅游城市就是一句空话；环境不美，世界知名旅游城市就是徒有虚名。"会议强调，要在彻底截污、水体置换、生态建设三大任务上下大功夫，以最大的决心、最有力的措施，全力以赴把滇池治理好。要围绕打造环滇池生态圈、文化圈、旅游圈，建设生态之美、人文之美、景观之美。要打造生态圈，科学拆除防浪堤，建设大面积的环湖生态湿地，围绕滇池搞好绿化、美化，建设生态之美；要打造文化圈，把滇池的历史文化、民族文化、生态文化、旅游文化融为一体，科学谋划楼台亭阁、水系和村落建设，建设人文之美；要打造旅游圈，突出以人为本的理念，集景观、休闲、娱乐、体验为一体，打造各具特色的主题公园，科学建设环湖慢行系统，建设景观之美。会议要求，各级各部门要以快、新、实为重点，加强领导，统筹协调，真抓实干，围绕建设世界知名旅游城市，扎扎实实做好各项工作，科学理性地把好事办好、把实事做实，让滇池生态建设经得起时间、历史和人民的检验。①

2014年5月27日，云南省环境保护厅邀请民进云南省委，云南省发展和改革委员会，省林业厅相关人员，就云南省政协《关于积极推进我省生态文明建设》（第260号）提案办理召开了面商会。会上云南省环境保护厅生态文明建设处张建萍处长汇报了提案的办理情况及办理意见，与会人员结合云南省实际，就提案办理工作和生态文明建设工作进行了认真的讨论，对提案的办理意见给予了充分的肯定，并提出了很好的修改完善意见和建议，民进云南省委白良副主委，云南省环境保护厅张志华副厅长，云南省发展和改革委员会资源节约和环境保护处吴尤宏处长，云南省林业厅保护处蒋柱檀主任科员和云南省环境保护厅相关人员参会。大家一致认为，民进云南省委的这一提案非常好，提案和办理意见紧贴云南省建设发展实际，对于云南省贯彻落实党的十八大和十八届三中全会精神，加快美丽云南建设，推进争当全国生态文明建设排头兵战略部署的有效实施，具有重要的现实意义和深远影响。会后，云南省环境保护厅立即按照所提建议，进一步充实完善了提案办理意见，并再次书面征求民进云南

---

① 浦美玲、陆月玲：《滇池生态建设要实现污染治理与生态文明建设双赢》，http://finance.yunnan.cn/html/2014-02/13/content_3076051.htm（2014-02-13）。

省委的意见。民进云南省委电话反馈：修改完善，内容全面，比较满意，可以办结。截止到 2014 年 5 月底，生态文明建设处负责的 2014 年省人大、政协的 12 件建议和提案已全部办结。①

2014 年 12 月 22 日，云南省环境保护厅组织专家对《思茅生态区建设规划》进行了论证。②

2014 年 12 月 23 日，云南省环境保护厅组织专家对《孟连傣族拉祜族佤族自治县生态县建设规划》进行了论证。③

2014 年 12 月 25 日，组织专家对《江城哈尼族彝族自治县生态县建设规划》进行了论证。④

2014 年，大理白族自治州林业系统认真贯彻州委、州政府关于生态文明建设决策部署，以全面深化林业改革为主线，着力推进"森林大理"建设，制订了《大理州深化林业改革专项方案》，强力推进林业重点领域改革。完善林地林木流转，充分发挥林权流转管理服务中心的职能作用，加快推进林权管理信息系统建设，搭建林权流转平台，规范林权流转行为。2013 年共办理林权流转 15 618 宗，流转金额 5.07 亿元；积极推进林权融资，与金融部门合力推进林权抵押贷款，办理林权抵押贷款户数 4653 户，2013 年底抵押贷款余额突破 10 亿元，为林业发展提供强有力的资金支持；壮大林农合作组织，共成立林农专业合作社 301 个；开展经济林木（果）权证核发暨抵押贷款工作。大理白族自治州完成经济林木（果）权证登记 17.96 万户、面积 241.91 万亩，核发经济林木（果）权证 17.36 万本，发放经济林木（果）权证抵押贷款 6.9 亿元。2013 年，大理白族自治州完成营造林 49.94 万亩，改造低效林 32.7 万亩，林业总产值预计达 145 亿元以上。⑤

① 云南省环境保护厅生态文明建设处：《云南省环境保护厅组织召开〈关于积极推进我省生态文明建设〉提案面商会》http://www.ynepb.gov.cn/zwxx/xxyw/xxywrdjj/201405/t20140530_47729.html（2014-05-30）。
② 云南省环境保护厅生态文明建设处：《云环发〔2015〕31 号云南省环境保护厅关于开远生态市建设的意见》，http://www.ynepb.gov.cn/zwxx/zfwj/yhf/201510/t20151028_95865.html（2015-05-25）。
③ 云南省环境保护厅生态文明建设处：《云环发〔2015〕37 号云南省环境保护厅关于孟连傣族拉祜族佤族自治县生态县建设的意见》，http://www.ynepb.gov.cn/zwxx/zfwj/yhf/201510/t20151028_95871.html（2015-06-03）。
④ 云南省环境保护厅生态文明建设处：《云环发〔2015〕36 号云南省环境保护厅关于江城哈尼族彝族自治县生态县建设的意见》，http://www.ynepb.gov.cn/zwxx/zfwj/yhf/201510/t20151028_95869.html（2015-06-03）。
⑤ 管毓树、李享：《云南大理州推进"森林大理"建设》，http://finance.yunnan.cn/html/2015-04/16/content_3693519.htm（2015-04-16）。

第二节　云南省生态规划建设发展阶段（2015年）

2015年首次离京考察，习近平总书记来到了云南。习近平总书记考察云南时，要求云南"争当生态文明建设排头兵"。2015年1月20日，他赴大理白族自治州洱海边的湾桥镇古生村了解洱海生态保护情况，在同当地干部合影后，他说："立此存照，过几年再来，希望水更干净清澈。"这份关于碧水青山的约定，装进了云南各级干部和4700多万各族人民的心里。[①]

2015年1月14日，云南省环境保护厅组织专家对《牟定生态县建设规划》进行了论证。[②]

2015年3月12日，云南省环境保护厅于组织专家对《昆明市五华区生态区建设规划续编》（2015—2020年）进行了论证。[③]

2015年3月13日，《云环发〔2015〕6号云南省环境保护厅关于牟定生态县建设的意见》指出，根据牟定县政府申请，按照环境保护部关于生态县建设的有关要求，在2014年《牟定生态县建设规划》专家论证的基础上，《牟定生态县建设规划》编制技术单位对该规划做了进一步修改完善，基本达到与会专家、参会部门提出的修改要求。请牟定县政府将《牟定生态县建设规划》提请县人大常委会审议。为加快《牟定生态县建设规划》实施，云南省环境保护厅提出如下意见：其一，牟定县开展生态县建设，是县委、县人民政府深入贯彻党的十八大、十八届三中、四中全会精神，落实习近平总书记视察云南时提出的"云南要成为生态文明建设排头兵"的具体举措，对于提升牟定县区域竞争力，全面推进经济、社会、环境协调可持续发展具有十分重要的意义。其二，要切实加强对生态县建设工作的组织领导，狠抓《牟定生态县建设规划》的贯彻落实，

① 杨之辉、彭锡、王娇：《生态文明建设排头兵 云南迈向"绿富美"》，http://special.yunnan.cn/feature12/html/2015-09/06/content_3898080.htm（2015-09-06）。

② 云南省环境保护生态文明建设处：《云环发〔2015〕26号云南省环境保护厅关于威信生态县建设的意见》，http://www.7c.gov.cn/zwxx/zfwj/yhf/201510/t20151028_95856.html（2015-04-30）。

③ 云南省环境保护生态文明建设处：《云环发〔2015〕11号云南省环境保护厅关于推进昆明市五华区生态区建设的意见》，http://www.7c.gov.cn/zwxx/zfwj/yhf/201510/t20151028_95835.html（2015-03-23）。

在建设机制、投入保障等方面采取有力措施，积极推进循环经济与生态产业、自然资源与生态环境保护、生态人居体系、生态文化体系、能力保障五大体系建设。其三，要加大生态县建设的宣传力度，深入、持久地开展多层次、多形式的宣传教育活动，动员全社会广泛参与，积极营造生态县建设的良好氛围。其四，《牟定生态县建设规划》由县人大常委会审议通过后，报云南省环境保护厅备案，并认真组织实施，实施情况于每年11月书面报云南省环境保护厅。①

2015年3月23日，《云环发〔2015〕11号云南省环境保护厅关于推进昆明市五华区生态区建设的意见》提出，根据昆明市五华区关于对五华生态区建设续编规划进行审查的申请，按照环境保护部关于生态区建设的有关要求，云南省环境保护厅于2015年3月12日组织专家对《昆明市五华区生态区建设规划续编》（2015—2020年）进行了论证，就推进五华生态区建设提出如下意见：其一，五华区是昆明市主城区之一。五华生态区建设是贯彻党的十八大精神，大力推进生态文明建设，落实云南省委、省政府争当全国生态文明建设排头兵决定，实现昆明市委、市政府提出的昆明生态市建设战略目标的重大举措。对于提升区域综合竞争力，全面促进经济、社会、环境协调可持续发展具有重要意义。其二，五华区于2008年编制了《五华生态区建设规划》（2008—2013年），原规划已颁布实施多年，根据经济社会和环境发展变化情况，对原规划进行续编十分必要。原则同意《昆明市五华区生态区建设规划续编》专家评审意见。经论证、修改后的《昆明市五华区生态区建设规划续编》应尽快提请区人大审议，通过后颁布实施，并报省环境保护厅备案。其三，抓紧抓好《昆明市五华区生态区建设规划续编》实施。在原规划实施的基础上，要进一步切实加强对生态区建设工作的组织领导。②

2015年4月1日，为深入贯彻落实党的十八大和十八届三中、四中全会以及习近平总书记考察云南时的重要讲话精神，努力使云南成为全国生态文明建设排头兵，由云南省环境保护厅组织在昆明市召开了《云南省生态文明建设规划大纲》咨询会。会议邀请了中国生态文明研究与促进会祝光耀会长，中国科学院，中国环境科学研究院，环境保护部环境规划院，环境保护部华南环境科学研究院，云南省委研究室，云南省政府研究

① 云南省环境保护厅生态文明建设处：《云环发〔2015〕26号云南省环境保护厅关于威信生态县建设的意见》，http://www.7c.gov.cn/zwxx/zfwj/yhf/201510/t20151028_95856.html（2015-04-30）。
② 云南省环境保护厅生态文明建设处：《云环发〔2015〕11号云南省环境保护厅关于推进昆明市五华区生态区建设的意见》，http://www.7c.gov.cn/zwxx/zfwj/yhf/201510/t20151028_95835.html（2015-03-23）。

室，云南大学、云南农业大学，云南省环境科学研究院的领导和专家，大家畅所欲言、建言献策，共同探讨云南省生态文明建设。云南省环境保护厅张志华副厅长、海景厅长助理参会。会议认为，习近平总书记考察云南省时，将"成为生态文明建设排头兵"作为云南发展的三大战略定位之一，把"着力推进生态环境保护"纳入云南"五个着力"的重点任务，为云南突出生态优势、加快生态文明建设和生态环境保护指明了方向。《云南省生态文明建设规划》要认真落实习总书记重要讲话精神，在准确把握云南的特点、重点、难点的基础上，认真分析优势、机遇和挑战，创新思维，成为云南省生态文明建设的行动指南。

会议指出，大力推进云南省生态文明建设，构建生态安全屏障，既可推动云南自身发展，也可彰显区域生态优势，充分展示云南科学发展的蓬勃生机和活力，使云南在参与国际国内区域合作中发挥更大的作用。云南要成为全国生态文明建设排头兵，必须科学把握生态文明建设的基本思路，在重要环境问题的解决上有突破，在生态文明体制上有创新，加强高原湖泊和大江大河污染防治，严格生物多样性保护，强化农村环境保护，推进高原农业发展；必须统筹好生态经济、生态环境、生态人居、生态文化、生态制度五大体系建设，落实好组织、制度、机制、资金、技术、舆论六大保障措施。[①]

2015年4月8日，为深入贯彻落实习近平总书记考察云南重要讲话精神，切实推动云南省"成为生态文明建设排头兵"战略定位的各项工作，云南省政协副主席王承才一行7人赴云南省环境保护厅调研云南省生态文明建设情况。云南省政协人口资源环境委员会主任高旭升、副主任杨超及人口资源环境委员会办公室领导，云南省环境保护厅副厅长高正文，纪检组长冯胜瑜及相关处室、单位负责人参加调研座谈会。受云南省环境保护厅厅长姚国华委托，副厅长高正文就云南省生态文明建设有关情况做了专题汇报，与会人员围绕成为生态文明建设排头兵这一主题进行了交流发言，共同研讨了相关问题。王承才副主席指出，云南省环境保护厅在云南省委、省政府的坚强领导下，做了大量工作，取得了实实在在的成效，为全国生态文明建设做出了榜样，提供了经验，值得肯定。王承才副主席强调，2015年是"十二五"的收官之年，也是"十三五"规划编制之年，要充分总结"十二五"建设经验，把生态文明建设相关内容纳入全省经济社会

---

① 云南省环境保护厅生态文明建设处：《〈云南省生态文明建设规划大纲〉咨询会在昆召开》，http://www.7c.gov.cn/zwxx/xxyw/xxywrdjj/201504/t20150403_77372.html（2015-04-03）。

发展规划之中；纳入全省改革的总体盘子之中；纳入全省依法治省的盘子之中；纳入年度综合考核之中；把生态文明建设规划纳入专项规划，统筹协调，多方发力，为成为生态文明建设排头兵谋好篇、布好局。

王承才副主席要求，习近平总书记将"成为生态文明建设排头兵"作为云南发展的战略定位之一、把"着力推进生态环境保护"作为云南"五个着力"的重点任务之一，这是对云南的殷切厚望，也是云南发展的现实要求，更是云南人民的福祉，大家必须着眼"全面建成小康社会、全面深化改革、全面依法治国、全面从严治党"四个全面的战略布局，从"找准生态文明建设的短板、查找生态文明建设的弱项、填补生态文明建设的空白"入手，切实理顺生态文明建设关系、突破部门利益的藩篱、明确建设的职能职责，重点在"建、破、立"三个方面下功夫，着力实现五个突破，即思想认识上有新突破，规划发展上有新突破，体制机制上有新突破，法规政策上有新突破，生态文化提升上有新突破，闯出一条生态文明建设的新路，成为名副其实的排头兵。①

2015年4月13日，《云南日报》记者管毓树从大理白族自治州林业局获悉，为全力推进"森林大理"建设，推动生态林业、民生林业、法治林业建设再上新台阶。2015年，大理白族自治州将力争完成营造林30.25万亩以上，低效林改造24万亩，森林管护1467.99万亩，全民义务植树800万株以上，全社会林业总产值增长10%以上，确保圆满完成"十二五"目标任务。②

2015年5月25日，《云环发〔2015〕30号云南省环境保护厅关于富宁生态县建设的意见》称，根据富民县政府申请，按照环境保护部关于生态县建设的有关要求，云南省环境保护厅组织专家对《富宁生态县建设规划》进行了论证，编制单位就《富宁生态县建设规划》又做了进一步修改完善。现就推进富宁生态县建设提出如下意见：其一，富宁县开展生态县建设，是富宁县委、县政府深入贯彻落实党的十八大和十八届三中、四中全会精神，大力推进生态文明建设的重大举措，是富宁县探索人与自然和谐发展的有效途径，对于提升区域综合竞争力，全面促进经济、社会、环境协调可持续发展具有十分重要的意义。其二，原则同意《富宁生态县建设规划》专家论证意见。请尽快将

---

① 云南省环境保护厅生态文明建设处、政策法规处：《省政协副主席王承才率队赴省环境保护厅调研生态文明建设工作》，http://www.ynepb.gov.cn/zwxx/xxyw/xxywrdjj/201504/t20150409_77425.html（2015-04-09）。

② 管毓树、李享：《云南大理州推进"森林大理"建设》，http://finance.yunnan.cn/html/2015-04/16/content_3693519.htm（2015-04-16）。

《富宁生态县建设规划》提交县人大审议，通过后颁布实施，并报云南省环境保护厅备案。其三，抓紧抓好《富宁生态县建设规划》实施。要切实加强对生态县建设工作的组织领导，制订年度工作计划，明确安排部署，采取有力措施，积极推进生态产业、自然资源与生态环境、生态人居、生态文化、能力保障五大体系建设。其四，加大生态县建设宣传力度。深入、持久地开展多层次、多形式的宣传教育活动，动员全社会广泛参与，积极营造生态县建设良好氛围。其五，认真总结生态县建设工作。①

2015 年 5 月 25 日，《云环发〔2015〕31 号云南省环境保护厅关于开远生态市建设的意见》称，开远市政府申请，按照环境保护部关于生态市建设的有关要求，云南省环境保护厅组织专家对《开远生态市建设规划》进行了论证，编制单位就《开远生态市建设规划》做了进一步修改完善。现就推进开远生态市建设提出如下意见：其一，开远开展生态市建设，是开远市委、市人民政府深入贯彻落实党的十八大和十八届三中、四中全会精神，大力推进生态文明建设的重大举措，是开远市探索人与自然和谐发展的有效途径，对于提升区域综合竞争力，全面促进经济、社会、环境协调可持续发展具有十分重要的意义。其二，原则同意《开远生态市建设规划》专家论证意见。请尽快将《开远生态市建设规划》提交市人大审议，通过后颁布实施，并报云南省环境保护厅备案。其三，抓紧抓好《开远生态市建设规划》实施。要切实加强对生态市建设工作的组织领导，制订年度工作计划，明确安排部署，采取有力措施，积极推进生态产业、自然资源与生态环境、生态人居、生态文化、能力保障五大体系建设。其四，加大生态市建设宣传力度。深入、持久地开展多层次、多形式的宣传教育活动，动员全社会广泛参与，积极营造生态市建设良好氛围。其五，认真总结生态市建设工作。请于每年 3 月 31 日前，将上一年度《开远生态市建设规划》实施情况及生态市创建工作进度情况书面报云南省环境保护厅。②

2015 年 6 月 3 日，《云环发〔2015〕35 号云南省环境保护厅关于思茅生态区建设的意见》称，根据思茅区政府申请，按照环境保护部关于生态区建设的有关要求，2014 年 12 月 22 日，云南省环境保护厅组织专家对《思茅生态区建设规划》进行了论证。在专家论证的基础上，《思茅生态区建设规划》编制技术单位对《思茅生态区建设规划》

① 云南省环境保护厅生态文明建设处：《云环发〔2015〕30 号云南省环境保护厅关于富宁生态县建设的意见》，http://www.ynepb.gov.cn/zwxx/zfwj/yhf/201510/t20151028_95863.html（2015-05-25）。
② 云南省环境保护厅生态文明建设处：《云环发〔2015〕31 号云南省环境保护厅关于开远生态市建设的意见》，http://www.ynepb.gov.cn/zwxx/zfwj/yhf/201510/t20151028_95865.html（2015-05-25）。

做了进一步修改完善，基本达到与会专家提出的修改要求。请思茅区政府将《思茅生态区建设规划》提请区人大常委会审议。为加快《思茅生态区建设规划》实施，现提出如下意见：其一，思茅区开展生态区建设，是区委、区政府深入贯彻落实党的十八大、十八届三中全会精神，认真践行习近平总书记考察云南重要讲话精神，努力成为生态文明建设排头兵的重大举措，对于提升思茅区区域竞争力，全面推进经济、社会、环境协调可持续发展具有十分重要的意义。其二，要切实加强对生态区建设工作的组织领导，狠抓《思茅生态区建设规划》的贯彻落实，在建设机制、投入保障等方面采取有力措施，积极推进循环经济与生态产业、自然资源与生态环境保护、生态人居体系、生态文化体系、能力保障五大体系建设。其三，要加大生态区建设的宣传力度，深入、持久地开展多层次、多形式的宣传教育活动，动员全社会广泛参与，积极营造生态区建设的良好氛围。其四，《思茅生态区建设规划》由区人大审议通过后，报云南省环境保护厅备案，并认真组织实施，实施情况于每年11月书面报云南省环境保护厅。①

2015年6月3日，《云环发〔2015〕37号云南省环境保护厅关于孟连傣族拉祜族佤族自治县生态县建设的意见》称，根据孟连傣族拉祜族佤族自治县政府申请，按照环境保护部关于生态县建设的有关要求，在2014年12月23日，云南省环境保护厅对《孟连傣族拉祜族佤族自治县生态县建设规划》专家论证的基础上，《孟连傣族拉祜族佤族自治县生态县建设规划》编制技术单位对《孟连傣族拉祜族佤族自治县生态县建设规划》做了进一步修改完善，基本达到与会专家提出的修改要求。请孟连傣族拉祜族佤族自治县政府将《孟连傣族拉祜族佤族自治县生态县建设规划规划》提请县人大常委会审议。为加快《孟连傣族拉祜族佤族自治县生态县建设规划规划》实施，现提出如下意见：其一。孟连傣族拉祜族佤族自治县开展生态县建设，是县委、县人民政府深入贯彻落实党的十八大、十八届三中全会精神，认真践行习近平总书记考察云南重要讲话精神，努力成为生态文明建设排头兵的重大举措，对于提升孟连傣族拉祜族佤族自治县区域竞争力，全面推进经济、社会、环境协调可持续发展具有十分重要的意义。其二，要切实加强对生态县建设工作的组织领导，狠抓《孟连傣族拉祜族佤族自治县生态县建设规划》的贯彻落实，在建设机制、投入保障等方面采取有力措施，积极推进循环经济与生态产

---

① 云南省环境保护厅生态文明建设处：《云环发〔2015〕35 号云南省环境保护厅关于思茅生态区建设的意见》，http://www.ynepb.gov.cn/zwxx/zfwj/yhf/201510/t20151028_95867.html（2015-06-03）。

业、自然资源与生态环境保护、生态人居体系、生态文化体系、能力保障五大体系建设。其三，要加大生态县建设的宣传力度，深入、持久地开展多层次、多形式的宣传教育活动，动员全社会广泛参与，积极营造生态县建设的良好氛围。其四，《孟连傣族拉祜族佤族自治县生态县建设规划》由县人大审议通过后，报云南省环境保护厅备案，并认真组织实施，实施情况于每年11月书面报云南省环境保护厅。①

2015年6月3日，《云环发〔2015〕36号云南省环境保护厅关于江城哈尼族彝族自治县生态县建设的意见》称，根据江城哈尼族彝族自治县政府申请，按照环境保护部关于生态县建设的有关要求，在2014年12月25日，云南省环境保护厅组织的《江城哈尼族彝族自治县生态县建设规划》专家论证的基础上，《江城哈尼族彝族自治县生态县建设规划》编制技术单位对《江城哈尼族彝族自治县生态县建设规划》做了进一步修改完善，基本达到与会专家提出的修改要求。请江城哈尼族彝族自治县政府将《江城哈尼族彝族自治县生态县建设规划》提请县人大常委会审议。为加快《江城哈尼族彝族自治县生态县建设规划》实施，现提出如下意见：其一，江城哈尼族彝族自治县开展生态县建设，是县委、县政府深入贯彻落实党的十八大、十八届三中全会精神，认真践行习近平总书记考察云南重要讲话精神，努力成为生态文明建设排头兵的重大举措，对于提升江城哈尼族彝族自治县区域竞争力，全面推进经济、社会、环境协调可持续发展具有十分重要的意义。其二，要切实加强对生态县建设工作的组织领导，狠抓《江城哈尼族彝族自治县生态县建设规划》的贯彻落实，在建设机制、投入保障等方面采取有力措施，积极推进循环经济与生态产业、自然资源与生态环境保护、生态人居体系、生态文化体系、能力保障五大体系建设。其三，要加大生态县建设的宣传力度，深入、持久地开展多层次、多形式的宣传教育活动，动员全社会广泛参与，积极营造生态县建设的良好氛围。其四，《江城哈尼族彝族自治县生态县建设规划》由县人大审议通过后，报云南省环境保护厅备案，并认真组织实施，实施情况于每年11月书面报云南省环境保护厅。②

2015年6月中下旬，云南省环境保护厅和省财政厅联合印发《云南省县域生态环境质量检测评价与考核办法（试行）》，对全省129个县（市、区）县域生态环境质量进

---

① 云南省环境保护厅生态文明建设处：《云环发〔2015〕37号云南省环境保护厅关于孟连傣族拉祜族佤族自治县生态县建设的意见》，http://www.ynepb.gov.cn/zwxx/zfwj/yhf/201510/t20151028_95871.html（2015-06-03）。
② 云南省环境保护厅生态文明建设处：《云环发〔2015〕36号云南省环境保护厅关于江城哈尼族彝族自治县生态县建设的意见》，http://www.ynepb.gov.cn/zwxx/zfwj/yhf/201510/t20151028_95869.html（2015-06-03）。

行统一量化考核。这是云南省在全国率先探索出覆盖全省的全面生态指标考核体系。该办法的出台，旨在集合各职能部门的力量，搭建一个支撑生态文明建设的平台或载体。用环境质量倒逼环境管理转型，引导和督促基层政府真正履行其生态环境保护的公共职责，推动全省生态环境质量不断改善。根据《云南省县域生态环境质量检测评价于考核办法（试行）》规定，对县域生态环境质量的评价与考核内容包括：生态环境质量、环境保护和环境管理共三大类，涵盖林地覆盖率、活立木蓄积量、森林覆盖率、水质达标率、空气质量达标率、节能减排、环境治理、生态环境保护与监管等二十项指标。根据二十项指标综合计算县域生态环境质量年际变化，定量反应地方政府生态建设和生态保护成果，定量评估生态转移支付资金在生态环境保护和质量改善方面的使用效果，将考核结果作为生态转移支付资金奖惩和领导干部年度工作实际量化考核的重要依据。

对全省 129 个县（市、区）县域生态环境质量现状和年度间变化情况的定量评价，最突出的亮点是：轻现状重变化，以变化情况作为考核结果，只做纵向比较，不做横向比较。此外，县域生态环境质量考核还引入"一票否决制"。当县域内发生因人为因素引发的特大、重大突发环境事件、环境违法案件以及违法征占林地等事件时，对评价结果采取一票否决。记者了解到，目前中国针对 4 类生态系统制定了 4 套生态指标考核体系。但由于各省（市、区）生态系统各不相同，已有的 4 套考核体系未能实现对各省（市、区）土地面积的全面覆盖，尤其是在云南省，由于其生态系统十分复杂，考核体系更加复杂。此次云南省出台的《云南省县域生态环境质量检测评价与考核办法（试行）》，在国家考核指标体系框架的基础上，经过深入研究和测算而形成，着力突出云南省生物多样性丰富、自然保护区面积大、森林覆盖率较高等自然生态特点，首次实现了对全省各类不同生态系统的全面覆盖。此次县域考核指标体系和评价方法的出炉，也是云南省在全国范围内率先做出的一次积极探索。[1]

2015 年 7 月 6 日至 8 日，云南省政协调研组深入丘北县，对普者黑湖流域生态环境保护与旅游产业发展规划进行专题调研。调研组先后到普者黑火车站物流园区、普者黑湿地公园、普者黑村庄、水源源头保护治理、八道哨乡环境治理等实地查看。在汇报会议上，调研组成员、云南省环保厅副厅长贺彬对丘北县普者黑湖流域生态环境保护工作

---

[1] 胡晓蓉、唐莉娜：《云南建立全面生态指标考核体系 考核结果与生态转移支付资金和干部考核挂钩》，http://politics.yunnan.cn/html/2015-06-24/content_3792116.htm（2015-06-24）。

提出四点要求：一是要围绕保护优先，划定生态保护红线。结合丘北县普者黑湖流域实际，完善普者黑湖流域生态环境保护规划，做好与自然保护区、风景名胜区和湿地公园的规划衔接，科学划定保护区。二是要在保护中开发，注重环境容量的控制。在治理和规划工作中注重空间的合理布置，科学测定环境容量，根据环境的承载能力，确定开发规模。三是要在开发中保护。要树立谁污染谁治理，谁破坏谁补偿的观念，严格把好项目准入关、审批关，切实控制污染源。四是要结合丘北县实际，认真筛选环保项目。要认真根据上级的政策和支持方向，扎实做好项目前期工作，积极争取"十三五"规划项目资金、农村环环境整治资金支持。[①]

2015 年 7 月 15 日，为贯彻落实云南省委书记、省人大常委会主任李纪恒在大理白族自治州调研时提出"规划是洱海保护治理的龙头和总纲，要在规划编制上下硬功夫"的指示精神，帮助大理白族自治州高质量编制好"十三五"规划，云南省人大环境与资源保护工作委员会在昆明组织召开了《洱海保护治理与流域生态建设"十三五"规划》专家座谈会。会议由云南省人大环境与资源保护工作委员会主任何天淳主持，邀请了云南大学生态学与地植物学研究所所长欧晓昆，中国环境科学学会水环境分会原副主任郭慧光等 11 名省内权威专家参会指导，云南省人大环境与资源保护工作委员会全体人员，大理白族自治州人大孙明副主任，州政府许映苏副州长以及州发展和改革委员会，州环境保护局、州林业局等部门领导参加座谈会。与会专家领导对《洱海保护治理与流域生态建设"十三五"规划》提出了很好的意见和建议，将对大理白族自治州高水平、高质量编制完善好《洱海保护治理与流域生态建设"十三五"规划》起到积极作用。[②]

2015 年 7 月中旬，《云南湿地生态监测规划（2015—2025 年）》正式出台。云南省林业厅湿地保护管理办公室主任钟明川介绍，湿地生态监测站点的建立，有助于掌握人为干扰下湿地资源消长特征，科学评估湿地生态承载力及其演变途径、规律，为湿地保护策略的制定提供决策依据。对此，钟明川表示，未来 10 年，云南省将拟投资13 806.84 万元，建设 32 个湿地生态监测站（点），覆盖 6 大湿地生态区、辐射 16 个州市。

---

① 文山壮族苗族自治州环境保护局：《省环保厅副厅长贺彬对丘北普者黑湖泊生态环境保护工作提出四点要求》，http://www.ynepb.gov.cn/ zwxx/xxyw/xxywrdjj/201507/t20150713_90843.html（2015-07-13）。
② 杨学松：《省人大组织召开洱海保护治理与流域生态建设"十三五"规划专家座谈会》，http://www.zhongguodali.com/huanbao/201507/28/743.html（2015-07-28）。

此前云南第二次湿地资源调查显示，云南湿地治理与保护通过多年的规划建设，虽取得了长足性进展，但仍存在对湿地功能认识不足，滇中、滇东北地区沼泽化草甸和淡水泉湿地在 10 余年间消失近 40%，25% 的湿地污染威胁严重且治理难度大。对此云南省委、省政府出台了多项政策和保护条例，促进并加大了云南省湿地生态治理与保护的力度。

据西南林业大学国家高原湿地研究中心教授田昆介绍，2000 年云南省完成首次全省湿地资源调查以来，为进一步摸清"家底"，掌握湿地资源变化情况，根据国家林业局总体部署，云南省于 2012 年全面启动第二次湿地资源调查，这次调查于 2013 年结束。调查结果表明，云南全省湿地有 4 类 14 型（不包括水稻田），中国的内陆淡水湿地类型在云南省都有分布。全省湿地总面积 56.35 万公顷，其中河流湿地 24.18 万公顷，湖泊湿地 11.85 万公顷，沼泽湿地 3.22 万公顷，人工湿地 17.10 万公顷。田昆教授进一步说明，上述前 3 类为自然湿地，总面积为 39.25 万公顷。全省湿地总面积约占土地总面积的 1.47%，自然湿地总面积约占土地总面积的 1.02%，自然湿地总面积约占湿地总面积的 69.67%。田昆坦言，云南 2012 年将湿地治理与保护纳入省委、省政府专项督查工作；《云南省生态文明建设林业行动计划》将高原湿地保护作为十大行动之一；2013 年 12 月，省人大审议通过《云南省湿地保护条例》，湿地保护步入法制轨道。在此基础上，云南湿地治理与保护进入快速发展阶段。

2015 年新当选云南省湿地保护发展协会会长的肖雪冰对此发表个人见解时表示，云南省湿地现状还存在湿地资源稀缺，自然湿地面积占省域面积的比例低于全国平均水平，湿地所具有的生态区位关键、生态功能重要、生物多样性丰富、生态系统脆弱、湿地景观壮丽等特点。面临当前实际问题，无论从哪方面都体现了尽快抢救性保护云南省自然湿地的紧迫性。

为加速推进云南省湿地治理与保护，2014 年以来，云南省出台了《云南省森林生态效益补偿资金管理办法》《湿地治理保护标准》等。2015 年，云南省湿地治理保护在规划建设方面再次提速。如何加快推进新一轮湿地治理与保护，按钟明川的理解，为贯彻《云南省湿地保护条例》和《云南省人民政府关于加强湿地保护工作的意见》，强化湿地保护管理的科技支撑，规范生态监测工作，2014 年云南省林业厅制定的《湿地生态监测》技术标准，已由云南省质量技术监督局正式批准发布，并于 2015 年 1 月 28

日通过国家标准化管理委员会备案。同月，为建立云南省湿地保护科学决策咨询机制，云南省政府决定成立云南省湿地保护专家委员会，并下发了《云南省人民政府办公厅关于成立云南省湿地保护专家委员会的通知》。

同是此专家委员会专家的田昆表示，专家委员会的成立，将进一步提升云南省湿地保护管理工作的科学决策水平。据其回忆，专家委员会成立当天，专家委员各位专家围绕湿地资源有偿使用、生态效益补偿等湿地保护政策的制定，以及长效机制的建立和完善，进行深入研究，建言献策，为省级重要湿地认定、湿地资源监测评估和利用，退化湿地科学恢复等，提供技术支持。此后，云南省林业厅还在大理白族自治州等地举办论坛、培训等多项活动。2015年6月云南省林业厅《云南湿地生态监测规划（2015—2025年）》的出台，特别提出未来10年云南省将投入超过亿元建32个监测站的信息，再次折射出云南省湿地治理与保护的新进程。该规划提出的目标任务分解表显示，科学布局云南省湿地生态监测网络，建成省湿地生态监测研究中心1个，湿地生态监测站12个、湿地生态监测点20个。不难看出，云南省湿地治理与保护从此进入"高铁时代"。①

2015年7月15日，在云南省有关专家对双柏县县城污水处理、云南森美达生物科技有限公司生物精油系列产品开发、云南美森源林产科技有限公司松香系列产品精深加工、妥甸酱油有限公司世纪酱香产业园项目和白竹山茶叶农业科技示范园5个项目实地考察的基础上，以"统筹开发利用与保护传承，建设滇中生态大县"为实验主题、以"创建绿色化可持续发展示范区"为创建目标的双柏县省级可持续发展实验区建设规划顺利通过评审。实验区建设将以推进产业转型、发展现代农业、创建生态城市、统筹城乡发展、推进民生幸福为重点任务，力争到2017年，将双柏县建设成为资源、环境、经济协调发展、社会和谐的可持续发展示范区。开展实验区建设，将为促进双柏县经济社会及生态环境协调发展、充分发挥科技支撑引领作用以及解决经济社会发展中的重大问题提供强大动力，为加强资源保护与可持续利用形成适应双柏县特色和实际情况的可持续发展支撑体系。同时，将为云南西部民族地区、红河源头型生态脆弱地区走可持续发展道路发挥积极的示范带动作用，促进区域可持续发展实践能力的提升。双柏县高度重视生态保护工作，于2013年在全州率先完成《双柏县生态建设规划（2013—2020

① 张珂、郭云旗：《云南湿地生态保护加速》，http://ynjjrb.yunnan.cn/html/2015-07/16/content_3823720_2.htm（2015-07-16）。

年）》，并通过云南省环境保护厅审查批复和双柏县人大常委会批准，目前实施成效初步显现，先后获得了"国家绿色能源示范县""全国文明村镇""省级文明村""云药之乡"等荣誉和称号，现正在积极筹备国家级生态县、国家级重点生态功能区、省级生态保护与建设示范区创建工作，将为实验区建设奠定更为坚实的基础。①

2015 年 7 月 16 日至 17 日，环境保护部在南京举办了"2015 年全国生态保护红线划定与管理培训班"，云南省环境保护厅自然生态保护处处长夏峰，云南省环境工程评估中心主任杨永宏带领云南省生态保护红线课题组共 7 人参加了会议。来自全国 31 个省（区、市）环境保护厅（局）生态保护红线划定工作负责同志及相关技术人员共 150 余人参加了此次培训。此次培训班主要内容是宣贯《生态保护红线划定技术指南》（环发〔2015〕56 号），对接各省（区、市）生态保护红线划分建议方案，部署生态保护红线划定下一步工作。培训班由环境保护部自然生态保护司张文国处长主持，自然生态保护司侯代军副司长，环境保护部南京环境科学研究所徐海根副所长等领导出席，中国环境科学研究院，环境规划院，卫星环境应用中心，环境工程评估中心等生态保护红线划定技术组成员具体负责培训与对接工作。侯代军副司长就划定并严守生态保护红线的重大意义、如何划定生态保护红线以及红线管控措施等进行了讲解；环境保护部南京环境科学研究所生态中心邹长新副主任对生态保护红线划定技术指南与建议方案进行了解读。培训之后，国家生态保护红线技术组分片区与各相关省份就生态保护红线划分建议方案进行了分组对接，讨论建议方案的合理性与可行性，对各省（区、市）工作实施情况提出了具体建议。在具体对接过程中，云南省生态保护红线课题组向国家生态保护红线技术组汇报了云南省生态保护红线划定工作及技术方案，并就国家对云南省生态保护红线划分的建议方案进行了交流，讨论了建议方案的合理性与可行性。通过此次培训，与会人员认真学习了生态保护红线划定技术指南，了解了各省（区、市）生态红线划定与管理的经验，明确了下一步工作的目标，对于云南省加快推进生态保护红线划定与管理工作具有重要意义。②

2015 年 7 月 29 日，云南省委召开常委会议，研究部署云南省加快推进生态文明建

---

① 刘文玲、王琳：《双柏县省级可持续发展实验区建设规划顺利通过省级评审》，http://chuxiong.yunnan.cn/html/2015-07/17/content_3826358.htm（2015-07-17）。

② 环境保护部南京环境科学研究所：《我所成功举办"2015 年全国生态保护红线划定与管理培训班"》，http://www.nies.org/news/detail.asp?ID=2551（2015-07-21）。

设排头兵,加强工程建设等重点领域管理相关工作。会议强调,生态文明建设是中国特色社会主义事业的重要内容,关系人民福祉,关系民族未来,事关"两个一百年"奋斗目标和中华民族伟大复兴中国梦的实现。云南省区位条件独特,自然资源禀赋良好,民族文化多样,加快推进生态文明建设排头兵,对巩固云南省作为中国重要生物多样性宝库和构筑西南生态安全屏障,破解生态文明建设的体制机制障碍,推动云南省闯出一条跨越式发展路子,谱写好中国梦云南篇章具有十分重要的意义。全省各地各部门要进一步提高思想认识,坚决贯彻落实习近平总书记考察云南重要讲话精神,争当生态文明建设排头兵。

会议要求,各级各地各部门要紧紧围绕全国生态文明建设排头兵的战略定位,坚持以人为本、依法推进,坚持节约资源和保护环境的基本国策,协同推进新型工业化、信息化、城镇化、农业现代化和绿色化,以生态文明先行示范区建设为抓手,以健全生态文明制度体系为重点,优化国土空间开发格局,全面促进资源节约利用,加大自然生态系统和环境保护力度,大力推进绿色循环低碳发展,弘扬民族生态文化,倡导绿色生活,加快建设美丽云南,使云南的天更蓝、水更清、山更绿、空气更清新。各地各有关部门要抓紧研究提出贯彻落实措施,进一步明确目标任务、责任分工和时间要求;贯彻落实情况要及时向云南省委、省政府报告。

会议审议并原则同意《中共云南省委 云南省人民政府关于加快推进生态文明建设排头兵的实施意见》。会议就加强对工程建设、政府项目投资、土地矿产资源开发、财政资金使用等重点领域管理相关工作进行了研究。会议强调,制定出台关于进一步规范国家投资工程建设项目招标投标、加强政府投资项目管理,规范公共资源交易、加强监督管理,加强土地出让管理,加强矿产资源开发管理,加强财政资金管理等一系列规定,是云南省委、省政府推动"六个严禁"专项整治成果转化为监督管理、责任追究制度和纪律规定的重要举措,是推进全面深化改革、全面依法治国和全面从严治党的重要内容,对于强化对行政权力的监督制约,推进政务公开,加强惩防体系建设,强化源头防范具有重要意义。会议要求,各级党委、政府和有关部门要敢碰矛盾、敢于担当,切实负起责任,强化组织领导,加大工作力度,建立长效机制,严格规范重点领域的各项管理。各级领导干部要带头正风肃纪,严格规范自身行为,做执行规定的表率。各有关部门要各司其职、各负其责,细化措施办法,狠抓规定落实,要以几个配套文件的出台为契机，推动"六个严禁"专项整治规范化、制度化、常态化。各级纪检监察机关要强化监督执纪问责，确保刚性的规定得到刚性的执行，推动专项整治取得实实在在的成效。①

2015年8月22日，国家林业局计财司、保护司组织有关专家在昆明召开了《亚洲象保护工程规划（2016—2025年）》专家论证会。来自中国科学院北京动物研究所，国家林业局野生动植物保护工作领导小组办公室，国家林业局规划院，云南省林业科学院，中国科学院昆明植物研究所、中国科学院昆明动物研究所，云南大学的专家，以及国家林业局保护司、计财司的领导参加了本次论证会。与会专家在审阅规划文本的基础上，听取了国家林业局昆明勘察设计院编制组的汇报，认为规划编制思路清晰，资料翔实，依据充分，内容全面，目标明确，措施可行，投资估算合理，符合中国当前亚洲象保护实际。专家组对该规划一致予以通过。亚洲象是国家一级重点保护野生动物、《濒危野生动植物种国际贸易公约》附录I物种，具有重要的生态、科研和文化价值。中国亚洲象保护取得了一定的成就，但目前仍存在着栖息地破碎、种群衰退、人-象冲突严重等问题，保护形势依然十分严峻，迫切需要通过制定规划全面实施以亚洲象为主要保护对象的综合保护工程，加大保护投入，扩大栖息地面积，改善栖息地质量，全面提升保护能力，促进野外种群健康稳定发展，对建设生态文明和美丽中国具有重要的战略意义。②

2015年9月14日，《云环发〔2015〕49号云南省环境保护厅关于楚雄州南华县生态县建设的意见》称，根据南华县政府申请，按照环境保护部关于生态县建设的有关要求，云南省环境保护厅组织专家对《南华生态县建设规划（2015—2020年）》进行了论证，编制单位就《南华生态县建设规划（2015—2020年）规划》做了进一步修改完善。现就推进南华县生态县建设提出如下意见：其一，南华县开展生态县建设，是南华县委、县政府深入贯彻落实党的十八大和十八届三中、四中全会精神，大力推进生态文明建设的重大举措，是南华县探索人与自然和谐发展的有效途径，对于提升南华县区域综合竞争力，全面促进经济、社会、环境协调可持续发展具有十分重要的意义。其二，

---

① 尹朝平、谭晶纯、唐莉娜：《云南省委召开常委会会议强调要争当生态文明建设排头兵 让天更蓝水更清山更绿空气更清新》，http://politics.yunnan.cn/html/2015-07/30/content_3843273.htm（2015-07-30）。

② 张一群：《〈亚洲象保护工程规划〉通过专家论证》，http://www.ynly.gov.cn/8415/8494/8497/103655.html（2015-08-24）。

原则同意《南华生态县建设规划（2015—2020 年）规划》专家论证意见。请尽快将《南华生态县建设规划（2015—2020 年）规划》提交县人大审议，通过后颁布实施，并报云南省环境保护厅备案。其三，抓紧抓好《南华生态县建设规划（2015—2020 年）规划》实施。要切实加强对生态县建设工作的组织领导，制订年度工作计划，明确安排部署，采取有力措施，积极推进生态产业、自然资源与生态环境、生态人居、生态文化、能力保障五大体系建设。其四，加大生态县建设宣传力度。深入、持久地开展多层次、多形式的宣传教育活动，动员全社会广泛参与，积极营造生态县建设良好氛围。其五，认真总结生态县建设工作。请于每年 3 月 31 日前，将上一年度《南华生态县建设规划（2015—2020 年）规划》实施情况及生态县创建工作进度情况书面报云南省环境保护厅。[1]

2015 年 9 月 25 日，《云环发〔2015〕50 号云南省环境保护厅关于楚雄州永仁县生态县建设的意见》称，根据永仁县政府申请，按照环境保护部关于生态县建设的有关要求，云南省环境保护厅组织专家对《永仁生态县建设规划（2015—2020 年）》进行了论证，编制单位就《永仁生态县建设规划（2015—2020 年）》做了进一步修改完善。现就推进永仁县生态县建设提出如下意见：其一，永仁县开展生态县建设，是永仁县委、县政府深入贯彻落实党的十八大和十八届三中、四中全会精神，大力推进生态文明建设的具体举措，是永仁县探索人与自然和谐发展的有效途径，对于提升永仁县区域综合竞争力，全面促进经济、社会、环境协调可持续发展具有十分重要的意义。其二，原则同意《永仁生态县建设规划（2015—2020 年）》专家论证意见。请尽快将《永仁生态县建设规划（2015—2020 年）》提交县人大审议，通过后颁布实施，并报云南省环境保护厅备案。其三，抓紧抓好《规划》实施。要切实加强对生态县建设工作的组织领导，制订年度工作计划，明确安排部署，采取有力措施，积极推进生态产业、生态人居、生态文化、资源保障、生态安全五大体系建设。其四，加大生态县建设宣传力度。深入、持久地开展多层次、多形式的宣传教育活动，动员全社会广泛参与，积极营造生态县建设良好氛围。其五，认真总结生态县建设工作。请于每年 3 月 31 日前，将上一年度《永仁生态县建设规划（2015—2020 年）》实施情况及生态县创建工作进度情况书

---

[1] 云南省环境保护厅生态文明建设处：《云环发〔2015〕49 号云南省环境保护厅关于楚雄州南华县生态县建设的意见》，http://www.ynepb.gov.cn/zwxx/zfwj/yhf/201510/t20151028_95873.html（2015-09-14）。

面报云南省环境保护厅。[①]

2015 年 9 月 25 日，《云环发〔2015〕51 号云南省环境保护厅关于楚雄州大姚县生态县建设的意见》称，根据大姚县政府申请，按照环境保护部关于生态县建设的有关要求，云南省环境保护厅组织专家对《大姚生态县建设规划（2015—2020 年）》进行了论证，编制单位就《大姚生态县建设规划（2015—2020 年》做了进一步修改完善。现就推进大姚县生态县建设提出如下意见：其一，大姚县开展生态县建设，是大姚县委、县政府深入贯彻落实党的十八大和十八届三中、四中全会精神，大力推进生态文明建设的具体举措，是大姚县探索人与自然和谐发展的有效途径，对于提升大姚县区域综合竞争力，全面促进经济、社会、环境协调可持续发展具有十分重要的意义。其二，原则同意《大姚生态县建设规划（2015—2020 年》专家论证意见。请尽快将《大姚生态县建设规划（2015—2020 年》提交县人大审议，通过后颁布实施，并报云南省环境保护厅备案。其三，抓紧抓好《大姚生态县建设规划（2015—2010 年）》实施。要切实加强对生态县建设工作的组织领导，制订年度工作计划，明确安排部署，采取有力措施，积极推进生态产业、生态人居、生态文化、资源保障、生态安全五大体系建设。其四，加大生态县建设宣传力度。深入、持久地开展多层次、多形式的宣传教育活动，动员全社会广泛参与，积极营造生态县建设良好氛围。其五，认真总结生态县建设工作。请于每年 3 月 31 日前，将上一年度《大姚生态县建设规划（2015—2020 年》实施情况及生态县创建工作进度情况书面报云南省环境保护厅。[②]

2015 年 10 月 12 日，为了总结 2015 年云南省国家重点生态功能区县域生态环境质量监测、评价与考核工作情况，部署 2016 年工作，云南省环境保护厅在昆明举办了 2015 年国家重点生态功能区县域生态环境质量监测、评价与考核工作培训班。云南省环境保护厅副厅长高正文出席会议并讲话，高正文首先回顾了云南省近年来国家重点生态功能区县域生态环境质量监测、评价与考核工作开展情况。他说，在各级各部门的共同努力下，云南省考核工作已逐步完善和规范，工作成绩显著，主要表现在重点生态功能区县域生态环境质量稳中向好、生态功能区转移支付资金投入逐年增加、考核办法不

---

① 云南省环境保护厅生态文明建设处：《云环发〔2015〕50 号云南省环境保护厅关于楚雄州永仁县生态县建设的意见》，http://www.ynepb.gov.cn/zwxx/zfwj/yhf/201510/t20151028_95875.html（2015-09-25）。
② 云南省环境保护厅生态文明建设处：《云环发〔2015〕51 号云南省环境保护厅关于楚雄州大姚县生态县建设的意见》，http://www.ynepb.gov.cn/zwxx/zfwj/yhf/201510/t20151028_95877.html（2015-09-25）。

断完善、联合工作机制逐步形成、生态环境监测能力不断加强、探索积累了一些经验。但也存在一些认识不到、重视不够、工作措施不力、监测能力有待加强、转移支付资金没有用于生态环境建设和改善的问题。高正文强调，党中央、国务院一贯高度重视生态环境保护工作，党的十八大将生态文明建设纳入"五位一体"中国特色社会主义总体布局，党中央、国务院出台了《中共中央　国务院关于加快推进生态文明建设的意见》、《生态文明体制改革总体方案》、《生态环境监测网络建设方案》和《党政领导干部生态环境损害责任追究办法（试行）》，大力推进生态文明建设。云南省委、省政府也在认真研究贯彻落实党中央的相关部署。为此，云南省重点生态功能区县域生态环境质量监测、评价与考核工作必须持之以恒地抓实、抓好。高正文指出，全力做好 2016 年工作，各县要提高认识，高度重视；要认真研究，统一部署；要自检自查，整改落实；要强化责任，严格考核；要总结完善，推进工作。①

　　2015 年 11 月 2 日至 4 日，云南省九大高原湖泊水污染综合防治领导小组办公室组织有关专家，省级相关部门，昆明市、玉溪市，大理白族自治州、红河哈尼族彝族自治州，丽江市环境保护局，湖泊保护管理单位负责规划的同志及规划编制承担单位，在昆明召开了九大高原湖泊"十三五"水环境保护治理规划编制培训会。会议以滇池、洱海水污染防治"十二五"规划执行情况预评估报告、现状调查及问题诊断分析报告、"十三五"水环境保护治理规划大纲审查为案例，云南省环境科学研究院专家对《云南省九大高原湖泊基于污染负荷总量控制的基础调查技术导则》《云南九大高原湖泊"十三五"水污染综合防治规划编制技术导则》《云南九大高原湖泊"十三五"水污染综合防治规划大纲》进行了讲解。云南省九大高原湖泊水污染综合防治领导小组办公室副主任、省环境保护厅副厅长贺彬到会进行指导，并对会议进行了总结。②

　　2015 年 12 月 9 日至 10 日，中共云南省第九届委员会第十二次全体会议在昆明召开，全会听取和讨论云南省委书记李纪恒受省委常委会委托做的工作报告，审议通过了《中共云南省委关于制定国民经济和社会发展第十三个五年规划的建议》。全会提出，

---

① 云南省环境保护厅环境监测处：《高正文在云南省国家重点生态功能区县域生态环境质量监测、评价与考核工作培训班上指出全力做好 2016 年工作》，http://wap.ynepbxj.com/zwxx/xxyw/xxywrdjj/201510/t20151019_95476.html（2015-10-19）。

② 云南省环境保护厅湖泊保护与治理处：《省九大高原湖泊水污染综合防治领导小组办公室组织开展九大高原湖泊"十三五"水环境保护治理规划编制培训会》，http://www.ynepb.gov.cn/zwxx/xxyw/xxywrdjj/201511/t20151106_96332.html（2015-11-06）。

实现"十三五"时期发展目标、破解发展难题、厚植发展优势，必须牢固树立并切实贯彻创新、协调、绿色、开放、共享的发展理念，推动云南省闯出一条跨越式发展的路子。"十三五"期间，云南省生态建设和环境保护要实现新突破，生态文明建设要走在全国前列。全会强调，坚持绿色发展，必须坚持节约优先、保护优先，坚持绿水青山就是金山银山，坚定走生产发展、生活富裕、生态良好的文明发展道路，营造绿色山川，发展绿色经济，建设绿色城镇，倡导绿色生活，打造绿色窗口，筑牢中国西南生态安全屏障。①

---

① 蒋朝晖：《生态文明建设要走在全国前列 云南"十三五"规划建议通过审议》，http://www.ynepb.gov.cn/zwxx/xxyw/xxywrdjj/201512/t20151222_100034.html（2015-12-22）。

第二章　云南省生态城乡及示范区创建编年

生态乡镇及示范区创建是生态文明建设的重要组成部分，其内容包括自然保护区、生态建设示范区、生态城市、生态县、生态乡镇、生态村，生态创建工作对于保护区域性生态环境，推进生态文明建设具有至关重要的作用。云南省生态创建工作的开展源头应始于自然保护区的建立，云南省委、省政府高度重视生态创建工作，把创建生态文明建设示范区作为生态文明建设的重要载体和有效抓手。全省各地通过编制实施生态建设规划，完善生态创建工作机制，加快城乡环境基础设施建设，加强农村环境综合整治，优化调整产业结构，有力地促进了创建地区经济、社会、环境协调可持续发展，生态建设示范区创建工作取得明显成效。

云南省生态规划与生态创建工作几乎是同步进行的，生态规划是生态创建工作得以有效贯彻落实的重要保障。生态创建工作主要通过生态建设示范区、生态文明建设试点县、生态文明示范村展开，通过示范区和试点的建立，统筹城乡协调发展，依托区域、人文、生态优势，开展生态旅游业、生态农业、生态工业等绿色产业，从根本上解决环境与经济之间的矛盾。

第一节　云南省生态城乡及示范区创建奠基阶段（2007—2014年）

一、2007年

2007年5月25日至27日，为认真贯彻落实云南省委、省政府关于加强生态文明建设的决定和生物多样性保护腾冲会议精神，切实推进全省生态建设示范区和生物多样性保护工作，云南省环境保护厅在景洪市举行了全省生态县（市）创建暨生物多样性保护工作培训班。全省16州市环境保护局，生物多样性保护重点区域的44个县（市、区）人民政府，环境保护局，有关县（区）生态创建办公室，环境保护局领导共计270余人参加了培训。25日上午的开班仪式上，西双版纳傣族自治州人民政府杨沙副州长致欢迎辞，云南省环境保护厅任治忠副厅长做了重要讲话。任副厅长强调要充分认识生态县（市、区）创建和生物多样性保护工作的重要性，切实增强生态县（市、区）创建和生物多样性保护工作的紧迫感，清醒看到生态县（市、区）创建和生物多样性保护工作任务的艰巨性，在不断探索和大胆创新中深化生态县（市、区）建设和生物多样性保护，进一步提升生态文明建设水平。他要求全体参加培训人员真正做到学有所思、思有所得、得有所获，为胜任岗位奠定基础，在今后的工作中，要切实把学到的知识转化成工作能力，运用到实际工作中，力争云南省生态创建和生物多样性保护工作迈上新的台阶。环境保护部自然生态保护司张文国处长，西南林业大学副校长杨宇明教授，云南省环境保护厅政策法规处管琼副处长，云南省环境科学研究院吴学灿副院长，应邀分别就生态县（市、区）创建和生物多样性保护的概况现状、法律法规、管理规定、工作推进等问题，结合自身工作经验和理论造诣，运用大量案例，深入浅出地为大家授课；昆明市环境保护局肖丁副局长交流了昆明市推进生态县（市、区）创建的经验。全体听课人员普遍感到收获很大，对生态创建和生物多样性保护工作有了信心，纷纷表示今后工作中将着眼提高质量，全力促进七彩云南生态文明建设全面、协调和有序推进。培训期间，与会人员还深入西双版纳傣族自治州生物多样性教育基地——西双版纳国家级自然保护区自然博物馆和中国科学院西双版纳热带植物园参观学习。①

2007 年 10 月 27 日，环境保护部在网站发布（2011 年第 75 号）公告，云南省玉溪市江川县、易门县、华宁县，楚雄彝族自治州楚雄市，普洱市思茅区、曲靖市麒麟区被授予"国家级生态示范区"称号。至此，全省已累计建成 10 个国家级生态示范区（含西双版纳傣族自治州，玉溪市通海县、红塔区、澄江县）。②

二、2008 年

2008 年，晋宁县启动生态创建工作，成立了晋宁生态县创建工作指挥部，同年 8 月编制完成了《晋宁生态县规划》，拟定了生态县、生态乡镇、生态村创建工作方案和实施意见，将生态创建纳入部门和领导考核内容，把创建工作的各项任务细化到各个职能部门和乡镇，明确了目标任务、工作职责，形成了县委、县政府领导下的统一协调、分工负责、分级管理、齐抓共管的工作格局。在此基础上，选择了 2 个具有代表性的中谊村（坝区）、龙王塘村（山区）为生态村创建的示范点，按照示范率先、以点带面、分步实施的原则，全面推进全县创建工作。截至目前，创建国家级生态乡镇的二街镇、六街镇，已顺利通过省级考核，等待国家级复核。其余 5 个乡镇申报云南省生态乡镇，等待考核。③

2008 年 7 月，洱源县被大理白族自治州委、州人民政府确定为全州的生态文明试点县。④

2008 年 8 月 11 日至 13 日，云南省委副书记李纪恒在玉溪市调研时指出：统筹城乡协调发展，建设生态文明城市。李纪恒到玉溪市就深入开展解放思想大讨论、贯彻落实省委八届五次全委会精神做专题调研时提出，玉溪市要在统筹城乡协调发展上先行一

---

① 西双版纳傣族自治州环境保护局：《全省生态市（县）创建暨生物多样性保护工作培训班在景洪市召开》，http://www.ynepb.gov.cn/ zwxx/xxyw/xxywrdjj/201106/t20110609_8653.html（2011-06-09）。

② 云南省环境保护厅自然生态保护处：《我省 6 个县（市、区）被环境保护部命名为"国家级生态示范区"》，http://www.ynepb.gov.cn/ zwxx/xxyw/xxywrdjj/201111/t20111123_9113.html（2011-11-23）。

③ 陈敏、闫国柱、曹璐：《晋宁以"四最"创建生态文明县》，http://yn.yunnan.cn/km/html/2011-08/25/content_1791695.htm（2011-08-25）。

④ 辛向东：《洱源高位推动生态文明建设》，http://www.dalidaily.com/huanbao/20150716/091607.html（2015-07-16）。

步，在建设生态文明城市上率先突破，在贯彻落实科学发展观上走在全省前列。李纪恒一行深入澄江县、江川县、华宁县、通海县的城镇、社区、工厂、农村，考察产业发展、城镇建设、生态建设和环境保护、民族宗教、基层党建等工作，与干部群众交流座谈，全面了解当地经济社会发展情况。他充分肯定了玉溪市近年来贯彻落实科学发展观、促进经济社会实现又好又快发展取得的显著成绩，鼓励干部群众进一步解放思想，再接再厉，在统筹城乡协调发展、建设生态文明城市上下功夫、取得新突破，为建设富裕民主文明开放和谐云南做出新贡献。

李纪恒指出，统筹兼顾是科学发展观的根本方法，统筹城乡协调发展是贯彻落实党的十七大和省第八次党代会、省委八届五次全委会精神的迫切要求。建设生态文明城市不仅是控制污染和恢复生态，而且是要把生态文明的理念贯穿于城乡发展的方方面面和各个环节，逐步形成与生态相协调的生产方式和生活方式；要把工业化、信息化、城镇化、市场化、现代化和生态文明结合起来，实现产业结构的优化升级和城市品位的整体提升；要把城市和农村的发展寓于生态文明的整体建设之中，建立促进人与自然协调发展的文化氛围。

他希望玉溪市在统筹城乡协调发展上先行一步，在建设生态文明城市上率先突破，在贯彻落实科学发展观上走在全省前列，按照"工业反哺农业，城市支持农村"和多予少取放活的方针，以破除城乡二元结构为主攻方向，突出抓好统筹城乡科学规划、产业发展、基础设施和生态环境建设、文化和社会建设、体制机制创新及党的建设等六个重点，促进形成城乡经济社会发展一体化新格局，努力建设经济蓬勃发展、城乡统筹协调，充满生机、活力进发，融合万物、合作开放，民族团结、人与自然和谐发展，文化繁荣、最适宜居住和创新创业创优的生态文明城市。

李纪恒强调，统筹城乡协调发展、建设生态文明城市，关键在各级领导班子和领导干部。玉溪市要切实加强领导班子和领导干部的思想政治建设，深入开展科学发展观学习实践活动，着力提高领导科学发展的开拓创新能力，着力增强执行力、创造力和凝聚力，努力做好新时期的群众工作，敢想敢干敢于负责，敢于直面矛盾，敢于破解难题，不断推动工作取得新突破。[①]

---

① 谭晶纯、露露：《李纪恒：统筹城乡协调发展 建设生态文明城市》，http://special.yunnan.cn/city/content/2008-08/14/content_61746.htm（2008-08-14）。

三、2009 年

2009 年 1 月下旬,《中国环境报》报道:洱源县委、县政府坚持以科学发展观为指导,牢固树立"洱源净,洱海清,大理兴"的观念,把生态环境保护列入干部政绩考核;坚持"生态立县"的发展思路,依托洱源县独特的区位条件和丰富的资源优势,提出争创全国生态文明试点县的奋斗目标,为全县经济社会发展绘就了新的蓝图。洱源县境内湖泊众多,径流总量占云南省九大高原湖泊之一的洱海的 70%,是洱海保护的重点,也是关键。特殊的区位和自然条件,决定了洱源县只能走发展生态文明的道路,建设生态文明示范县是洱源县的必然选择。近年来,洱源县群策群力,真抓实干,生态文明建设成效明显,着重表现在领导重视、措施有力,环保工作成效明显;重点突出、措施有力,生态农业建设全面推开;合理布局、取舍得当,生态工业长足发展;立足优势、重点突破,生态旅游业初具规模;结合实际、合理区划,生态屏障建设成效突出。在被列为大理白族自治州的生态文明建设试点县后,洱源县提出争创全省乃至全国的生态试点县;并提出要重点推进七大体系的建设作为生态文明县的支撑,即以重点污染治理为突破,推进生态基础设施体系建设;以改善环境为目标,推进生态屏障体系建设;以调整种养结构为重点,推进生态农业体系建设;以转变增长方式为抓手,推进生态工业体系建设;以生态资源为依托,推进生态服务业体系建设;以构建人与自然和谐为载体,推进生态家园体系建设;以提高文明程度为归宿,推进生态文化体系建设。[①]

2009 年 2 月 7 日,玉溪市委书记孔祥庚在云南省十一届人大二次会议分组审查政府工作报告时说:"抓生态文明建设,发展生态文化旅游产业,就是抓经济,就是抓就业,就是抓开放,就是抓扶贫,就是抓精神文明建设,就是抓整体竞争实力。我们必须乘势而上,加快推进生态文化旅游产业发展,争做生态文明建设排头兵。"玉溪市实施"生态立市"战略,建设生态文明有优势产业支撑。孔祥庚指出,"生态立市"就是按照科学发展观的要求,以生态建设和环境保护为切入点,转变发展观念,调整产业结构,提高经济发展质量,提高人民生活水平,加快小康社会建设步伐。梳理"生态立市"战略的决策过程,体会生态文明建设的创新思维,就是玉溪经济社会发展切实转入

[①] 王世明:《坚持生态优先 扎实推进生态文明试点县建设 洱源生态县重点推进七大体系建设》,http://www.7c.gov.cn/zwxx/xxyw/xxywrdjj/200901/t20090122_6467.html(2009-01-22)。

科学发展轨道的峥嵘历史。①

在一系列决策后，一场轰轰烈烈的"生态之战"迅速展开。关停机动船艇、切实加强"三湖一海"保护治理、玉溪大河整治、聂耳音乐广场建设、星云湖—抚仙湖出流改道工程竣工、组建环保警察队伍、八县一区环境监测站全覆盖、实施东风水库除险加固防洪防震工程、打造玉江高速生态景观示范大道、全力建设10平方千米生态文化区……

以生态建设和环境保护为切入点，玉溪市实施大企业大集团带动战略，百亿元资金涌进玉溪，整合资源，推进新型工业化，加快发展循环经济，加强节能减排，提高产业发展层次和水平。同时，不断加大科技创新力度，改造提升传统产业，清洁生产成为全市企业的共识。努力完成节能降耗指标，全市地区单位生产总值能耗逐年下降。

玉溪市政府把2008年确定为规划年，目前，玉溪城市总体规划、土地利用总体规划修编进展顺利，完成生态城市规划大纲编制，启动中心城区10平方千米生态文化区规划编制。调整完善市区两级管理体制，下放市级部分规划建设管理权，加快建立"两级政府，三级管理，四级网络"的城市建设管理体制。出水口生态公园配套完善、玉湖扩建二期等工程全面完成，东风水库除险加固防洪防震工程开工，中心城区污水处理厂二期、生活垃圾综合处理厂等项目建设进展顺利，珊瑚路、七星街、彩虹路片区防洪抢险一期工程完工。玉江高速公路生态景观示范大道改造、中心城区5个城市出入口生态景观改造全面实施，开展绿色玉溪植树行动，万株大树入城工程基本完成。各县区生态建设方兴未艾。

来自华宁县的吴伯平代表说，华宁县2003年就提出了建设生态农业县的构想，并做出了有益的尝试。现如今，华宁县的"三棵树"生态经济建设已初具规模。周映海代表说，易门县将力争到2012年实现"滇中水城"初具规模，县城东西南北四周被流水环绕，建成千亩以上水面，形成省内独具特色，融人文景观和自然风光为一体的城在林

---

① 2003年春，玉溪市发展进入又一个关键阶段，当时，决策者面临着经济持续下滑、生态逐步恶化的严峻形势，经济增长乏力，抚仙湖水质下降为Ⅱ类……市二次党代会以来，市委在扭转经济下滑局面的同时，总结和继承历届地委及市委在生态环境建设方面的成功经验，确立了"生态立市"战略。云南省委、省政府确定了在玉溪市建设"三湖"生态城市群的方案。2005年10月，市委书记孔祥庚在一次会议上首次提出建设生态市的构想和措施，清晰描画了玉溪生态城市建设的路线图。2006年1月，市委二届四次全会明确把生态立市调整到四大战略之首，提出努力把玉溪市经济社会发展切实转入科学发展轨道。参见刘跃、唐唐：《玉溪"两会"特稿：建设生态文明建设 实现科学发展》，http://yn.yunnan.cn/yx/html/2009-03/30/content_306999.htm（2009-03-30）。

中、水在城中、城林水交相辉映的水体景观，争取成为国家级生态园林县城。

目前，13 个乡镇、27 个中心村规划编制全面展开，澄江县被命名为全国生态示范区，大营街荣获"国家园林城镇"称号，华宁县、元江哈尼族彝族傣族自治县成功创建省级园林县城，10 个乡镇被命名为云南省生态乡镇。玉溪市委高瞻远瞩，在市委三届五次全会报告中提出，发展生态文化旅游产业，就是抓经济，就是抓就业，就是抓开放，就是抓扶贫，就是抓精神文明建设，就是抓整体竞争实力。大家必须乘势而上，以开展争做生态文明建设排头兵活动为动力，切实把旅游作为"两烟"、矿电之后的支柱产业抓好。

未来蓝图已展现在大家面前。玉溪市将继续加大"三湖一海"保护力度，启动抚仙湖清水产流方案，确保抚仙湖 I 类水质和星云湖、杞麓湖、阳宗海水质明显好转，以生态建设推进旅游发展。继续打造"五山一村"品牌，集中精力财力完善 10 平方千米生态文化区，科学管理老城区，积极整体规划州城、北城古城镇，力争三年把中心城区建成旅游产业的龙头，把红塔生态园林、10 平方千米生态文化区和东风水库路坝合一工程建成三大旅游品牌。把天湖、太阳山、帽天山、棋盘山、星云湖北岸截污工程与 10 千米长堤建成生态休闲景点，建设古滇国文化园品牌，逐步发展高端旅游产业。提前研究东西线旅游规划，开辟旅游线路，推动各县区旅游产业的发展，大力发展以旅游为龙头的第三产业。机遇与挑战并存，希望与困难同在。在科学发展观的指引下，玉溪市将坚定不移地实施"生态立市"战略，抓住机遇，攻坚克难，以生态文明建设谱写出玉溪未来发展的华彩乐章。①

2009 年 3 月 9 日，《大理日报》报道：洱源县生态文明试点县建设工作取得良好成效。自 2008 年 7 月 22 日洱源县生态文明试点县建设正式启动以来，全县各级各部门紧紧围绕建设生态文明试点县目标，进一步提高认识、真抓实干，以洱海保护为中心，以弥苴河、永安江、罗时江等主要入洱海河流水质改善为基础，狠抓新"六大工程"建设，生态文明试点县建设工作开局良好。洱源县在生态农业、生态工业、生态旅游业、生态屏障建设方面取得一定成效。

其一，生态农业全面推开。坚持走"生态建设产业化，产业发展生态化"的道路，

---

① 刘跃、唐唐：《玉溪"两会"特稿：建设生态文明建设　实现科学发展》，http://yn.yunnan.cn/yx/html/2009-03-30/content_306999.htm（2009-03-30）。

扎实推进农业产业化进程，乳牛养殖和核桃、华山松、大蒜、优质稻及梅子种植初具规模。

其二，生态工业快速发展。突出环境保护与治理这一重点，坚持实施高新技术和传统产业并举，抓住重点行业、重点企业、重点区域三个环节，扶持发展有较强竞争力、在产业中起龙头和支撑作用的企业，引导企业开发新产品，创立好品牌，全县工业经济总量进一步壮大，运行质量进一步提高。

其三，生态旅游业初具规模。紧紧围绕"旅游活县"的方针和"建设民族文化旅游大县"的总目标，结合实际，认真组织开展"旅游二次创业"，实施"走出去，引进来"战略，积极开展招商引资，不断完善基础设施，大力开发旅游资源，发展旅游产业。在滇西北旅游圈内，洱源县已基本成为以温泉为特色的重要旅游目的地。

其四，生态屏障建设成效突出。抓好造林绿化，切实巩固天然林保护、退耕还林等工程实施成果，巩固农户用沼气池建设成果，全面降低森林消耗，森林覆盖率不断提高。认真实施生物多样性保护工程，切实加强了对罗坪鸟吊山、西罗坪、黑虎山、西湖、茈碧湖、海西海等六个野生动植物类型和湿地类型的自然保护区的建设管理，湿地和野生动植物得到有效保护。加大矿山治理整顿力度，做到整治一片、植被恢复一片。实行限量办理采矿许可，坚持科学、有序开发。以小流域治理为单元，生态修复为补充，进行水土保持综合治理。加大土地开发整理力度，各类土地开发整理项目严格按照规划有序进行。

此外，洱源县积极争取、加快实施，项目带动作用明显增强。2008 年全县各级各部门紧紧围绕以建设生态文明试点县为目标，以洱海保护为中心，重点实施了 31 个子项目，总体进展顺利。同时，还申报了 80 个生态文明示范村建设、50 个农业循环经济示范区循环型生态示范村建设工程、洱海水源区奶牛厩肥循环利用（洱源县 10 座太阳能中温沼气站）建设工程、邓川污水处理厂及配套管网建设工程、弥苴河水环境综合整治（消水河湿地建设）工程、永安江河道生态修复建设工程、洱海流域垃圾处理中心建设以及相关生态文明建设等 19 个项目。[①]

2009 年 6 月，洱源县被环境保护部确定为全国生态文明试点县。[②]

---

① 王世秀：《洱源县生态文明试点县 建设工作取得良好成效》，http://www.lifeyn.net/article-64424-1.html（2009-03-09）。
② 辛向东：《洱源县高位推动生态文明建设》，http://www.dalidaily.com/huanbao/20150716/091607.html（2015-07-16）。

2009 年 8 月 17 日，大理白族自治州政协主席袁爱光率部分州政协委员到洱源县，就该县生态文明试点县建设一年以来的工作情况进行视察。副州长许映苏，州政协副主席孙明、秘书长欧阳任以及州级相关职能部门领导参加视察活动。在洱源县委、县政府主要领导及县有关部门领导陪同下，视察组先后深入邓川镇邓北桥湿地施工现场、右所镇下山口村落污水处理工程施工现场、右所镇梅和路口永安江综合治理工程现场、西湖湿地保护、三营镇三营村太阳能中温沼气站、三营镇郑家庄生态文明示范村等地，对洱源县一年以来的生态文明试点县建设工作情况进行了全面视察。17 日下午，视察组专题听取了洱源县委书记许云川的工作汇报。通过实地视察及听取汇报，视察组对洱源县以重点污染治理为突破，推进生态基础设施体系建设等一系列重大环保举措，给予了充分的肯定。视察组认为试点工作轰轰烈烈、实实在在、遍地开花，生态文明试点县建设取得明显成效。袁爱光在讲话中指出，洱源县开展生态文明试点县建设一年以来，通过抓组织领导强化落实，全县生态文明意识全面增强，生态文明建设多措并举，宣传氛围良好，工作得到广大群众的积极拥护和支持，永安江等河道治理及湿地生态修复推进顺利，实现了生态环境与经济社会发展的双赢。针对存在的困难及问题，袁爱光表示，将通过视察，多方进行协调，确保生态文明试点县建设的持续推进。他同时指出，建设生态文明试点县，是洱源县在新的历史时期的一次机遇，全县上下要统一思想，在下一步工作中，不断总结、不断完善，结合自身实际情况，不断深化生态县建设工作，实现生态文明建设工作的整体推进。①

2009 年 10 月 29 日，《大理日报》报道：洱源县抓住 2009 年 6 月被环境保护部列为全国第二批生态文明试点县的机遇，狠抓生态文明产业培植，全县生态农业稳步推进，生态工业健康发展，生态旅游迅速升温。洱源县在发展生态农业工作中，加快农业结构调整，适量减少了大蒜种植面积，扩大了蚕豆、油菜、啤大麦、烤烟等农作物面积。劳动力培训和转移不断加大，农村富余劳动力有计划地向二、三产业及无公害农产品生产和乳畜业转移。目前，洱源县已建成优质高效生态的水稻基地 10 万亩、烤烟基地 3.5 万亩、核桃基地 38.6 万亩、梅果基地 9.4 万亩，发展生态乳牛 71 250 头，农民收入稳步提高。在生态工业建设中，邓川工业园区软硬件建设进一步加强，"一园三区"的科学布局逐步形成。2009 年上半年，全县万元生产总值能耗下降 5.5%，第二轮工业

---

① 孔云秀：《洱源县生态文明试点建设实实在在遍地开花》，http://www.lifeyn.net/article-65511-1.html（2009-08-19）。

发展"倍增计划"稳步实施，重点工业企业进一步做强做大。在生态旅游建设方面，洱源县以改善旅游基础设施为重点，坚持"一手抓保护，一手抓开发"，启动了西湖景区建设项目和下山口度假村改扩建项目，大理地热国景区功能不断完善。以西湖、茈碧湖生态文化旅游和县城、下山口温泉度假旅游为主的洱源生态旅游迅速升温，全县旅游总量越来越大，客源越来越广，旅游产业的龙头作用日益凸显，拉动了第三产业快速发展。①

2009 年 10 月底，洱源县生态文明示范村建设成效明显。洱源县以科学发展观为指导，紧紧围绕"清洁家园，清洁田园，清洁水源，清洁能源"目标，在洱海流域 6 个镇乡以沿湖、沿河村落为主，全面启动 50 个生态文明示范村建设工作，通力协作，上下联动，掀起了全县生态文明建设高潮。洱源县从县级机关选派了 50 名年轻干部担任生态文明示范村建设责任人，项目区 6 镇乡和县级相关部门迅速成立建设领导组和指导组。在深入调查研究的基础上，因地制宜制订各村建设实施方案，保障了项目建设及早实施。近一年来，50 个生态示范村共组织召开村干部会、老年协会、户长会等多种会议 436 场；投入 30 万元制作永久性宣传牌 200 块、"12369"环保热线举报宣传牌 500 块，发放《致全县人民一封信》6 万份，签订《洱源县农户生态文明责任书》6 万份，营造了良好的宣传氛围。为认真总结前期工作，分析建设过程中存在的困难和问题，扎实推进示范村建设工程，洱源县多次召开 50 个生态文明示范村建设工作会议，不断总结推广先进经验，促进了生态文明示范村建设的顺利实施。同时，洱源县还组织西湖等部分村组干部、村民代表一行 24 人到昆明市等地参观考察，学习滇池水污染治理工作经验，增强西湖生态环境保护的忧患意识。截至 10 月底，50 个生态文明示范村累计下拨资金 996 万元，共建成农户分散式污水处理系统 1554 个，建成沤肥池 2046 口、沼气池 45 口，完成卫生厕改造 53 户，建成卫生旱厕 135 座，道路硬化 18 848 米，道路回填 15 940 立方米，墙体粉刷 69 303 平方米，建成三面光排水沟 3218 米。②

2009 年 11 月 2 日，昆明市委、市政府召开现场推进会，实地观摩了市级有关单位及主城 4 区 10 个点的绿化、美化和生态建设工作，对拆临拆违、建绿透绿和环境卫生整

---

① 杨艳玲、王灿鑫、杨毅星：《洱源县生态文明产业初具雏形》，http://yn.yunnan.cn/dl/html/2009-10/29/content_62166.htm（2009-10-29）。

② 王灿鑫：《洱源生态文明示范村建设成效明显》，http://www.dalidaily.com/dianzi/site1/dlrb/html/2009/12/04/content_62166.htm（2009-12-04）。

治工作进行再动员、再部署，掀起了全市城乡规划建设管理和生态文明建设新高潮。2008 年以来，昆明市共拆临拆违 560 多万平方米，其中主城拆临拆违 372 万平方米，拆后建绿 62.5 万平方米，新增绿地 1431 公顷，城市建成区绿地率达 35.6%、绿化覆盖率达 39.6%，人均公共绿地达 10.16 平方米。城乡面貌有了较大变化，城市综合品质得到较大改善，促进了综合实力进一步增强。但对照云南省的要求和近期中央精神文明建设指导委员会明察暗访反馈的结果，昆明城市形象还不够美，综合品质还不高，突出表现在：违法违规建筑还一定程度存在，"城中村"改造拆迁难的问题依然突出；绿化的数量和质量还不够，爱绿护绿管绿的意识还不强；闯红灯、横穿马路、随地吐痰、乱扔废弃物、破坏公共设施等不文明行为比比皆是，市民文明素质亟待提高等。为此，昆明市委书记提出，要统一思想，提高认识，切实增强拆临拆违拆迁、建绿透绿补绿和环境卫生整治工作的责任感和紧迫感；抓住重点，迎难而上，全力打好拆临拆违拆迁攻坚战；创新理念，破解难点，再掀建绿透绿工作新高潮；多管齐下，全面推进，扎实开展环境卫生整治大行动；加强领导，形成合力，扎实有效地推进拆临拆违拆迁、建绿透绿补绿和环境卫生整治工作，为把昆明建设成为森林式、环保型、园林化、可持续发展的高原湖滨生态城市而奋斗。[①]

四、2010 年

2010 年以来，勐腊县始终坚持"生态立县"发展战略，大力实施生态林业、生态农业、生态工业、生态旅游、生态家园、生态文化"六大工程"，并通过持续开展生态保护、生态修复和环境治理等工作，切实改善全县生态环境质量，成功创建国家级生态乡镇 8 个、省级生态乡镇 10 个，州级生态村 46 个、县级生态村 1 个，绿色小区 7 个（县级 4 个、州级 3 个），绿色学校 25 所（省级 3 所、州级 5 所、县级 17 所），环境友好型企业 4 个，环境友好型机关 2 个，绿色家庭 11 家，环境教育基地 3 个（州级 1 个、县级 2 个）。完成 10 个乡镇垃圾填埋（堆放）场和污水处理设施及配套管网建设，实施了52 个村队的环境综合整治项目，实现城乡（镇）建成区"两污"设施建设全覆盖。全

---

① 李昌莉：《昆明再掀城乡规划建设管理和生态文明建设高潮》，http://news.sina.com.cn/c/2009-11-03/071516543316s. shtml（2009-11-03）。

县 4 个河流监测断面达标率 100%，集中式饮用水源水质达标率 100%，村镇饮水卫生合格率 100%。县城污水出水水质稳定达标排放、城镇生活污水集中处理率 81.44%，乡镇污水出水水质均达到农田灌溉水质标准，生活垃圾无害化处理率 97.09%，各区域环境噪声达到功能区标准，生态创建带来的绿色福利实现了全民共享。创建国家生态县工作扎实、措施到位，全面达到国家生态县考核指标要求。国家生态县（市）考核验收组原则同意勐腊县通过国家生态县考核验收，下一步将按程序报环境保护部审议批准。[①]

2010 年 6 月中旬，洱源县在 2009 年 50 个生态文明示范村建设取得经验和成效的基础上，在洱海流域 6 个乡镇的 40 个重点村落正式启动 2010 年生态文明示范村建设工程。为把洱源县建设成为生态环境优美、生态经济繁荣、人居环境舒适、人民富裕安康、社会和谐进步的生态文明试点县，洱源县在 6 个乡镇启动了 2010 年的生态文明示范村建设工程。工程紧紧围绕"3456"（三治，即治污、治乱、治环境违法行为；四化，即有机农业绿色化、村庄庭院生态化、道路房屋整洁化、村风民俗和谐化；五改，即改水、改厕、改厩、改厨、改柴；六有，即有一个好班子、有一个科学的建设规划和生态文明发展思路、有一个完整的符合生态文明建设的村规民约、有一支业余农村文艺演出队、有一份《农户生态文明责任书》、有一块生态文明宣传栏）建设目标，以污水、垃圾、畜禽粪便治理项目为重点，着力解决好农村污水乱排放、垃圾乱丢、粪便乱堆等问题。重点建设沟渠、污水收集管网及各种处理设施，根据各村整合资金情况适当兼顾人畜饮水，清洁能源建设，道路硬化、绿化，卫生公厕等其他项目建设。工程将投资 1000 万元，建设工期 5 个月，计划 10 月中旬建设完成。工程建设后将有力推进洱源生态文明试点县建设和洱海保护治理各项工作。[②]

2010 年 7 月中上旬，国家发展和改革委员会、财政部和国家林业局联合批复同意在全国 13 个市、74 个县开展生态文明示范工程试点，思茅区名列其中。全国生态文明示范试点建设是一项长期性的工作，从 2012 年起，中央财政将连续 5 年对试点地区安排引导资金。在试点建设过程中，国家生态建设工程资金将向试点地区倾斜，优先安排节能减排、循环经济发展等补偿资金，优先安排国家生态功能建设资金，支持开展生态文明

① 严娅、石勇、依应香：《勐腊县生态文明建设开启新局面》，http://xsbn.yunnan.cn/html/2016-08/09/content_4478990.htm（2016-08-09）。
② 杨艳玲、杨泉伟：《洱源县 2010 年生态文明示范村建设工程启动》，http://www.lifeyn.net/article-12093-1.html（2010-06-13）。

建设试点工作。[①]

2010 年 8 月 11 日，石林彝族自治县有关部门表示，自 2006 年深入实施"生态美县"战略以来，石林彝族自治县始终坚持"五个到位"抓实生态文明建设，城乡面貌和人居环境得到全面改善。

一是安排部署到位。县委、县政府在"十一五"规划中提出了全面实施"生态美县"战略，制定完善了全县生态环境建设和保护统一规划，目前已有 5 个乡镇进入"全国环境优美乡镇"先进行列。

二是资金落实到位。从 2006 年起，县财政每年投入 1000 万元用于生态文明建设，保障了石林彝族自治县生态文明建设工作的稳步推进。目前已投入资金 8000 余万元建成 1 座污水处理厂及配套管网设施建设 30.9 千米；各乡镇所在地均已建设了垃圾池，配备了环卫车辆，有专人定期清运，形成了"组保洁、村收集、乡镇运输、县处理"的垃圾处理格局。

三是生态建设到位。2006 年，石林彝族自治县先期启动了石林镇、长湖镇创建"全国环境优美乡镇"工作。至 2010 年 4 月，全县已有石林镇、长湖镇、西街口镇、鹿阜镇、板桥镇相继获得"全国环境优美乡镇"荣誉称号。并且已成功创建省级绿色学校 2 个、市级绿色学校 12 个、县级绿色学校 17 个、县级绿色机关 2 个、县级绿色企业 4 个、县级绿色社区 11 个、县级绿色家庭 160 个、县级绿色庭院 160 个，为创建国家级生态县奠定了下一步的坚实基础。

四是宣传培训到位。近年来，石林彝族自治县有关部门相继组织了"低碳石林，绿色家园"主题征文、绘画比赛，巾帼志愿者、共青团志愿者骑自行车践行低碳生活健康出行理念，机关干部、中小学生沿巴江河两岸捡拾垃圾等大型宣传活动，进一步提高了全民参与生态文明建设的意识，为深入开展生态县建设工作创造了有利条件。

五是监督治理到位。近年来，县环境保护部门加强对辖区内排污企业的现场监察工作，开展对石林保护区生态环境、保护区现状和保护区各类建设项目进行现场监察，对已审批的"三同时"项目实施全过程的监督管理，确保治理设施运转率 100%，集中式饮用水源地水质达标率达 100%。

---

① 王楠：《思茅区被列为全国生态文明示范工程试点》，http://puer.yunnan.cn/html/2012-07-13/content_2301440.htm（2012-07-13）。

目前石林彝族自治县县城的绿化覆盖率已达 45.3%、人均公共绿地面积达 19.32 平方米，生活垃圾无害化处理率达 100%，用水普及率达 100%，水质合格率达 100%，生态文明建设取得了明显成效。[①]

2010 年 10 月 14 日，洱源县召开 2010 年生态文明试点县建设工作暨"绿色家庭"和"环境卫士"表彰大会。大会总结了"十一五"期间的生态文明试点县建设工作，对"十二五"期间的生态文明试点县建设工作进行谋划，表彰在生态文明试点县建设中涌现出的先进典型。大会指出，洱源县在深入开展创先争优活动中，确定了"深入学习实践科学发展观，加快推进生态文明试点县建设"的活动主题和"推动科学发展，建设生态文明，构建和谐洱源，增进民族团结，服务人民群众，加强基层组织"的总体目标要求，紧紧围绕"生态立县，农业稳县，工业富县，旅游活县，和谐兴县"的生态文明试点县建设思路，以生态文明"七大体系"建设为抓手，多措并举推进生态文明试点县建设，取得了明显实效。生态基础设施体系建设不断夯实。

洱源县自觉树牢"洱源净、洱海清、大理兴"的科学理念，突出重点，强化措施，洱海保护治理新"六大工程"深入推进。以河道疏挖、村容村貌整治、垃圾清运、美化绿化为重点，把每年 1 月作为"保护洱海—洁净·绿化家园"活动月。实施截污治污工程，完成洱海流域内 20 家宾馆、饭店、山庄（温泉）等废水排放企业整治工程和县城老城区污水收集管网建设；总投资 7459 万元建成县城污水处理厂及配套管网工程，不断改进污水处理工艺，提高污水处理能力；总投资 2450 万元建设邓川镇污水处理厂及配套管网工程进展顺利；投资 1000 多万元配套建设村落污水处理系统；积极探索垃圾处理新途径，在成功探索实施"农户交费、政府补助、袋装收集、定时清运"的农村垃圾清运模式的基础上，坚持合理分类、科学回收、节约资源、变废为宝，2010 年 8 月 1 日，全面实施生活垃圾分类收集和处理工作，实现了垃圾减量化、资源化、无害化。投资 650 万元建成日处理 25 吨的军马场垃圾填埋场，投资 300 万元的农村小型垃圾焚烧炉项目建设有序开展。

洱源县实施净污工程，投资 8000 多万元实施东西湖等七大湿地恢复建设和永安江、罗时江综合治理等一批重点生态保护项目；配齐了 100 名河道管理员和 310 名垃圾

---

① 石林彝族自治县发展和改革局：《石林"五个到位"推进生态文明建设》，http://yunnan.mofcom.gov.cn/aarticle/sjdixiansw/201008/20100807081040.html（2010-08-15）。

收集员；全面加强西湖湿地修复工程，完成退塘还湖 1400 多亩，利用生态浮岛法在西湖六村七岛之间种植芦苇 9500 平方米，与洱海同步实施封湖禁渔。

生态屏障体系建设不断加强。抓实造林绿化，切实巩固天然林保护、退耕还林等工程实施成果。以百村万户绿化示范行动为重点，积极发动广大群众在"四旁"植树，启动"森林洱源"建设，积极争创省级园林县城，抓实"绿色走廊"示范工程，在县内主要交通干道两旁共植树 6700 多株，努力打造结构合理、功能完备的绿色走廊。抓好林果产业发展，累计发展核桃面积49.4 万亩、华山松17.15 万亩、梅果10.2 万亩。实施生物多样性保护工程，切实加强对罗坪鸟吊山、海西海等 6 个野生动植物类型和湿地类型自然保护区的建设管理，使湿地和野生动植物得到有效保护。投资2918.4 万元实施了三营、乔后和右所土地开发整理项目工程建设。

生态农业体系建设不断破题。实施洱海源头种养业结构调整战略，以绿色环保为方向，加强以规模化、产业化、无公害化的农产品基地和无公害畜禽、水产养殖基地建设，着力打造洱源绿色生态品牌。制定了大蒜、梅果、乳牛综合标准和水稻、玉米、蚕豆、油菜、马铃薯、核桃种植操作规程，加快了农业生产标准化步伐，切实减少农业面源污染。投资 1610 万元，在洱海流域乳牛养殖集中乡镇配套建成人畜粪便处理太阳能中温沼气站 6 座、沼气池24 123 口、优质无公害特色蔬菜2.1 万亩，改造卫生厕19.3 万平方米。

生态工业体系建设不断提升。正确处理洱海保护与工业发展的关系，调整优化工业空间布局。邓川工业园区"一园三区"初步发展形成以拖拉机装配为支撑、乳制品加工为主导、矿产和绿色食品加工为补充的工业结构。引进大唐集团投资 29 亿元建设罗坪山风力发电场和华能集团投资25 亿元建设马鞍山风力发电场，规划了5座太阳能光伏发电站，全力打造生态工业新亮点。2010 年 1 月至 8 月，全县完成工业总产值20.1 亿元，同比增长 24.8%，其中完成工业增加值4.26 亿元，同比增长 19.4%。

生态服务业体系建设不断推进。以旅游二次创业为契机，项目策划包装为重点，招商引资为抓手，成功引进了四川万泰集团、云南神工集团、云南永德天源电力开发有限公司等省内外实力企业，加快冷热水资源、民族文化和旅游商品开发。加大以大理地热国为主的九气台温泉旅游风景区建设，加快西湖、茈碧湖生态文化旅游和下山口温泉度假旅游、海熙海温泉开发项目建设步伐，成功承办了 2010 大理洱源温泉旅游文化节。

2010年1月至8月，全县共接待游客45.8万人次，实现旅游社会总收入3.2亿元，旅游从业人员8000多人，旅游业成为经济发展新的增长点，带动了房地产、饮食、交通运输、信息等服务业的全面发展。

生态家园体系建设不断规范。全县交通、水利、市政等各项基础设施建设不断加强，全县城镇化率达23%。以"洱海源头，生态家园"为要求，创建省级生态园林县城，加强道路绿化、河边带绿化、住宅区绿化和结点绿化，着力建设生态镇乡和生态村。围绕"清洁家园，清洁田园，清洁水源，清洁能源"目标，在2009年建成50个生态文明示范村后，2010年的40个生态文明示范村建设进展顺利。

生态文化体系建设不断深化。加强原生态历史文化保护开发，积极保护开发凤羽历史文化名镇、德源古城等历史文化遗迹，切实抓好梨园生态村、松鹤白族唢呐村、凤羽白族农耕文化村、邓川白族饮食文化区、右所民族教育村、西山白族歌舞村的保护开发，充分挖掘和弘扬具有地方特色的白族歌舞、西山调、洞经音乐、白族唢呐、霸王鞭、龙狮灯等民俗文化，大力发展生态文化。[①]

大理白族自治州委常委、州委统战部部长杨秀星亲临会议并发表讲话。杨秀星就做好下一步工作提出要求：一要坚持科学发展，制定好"十二五"规划。二要整合多方资源，加大社会共同推进力度。三要创新生态发展模式，促进产业结构生态化调整。四要强化责任意识，确保各项工作任务落实到位。

洱源县委书记许云川出席会议并做重要讲话。许云川指出，生态文明试点县建设是一项全新的工作，需要不断地探索实践，寻求新的突破口和立足点。开展创建"绿色家庭"和争当"环境卫士"工作，是生态文明试点县建设的创新实践。通过从家庭和广大干部群众这一社会细胞入手，把创建活动作为开展创先争优活动的有效载体，不断提高家庭成员的整体素质，使广大干部群众自觉投身生态文明试点县建设的伟大实践。

近年来，洱源县着力推进生态文明试点县七大体系建设，取得了初步成效，主要表现在：生态基础设施体系建设不断夯实；生态屏障体系建设不断加强；生态农业体系建设不断破题；生态工业体系建设不断提升；生态服务业体系建设不断推进；生态家园体系建设不断规范；生态文化体系建设不断深化。

---

① 宝永康、满江浩：《洱源县扎实推进生态文明试点县建设工作》，http://www.daliepb.gov.cn/news/local/2691.html（2015-06-01）。

许云川要求，要在科学谋划中突出重点，推动生态文明试点县建设水平再上新台阶。各级各部门要本着对全县人民的生存和长远发展高度负责的态度，进一步增强责任感和使命感，切实把生态文明试点县建设作为全县最重要、最紧迫的任务来抓紧抓实。要科学规划"十二五"的各项工作，统筹解决好支柱产业培植壮大、生态产业布局调整、经济结构优化升级和社会管理等重大问题，推动生态文明试点县朝着科学合理的方向发展。重点要抓好以下几方面的工作：一是坚定信心，走稳生态文明试点县建设道路选择。二是夯实基础，完善生态文明试点县建设硬件条件。三是强化支撑，培育生态文明试点县建设产业基础。四是教育培训，营造生态文明试点县建设良好氛围。五是建章立制，构建生态文明试点县建设长效机制。

许云川强调，要在强化措施中狠抓落实，确保生态文明建设工作扎实推进。要明确目标任务，进一步狠抓工作落实；要加强团结协作，进一步形成工作合力；要坚持依法行政，进一步规范工作程序；要加强督促检查，进一步提升工作成效。

会议表彰奖励了在生态文明建设中涌现出的杨学海等 10 户"绿色家庭"户和杨继舟等 10 名"环境卫士"。"绿色家庭"和"环境卫士"代表在会上分别做了交流发言。洱源县委副书记、县长杨作云主持会议并做会议小结，就贯彻落实好会议精神要求：要高度重视，及时传达学习；明确任务，狠抓工作落实；转变作风，推动科学发展。大理白族自治州委常委、州委统战部部长杨秀星，州人大常委会副主任尚榆民，副州长许映苏，州政协副主席孙明，州环境保护局副局长沈兵亲临会议做指导。[①]

五、2011 年

2011 年 6 月 2 日，结合"六·五"世界环境日"共建生态文明，共享绿色未来"的主题，大理市召开首批市级"生态文明村"命名表彰大会，总结生态市创建工作，安排部署相关工作，对下关镇吊草村等首批命名的 21 个市级"生态文明村"授牌。为全面提升大理市生态环境质量，实现人与自然和谐、经济可持续发展目标，大理市于 2009年启动生态市创建工作，分别在城区开展"绿色社区"创建活动，在农村开展"生态文明村"创建工作，向广大城乡居民传播绿色生态理念，倡导从我做起、从身边小事做

---

① 王世秀：《洱源县召开 2010 年生态文明试点县建设工作会》，http://www.lifeyn.net/article-12100-1.html（2010-10-27）。

起，为建设生态文明、构建环境友好型社会做出积极贡献。通过创建活动的开展，大理市农村人居环境明显改善，首批 21 个市级"生态文明村"基本实现了道路硬化、庭院净化、村庄绿化，农民群众的思想观念、生活方式和生活习惯发生了转变，文明意识有了进一步提高，讲科学、讲文明、讲卫生的良好社会风气正在形成，为全市创建生态市工作起到了良好的示范带头作用。

会议指出，生态市创建活动是一项长期的工作任务，各级各部门要进一步统一思想，提高认识，落实责任，强化措施，继续抓好各项创建工作，力争到 2020 年，实现全市80%的社区和农村成为"绿色社区"和"生态文明村"，创建 5 个环境教育基地的目标。会议强调，要加大宣传力度，营造保护环境、绿色生态的氛围，巩固精神文明建设阵地，丰富群众文化生活，提高文明素质；加大督导检查力度，严格落实各项管理和考评制度；壮大农村经济，切实抓好民主法制建设；加大城乡绿化、美化、净化工作力度，稳步推进创建工作，创造优美、整洁的绿色生态人居环境。大理市人大副主任陈爱国，副市长郭华，市政协副主席闫文玲等领导出席会议，并为首批命名的市级"生态文明村"授牌。州市级环境保护部门，市生态市创建工作领导小组成员单位和各乡镇负责人参加会议。①

2011 年 8 月 3 日至 7 日，云南省委副书记李纪恒在玉溪市调研时强调，要突出宜居生态文明特色，加快城市现代化建设。李纪恒深入玉溪市红塔区和高新区、华宁县、元江哈尼族彝族傣族自治县、峨山彝族自治县、易门县调研时强调，大力推进工业化、城镇化、农业产业化、教育现代化进程，不断提升城市现代化水平，努力建设现代宜居生态文明城市。同时，李纪恒深入城镇、农村、工业园区，考察新农村建设、安居房建设、企业和城建项目，与彝族、哈尼族、傣族等少数民族干部群众面对面交流座谈，共商加快玉溪市发展的思路和举措。他对近年来玉溪市经济社会发展取得的成绩给予肯定，希望玉溪市在"十二五"期间，抓住机遇，发挥优势，抓住城市现代化这一"牛鼻子"，突出"宜居""生态""文明"三大特色，加快现代宜居生态文明城市建设步伐。

李纪恒说："高楼大厦并不等于城市现代化。城市现代化是城市经济高效益化、城市社会文明化、城市环境优质化、城市管理科学化、城乡关系和人与人关系和谐化的集

① 王淑云、戴向晖：《大理市命名表彰 21 个生态文明村》，http://www.lifeyn.net/article-12138-1.html（2011-06-27）。

合，代表了城市经济、社会、生态之间和谐共生的状态。"李纪恒强调，现代化的动力和物质基础是工业化，城镇化的本质是现代化，工业化和城镇化是现代化的两个巨轮，玉溪市要正确处理好现代化、工业化、城镇化的关系，要在桥头堡建设中找准城市发展定位，走有玉溪特色的新型工业化道路，坚定不移实施工业强市战略，打造现代产业体系，做大做强做优县域经济，加快改造提升传统服务业、发展现代服务业，大力发展现代农业、加快农业产业化进程，进一步扩大对外开放，加大招商引资力度，大力扶持中小企业和非公经济，不断壮大综合经济实力。要加快推进城镇化进程，以中心城区为重点推进城市化，以各县县城和重点镇为重点推进城镇化，以新农村建设为重点推进城乡一体化，加强交通、水利、通信、电力等基础设施建设，不断提高城市管理现代化水平，彰显城市特色和风格，充分发挥滇中重要城市的作用。要把生态文明理念渗透到城乡建设的各个环节、方方面面，大力加强生态文明建设；高度关注民生，加强文化基础设施建设，不断提高教育现代化水平，积极实施民生工程，大力推进社会管理体制机制创新，促进生态保护和经济建设协调发展、环境优化与民生改善同步提升，保护玉溪市的青山绿水蓝天，提高玉溪老百姓的幸福指数。调研期间，李纪恒反复强调要把学习贯彻胡锦涛总书记"七一"重要讲话精神引向深入，继续开展创先争优活动，进一步加强各级干部的思想政治建设和党风廉政建设，营造风清气正的环境，做好市委换届工作。①

2011 年 8 月中下旬，晋宁县召开生态创建现场推进会，县委书记蔡德生要求全县各级各部门要按照"四最"，即"要以最高的目标、最大的决心、最硬的措施、最强的执行力"，强化生态创建工作的目标要求，全力以赴打好生态创建这场硬仗，把晋宁建成宜居之县、生态文明之县。2011 年，启动市级生态村创建工作，按照"442"的推进比例，到 2013 年，完成全县 129 个行政村的创建任务。2011 年计划完成 55 个行政村的创建任务，目前第一批 24 个行政村已基本达到创建指标，通过县级考核，等待市级复核。现正在对创建国家级生态县 2009—2011 三年的工作进行建档，2012 年 3 月完成申报材料的提交。

8 月 23 日，晋宁县组织了大规模、高规格的创建工作现场推进会，四班子领导，县卫生局及乡镇主要领导，深入昆阳街道下方古城村、上蒜镇河泊村、晋城镇安江村现场

---

① 谭晶纯：《李纪恒在玉溪市调研时强调突出宜居生态文明特色 加快城市现代化建设》，http://news.cntv.cn/20110808/107646.shtml（2011-08-08）。

观摩。观摩组边看边查找问题，随后进行了现场推进会评说，会上，生态创建工作做得好的乡镇进行了交流发言，互相学习借鉴，做得不到位的乡镇进行了表态发言。县委书记蔡德生就如何抓好生态创建工作提出了四点要求。一是对生态创建工作的认识要再提高，生态创建过程是制度创新、功能完善、环境改变，人民群众得实惠的民生工程，全县各级各部门要以为人民办实事的态度，切实做好生态创建工作。二是全民动员进行生态创建，广泛动员社会一切力量，参与创建工作，形成良好的创建态势，力促创建出成效。三是高标准、严要求抓好落实，扎实推进生态创建工作不断取得新成效，使生态县、生态乡镇、生态村创建工作按既定目标创建成功。四是强化督查，严格奖惩，实施检查通报制、任务督办制、动态跟踪制等各项制度，并将生态创建工作作为考核乡镇、部门的重要依据，实行年度奖惩机制。蔡德生强调，要以最高的目标、最大的决心、最硬的措施、最强的执行力全力抓好生态创建这项民生工程，让广大人民群众从中受益。[①]

六、2012 年

2012 年 4 月中上旬，国家发展和改革委员会、财政部和国家林业局联合批复同意在全国 13 个市、74 个县开展生态文明示范工程试点，东川区成为昆明市唯一一进入试点单位的县区。根据批复，从 2012 年起，获得全国生态文明示范工程试点的市、县，将得到中央财政连续 5 年的产业引导资金，国家有关部委，省（市、区）在分解国家生态建设工程投资时将倾斜安排，并优先落实建设任务。此外，国家还将加大对试点县集镇供水、城镇污水和垃圾处理、沼气建设、农村面源污染治理、灌区节水改造等基本建设投资，节能减排、循环经济发展等补助资金也将向试点市、县适当倾斜。东川区林业局局长毕天顺说："和其他进入示范点名单的市县有所不同，东川更多是由生态脆弱到生态修复的转变的一种试点，这对于东川而言，既是一种鼓励，也是促进经济增长，加快城市发展转型的契机。"数千年的铜矿开采史、20 世纪 50 年代以后毁灭性的伐薪炼铁和过度垦殖，使得 1985 年东川区的森林覆盖率一度只有 13%，经过 20 多年的努力，这一

---

① 陈敏、闫国柱、曹璐：《晋宁以"四最"创建生态文明县》，http://yn.yunnan.cn/km/html/2011-08/25/content_1791695. htm（2011-08-25）。

数字目前已经翻了一番多。云南进入此次试点名单的还有西双版纳傣族自治州、文山壮族苗族自治州，玉龙纳西族自治县、屏边苗族自治县、武定县和思茅区，共 2 州 5 县（区）。^①

2012 年 5 月 9 日，《云南省人民政府办公厅关于命名第七批云南省生态乡镇的通知》称，为深入贯彻落实科学发展观，努力争当生态文明建设排头兵，全面实施"七彩云南保护行动"，改善农村生态环境，促进社会主义新农村建设，推动区域经济持续健康发展，根据《云南省生态乡镇建设管理规定》，经省政府同意，命名昆明市盘龙区茨坝街道办事处等 58 个乡镇为第七批"云南省生态乡镇"。获得"云南省生态乡镇"命名的乡镇要总结经验，完善机制，狠抓规划落实，优化产业结构，发展循环经济，加强环境保护，为促进全省城乡统筹发展，建设美丽云南做出新的更大贡献。各州、市、县、区政府，要建立党委领导、政府负责、人大和政协监督、部门分工协作、全社会共同参与的生态创建工作机制，强化组织领导，创新工作方法，切实保障云南省生态乡镇创建工作有序开展。^②

2012 年 6 月 13 日，《昆明日报》记者李丹丹报道，云南省将通过陡坡地生态治理、生物多样性保护、城乡绿化、防护林建设等八大生态工程助推"森林云南"建设，构建西南生态安全屏障，"十二五"末实现新造林 3000 万亩以上。云南省将通过实施八大生态工程，加快"森林云南"建设步伐，构建西南生态安全屏障。到 2015 年，实施新造林 3000 万亩以上，完成陡坡地生态治理 400 万亩，改造中低产林 2000 万亩，森林覆盖率达到 55%以上。按照云南省政府下发的《关于加快森林云南建设构建西南生态安全屏障的意见》提出的目标，到 2015 年，全省森林蓄积量将达到 17 亿立方米以上，森林生态系统服务功能价值达到每年 15 500 亿元以上，林业产业总产值实现翻番，达到 1300 亿元左右，农民从林业中获得的收入达到 3000 元，接近农民人均纯收入的 1/3 左右，建成国家森林城市 1 个，建成省级绿化模范州（市）5 个、县（市）区 50 个。对此，云南省将大力实施陡坡地生态治理工程、生物多样性保护工程、城乡绿化工程、防护林建设工程、天然林保护工程、中低产林改造工程、石漠化治理工程、农村能源建设

---

① 殷雷、雷啸岳：《昆明东川区入列全国生态文明示范工程试点》，http://finance.yunnan.cn/html/2012-04/12/content_2142 157.htm（2012-04-12）。

② 省环保厅生态文明建设处：《云南省人民政府办公厅关于命名第七批云南省生态乡镇的通知》，http://www.ynepb. gov.cn/zwxx/zfwj/yhf/201305/t20130509_38604.html（2013-05-09）。

工程八大生态工程，将云南省建设成为中国重要的生物多样性宝库和西南生态安全屏障。从2012年起到2015年，全省完成25度以上陡坡地生态治理400万亩，提高森林覆盖率0.6%。到2015年，使云南省域内分布的40种极小种群野生动植物资源得到有效拯救和保护，完成全省退耕还林（牧）还泽（草）和恢复湿地植被7.5万亩，恢复汇水区植被150万亩，全省60%以上的天然湿地得到有效保护。力争用10年左右的时间，对全省13 449个行政村进行绿化美化，建成1000个绿化示范村，建设"村在林中，路在绿中，房在园中，人在景中"的宜居环境。①

2012年7月16日，云南省国家级生态乡镇申报工作顺利完成。为扎实推进全省国家级生态乡镇创建工作，根据《环保部关于印发〈国家级生态乡镇申报及管理规定（试行）〉的通知》（环发〔2010〕75号）要求，云南省环境保护厅生态文明建设处先后组织专家到西双版纳傣族自治州、昆明市、大理白族自治州对2012年申报的24个国家级生态乡镇（街道）进行了实地考核，通过查阅资料、听取汇报、现场检查、社会调查等环节的审查，西双版纳傣族自治州景洪市景讷乡、昆明市海口街道办、大理白族自治州宾川县鸡足山镇等18个乡镇（街道）基本达到了国家级生态乡镇建设的五项基本要求和15项考核指标，经公示后，申报材料于6月28日上报至环境保护部，云南省2012年国家级生态乡镇申报工作顺利完成。

云南省环境保护厅对此次国家级生态乡镇的审查工作高度重视，王建华厅长做出了"由生态文明建设处组织专家按照严格审查、宁缺毋滥原则认真做好考核审查工作"的重要批示，任治忠副厅长、张志华副厅长多次听取了申报及审查相关工作的汇报。按照云南省环境保护厅领导的指示精神，云南省环境保护厅生态文明建设处分别于6月4日至7日，13日至14日，20日至21日组织云南省环境科学研究院，云南省环境监测中心站，云南大学的专家深入申报2012年国家级生态乡镇的西双版纳傣族自治州、昆明市、大理白族自治州进行了审查。

省级审查组实地检查了24个申报创建国家级生态乡镇的集镇污水处理、垃圾收集、村容村貌、工业企业污染治理、规模化养殖污染防治、生态村建设等情况，并分别召开了西双版纳傣族自治州、昆明市、大理白族自治州申报国家级生态乡镇审查会，会

---

① 李丹丹：《打造宜居环境 八大生态工程助力森林云南的建设》，http://www.ynepb.gov.cn/zwxx/xxyw/xxywrdjj/201206/t20120613_9591.html（2012-06-13）。

议由云南省环境保护厅生态文明建设处张建萍处长主持。会上，24 个乡镇（街道）播放了乡镇生态创建的影像资料，并就生态创建的情况进行汇报。省审查组的专家对西双版纳傣族自治州、昆明市、大理白族自治州 2012 年申报创建国家级生态乡镇的 24 个乡镇（街道）的创建工作给予了肯定，同时也对各乡镇现场和申报材料还存在的问题提出了具体的整改意见和措施。相关县（市、区）政府分管领导在认真听取专家组的审查意见后做了表态发言。最后，审查组对本次审查工作情况进行了总结，对西双版纳傣族自治州、昆明市、大理白族自治州的生态创建工作给予肯定，并要求各申报乡镇对专家指出的问题要马上整改，以确保各项要求各指标均达到国家标准。

审查组在西双版纳傣族自治州审查期间，西双版纳傣族自治州政府还组织召开了西双版纳傣族自治州生态创建工作情况反馈会。会上，审查组对西双版纳傣族自治州国家级生态乡镇创建工作取得的成效给予了肯定，同时，提出了各乡镇要继续进一步广泛宣传，不断提高广大人民群众对创建工作的认识；加强协调，落实资金，加快"两污"工程的实施；要认真总结，查缺补漏，确保创建工作稳步推进的建议和要求。西双版纳傣族自治州委常委、副州长杨沙到会并做了重要讲话，杨沙副州长代表州委、州政府对云南省环境保护厅多年来对西双版纳傣族自治州生态创建工作的支持与帮助以及审查组的辛勤工作表示了诚挚的感谢，并就全州 17 个申报乡镇的验收申报工作提出了工作要求，各级各部门要高度重视、落实资金、加大力度、加快进度，全力推进生态创建工作，努力在全省率先建成国家级生态州。①

2012 年 9 月 7 日至 8 日，环境保护部党组成员、人事司司长何捷一行，到洱源县调研生态文明建设工作。省级与州级相关部门领导，县委副书记、县长杨瑜，副县长邹学伟，县委办公室，县政府办公室，县环境保护局等领导陪同调研。调研组深入茈碧湖、草海湿地、西湖等地，实地查看茈碧湖饮用水源地、湖滨带修复工程、草海近自然湿地工程、右所集镇污水收集处理设施工程、西湖国家湿地公园等建设，边看边听取和了解相关情况。通过实地考察和听取相关情况介绍，调研组对洱源县生态文明建设工作给予了充分肯定。认为洱源县委、县政府高度重视生态文明建设工作，始终把洱海保护放在一切工作的首位，正确处理发展与保护的关系，坚持不等不靠、能做先做的原则，加强

---

① 云南省环境保护厅生态文明建设处：《云南省国家级生态乡镇申报工作顺利完成》，http://www.ynepb.gov.cn/zwxx/xxyw/xxywrdjj/201207/t20120716_9657.html（2012-07-16）。

领导，广泛参与，防治结合，标本兼治，扎实推进生态文明试点县建设各项工作。针对生态文明建设中存在的困难和问题，调研组表示，生态文明建设是党的十七大提出的重大政治任务，是实现"人与自然、社会和谐共生，良性循环，全面发展，持续稳定"的重要途径。目前，洱源县正在经济社会全面发展的重要时期，在发展的过程中，要充分发挥洱源县生态优势，强化责任，细化措施，狠抓落实，认真处理好保护与发展的关系，抓好源头保护，全面推进生态文明建设。①

2012 年 9 月 25 日，云南省农村环境综合整治工作现场会暨生态文明建设工作研讨会在西双版纳傣族自治州景洪市召开。会议认真总结 2010 年全省农村环境保护工作现场会以来的各项工作进展情况，各州（市）环境保护局全面交流了农村环境综合整治和生态创建工作经验，会议还组织参观了景洪市勐罕镇曼嘎俭村农村环境连片整治示范项目。会议强调全省农村环境保护和生态创建工作任务依然十分艰巨，今后要着重从建立健全农村环境综合整治工作机制、做好农村环境连片整治项目储备、切实增强农村环保科技支撑、强化农村环保监管能力建设、认真落实生态创建工作和积极主动开展生态文明建设等方面进一步深化"以奖促治"政策和生态建设示范区工作。环境保护部自然生态保护司庄国泰司长出席会议并做重要讲话。庄国泰充分肯定了云南省近年来在农村环境综合整治方面取得的成绩，介绍并分析了全国自然保护工作的总体形势和"十二五"时期的重点任务，对云南省如何有效开展自然生态保护工作提出了具体意见。云南省环境保护厅相关处室，全省 16 州（市）和部分县（市、区）环境保护局，有关技术单位等代表参加会议。②

2012 年 11 月 22 日至 23 日，玉溪市"生态文明之家"创建活动总结表彰会在易门县举行，全市 69 家先进集体获表彰。玉溪市人大常委会副主任、市总工会主席范志华，副市长王跃出席会议并讲话。会议要求全市各级干部职工认真贯彻落实党的十八大精神，大力推进生态文明建设，把生态文明融入经济、政治、文化、社会等领域，努力建设和谐、美丽新玉溪。按照玉溪市委提出的"生态立市"战略，玉溪市总工会自 2009 年在全市范围内开展"生态文明之家"创建活动。三年来，全市各级工会组织根

---

① 施新弟、王一涵：《国家环保部领导到洱源县调研生态文明建设工作》，http://dali.yunnan.cn/html/2012-09-24/content_2416992.htm（2012-09-24）。

② 谢先斌：《彰显生态之美——景洪市创建国家环境保护模范城市纪实》，http://www.bndaily.com/c/2013-06-03/14202_2.shtml（2013-06-03）。

据自身实际，以各种活动为载体，依托教育引导、联系广泛、权益维护、帮扶救助、职工之家建设的优势，把创建活动贯穿在工会工作的方方面面。"生态文明之家"创建活动取得初步的成效和影响，为全市生态文明建设和构建现代宜居生态城市积累了经验。

范志华说，大力推进"生态文明之家"创建向纵深发展，一是广泛开展多种形式的劳动竞赛活动。要紧紧围绕园区经济、民营经济、县域经济建设，组织动员广大职工深入开展"当好主力军，建功'十二五'"主题竞赛和"工人先锋号"创建活动，推动劳动竞赛向非公有制企业、新兴产业、现代服务业拓展与延伸。加强节能减排义务监督员队伍建设，引导职工树立绿色、低碳发展理念，扩大节能减排成果，提高玉溪市生态文明建设水平。二是深入开展技术革新和发明创造活动。总结推广先进操作法和"金牌工人""首席员工"的经验，充分激发广大职工的创新潜能和创造活力，促进企业技术进步和产业升级。三是充分发挥劳模示范引领作用。要努力造就一批反映时代特点，勇于开拓创新、具有奉献精神的先进模范人物，宣传劳模，学习劳模，引领社会风尚，营造尊重劳动、保护劳动、倡导劳动的社会氛围，引导广大职工通过创造性劳动实现人生价值、彰显更大作为。

王跃充分肯定了玉溪市"生态文明之家"创建所取得的成效，他指出，要清楚认识到玉溪市生态建设与环境保护还任重道远，在巩固"生态文明之家"创建成果的同时，要大力推进生态文明建设向纵深发展。加强自然生态系统和环境保护，强化生态文明制度建设，推进资源节约和节能减排，强化组织和人员保障，全面加强生态文明建设，深入推进玉溪市可持续发展，为与全省同步实现"四个翻番""两个倍增"目标提供强有力的生态保障。会上，易门县总工会，云南通变电器有限公司，新平县法院，新平县平甸乡联合工会等先进集体进行了经验交流。[1]

2012年，昆明市营造林108万亩，新增城市绿地1360公顷，城市绿地率、绿化覆盖率分别达到40%和44%，人均公共绿地面积达12平方米，森林覆盖率达47%，自然地貌、植被、水系、湿地等生态敏感区域得到有效保护，荣获"国家园林城市""全国绿化模范城市"称号。[2]

---

[1] 蒋燕、王一涵：《69个"生态文明之家"先进集体受表彰》，http://yuxi.yunnan.cn/html/2012-11/27/content_2509197.htm（2012-11-27）。
[2] 李严：《美丽春城：十大工程提质昆明生态文明建设》，http://www.yndpc.yn.gov.cn/content.aspx?id=398088621476（2013-07-26）。

七、2013 年

2013 年以来，西畴县采取更加有力的措施实施"生态立县"战略，围绕"六美"目标，推进生态文明建设，努力打造宜居、宜业、宜游、宜商的美丽西畴。西畴县围绕加强城镇规划建设实现"城镇美"目标，按照"建得起、建得好、建得美、建出特色"的总体要求，实施了"文化塑城"，将生态文化理念贯穿城市建设始终，把"找回太阳的地方、太阳鸟母、西畴精神、海拔最高北回归线上的喀斯特绿洲"等文化元素融入城镇规划建设。围绕加强美丽乡村建设实现"村庄美"目标，县级财政每年拿出 2000 万元，在加强农田、水利、交通等农村基础设施建设的同时，完善村居规划，全面推进美丽乡村建设。围绕加强生态恢复重建实现"山川美"目标，以石漠化综合治理"六子登科"为抓手，巩固石漠化治理建设成果，推广沼气，加快风能、太阳能等清洁能源的开发利用；做好生态公益林和饮用水源保护，加快文天路、新珠路等绿色生态长廊建设。围绕加强生态文化打造实现"资源美"目标，以北回归线穿过县城横贯全境形成四季如春的气候条件、自然景观、多样性的生物资源和源远流长的历史文化为载体，着力打造生态文化、民族文化、创业文化三张文化名片。围绕加强生态产业发展实现"前景美"目标，按照"生态建设产业化，产业建设生态化"思路，采取定目标、定投入、定进度、定责任、定奖惩的责任机制，大力发展农民专业合作社、家庭农场及合作农场。围绕坚持以人为本理念实现"人美"目标，积极开展生态文明建设宣讲活动，以"推进生态文明，建设美丽西畴"为主题举行县委理论学习中心组集中学习活动，把生态文明建设纳入县委党校干部培训内容，大力治理脏乱差等不文明行为，提高全县干部群众的生态文明意识，推进生态文明建设。①

2013 年 2 月 4 日，玉溪市 9 个乡镇成为生态文明建设试点。玉溪市政府召开全市环境保护暨湖泊水污染综合防治工作会，贯彻落实党的十八大精神和市委工作会精神，提前安排部署全年环保工作。会议要求增强紧迫感、使命感，解放思想、转变作风，统一思想、加快行动，加强生态文明建设，做好湖泊水污染综合防治，完成 2013 年环境保护各项目标任务。会议通报了 2012 年玉溪市中心城区环境空气、辖区内主要地表水和

---

① 邓代敏、王楠：《西畴围绕"六美"目标推进生态文明建设》，http://wenshan.yunnan.cn/html/2013-10/22/content_2926953.htm（2013-10-22）。

集中式饮用水源地等例行监测结果及环境质量分析情况。副市长周继武说，要积极探索加强生态文明建设的新机制，在实践中创造生态文明建设的新体制，把生态文明建设纳入国民经济和社会发展规划，与政治建设、经济建设、社会建设和文化建设共同部署、共同推进。各地各部门要加强领导，明确责任，在"三湖"水污染综合防治工作中摒弃等、靠、要思想，克服畏难情绪，杜绝口头上重视、工作上不落实的消极行为。在完成首批24个试点项目的基础上，2013年计划实施第二批9个乡镇、36个村的生态文明试点建设工作。积极整合农业、水利、林业等资金项目，探索建立政府、村组、企业、社会参与的多方融资机制，推进整乡、整县农村环境综合整治工作，全面开展农村环境状况、农村饮用水源、土壤污染和规模化养殖污染调查，积极开展农村污染防治，更好地推进生态文明建设。围绕湖泊污染防治相关规划，加大工程治理；拓宽筹资渠道，建立和完善与市场化相适应的投融资机制；积极开展沿湖私搭乱建专项整治行动；加大执法力度，强化非工程管理措施，切实抓好"三湖"水污染综合防治工作。实施 33 个市级减排项目，拟削减二氧化碳 2000 吨、化学需氧量 200 吨。[①]

2013 年 7 月 24 日，云南省水生态文明试点建设咨询会在普洱市召开。普洱市委常委、市政府副市长彭远国出席会议并致辞。彭远国指出，普洱市历来高度重视生态文明建设，水生态文明建设作为国家绿色经济试验示范区的重要组成部分，重要程度不言而喻。良好的水资源作为普洱市发展的基础，对普洱茶产业、咖啡产业、生物制造产业、清洁能源产业乃至今后打造高端休闲度假产业基地等都将提供强有力的支撑。会议要求，在推进水生态文明试点建设中，要基本落实最严格的水资源管理制度，基本建立"三条红线"制度；要基本建成节水型社会，全面提高用水效益；要基本建成水资源优化配置体系，提高堤岸防洪能力、供水保障能力、水资源承载能力；要基本建成水资源保护体系，提高水功能区水质达标率，有效保护饮用水水源地；要基本理顺水资源管理体系，推进人水和谐社会的建设。会上，各参会领导和专家详细听取了普洱市与丽江市作为全国水生态文明城市试点建设实施方案编制情况说明，并对实施方案提出意见和建议。会议还分别听取了玉溪市，腾冲县、富宁县全省水生态文明建设试点工作准备情况介绍。省水利厅，省水政监察总队，长江水利委员会长江科学院，市水务局及西

---

① 崔永红、王一涵：《玉溪市 9 乡镇成生态文明建设试点》，http://yuxi.yunnan.cn/html/2013-02/06/content_2610043.htm（2013-02-06）。

双版纳傣族自治州、文山壮族苗族自治州、玉溪市、保山市等州市水务局相关领导参加会议。①

2013 年 7 月 25 日，"美丽云南绿色家园生态文明建设系列新闻发布会"第一场"美丽春城幸福昆明"主题发布会在云南海埂会堂举行。昆明市委副书记、市长李文荣在介绍昆明市生态文明建设情况时表示，将重点抓好滇池治理、低碳昆明建设等十大工程，全面提升昆明市生态文明建设的质量和水平。

李文荣说，长期以来，昆明市委、市政府高度重视生态文明建设，坚决贯彻落实中央和云南省关于生态文明建设的指示精神和各项决策部署，把生态文明作为实现科学发展、全面建成小康社会的重要抓手，坚持"生态立市，环境优先"，围绕建设"美丽春城，幸福昆明"的目标，先后制定出台了《关于加强生态文明建设的实施意见》等一批重要文件，采取了一系列有效措施，取得了明显成效。

在生态文明建设中，昆明市立足优势、发挥特色，主要做了六个方面的工作。滇池治理着力改善水环境质量是云南省的头等大事。昆明市坚持科学治水、铁腕治污、综合治理，突出抓好滇池、珠江和长江"一湖两江"流域水环境综合治理，坚定不移推进滇池治理"六大工程"建设。实施滇池治理三年行动计划，集中攻坚"彻底截污、水体置换、生态建设"三大任务。经过多年坚持不懈的努力，滇池治理已取得重要阶段性成果，国家考核组认为：滇池主要污染指标逐年削减，湖体、主要入湖河道的水质及周边环境明显改善，流域生态系统逐步恢复，滇池已经从污染治理湖泊向生态恢复湖泊转变，为深化全国湖泊水污染防治提供了有益的借鉴。

城乡绿化着力生态修复是重要内容。在开展城乡绿化中，昆明市制定出台了《全面推进森林昆明建设的意见》，实施城乡规划区绿地系统和市域生态系统建设，大力开展植绿造绿。建成一批园林绿化博览园，城市公园绿地面积不断扩大。在"四环十七射"道路两侧建设绿化带。建成面山风景林9片、森林公园20个。综合整治"五采区"，治理水土流失。

环境整治着力改善城乡人居环境是关键举措。在加强城乡环境综合整治中，昆明市以筹办国际国内重大活动为契机，不断强化城市管理工作，市容市貌大为改观。目前，

① 李孟承、郑舒文、王一涵：《全省水生态文明试点建设咨询会在普洱市召开》，http://puer.yunnan.cn/html/2013-07/29/content_2824419.htm（2013-07-29）。

昆明城市供水水质合格率达 99%，垃圾无害化处理率达 98%，危废、医废集中处理率达 100%。集中式饮用水源保护区森林覆盖率不断扩大，水质达标率达 99.7%。 在推进城中村改造方面，2008 年以来，昆明市拆除地上建构筑物面积 2600 万平方米。城市空气质量优良率连续 6 年保持 100%，在全国省会城市中名列前茅。城市区域噪声平均值达到国家标准。荣获"国家卫生城市"称号，14 个县（市）区全部创建成为国家卫生城市和卫生县城。

创建活动着力强化生态文明理念是有效载体。顺应人民群众对改善人居环境的需求，昆明市坚持以"四创两争"为载体，加强宣传教育，弘扬生态文化，开展绿色创建活动。成立全市低碳经济发展研究中心，出台建设低碳昆明的实施意见。建成一批国家级、省级生态乡镇和市级生态村、绿色学校、绿色社区、绿色酒店、绿色商场等。目前，昆明市城市再生水利用率达 66.27%，主城万元 GDP 取水量降至 19.33 立方米，万元工业增加值取水量降至 9.28 立方米，上述三项指标均处于全国城市领先水平，成为"国家节水型城市"。通过开展"公交都市"建设，公交出行分担率达 40.12%，成为全国低碳交通试点城市。

转变发展方式着力加快生态经济发展是有效途径。昆明市坚持调整和优化经济结构，加强能源资源节约，积极发展循环经济，不断提高生态经济的比重。根据资源环境承载能力，统筹谋划全市人口分布、经济布局、土地利用和城市化格局。坚持绿色发展导向，不断提高服务业在地区生产总值中的比重。"十二五"以来，昆明市单位地区生产总值能耗每年同比下降 4.1%。工业用水重复利用率达 90.6%，工业固体废物综合利用率达 67.8%。全面推行新型建材、太阳能与建筑一体化设计和施工，成为国家可再生能源建筑应用示范城市。推行先进清洁生产模式，培育了一批清洁生产示范园区和企业。

制度建设着力加强体制机制创新是根本保障。坚持制度先行，昆明市出台了一系列规章和规范性文件，以最严格标准落实各项环保措施。建立健全资源有偿使用制度和生态补偿机制，出台排污权有偿使用及交易、环境污染责任保险等制度。昆明在全国率先建立公检法环保执法联动机制，推出"环保警察""环保检察""环保法庭""环保公益诉讼""环保公众参与"等举措。实行最严格的环保监管措施，严查重处环保违法行为。将生态环境指标作为考核干部政绩的硬指标，实行"一票否决制"和"责任追究终身制"，为生态文明建设提供了有力的制度保障和政策支撑。

努力成为全省生态文明建设示范区是目标任务。李文荣说，生态文明建设是新昆明建设的重要组成部分，是最大的民生工程，它一头牵着百姓生活品质，一头连着社会和谐稳定，是关系全市人民福祉的长远大计。当前和今后一个时期，昆明市将围绕建设世界知名旅游城市的目标，以滇池流域环境综合治理为核心，统筹滇池流域内外社会经济发展，调整优化经济产业结构，强化污染治理力度，创新环境综合管理手段，更加扎实地做好生态环保工作，努力成为全省生态文明建设的示范区，为云南省争当全国生态文明建设的排头兵做出应有的贡献。李文荣介绍，下一步，昆明市委、市政府将重点抓好滇池治理、低碳昆明建设、循环经济发展、生态安全屏障、饮水安全保障、大气污染防治、城乡环境综合整治、生态文化培育等十大工程，全面提升昆明市生态文明建设的质量和水平。[①]

2013 年 12 月 18 日，经过环境保护部，云南省环境保护厅组织专家对石林彝族自治县巴江河治理工程、石林彝族自治县污水处理厂、糯黑石头寨国家级生态村等现场检查，听取汇报、会议审查和专家组评审，石林彝族自治县成功创建成为云南省第一个省级生态文明县。此次石林彝族自治县通过省级生态文明县考核验收，实现了云南省生态文明县"零"的突破。石林彝族自治县一直高度重视生态建设工作，早在 2004 年，县委、县政府提出了"生态美县"目标，将"生态美县"作为县域经济的发展战略；从 2006 年起，县财政每年安排 1000 万元资金，专项用于生态文明建设；2008 年，石林彝族自治县颁布实施了《石林县生态县建设规划》，生态创建工作步入提升阶段；2010 年，结合国家生态文明县创建新的要求，石林彝族自治县及时调整充实了生态县创建工作指挥部，全面启动了市级生态村创建工作。在生态文明县创建工作中，石林彝族自治县积极发展生态产业，优化经济结构。以园区为平台，高要求推进生态工业发展；依托石林品牌，高标准做强旅游文化产业；立足高原特色，全方位推进农业生态转型，高起点发展新型能源产业。构筑生态家园，提高民生质量，强化饮用水保护，突出环保设施配套建设，推进生态庭院工程。推进细胞工程，引导全民参与，开展基层创建，培育生态细胞，深化环保行动，建设生态社会，强化生态宣传教育，推进全民共同参与创建生态文明县。经过近 10 年的不懈努力，石林彝族自治县森林覆盖率达到 46.5%，城市绿化

---

① 李严：《美丽春城：十大工程提质昆明生态文明建设》，http://www.yndpc.yn.gov.cn/content.aspx?id=398088621476（2013-07-26）。

覆盖率达 46%，城镇人均公共绿地率达 17.8 平方米，污水处理率达 85%，生活垃圾无害化处理率达 100%，环境空气质量达二级标准，巴江流域水质达Ⅲ类标准，区域环境噪声达标率 100%，重点工业企业排放达标率 100%，先后创建成为国家卫生县城、国家文明县城，除大可乡创建为省级生态乡外，全县所有乡镇均创建为国家级生态乡镇，全县涉农的 88 个村 100%创建为市级生态村。[①]

八、2014 年

2014 年 1 月初，云南晋宁县申报创建云南省生态文明县通过云南省环境保护厅组织的考核验收，等待云南省政府命名。专家组认为晋宁县把环保优先落实到经济社会各领域，生态文明县创建工作成效显著。由云南省环境保护厅组织，省市县组成 60 人的考核验收组，年末实地到达晋宁县城污水处理厂、县城垃圾中转站、六街三印村及昆阳街道下方古城村等，现场检查了生态创建与环境整治情况，观看创建工作专题片，听取创建汇报，查阅档案资料。验收组同意晋宁县通过省级生态文明县考核验收。据了解，晋宁县近三年来用于生态建设的各类资金超过 40 亿元；以古滇旅游文化名城项目为龙头，依托多元民族文化等优势，发展国际生态旅游；构建生态屏障，把全县 1336.37 平方千米范围纳入生态修复实施和环境综合整治，实现"三污"设施建设全覆盖；每年投入 1000 万元，完善垃圾收、储、运"五级联动"，在县城、集镇、村庄执行"门前三包、门内达标"责任制等，实现生态创建细胞工程全覆盖。2014 年上半年，晋宁县六街镇、二街镇已创建成国家级生态乡镇，昆阳街道、晋城镇、夕阳彝族乡、上蒜镇、双河彝族乡创建成省级生态乡镇，全县 129 个行政村创建成市级生态村，并在昆明全市率先创建成四个省级生态村。[②]

2014 年 1 月中上旬，《云南省人民政府关于命名第八批云南省生态文明乡镇和第一批云南省生态文明村的通知》命名了 52 个省级生态文明乡镇和 9 个省级生态文明村，保山市有 9 个乡镇被命名为云南省生态文明乡镇（包括保山市隆阳区、施甸县、腾冲县、

---

① 余红、韩福云、余霞：《昆明石林成功创建为云南省首个省级生态文明县》，http://yn.yunnan.cn/html/2013-12/19/content_3004135_2.htm（2013-12-19）。

② 李自超：《云南晋宁县通过省级生态文明县考核验收》，http://yn.yunnan.cn/html/2014-01/04/content_3022520.htm（2014-01-04）。

龙陵县、昌宁县等9个乡（镇）街道）。到2013年底，保山市已累计建成国家级生态文明乡镇3个、省级生态文明乡镇39个，生态文明乡镇的比例占全市72个乡镇的58%。同时保山市还建成全国中小学环境教育社会实践基地2个、省级环境教育基地2个、省级绿色社区18个、市级生态文明村219个、各级绿色学校155所。

生态创建是生态文明建设的阶段性目标和有效载体。"十二五"以来，保山市提出了"生态立市"发展战略，采取了一系列有效措施。一是确定目标，出台政策。2009年出台了《中共保山市委 保山市人民政府关于加强生态文明建设的决定》，提出了2020年，生态示范创建工作走在全省前列，把保山市建成经济高效、环境优美、自然生态与社会文明高度和谐统一的生态市建设战略目标。二是加强领导，明确责任。成立了生态市、县（区）创建工作领导小组和办公室，并将生态创建工作纳入对各县、区及市直各部门的目标考核和重要督办事项，提高全市做好生态创建工作的积极性和主动性。三是科学规划，有序推进。市级和四县一区的生态建设规划都通过同级人大审查，由政府批准实施，形成了完善的生态建设规划体系。四是以人为本，实现双赢。根据建设规划，对照创建指标，坚持环保为民、创建惠民的原则，结合各地实际，在村庄环境整治、河道治理、农村生活垃圾和污水处理、自然生态保护、农业面源污染防治、基础设施建设等方面加大建设力度，以生态创建提升区域综合发展水平。五是依托项目，增强活力。在创建过程中，一方面保山市积极争取国家、省级项目资金支持；另一方面市、县、乡镇通过以奖代补、投工投劳等方式加大投入力度，进一步激发了各级生态创建的自觉性、主动性。三年内，全市共争取国家、省级农村环境综合整治专项资金3000多万元，2013年，仅市级财政就拿出了500万元专项用于农村垃圾处理。六是强化宣传，全民参与。把群众满意度调查作为生态示范创建工作的考核指标之一，广泛宣传，提高全民生态环境意识，促进公众支持、参与生态创建工作。

生态创建工作使保山市的农村环境基础设施建设得到完善，一些群众反映强烈、污染严重的环境问题得到了有效解决，农业面源污染得到有效缓解，农村环境进一步优化、美化，群众生态文明意识明显增强，基层监管和村民自治能力显著提升。部分乡镇依托生态、人文、区位等优势，因地制宜发展区域特色经济，生态产业、乡村旅游等快速发展，有效促进了地方经济结构优化和产业升级。但是保山市与生态市建设的考核指标——生态市要求 80% 的县是生态县、生态县要求 80% 的乡镇是生态文明乡镇的要求相比还有较大差距。保山市尚未建成生态县，其生态文明乡镇的比例为 58%，特别是国家级生态文明乡镇创建工作推进缓慢；各县区发展也不平衡，腾冲县创建工作进展较快，已创建国家级生态文明乡镇 2 个，省级 10 个，生态乡镇比例占全县的 61%，而有的县比例还不到 40%，施甸、龙陵、昌宁三县，尚未建成国家级生态文明乡镇；加之环保投入不足，环境保护基础设施滞后也严重制约着保山市的生态市建设。要实现保山生态市建设的宏伟目标，必须进一步加大生态创建工作力度和水平，加强组织领导，强化目标责任考核，创新机制，整合力量，加大投入，突出做好抓基础、抓基层、抓特色、抓示范等重点工作，为实现保山市经济社会又好又快的发展而不懈努力。[①]

2014 年 4 月 14 日，《云南省生态文明州市县区申报管理规定（试行）》经云南省政府同意颁布，2014 年 5 月 1 日起实施，这是云南省推进生态文明建设的一项重大举措，是创建省级生态文明州市县区的依据和遵循，该规定从申报范围、申报条件、申报时间与内容、技术评估与考核验收、监督管理等方面对云南省生态文明州市县区的创建工作进行了规范，明确了创建生态文明州市县区的 6 个基本条件和建设指标，为云南省的生态创建工作提供了依据政策和技术支持。生态文明建设示范区创建工作作为当前生态文明建设的重要抓手和有效载体，分生态村、生态乡镇、生态县、生态市、生态省和生态工业园区 6 级创建。截止到 2014 年 4 月，全省 16 个州（市）、90 多个县（市、区）开展了生态文明建设示范区创建工作，全省累计建成 10 个国家级生态文明示范区，55 个国家级生态乡镇，3 个国家级生态村，328 个省级生态文明乡镇，9 个省级生态文明村，已完成了第一批 8 个省级生态文明县（市、区）的技术评估和考核验收工作，近期拟上报云南省政府批准命名。建设美丽云南，争当全国生态文明建设排头兵是国家赋予云南省的使命，也是云南省 4600 余万各族人民群众的共同心声，开展生态创建可促进资源节约型、环境友好型社会和社会主义新农村建设，是提升生态文明建设水平重要手段，将为云南省争当全国生态文明建设排头兵奠定坚实的基础。[②]

2014 年 5 月初，第四届全国生态文明建设发展论坛暨全国生态文明先进县（镇）成

---

① 段晓瑞：《保山生态文明建设取得新的进展》，http://baoshan.yunnan.cn/html/2014-01/10/content_3031406.htm（2014-01-10）。

② 柳发龙、彭蕊、杨雯：《马龙获"全国生态文明先进县"称号》，http://qj.news.yunnan.cn/html/2014-05/06/content_3199816.htm（2014-05-06）。

果发布会上，马龙县喜获"全国生态文明先进县"称号。近年来，马龙县坚持在保护中开发，在开发中保护，巩固提升"绿色名县"品牌，使马龙的天更蓝、地更绿、水更清，人与自然更加和谐。马龙县持续深入开展"绿满马龙"义务植树绿化行动，着力抓好天保工程公益林建设、森林防火基础设施建设、退耕还林工程、林业有害生物防治、中低产林改造、中幼林抚育等项目建设。近年来累计完成义务植树7.25万亩，完成人工造林1.1万亩、封山育林0.74万亩、森林抚育3万亩、中低产林改造0.6万亩。

马龙县以"四城联创"为契机，进一步优化县城人居环境，已创建省级生态文明乡镇5个，市级生态村32个，省级"绿色学校"3所，市级"绿色学校"18所，市级"绿色社区"2个，市级绿色小区1个，市级环境友好型企业2家。完成12个道路街头节点绿化及2000棵大树移栽，县城绿化覆盖率在35%以上，人均公共绿地在8平方米以上，县城道路绿化普及率、达标率分别在95%和80%以上，县城干道绿化带面积不少于道路总用地面积的20%。

马龙县深入开展"七彩云南·马龙保护行动"，实施城乡环境综合整治，加强城镇污水处理、工业污染治理、农村面源污染防治工作，进一步加强工业、农业、城镇生活污染防治，加大环境综合治理力度，全力实施好马龙河长江上游污染综合治理工程、环保应急预警能力建设工程、重点流域水污染综合治理工程、重点工业污染源治理工程和生态环境保护工程，全力优化生态环境。近年来，马龙县累计淘汰落后产能43户，总产能253万吨，督促企业投资9116万元完成废水、废气、废渣治理工程35个；投资8594万元，实施了县城生活污水处理厂及配套管网工程、县城生活垃圾处理工程建设；投资7.1亿元，完成416个村民小组新农村建设，拆除、改造、新建卫生厕所4250座，卫生厕所普及率达到53.07%。新建沼气池23 938口，完成沼气示范村97个，农村沼气覆盖率达53.3%，使用率达到100%。大力推广测土配方施肥、农作物秸秆综合利用技术等实用农科技术，进一步优化农业生态环境，先后完成土壤测土配方施肥40万亩、农作物秸秆综合利用技术19万亩。同时，马龙县不断加大生态文明宣传教育力度，广泛宣传生态文明的新观念和建设社会主义生态文明的新要求，努力营造"环保光荣、污染可耻"的浓厚社会氛围。①

---

① 柳发龙、彭蕊、杨雯：《马龙获"全国生态文明先进县"称号》，http://qj.news.yunnan.cn/html/2014-05/06/content_3199816.htm（2014-05-06）。

　　2014 年 5 月中上旬，昆明市环境保护局组织有关专家对盘龙区麦地塘、小河、周达、铁冲 4 个村（社区）创建申报云南省生态文明村工作进行验收。专家组在现场检查的基础上，在听取了创建工作汇报、查看了申报材料和质询交流后，一致认为 4 个村（社区）的各项指标均达到云南省生态文明村标准，予以通过。组织村庄创建申报云南省生态文明村不仅可以扩大盘龙区的生态创建成果，而且为村庄冲刺国家级生态村奠定了基础。接着，盘龙区环境保护局及相关部门继续指导 4 个村（社区）根据市级验收组有关专家提出的意见和建议，修改完善申报材料，做好村庄环境综合整治，力争全部通过省级验收，圆满完成 2014 年云南省生态文明村创建任务。①

　　2014 年 5 月 16 日，根据环境保护部生态建设示范区建设重点，结合云南省实际，云南省环境保护厅在昆明市组织召开了"2014 年云南省生态建设示范区创建培训会议"，认真贯彻落实党的十八大和十八届三中全会及云南省委、省政府关于大力推进生态文明建设的要求，总结和安排云南省生态建设示范区创建工作，努力推进七彩云南生态建设示范区创建更上新台阶。参加培训会议的有全省 16 个州市环境保护局分管生态建设示范区创建的局长，生态科科长，生态创建重点县环境保护局分管生态建设示范区创建的局长和业务负责同志，省生态建设示范区创建相关专家以及生态建设示范区创建部分编制单位。会上，昆明市，西双版纳傣族自治州，石林彝族自治县和勐腊县分别就生态建设示范区创建做了经验交流。会议还邀请了省生态创建方面的资深专家开展"生态文明理论与生态建设示范区创建"，"生态村镇建设申报管理、指标解读及申报材料编制"，"生态州市县区建设申报管理、指标解读及申报材料编制"，"生态建设示范区规划编制及现场检查要求"四个专题讲座。

　　云南省环境保护厅党组成员、副厅长张志华同志参加了会议并做了重要讲话。张副厅长从深刻认识云南省推进生态文明建设的重要意义、云南省生态文明建设取得的主要成效及重要措施、当前生态文明建设存在的主要问题、切实推进云南省生态文明建设的创新发展等方面做了重要讲话。同时，张副厅长就如何加强云南省生态建设示范区创建工作，强调指出，一要突出重点，分类指导。二要提升起点，统筹推进。三要示范带动，营造氛围。四要完善制度，强化保障。会议要求各地要认真学习和深刻领会张副厅

---

① 王仪、段晓瑞：《昆明 4 个生态文明村通过市级验收》，http://kunming.yunnan.cn/html/2014-05/12/content_3206499.htm（2014-05-12）。

长讲话精神，真抓实干、求真务实，结合当地实际，扎实推进各级生态建设示范区创建工作。培训会议的召开，对持续推进云南省生态建设示范区创建、努力争当生态文明建设排头兵具有十分重要的意义。①

2014年7月初，在云南省环境保护厅拟上报云南省政府命名的第一批云南省生态文明县（市、区）公示的8个名单中，昆明市占据5席，西双版纳傣族自治州占据3席。生态文明县（市、区）创建是现阶段生态文明建设的重要载体和有效抓手，对云南省争当全国生态文明建设排头兵具有重要的现实意义。按照云南省生态文明州市县区申报管理相关规定，云南省环境保护厅组织对申报第一批云南省生态文明县（市、区）的地区进行了技术评估和考核验收。经现场检查、查阅资料、社会调查等，昆明市西山区、呈贡区、石林彝族自治县、晋宁县、宜良县及西双版纳州景洪市、勐腊县、勐海县这8个县（市、区），达到了云南省生态文明县（市、区）5项基本条件和22项建设指标的考核要求，拟上报云南省政府命名。为体现公开、公正的原则，鼓励公众积极参与并监督生态文明县（市、区）创建工作，云南省环境保护厅将拟上报云南省政府命名的8个县（市、区）名单在七彩云南保护行动网站上进行公示。公示时间为7月2日至10日。公示期间，云南省环境保护厅生态文明建设处接受对拟上报云南省政府命名的第一批云南省生态文明县（市、区）的来信、来访和来电。

创建国家级生态县（区）、国家级生态乡镇（街道）、市级生态村（社区）工作是昆明市委、市政府下达的硬指标任务，也是树立昆明城市品牌，进而推动全市打造品质春城的重要举措。近年来，昆明把加强环境整治，改善城乡人居环境作为生态文明建设的关键举措。作为生态文明建设的重要内容，昆明市进一步加强城乡绿化、污染治理与生态修复，全面启动"国家园林城市""国家卫生城市""国家环保模范城市"等创建工作。此外，昆明市还把滇池治理作为生态文明建设的头等大事，着力改善水环境治理，在滇池流域开展"全面截污、全面禁养、全面绿化、全面整治"的四全行动，昆明市水环境治理取得突破性进展。②

2014年11月12日，云南省政府办公厅命名了昆明市西山区、呈贡区、石林彝族自

---

① 云南省环境保护厅生态文明建设处：《2014年云南省生态建设示范区创建培训会议在昆召开》，http://www.ynepb. gov.cn/zwxx/xxyw/xxywrdjj/201405/t20140527_47688.html（2014-05-27）。

② 杨官荣、陆月玲：《云南拟命名首批生态文明县8个名额中昆明占5个》，http://kunming.yunnan.cn/html/2014-07/08/ content_3276730.htm（2014-07-08）。

治县、晋宁县、宜良县和西双版纳傣族自治州景洪市、勐腊县、勐海县 8 个县（市、区）为第一批云南省生态文明县（市、区），实现了省级生态文明县（市、区）零的突破。截至 2014 年 11 月，全省已有 16 个州、市 90 多个县（市、区）陆续开展了创建工作，累计建成 10 个国家级生态示范区、85 个国家级生态乡镇、8 个省级生态文明县（市、区）、328 个省级生态文明乡镇、9 个省级生态文明村。[①]

　　生态文明县（市、区）创建是生态文明建设的重要载体，省政府要求获得命名的县（市、区），不断巩固和发展创建成果，积极发挥典型示范作用。各地、各有关部门，要积极推进生态文明建设，不断提高生态文明建设示范区创建水平，为建设美丽云南做出新的更大贡献。[②]

第二节　云南省生态城乡及示范区创建发展阶段（2015 年）

　　2015 年 1 月上旬，以水利部原副部长索丽生、国务院南水北调办公室总工程师汪易森等组成的水利部科学技术委员会水生态文明建设调研组到普洱市调研。1 月 8 日，调研组听取了普洱市水生态文明城市建设试点工作汇报。普洱市政府副市长向调研组汇报了普洱市水生态文明城市建设试点工作的开展情况。他介绍，2013 年 7 月，水利部批准把普洱市列入全国水生态文明城市建设试点以来，普洱市采取更加有力的措施，强化规划引导、加强组织领导、分解落实责任、积极筹措资金、加快项目推进、加强水资源管理，使水生态文明建设工作得以有序推进。通过对西盟佤族自治县、思茅区进行实地调研并听取汇报，调研组对普洱市水生态文明城市建设试点工作给予充分肯定并指出，要坚持政府主导、全民参与的工作思路，要突出综合性和可持续性，相关部门要加强协调配合，建立水文、水质等方面的水环境综合评价体系，以节约优先保护为重，进一步优化水资源配置，切实提高水资源的利用率。据了解，普洱市水生态文明城市建设试点工

① 云南省环境保护厅生态文明建设处：《云南省命名 8 个省级生态文明县市区 实现省级生态文明县市区零的突破》，http://www.ynepb.gov.cn/zwxx/xxyw/xxywrdjj/201411/t20141125_63610.html（2014-11-25）。
② 江枫、陆月玲：《云南省政府命名第一批 8 个生态文明县市区》，http://finance.yunnan.cn/html/2014-11-22/content_3466431.htm（2014-11-22）。

作主要围绕建设水资源管理、水资源配置、水环境水生态保护、水文化景观建设和水资源监控五大体系开展。其中，2014—2016 年需开工项目 117 个。①

2015 年 2 月 5 日，"云南跨境生物多样性保护现状调查与对策研究"项目启动会议在昆明召开。该项目由云南省省级环境保护专项资金资助，旨在通过对云南省边境地区重要生态系统和重点物种保护现状、跨境生物廊道建设等开展调查和研究，探索开展跨境生物多样性保护的重点区域、内容和合作方式与途径，提出云南省与毗邻的缅甸、老挝、越南等国开展跨境生物多样性保护的可行性对策，从而推动云南省与周边国家生物多样性保护合作进程。启动会邀请了省内相关专家学者，对项目总体目标、方法与技术路线、工作计划等进行了讨论，对项目的组织、实施、重点布局等提出了一系列建设性的意见。与会者一致认为，该项目对深化大湄公河次区域环境合作，促进中国与周边国家建立"生态睦邻"友好关系，推动"一带一路"建设具有积极意义。环境保护部环境保护对外合作中心王勇处长，云南省环境保护厅自然生态保护处夏峰处长、对外交流合作处周波处长出席启动会，该项目由中国环境科学研究院负责实施。②

2015 年 4 月 9 日，《云南网讯》称，云南省玉溪市抓绿色生态屏障建设，共造林48.5 万亩。玉溪市围绕绿化造林目标任务，开展以绿化造林为切入点的生态文明建设，通过抓点，结合拆临拆违，抓好城乡绿地系统建设；结合路域整治，以高速公路、环湖公路沿线两侧绿化为框架，以玉溪市内七条高速公路为主线、以乡村道路为补充，做到有路必有树、有树必成林，建设绿色生态走廊和修复中心城镇、"三湖"面山植被，从而不断拓展了生态建设的广度和深度，形成立体多维的森林生态系统。到2015 年 4 月，玉溪市共完成营造林 48.5 万亩，完成计划任务 47.14 万亩的 102.9%，其中人工造林22.88 万亩，完成计划任务 21.52 万亩的 106.3%；封山育林已开封 25.62 万亩，完成计划任务 25.62 万亩的 100%。玉溪市进一步加强了公益林管理工作，完成了 2013 年生态效益补偿工作责任制的检查考核，开展了国家级、省级公益林生态效益补偿绩效评价工作。玉溪市加强了公益林生态效益补偿资金兑现的督促力度，确保了公益林补偿资金的安全运行。到 2015 年 4 月，玉溪市林业产业省级龙头企业达 24 户，省级林业龙头企业

---

① 刘绍容、陆月玲：《水利部调研普洱市水生态文明建设工作》，http://puer.yunnan.cn/html/2015-01/12/content_3547008.htm（2015-01-12）。

② 云南省环境保护厅自然生态保护处：《云南跨境生物多样性保护现状调查与对策研究项目启动》，http://www.ynepb.gov.cn/zwxx/xxyw/xxywrdjj/201502/t20150211_75215.html（2015-02-11）。

实现总产值 12.46 亿元。玉溪市林农专业合作社达 92 户，从事林果种植、林下养殖、中药材种植、绿化苗木等产业，其中省级专业合作示范社 17 户，林业综合产值达 43.1 亿元，比 2014 年同期增长 9.14%。[①]

2015 年 4 月中旬，普洱市 13 个乡镇获云南省生态文明乡镇称号。云南省政府公布"第九批云南省生态文明乡镇"和"第二批云南省生态文明村"名单，澜沧拉祜族自治县惠民镇、勐朗镇，思茅区南屏镇、六顺镇，宁洱哈尼族彝族自治县宁洱镇、同心镇，墨江哈尼族自治县联珠镇，镇沅彝族哈尼族拉祜族自治县恩乐镇，江城哈尼族彝族自治县整董镇，西盟佤族自治县勐梭镇，景东彝族自治县锦屏镇，江城哈尼族彝族自治县勐烈镇，孟连傣族拉祜族佤族自治县娜允镇 13 个乡（镇）荣获云南省第九批生态文明乡镇称号。近年来，普洱市高度重视生态文明建设，"十二五"期间，抓住云南省加快建设中国面向西南开放重要桥头堡的战略机遇，进一步明确"生态立市，绿色发展"的发展战略，提出把建设国家绿色经济试验示范区作为统领经济社会发展的总纲，形成了走绿色发展道路的共识。近年来，普洱市立足自身优势，在发展绿色经济方面进行了有益探索，取得了一定成效。[②]

2015 年 4 月 14 日，大理海东开发管理委员会新闻中心主任刘娟向《云南日报》记者庄俊华介绍，大理海东开发管理委员会将围绕"把海东建成环保城市的样板和典范"的目标，突出抓好十个方面的工作。第一，实行最严格的环保准入制度和管控措施，坚持教育文体、旅游度假、康体养生的产业发展导向，确保产业项目零排放，生活污水全入网、全处理、再利用。第二，聘请上海交通大学孔海南教授等国内湖泊环保专家组成海东新区建设环保顾问组，开展项目准入前置评估，对可能造成洱海污染的潜在隐患进行科学研判，严格把关。第三，邀请云南省环境科学研究院，围绕如何把海东建成环保城市的样板和典范，构建海东片区健康水循环系统目标编制专项规划。第四，加快"南污北调"北片区村落污水补充救济工程建设进度，保障北片区大理市（海东）第二污水处理厂 2015 年 7 月启动运行。第五，抓紧"北水南调"中水回用工程建设进度，确保2015 年下半年海东新区所有生态绿化项目和部分施工项目全部使用再生水。第六，加

---

① 赵岗、张耀辉、吴杰：《云南玉溪造林 48.5 万亩林业龙头企业实现总产值 12.46 亿元》，http://society.yunnan.cn/html/2015-04/10/content_3686251.htm（2015-04-10）。

② 邱捷、陆月玲：《普洱市 13 个乡镇获云南省生态文明乡镇称号》，http://puer.yunnan.cn/html/2015-04/14/content_3689812.htm（2015-04-14）。

快海绵城市试点项目规划建设，探索山地海绵城市建设的有效途径。第七，总结生态植生袋治理和鱼鳞坑定植试点经验，全面启动海东新区边坡生态修复治理工程。第八，加快木莲公园、起凤公园、掬秀园、览川园等城市园林和市政道路绿化工程建设，确保2015年内实现新城 50%见绿目标。第九，全面实施土地整理和施工场地扬尘生态治理工程，最大限度减少扬尘污染。第十，继续组织以"告别千年荒凉，建设绿色海东"为主题的全民义务植树，积极倡导献绿爱绿植绿，广泛开展生态文明创建活动，充分调动社会各界积极参与海东生态新城建设。这些行之有效的措施将从根本上确保实现"决不让一滴污水进入洱海"，保护母亲湖，科学、有序、扎实、高效推进海东生态环保新城建设。①

2015年4月中下旬，祥云县沙龙镇名列云南省政府公布的第九批省级生态文明乡镇名单中。近年来，云南祥云县沙龙镇按照省级生态乡镇创建标准，不断创新工作思路，加大生态环境的保护力度，走出了建设有自身特色的生态创建之路，积极开展全民参与的"三清洁"环境卫生集中整治、爱国卫生运动、发放环境卫生告知书、义务植树等活动，激发群众保护生态环境的热情和意识，不断提高不同人群的生态建设与保护意识。截止到2015年4月，全镇有5个村已获得"大理州生态村"称号。沙龙镇还把生态乡镇创建和农业产业结构调整结合起来，促进生态农业发展，实施建设青海湖现代农业庄园，主攻大棚有机蔬菜、大棚有机葡萄生产加工和品牌创建，采摘体验，旅游观光。②

2015年4月28日，西双版纳傣族自治州委召开专题会议，听取生态州创建工作情况汇报，分析存在的困难和问题，安排部署下一步推进工作。州委书记陈玉侯要求，各级各部门要再接再厉、查缺补漏、苦干实干，努力完成国家级生态州创建工作任务，率先摘取中国生态文明奖桂冠。州委副书记、州长罗红江主持会议。云南省环境保护厅副厅长张志华到会指导。州委常委、副州长杨沙代表州实施生态立州战略领导小组汇报全州生态州创建工作情况，并提出下一步推进工作意见。州委常委、州委秘书长许家福，副州长唐家华，州政协副主席玉香伦，州人大常委会农业环境资源工作委员会，州政协

① 庄俊华、邓珍真：《大理海东开发管理委员会采取多项措施 标本兼治不让污水入洱海》，http://society.yunnan.cn/html/2015-04/19/content_3697055.htm（2015-04-19）。
② 杨之辉、赵功修、陆月玲：《云南祥云沙龙镇列入省级生态文明乡镇》，http://dali.yunnan.cn/html/2015-04/22/content_3703330.htm（2015-04-22）。

人口环境资源委员会，州实施生态立州战略领导小组成员单位，各县市政府，磨憨经济开发区管理委员会负责人出席会议。

陈玉侯强调，创建国家级生态州是贯彻落实习近平总书记考察云南重要讲话精神的重要举措，是州委确定的战略目标，是发展西双版纳、提升西双版纳形象的需要，也是西双版纳傣族自治州委向全州各族人民做出的庄重承诺，这项工作功在当代、利在千秋。创建成功的关键在于坚定信心和决心，强化责任和担当，狠抓工作落实。一要抓思想认识。要按照习近平总书记对云南提出的成为生态文明建设排头兵的要求，努力把西双版纳建设成为全国生态文明先行示范区和美丽云南的典范。二要抓指标完成。各相关责任部门要履行职责，对号入座，认真梳理各项指标，拿出可行的办法和措施，切实解决影响达标的问题，确保各项指标及时完成。三要抓申报工作。严格按照国家生态县（市、区）和省级生态文明州验收申报要求，做好申报准备工作，确保数据准确、真实、全面、可靠。四要抓宣传动员。着力营造全社会关心、支持、参与生态建设的浓厚氛围。五要抓巩固提升。坚持建管并重，确保生态创建管理质量不下滑。加大"治灰"力度，加强项目施工现场扬尘污染管控工作，坚决制止城市灰尘污染；加大"治乱"力度，切实扭转乱摆摊点、乱贴乱画、乱堆乱放、乱停乱占等不文明、不卫生现象。加大"治脏"力度，从根本上解决农村垃圾处理问题，推进美丽乡村建设；加大"治绿"力度，充分调动群众积极性，变"要我种"为"我要种"，积极投身生态建设。

张志华在讲话中介绍了云南省生态文明建设及生态文明建设示范区创建基本情况，充分肯定了西双版纳傣族自治州生态文明建设和生态创建工作取得的成绩，对西双版纳傣族自治州推进创建工作提出要求。他强调要进一步深化认识，巩固创建成果，超前做好申报材料，加快景洪市创建国家环保模范城市进度。[①]

2015 年 5 月 19 日，云南省环境科学学会李唯秘书长带领专家到楚雄彝族自治州禄丰妥安乡琅井村开展生态文明建设调研，并利用晚上时间为村民举办《生态文明与美丽乡村》的专题培训。根据调研的情况，调研组分析琅井村生态文明建设中存在的问题，将调研中存在的一些不文明的脏乱差突出现象的图片制作在课件中，与乡、村干部及村民共同分析原因，与全省其他生态文明村的情况进行了对比。通过对比看到如此反差，

---

① 杨春、高佛雁：《陈玉侯：西双版纳要率先摘取中国生态文明奖桂冠》，http://xsbn.yunnan.cn/html/2015-04/29/content_3711233.htm（2015-04-29）。

使干部与村民都深感震撼，大家表示有决心将琅井村整治好，建设美丽琅井。李唯秘书长及专家对如何建设生态文明村提出相关建议，也通过通俗易懂的讲座，让大家明白为什么要建设生态文明村、要使村庄变化美丽，不仅是为了自己的生存需要，也是国家的要求，只有所有的村庄、社区都美丽了，美丽中国就一定能实现。晚上培训结束后，村民普遍认为这样的培训非常有意义，不仅提高了生态文明意识，也让他们知道生态文明村应该如何建设。①

2015 年 6 月中下旬，云南省环境保护厅对 2015 年拟上报环境保护部复核命名的国家级生态乡镇进行公示，昆明柯渡镇等 17 个乡镇通过省级考核，拟上报环境保护部复核命名。按照环境保护部《关于印发〈国家级生态乡镇申报及管理规定（试行）〉的通知》要求，云南省环境保护厅在各州市初审上报的基础上，组织专家对全省申报的 64 个国家级生态乡镇进行了实地考核，并对申报材料进行了严格审查。经查阅资料、听取汇报、现场检查、社会调查等环节考核，全省 60 个乡镇达到了国家级生态乡镇建设的 5 项基本条件和 15 项考核指标，拟上报环境保护部复核命名。其中昆明市有 17 个乡镇，包括富民县永定街道、款庄镇、罗免镇；禄劝彝族苗族自治县团街镇、九龙镇、翠华镇、乌东德镇、马鹿塘乡、汤郎乡、则黑乡；寻甸回族彝族自治县河口镇、柯渡镇、甸沙乡；东川区乌龙镇；阳宗海风景名胜区阳宗镇；倘甸产业园区转龙镇、红土地镇。为体现公开、公正的原则，鼓励公众积极参与并监督生态乡镇创建工作，云南省环境保护厅将通过省级考核的 60 个乡镇在七彩云南保护行动网站进行公示，公示时间截止到 6 月 25 日，公示期间，云南省环境保护厅生态文明建设处将接受对拟上报环境保护部复核命名的"国家级生态乡镇"的来信、来访和来电。②

2015 年 6 月 23 日上午，西双版纳傣族自治州召开国家生态县（市、区）迎检工作会，要求全州各级各部门、各乡镇要加强领导、明确责任、强化落实，努力做好迎检的各项准备工作，确保创建国家生态县（市、区）顺利通过检查验收。州委常委、副州长杨沙，州人大常委会副主任刀琼平，州政协副主席玉香伦出席会议。杨沙在会上指出，创建国家生态县（市、区）、国家级生态州，是贯彻落实习近平总书记考察云南重要讲

---

① 云南省环境科学学会：《云南省环境科学学会在禄丰县妥安乡琅井村开展生态文明建设调研与培训》，http://www.ynepb.gov.cn/zwxx/xxyw/xxywrdjj/201505/t20150528_78178.html（2015-05-28）。

② 董宇虹、吴杰：《昆明 17 乡镇拟申报国家级生态乡镇》，http://yn.yunnan.cn/html/2015-06/24/content_3792020.htm（2015-06-24）。

话精神的重要举措，是实施西双版纳傣族自治州"生态立州"战略的重大行动，是发展西双版纳、提升西双版纳形象的现实需要，也是州委、州政府向全州各族人民做出的庄重承诺，是功在当代、利在千秋的伟大事业。全州各级、各部门一定要充分认识创建国家级生态县（市、区）的重要意义，按照国家生态县（市、区）技术评估的相关程序要求，以对党和人民事业高度负责的精神，统一思想，提高认识，进一步增强做好迎检工作的责任感、紧迫感和使命感，迅速组织起来，积极行动起来，认认真真地把迎检准备工作做细致、做充分；进一步完善迎接工作方案，加强组织，落实工作责任，明确各部门职责，细化工作措施，查找薄弱环节和问题，迅速开展整改，以最好的面貌迎接环境保护部的技术评估和现场核查，确保创建国家生态县（市、区）顺利通过检查验收。云南省环境保护厅生态文明建设处负责人要求，西双版纳傣族自治州各级各部门要把迎检工作摆上议事日程，充分做好迎检工作的统筹安排，统一思想，提高认识；加强宣传，营造氛围；强化领导，明确责任；认真梳理，查缺补漏；加强指导，建立督查机制，以最好的面貌迎接检查和考评。会前，州政府分别与景洪市、勐海县、勐腊县政府签订了2015 年度国家生态县（市、区）创建目标责任书。[①]

2015 年 6 月下旬，2015 年云南环保世纪行第一站走进德宏傣族景颇族自治州。近年来，德宏傣族景颇族自治州牢固树立"敬重自然，顺应自然，保护自然"的生态文明理念，积极构建绿色生态屏障。到 2015 年 6 月，全州环境质量总体保持稳定，生态资源保护取得显著成效。在规划先行、计划引领的理念指引下，全州编制形成了州、县（市、区）、乡（镇）三级生态建设的规划体系，并颁布实施；目前已完成《德宏州生态承载力研究与对策分析报告》《德宏州土壤环境保护和综合防治方案》《德宏州土地利用总体规划中期评估》《德宏州资源环境承载力评价研究》初稿；各县（区、市）编制完成农村生活垃圾五年治理方案，为全州的生态文明建设和保护提供了重要的指导和依据。

勐板河水库位于芒市东南部风平镇与芒市镇交界处，距离市区 17 千米，属独龙江水系，是芒市城区唯一的集中式饮用水源。为确保库区水质，当地相关部门做了大量的探索。在强化监测的同时，通过生物防治措施来观察水质，定期开展库面漂浮杂物的清理。同时，通过引导勐板河水库保护区内的群众大力种植保水保土效果较好的西南桦、

---

① 张锐荣、高佛雁：《西双版纳州召开国家生态县（市）迎检工作会》，http://xsbn.yunnan.cn/html/2015-06/24/content_3792804.htm（2015-06-24）。

水冬瓜等林木，不断提高森林覆盖率，恢复植被，增加水源保有量。据芒市水利局副局长方辉介绍，当地相关部门正在积极计划引导径流面积周边村寨的村民实现异地搬迁，以实现对水源的有效保护。

德宏傣族景颇族自治州对水资源的保护措施持续加码，全州落实和完善最严格的水资源管理制度，制定了严格的水资源管理制度考核办法和工作实施方案，并于 2015 年起开展考核。饮用水水资源地核准和安全评估制度逐步完善，公布了一批重要饮用水水源地名录，颁布实施《德宏州饮用水水源保护条例》，制定《德宏州土地利用总体规划调整完善工作方案》。2014 年，通过 4 个国控、2 个省控断面水质、城市集中式引用水源地及部分湖库监测表明，德宏傣族景颇族自治州地表水环境质量总体良好，出境水、饮用水监测指标满足功能区域要求。在科学规划的引领下，全州生态创建工作积极推进。瑞丽森林生态型园林城市、芒市生态花果园林城市、陇川森林宜居城市、盈江生态口岸城市创建工作取得重大进展。芒市创建成为国家卫生城市、省级园林城市。随着城市绿洲工程——瑞丽南卯湖公园、芒市勐巴娜西珍奇园以及瑞丽团结大沟、芒市南秀河城市绿色景观带相继建成，有效改善了城市景观和生态环境。具有丰富野生动植物资源、水资源和矿产资源的德宏傣族景颇族自治州，是维系中国和东亚气候系统稳定的重要生态屏障。副州长杨世庄表示，面对人口增长、资源约束趋紧、生态压力增大的严峻形势，德宏傣族景颇族自治州正在积极探索，努力走出一条可持续的生态发展道路。[①]

2015 年 6 月 26 日，西双版纳傣族自治州美丽乡村建设启动会在景洪市勐罕镇召开。会议认真学习贯彻习近平总书记考察云南重要讲话精神和中央，省委，州委农村工作会议精神，安排部署西双版纳傣族自治州美丽乡村建设工作。州委副书记、州委宣传部部长、州委党校校长杨光波及州直相关部门主要负责人，各县市委领导，各区管理委员会分管领导等参加会议。

杨光波要求，全州各级各部门要着眼全局，充分认识美丽乡村建设的重大意义，突出特色，扎实推进美丽乡村建设。一要推进城乡一体化发展，建设生态环保秀美之村。要充分考虑新型城镇化和农业现代化发展趋势，把美丽乡村建设纳入新型城镇化体系，扎实推进美丽乡村民居建设，改造提升一批中心村、特色村和传统村落，注重改善农村

---

① 胡晓蓉、高佛雁：《规划先行 计划引领 德宏州积极构建绿色生态屏障》，http://dehong.yunnan.cn/html/2015-06/26/content_3795372.htm（2015-06-26）。

生态环境，开展村容村貌整治工程，大力改善人居环境。二要加快现代农业发展，建设产业兴旺富裕之村。大力发展高原热区生态特色农业、农村庄园经济和乡村生态旅游业。三要加强农村文化建设，建设特色鲜明魅力之村。要保护开发特色村庄，打造一片集历史传承、文化交流、休闲教育于一体的历史文化型特色村。四要提升农村公共服务水平，建设公平正义幸福之村。五要构建农村民主管理新机制，建设文明和谐活力之村。要创新乡村社会管理体制机制，推进村民自治、民主管理进程，深化农村改革。六要加强法制建设，建设平安法制之村。全州各级各部门在美丽乡村建设过程中，要加强领导，做到组织领导到位、协调配合紧密、舆论宣传强势、督查考核严格，全力保障美丽乡村建设取得实效。

会议最后要求此次参会人员必须解决好看什么、学什么、思考什么、怎么干的问题。此次参会人员参观了勐罕镇5个村庄的新农村建设，这5个村庄的经验、做法，在全州都具有可借鉴性和可操作性，各县（市、区）、各乡镇农场应该以其为学习重点，在推进美丽乡村建设中加大生态环境保护力度，妥善解决好生态环境问题，教育引导群众牢固树立生态文明理念，突出重点，发挥好示范带动作用，科学规划，务实推进，严格考核评价，努力形成建设美丽乡村的强大合力。与会人员现场参观了勐罕镇曼海、曼远、曼空岱、曼峦站、曼峦嘎村民小组传统村落保护、农村环境整治、生态乡村建设、传统民居改造工程。[①]

2015年7月2日，国家发展和改革委员会，科学技术部，国家林业局等11个部门发布《关于印发生态保护与建设示范区名单的通知》，明确30个市（州、地区）、113个县（市、区）为首批国家级生态保护与建设示范区，迪庆藏族自治州被列入其中。迪庆藏族自治州国家级风景区有普达措、虎跳峡、巴拉格宗、白马雪山、梅里雪山、石卡雪山、维西滇金丝猴国家公园等。就自然保护区而言，有碧塔海、纳帕海、哈巴雪山、维西响鼓箐滇金丝猴、白马雪山等国家级和省级的自然保护区，平均每年到迪庆旅游的游客数量都在300万人次以上，而这一切与迪庆藏族自治州的生态环境指数是分不开的。迪庆藏族自治州有着保存完好的原始森林及珍稀动植物，在这里有三条河流，它们是金沙江、澜沧江和怒江，这里是"三江并流"的腹心地带，这3条江河流经的区域，

---

① 夏文燕、高佛雁：《西双版纳州美丽乡村建设启动会在勐罕镇召开》，http://xsbn.yunnan.cn/html/2015-06/29/content_3798964.htm（2015-06-29）。

云集了丰富的动植物资源。近年来，迪庆藏族自治州全面落实生态文明建设的各项措施，把"生态立州"放在经济社会发展战略的首位，致力于生态保护和生态建设，下大力气保护现有的生物资源，坚持"在保护中开发，在开发中保护"，先后出台了《云南省迪庆藏族自治州白马雪山国家级自然保护区管理条例》《云南省迪庆藏族自治州草原管理条例》《云南省迪庆藏族自治州香格里拉普达措国家公园保护管理条例》等法规，让香格里拉的山更绿、水更清、天更蓝。为保护好迪庆良好的生态，促进迪庆科学发展、永续发展，须采取多项措施进行综合治理，全力实施生态保护与示范区建设。地处香格里拉市城郊 7 千米的纳帕海自然保护区的保护面积是 2483 公顷，水禽鸟类有 43 种，其他鸟类 120 多种，它是一个冬春为草甸、夏秋为湖泊的高原季节湖泊。目前，香格里拉市已对纳帕海自然保护区国际湿地进行全面规划治理。2015 年 5 月 20日，香格里拉市成立纳帕海国际重要湿地综合治理工程项目指挥部，全面开展项目的前期工作。①

2015 年 7 月 2 日，《玉溪日报》记者夏娜获悉，经省、市各级的积极努力，云南省争取中央财政支持工作取得突破，其中全省生态功能区转移支付补助范围首次新增 4 个县，玉溪市的澄江、江川、华宁三县位列其中。作为全国内陆淡水湖中水质最好、蓄水量最大的深水型贫营养淡水湖泊，总体水质保持 I 类，流域面积 674.69 平方千米，涉及3 县 8 镇 238 个自然村近 18 万人。加强抚仙湖流域生态建设和环境保护，对于保护国家战略水资源、保护生物多样性、促进珠江流域可持续发展等方面有重要意义。多年来，玉溪市历届市委、市政府一直把"生态立市"作为玉溪市重要的发展战略，把抚仙湖保护作为生态文明建设的重要内容，科学处理好保护与开发的关系，坚持保护优先、审慎开发。"十一五"期间，累计投入保护治理资金 11.2 亿元，实施保护治理项目 23 个。"十二五"以来，累计投入 23.27 亿元，下决心推进"15530"工程，即稳定保护抚仙湖I 类水质，用 5 年时间实施 5 大类 30 个项目，概算投资 123 亿元建设，实施环湖生态建设、环湖截污治污、环湖面源污染控制、入湖河道及村落环境综合治理、环湖环境监管能力建设等工程。推进实施"四退三还"，划定了抚仙湖开发建设红线，设立禁止开发区、控制开发区、生态修复区，着力构建湖泊生态安全屏障。

---

① 高佛雁：《迪庆州被列为首批国家级生态保护与建设示范区》，http://diqing.yunnan.cn/html/2015-07/03/content_3805870. htm（2015-07-03）。

为积极争取抚仙湖流域各县能早日纳入国家重点生态功能区转移支付补助范围，玉溪市在努力争取、积极向上汇报反映的基础上，坚定不移抓保护，坚持"一张蓝图"干到底，坚决落实好"五个坚定不移"，着力加快抚仙湖生态建设。一是坚定不移落实好中央和云南省委、省政府的决策部署和省九湖工作领导组的要求。二是坚定不移推进"四退三还"。三是坚定不移建设湖滨生态走廊。四是坚定不移实施最严格的保护管理措施。五是坚定不移推进沿湖三县绿色低碳转型发展。玉溪市财政局局长莽成柱表示，沿抚仙湖三县纳入国家重点生态功能区转移支付补助范围，这对玉溪市生态保护建设乃至经济社会的发展能够起到极大的推动作用，从体制保障与支持层面取得突破性的进展。下一步，玉溪市财政局将会同相关部门严格按照国家重点生态功能区转移支付补助工作要求，围绕省、市的安排部署，做好资金管理、额度补助、湖泊保护与治理等方面的工作，加强生态环境保护力度，提高政府部门基本公共服务保障能力，促进玉溪市经济社会可持续发展。[①]

2015 年 7 月 2 日，普洱市创建国家森林城市工作视频推进会召开。市委书记卫星出席会议并讲话，市委副书记、代市长杨照辉主持会议，市委副书记胡琨，市人大常委会主任丁艳波，市政协主席白文彬，市领导张善强、李忠民、胡良波、李洪武、姚顺、李验波，市政府秘书长杨彬出席会议。卫星强调，创建国家森林城市，是加强生态文明建设、加快国家绿色经济试验示范区建设的迫切需要，也是改善城市生态环境、提升综合竞争力、打造"天赐普洱·世界茶源"城市品牌的关键举措，是一项功在当代、利在千秋的民生事业。各级各部门要进一步统一思想、提高认识，切实增强创建国家森林城市的责任感和紧迫感，坚定必胜信念，拿出决战劲头，努力实现创建国家森林城市的目标。

卫星要求，全市上下要发扬成绩、再接再厉，突出重点、统筹兼顾，扎实做好创建国家森林城市各项工作，再掀"创森"高潮。一要加强组织领导，充分发挥好各级党委、政府的领导者、组织者、推动者作用。二要加强宣传发动，进一步凝聚创建国家森林城市的强大合力。三要城乡联动，分区域多形式推进城乡生态体系建设，实现城乡创建森林城市并行、建绿管绿并轨。四要搭建融资平台，努力形成多渠道、多层次、多元

---

① 夏娜、王琳：《澄江江川华宁 3 县保护抚仙湖 中央财政来买单》，http://yuxi.yunnan.cn/html/2015-07/03/content_3806173.htm（2015-07-03）。

化的创建国家森林城市投融资机制。五要完善档案台账，确保"创森"台账资料经得住专家从严考核和历史检验。六要加强督促检查，狠抓责任落实，确保创建目标顺利实现。

杨照辉要求，各县（区）、各部门要把创建国家森林城市工作提上当前的重要议事日程，建立健全工作推进机制，切实做到统一部署、统一规划、统一实施，努力形成上下联动、层层抓落实的工作格局。普洱市创建国家森林城市领导小组及其办公室要加强对创建工作的组织协调，及时研究和解决创建过程中出现的新情况和新问题。各单位、各部门"一把手"作为创建工作的第一责任人，对创建工作中的重大问题，要深入研究、尽快解决，确保领导到位、工作到位、措施到位。会后，参会的全体人员来到万掌山林场参加植树活动，以实际行动支持创建国家森林城市工作。市级有关部门负责人，各县（区）党政主要领导在主会场参加会议；各县（区）有关负责同志在分会场参加会议。①

2015年7月3日至6日，2015年云南环保世纪行采访团到玉溪市，深入新平彝族傣族自治县、峨山彝族自治县、易门县多个美丽乡村，采访报道玉溪市生态文明和美丽家园建设取得的成效，剖析美丽乡村建设的典型案例，总结建设美丽家园的创新经验。玉溪市人大常委会副主任吴建森陪同采访。吴建森对云南环保世纪行采访团深入三县美丽乡村建设现场，采访报道玉溪市生态文明建设和美丽家园建设所取得的成果表示感谢。他说，玉溪市坚持"生态立市"战略不动摇，十分重视生态文明建设，在全省率先提出了"争当全省生态文明建设排头兵"的目标，并制定了三年行动计划，把生态文明建设纳入全市经济社会发展的重要议事日程，全力进行水污染综合整治，保护抚仙湖Ⅰ类水质。在全市实施"百村示范、千村整治"工程，实行市、县（区）领导和市级部门、单位和企业挂钩包村制度，加强对示范村、整治村建设的检查指导，做好村庄规划，整合涉农资金，结合产业发展，加强农村环境卫生综合整治，提高农村生态文明意识，建设农村美丽宜居新家园。

据了解，2015年是开展云南环保世纪行活动的第22年，2015年的主题是"推进生态文明，建设美丽家园"。2015年的主要任务是围绕活动主题，宣传报道相关的法律法规、政策措施、经验成果和典型事例，通过加大生态文明制度建设、法治建设的宣传

---

① 李兰萍：《普洱市创建国家森林城市工作视频推进会召开》，http://www.ynly.gov.cn/yunnanwz/pub/cms/2/8407/8415/8544/8550/103391.html（2015-08-18）。

报道，进一步提高全社会的法律意识，增强全民的环保意识、生态意识，加大环境资源监督工作力度，在全社会牢固树立尊重自然、顺应自然、保护自然的生态文明理念，为全省经济社会实现科学发展、和谐发展、跨越发展做出贡献。在为期四天的采访中，云南日报社、云南广播电视台、云南网、云南经济日报社、风光杂志社等六家新闻单位记者先后到新平彝族傣族自治县戛洒镇、峨山彝族自治县双江街道矿山村、岔河乡凤窝村及鹏展村、富良棚乡集镇建设，易门县十街彝族乡摆衣村和浦贝彝族乡榨树村进行采访。各家媒体记者进村入户，采访村干部，用摄像机和录音笔，捕捉记录所到之处的生态文明建设和美丽家园建设的动人瞬间。①

2015 年 7 月 31 日，景洪市召开创建国家生态市迎检工作推进会，动员抓好创建国家生态市迎检工作。会议通报了景洪市创建国家生态市的工作开展情况。强调创建国家生态市是市委、市政府立足景洪实际、着眼长远发展做出的一项重大决策部署，是国家级卫生城市、环境保护模范城市、生态市、文明城市"四城同创"的重要内容。会议指出，必须深刻领会生态文明建设的内涵和重大意义，鼓足干劲，完成好各项创建任务，积极迎接国家对景洪市生态创建的技术评估考核。会议要求，各单位、各乡镇、各农场要高度重视生态市创建工作，统一思想，明确时间，做好档案资料和现场检查准备，积极抓好当前迎检冲刺工作。会议强调，要针对存在的突出问题和薄弱环节进行认真研究和任务分解，细化工作目标和任务，落实责任，认真整改，确保取得预期成效。要切实重视公众对环境的满意率，开展多渠道、多形式、多层次的宣传工作，提高市民的知晓率和满意率。要严督实查，跟踪问效，发现问题，立即督促整改，确保创建质量。②

2015 年 9 月 6 日至 11 日，环境保护部自然生态保护司副司长侯代军带领环境保护部和云南省环境保护厅有关领导和专家组成的技术评估组，分别深入西双版纳傣族自治州三县市，对国家生态县市建设工作进行技术评估。州党政领导杨沙、刀琼平、吕永和、操云甫分别陪同技术评估组开展工作。在各县市检查评估期间，技术评估组现场查看了城乡"两污"处理设施建设、污染防控、农村环境综合整治、生物多样性保护、生态建设等生态县市建设工作情况，访谈检查对象和当地群众、开展生态创建满意率调

① 崔永红、王琳：《云南环保世纪行采访团聚焦玉溪美丽家园建设》，http://yuxi.yunnan.cn/html/2015-07/07/content_3810546.htm（2015-07-07）。

② 雷泽宇、王琳：《景洪市抓好创建国家生态市迎检工作》，http://xsbn.yunnan.cn/html/2015-08/04/content_3850326.htm（2015-08-04）。

查，并进行工作指导。

在各县市评估会上，技术评估组观看了生态县市建设工作纪实片和技术报告演示片，听取了各县市生态创建工作汇报，肯定了三县市生态县市创建工作取得的成效，向各县市反馈了通过技术评估的意见，提出了整改要求。侯代军对三县市提出要求，要以此次技术评估为契机，进一步增强创建意识和提高创建水平，转变发展观念和方式，继续做到思想认识、组织领导、规划政策、责任考核、资金投入、宣传教育六个到位。他希望各县市充分利用这次技术评估通过的有利时机，坚持全面推进，重点突破，进一步提升生态环境，加快解决好国家生态县考核验收的"最后一公里"问题，力争在 2015 年底前完成国家生态县考核验收。同时，要继续加大农村环境综合整治，不断提升和改善农村环境质量；进一步优化城镇布局，加快生态红线划定，提升生态功能区划；以国家生态文明示范区为新目标，提升生态文明建设水平。

参加评估会的州领导分别对各县市下一步国家生态县市验收考核工作进行了部署，要求三县市要按照整改意见，制订整改计划和措施，分解工作责任，继续抓落实、抓督查、抓宣传，确保年内完成整改和考核验收的申报，努力争当全省生态文明建设排头兵，率先在全省创建为国家生态县市，为西双版纳傣族自治州率先在全省创建国家生态州奠定坚实的基础。

近几年来，全州各县市把保护生态环境作为可持续发展的重要支撑，努力践行生态文明建设。各县市抓领导，建立健全生态文明建设的组织保障体系，加强环保基层能力建设，促进生态创建工作。抓规划，加强规划修编，建立生态创建考核机制和激励机制，促进规划落实。抓督查，建立生态创建督查制度，拓宽监督渠道，督促生态创建进度。抓试点，扎实推进农村环境综合整治示范建设。抓宣传，利用党校、学校、部门教育培训和宣传媒体平台，加大生态文化体系建设。抓协调，加强各级政府、部门之间的工作协调，共同推进生态县市创建工作，取得显著成效。[①]

2015 年 9 月 13 日，石林彝族自治县国家生态县建设工作技术评估汇报会召开。作为全省首家申报国家级生态县的县区，石林彝族自治县创建工作于 9 月 12 日通过环境保护部技术评估组评估，环境保护部建议石林彝族自治县按要求整改完善后报其按程序批

---

① 王东、高佛雁：《西双版纳三县市率先在云南省完成国家生态县市技术评估》，http://xsbn.yunnan.cn/html/2015-09/14/content_3910104.htm（2015-09-14）。

请考核验收。连日来，环境保护部技术评估组分3组对石林彝族自治县巴江综合治理、工业园区河道治理、长湖镇、雪兰生态牧场等生态状况进行现场核查和资料核查，并听取了石林彝族自治县国家级生态县建设工作汇报。评估组认为，石林彝族自治县把创建国家生态县作为推进生态文明建设的重要载体，强化组织领导、突出自然资源优势、大力转变发展方式、加强生态环境整治、弘扬民族生态文化，生态县创建工作成效明显。5项基本条件和22项建设指标基本达到国家生态县考核指标，评估组同意石林彝族自治县通过国家生态技术评估，建议其按要求整改完善后报环境保护部按程序批请考核验收。近年来，石林彝族自治县大力实施生态美县战略。2008年率先在昆明市郊县区建成日处理生活污水1万立方米的县城污水处理厂。截至2014年，城镇生活垃圾无害化处理率达98.1%；单位地区生产总值能耗下降到0.817吨标准煤/万元，工业固体废物处置利用率达100%；城乡饮水卫生合格率近年均保持100%。全县林地面积比2007年增加22%，78%以上的水土流失区得到有效治理。2014年底，石林彝族自治县成功创建为云南省第一个省级生态文明县。①

2015年10月15日，《云南网讯》报道，祥云县把生态建设作为求生存、图发展、谋富裕的大计来抓，确立"生态立县"的工作思路。以生态建设工程为抓手，加速林业生态建设，大力推进生物多样性保护工作，全面推动了生态文明建设进程，初步形成生态资源得到有效保护的科学发展局面。针对当地生物多样性较丰富，生态系统类型和野生物种资源多，并且具有繁多的栽培植物和家养动物及其野生近缘种等特性，祥云县在推进生态文明建设进程中，源头严防、过程严惩，加大重点区域综合整治力度，改变传统耕作等方式，采用综合防治和生物防治技术，使用无毒、低毒、高效、不易残留的农药，强化对农药生产、运输、销售、施用等环节的监督和管理，并建立健全各项规章制度，进一步堵塞漏洞，防止农药的滥用，最大限度地预防和减少农药对生态体系的危害，促使生态文明体系日臻完善。为凸显保护生物多样性对当地经济社会可持续发展的战略意义，祥云县统筹落实好生态文明建设和产业转型升级工作，不断加大宣传力度，限制特定产业项目的引进和布局，大力发展生态型农业、生态文明型工业、生态型旅游业，把建设美丽乡村列入重要议事日程，加强组织领导和协调工作，争取每年都有新亮

① 熊明、李菊娟、唐莉娜：《石林创建国家级生态县通过技术评估》，http://yn.yunnan.cn/html/2015-09/14/content_3909570.htm（2015-09-14）。

点和新变化。同时，祥云县广泛动员公众参与环境保护，打响污染防治战役，留住绿水青山，推进生态文明建设。①

2015年11月24日，2015中国森林城市建设座谈会在安徽宣城召开，会上，云南省普洱市等全国21个城市荣获"国家森林城市"称号，至此，全国共有96个"国家森林城市"，云南省已有昆明、普洱2个"国家森林城市"。中国关注森林活动组织委员会主任王刚出席会议并讲话，全国政协常委、政协人口资源环境委员会主任贾治邦，全国政协人口资源环境委员会副主任江泽慧、凌振国，全国政协社会和法制委员会副主任张世平，国家林业局局长张建龙、副局长彭有冬，经济日报社总编辑张小影，安徽省政府副省长梁卫国和安徽省政协副主席牛立文出席会议。②

2015年11月26日，云南省绿色创建领导小组在云南省环境保护宣传教育中心组织召开"第九批省级绿色学校、第七批省级绿色社区、第五批省级环境教育基地"表彰授牌汇报审定会。云南省绿色创建领导小组成员单位云南省环境保护厅、云南省教育厅、云南省住房和城乡建设厅等单位的领导以及长期从事绿色创建、环境教育的专家参加了会议。审定会上，王云斋代表创建领导小组办公室汇报了本次绿色系列创建工作情况。会上，绿色创建领导小组成员单位的领导和专家分别对申报单位的创建基本情况、申报材料，按照《云南省绿色创建考核评定标准》进行了认真细致全面的审核，大家一致认为，所申报的材料内容翔实，层次清楚，目标明确，工作有亮点、有特点、有成效、有说服力，达到了考核标准，同意命名。与会人员还对今后如何进一步抓好绿色创建工作提出了合理化建议。绿色创建活动申报工作自2015年9月份开始，现已顺利完成了单位申报、集中初审、州市核查、随机抽查、综合审定等工作。在2015年的绿色创建工作中，云南省绿色创建领导小组科学制定规划，全程加强指导，适时跟踪问效，帮助解决困难，坚持抓好教育宣传，抓好活动开展，搞好试点示范，注重行为引导，加强基础设施建设，强化管理监督，打造了一批有影响力、有活力、有特色的绿色示范单位，为争当生态文明建设排头兵，保护云南碧水蓝天培育了鲜活的绿色细胞。③

---

① 杨之辉、陈应国、董翔宇：《云南祥云县大力推进生物多样性保护 促进绿色崛起》，http://dali.yunnan.cn/html/2015-10/15/content_3956273.htm（2015-10-15）。

② 武建雷：《普洱市荣获"国家森林城市"称号》，http://www.ynly.gov.cn/8415/8477/104930.html（2015-11-30）。

③ 云南省环境保护宣传教育中心：《云南省绿色创建领导小组召开绿色创建表彰授牌汇报审定会》，http://www.ynepb.gov.cn/zwxx/xxyw/xxywrdjj/201511/t20151127_99122.html（2015-11-27）。

2015 年 12 月 8 日，云南纳板河流域国家级自然保护区创建"平安林区"工作通过了省级考核。自开展创建"平安林区"工作以来，纳板河保护区按照上级领导的要求，实行领导负责制，层层落实各项责任，加强保护区队伍管理，强化了队伍思想教育和业务培训，加强保护区科研监测与对外合作，积极开展社区帮扶项目，全面提高区内居民收入，同时认真开展森林防火和资源管护工作，实现了连续 20 年无森林火灾的好成绩，达到了资源增长、农民增收、生态良好、林区和谐的目的，实现了人与自然和谐共存。在考核工作会上，由云南省森林公安局纪委书记赵宏带队的省"平安林区"考核领导小组从组织领导、内部管理、治安稳定、案件查处、森林防火、有害生物防控、林业宣传等七大方面内容，认真对保护区的创建工作进行了考核。通过检查考核，考核组对"平安林区"创建工作取得的成绩给予了充分的肯定，认为纳板河流域国家自然保护区在创建"平安林区"工作中的亮点突出，工作重点把握准确，工作措施扎实，创建成效明显，通过了省级考核验收。①

2015 年 12 月 8 日至 9 日，推广"洁净临沧"行动做法会议暨全省生态文明建设示范区创建培训会议在临沧市召开。临沧市开展"洁净临沧"行动迅速，措施有效，坚持以人为本，绿色发展的工作理念；以问题为导向，系统整治的工作方法；一抓到底，务求实效的工作作风；形成合力，齐抓共管；以目标为导向，全面推进工作思路，把临沧市建设为"森林繁茂、水系发达、空气清爽、人文荟萃、经济循环"的大美之地。临沧市重视生态文明建设，确立了"生态立市，绿色崛起"的发展战略，制定并积极开展"洁净临沧"行动，符合绿色发展的要求，是科学的发展理念和发展战略，会议给予临沧市高度评价。

会议认为学习推广"洁净临沧"行动做法，一是要学习临沧市自觉把生态文明建设纳入中国特色社会主义政治、经济、文化、社会、生态文明建设"五位一体"的总体布局，始终坚持把生态文明建设摆在首要位置的思想意识。二是要学习临沧市以洁净行动为抓手，促进干部作风转变。三是要学习临沧市以洁净行动为抓手，促进工作体制机制和工作方式方法的创新。四是要学习临沧市以洁净行动为抓手，促进转方式调结构。会议提出，与会州市要以临沧市为榜样，始终做到"四个坚定不移"：坚定不移地走绿色

---

① 纳板河国家级自然保护区管理局：《纳板河保护区创建"平安林区"工作通过省级考核》，http://www.ynepb.gov.cn/zwxx/xxyw/xxywrdjj/201512/t20151209_99544.html（2015-12-09）。

发展道路；坚定不移地坚持行动至上，一以贯之抓落实；坚定不移地推动干部作风的转变；坚定不移地坚持高度自觉，正确处理好长远利益和眼前利益的关系。会议希望临沧市再接再厉，继续为生态文明排头兵建设创造可供学习、借鉴、复制的新经验、新做法。

临沧市以洁净家园、洁净田园、洁净水源、洁净河流、洁净道路为抓手，重点整治城乡环境脏、乱、差，全面开展"洁净临沧"行动，到 2020 年临沧市实现"四有""四无"目标，即户有垃圾存放桶、村有垃圾收集池、乡（镇）有垃圾中转（处理）站、县城有垃圾处理场，无暴露垃圾、无卫生死角、无乱堆乱放、无乱摆乱停。以"洁净临沧"为目标、顺应绿色发展新要求是主要方向。"洁净临沧"行动的目的是，以洁净家园、洁净田园、洁净水源、洁净河流、洁净道路的"五个洁净"为载体，广泛动员社会各界和广大群众，集中人力、物力、财力，通过实施十大工程，进一步提升区域综合竞争力，进一步夯实区域经济社会转型升级跨越发展的基础。"洁净临沧"行动与临沧市"生态立市，绿色崛起"发展战略一脉相承，在"生态立市，绿色崛起"战略工作和成效的基础上，细化了战略目标和 2020 年要达到的具体目标任务。

党的十八大把生态文明建设纳入中国特色社会主义事业五位一体总体布局，明确提出大力推进生态文明建设，努力建设美丽中国，实现中华民族永续发展。习近平总书记早在 2015 年 1 月来云南考察时就对云南提出了争当生态文明建设排头兵的要求。临沧市认真贯彻落实习近平总书记和云南省委、省政府的要求，确立了"生态立市，绿色崛起"的发展战略，坚持把生态文明建设摆在首要位置，先后 3 次召开市委全会进行研究，连续制定了 3 个相关的决定和意见，把推进生态文明制度建设，不断提高生态文明建设水平，作为临沧市全面深化改革的首要任务。这一行动既是"生态立市，绿色崛起"发展战略的延伸和具体抓手，也是争当全国全省生态文明建设排头兵的具体实现途径。其意义在于从大处着眼、小处入手，针对各民族人民普遍关心和反映强烈的突出问题，将发展战略目标具体化，变为群众看得见、摸得着、能参与的一件件实事和好事。进一步优化"清洁、整齐、优美、生态、和谐"的发展环境，推进美丽家园建设，改善人居质量，提高城乡居民幸福指数，最终实现"森林繁茂、水系发达、空气清爽、人文荟萃、经济循环"天地人高度和谐的大美临沧战略目标。

自"洁净临沧"行动开展以来，全市上下以五大目标为抓手，以实施十大行动工程为载体，坚持专项整治与项目建设相结合，各项工作扎实推进。第一，坚持工作任务具体化，强化落实，细化制订了 15 个具体实施方案，配套提出了"洁净小区、洁净学校、洁净单位、洁净村庄、洁净庭院"以及"卫生之家、健康之家、和睦之家、富裕之家、信用之家、生态农庄、绿色村镇"等 12 个方面的创建考核验收标准，做到了落实工作有明确目标、有具体内容、有建设标准、有完成时限、有保障措施。第二，坚持建管投入多元化，强化动力，调动各级各部门的积极性，加强涉及城市基础设施、农业农村环境整治、旧村旧房改造、公共卫生配套设施、节能降耗等项目的策划、储备工作，明确各年度实施计划。第三，坚持打造示范精品化，强化引领，集中打造了凤庆县安石村、双江拉祜族佤族布朗族傣族自治县景亢村等一批环境优美、靓丽整洁、设施完善、生活便利的"洁净家园"样板；着力打造了戎氏普洱茶庄、华叶烟草庄园等一批新农村经济综合体，绿色产业品牌持续做大；打造了缅宁大道、云风路等一批洁净示范道路。第四，坚持宣传教育多样化，强化引导，在社区、农村、企业、学校和窗口单位设立善行义举榜，弘扬先进典型，倡导文明观念，推进公民法治教育和道德教育，全市共涌现出"全国道德模范"1 人，"云南省道德模范"10 人，"云南好人"5 人，"感动临沧年度人物"100 人，"我们的价值观·身边好人"58 人；建成各级文明单位 725 个、文明村 322 个；授牌十星级文明户 166 518 户。第五，坚持督促检查前端化，强化问效，临沧市把"洁净临沧"行动的督查考核力度，纳入市直部门责任人、县（区）党政"一把手"绩效考核，完善奖惩、诫勉谈话和行政问责机制。

临沧市以创新体制为抓手，打造绿色发展新环境。在洁净行动过程中，临翔区建立了区级领导联村包组、部门乡村联组包户、党员干部结对帮扶的服务网络，对博尚镇勐准村腾龙组的65 户拉祜族每户派驻2 名机关干部，手把手从刷牙洗脸、洗衣叠被等个人清洁卫生，到产业培育、生产发展的人对人、点对点的细致入微帮扶，改变了当地拉祜族群众的思想观念和生活生产方式，将一个贫困的村庄变成了一个具有浓郁拉祜风情的美丽乡村。

开展"洁净临沧"行动是建设村美、民富、人欢乐的美丽家园，成就天地人高度和谐的大美临沧的重要抓手，临沧市以洁净行动促干部作风和思想观念转变，要求各级领导干部转思想、转观念、转作风，切实把思想统一到洁净行动的目标任务上来，把行动落实到城乡面貌改善、群众素质提高、文明程度提升上来，努力形成全民共建、全民参与、全民保洁的新常态。

以洁净行动促体制机制和工作方式方法创新，临沧市大胆探索，创新体制机制和工作方式方法，创新领导体制，建立工作落实机制，由于任务明确，责任落实，全市卫生厕所从过去的 3.5 万座增加到了 19.9 万座，而且全市所有临街非保密单位的厕所都免费向社会大众开放；创新投入机制，整合资源资金办大事；创新政府社会管理，推行公共服务市场化运作；创新工作方式方法，变政府主导为共同参与。

以洁净行动促转方式调结构，临沧市坚持青山绿水就是金山银山的发展理念，着力推动传统经济发展模式转向绿色经济发展模式，大力推动绿色现代农业发展、工业转型发展、生态文化旅游业发展。以洁净行动促生态环境保护建设，临沧进一步推进生态环境保护建设，加大生物多样性保护力度。大力实施滇西南生物多样性保护、"七彩云南·秘境临沧保护行动"和"森林云南"生态和野生动物保护及自然保护区建设工程；扎实推进"森林临沧"建设；强化水土流失和石漠化综合治理。

"生态立市"战略和"洁净临沧"行动的持续推进，有力地促进了临沧市经济社会的发展，美丽家园建设初见成效，青山绿水的优美生态正在形成，八方投资纷至沓来，美丽多娇的生态环境引得国内外创业者竞相投资。统计数据显示，2015 年国庆黄金周，全市游客接待量增长，累计接待游客 269 720 人次，同比增长 34%；实现旅游总收入 16 243.11 万元，同比增 35%。[①]

2015 年 12 月 23 日，《云南日报》称，丽江市在自然资源保护、生态示范区建设以及美丽乡村建设方面成效明显。

首先，在自然资源保护方面，丽江市坚持以生态文明争排头为目标，牢固树立绿色发展新理念。按照国家和云南省的主体功能区规划，科学合理布局生产空间、生活空间、生态空间，大力推进大美丽江建设，不断彰显丽江之美、丽江之魅。目前，全市森林覆盖率已从原来的 40.33% 提升到 66.15%，高出全省平均水平 13 个百分点。泸沽湖生态环境保护项目的实施，使泸沽湖水质稳定保持 Ⅰ 类，成为全省 9 大高原湖泊中水质保持最好的湖泊。

其次，在生态示范区建设方面，近年来，丽江市一直坚持以创建生态文明示范区为

---

① 谢进、李春林、王琳：《临沧积极开展"洁净临沧"行动 大力开展绿色发展新实践》，http://lincang.yunnan.cn/html/2016-01/12/content_4112551_2.htm（2016-01-12）。

抓手，以玉龙雪山、老君山，泸沽湖、程海、拉市海，金沙江，丽江古城为重点的"两山三湖一江一城"为主体，以禁止和限制开发区为支撑的国家重要生态安全屏障建设为重点。通过不断探索绿色发展、循环发展、低碳发展之路，进一步彰显了丽江天蓝、地绿、山青、水净、气爽之灵韵。到 2015 年底，丽江市已成功创建为国家卫生城市、国家节水型城市，创建国家环境保护模范城市、全国文明城市，申报中国人居环境奖和联合国人居奖工作有序推进。

最后，在美丽乡村建设方面，丽江市坚持以自然为本、文化为魂、规划为纲，保持丽江古城相互宽容、相互吸收、融合发展的传统，用人与自然和谐的理念建设发展山水之城。丽江市加强人性化、精细化、信息化、社会化管理，积极创建智慧城市，培育城市精神，使城市成为关心人、陶冶人的幸福家园。同时，丽江市探索城乡发展新路径，强化县城扩容提质，积极推进特色小镇和美丽乡村建设，促进城镇基础设施向农村延伸、基本公共服务向农村覆盖，促进城乡一体、统筹发展。从 2016 年起，市级财政每年计划安排 500 万元，每年建设 10 个民族特色村，到 2020 年打造 50 个有特色、产业强、环境好，民富村美人和谐的民族特色新村镇。①

2015 年 12 月 25 日，云南省绿色系列创建工作座谈会在昆明召开。省环境保护厅，省精神文明建设指导委员会办公室、省教育厅、省住房和城乡建设厅，省卫生和计划生育委员会，省妇女联合会等云南省绿色创建领导小组成员单位相关领导、各州市环境保护部门负责人共 50 余人参加了会议。会上，省绿色创建领导小组办公室汇报了绿色创建工作情况和 2016 年工作打算。会议指出，"十二五"期间，云南省绿色创建工作取得明显成效，全省共有各级各类绿色学校 3182 所，其中受国家表彰的绿色学校 19 所，省级绿色学校 825 所。全省共有绿色社区 530 家，其中受国家表彰的绿色社区 7 家、省级绿色社区 261 家。全省共有环境教育基地 70 个，其中省级环境教育基地 54 个。全省绿色系列创建工作呈现出健康发展、稳步推进的良好态势。

参会人员还就绿色创建工作中的特点亮点、存在问题、下一步的重点进行了交流发言，提出了建设性的意见。领导小组向获得命名的第九批云南省绿色学校、第七批云南省绿色社区、第五批云南省环境教育基地的单位进行了授牌，对绿色创建工作中的先进

① 李秀春、韩焕玉：《树立绿色发展新理念 坚持生态文明争排头 大美丽江建设彰显丽江魅力》，http://yn.yunnan.cn/html/2015-12/23/content_4080688.htm（2015-12-23）。

单位和个人进行了表彰。云南省环境保护厅副厅长高正文最后发表了讲话。高正文同志强调，要深入学习贯彻党的十八届五中全会和省委九届十二次全会精神，以习近平总书记考察云南重要讲话精神为引领，坚持绿色发展理念，以更加务实的作风、更加有力的举措，坚持不懈地抓好"十三五"绿色创建工作，通过绿色创建促进环境保护、促进绿色发展、促进经济社会和环境保护协调发展，努力争当全国生态文明建设排头兵。①

2015 年，楚雄彝族自治州加大生态文明建设力度，坚持走"生态建设产业化，产业发展生态化"的路子，着力推进林业生态重点工程建设，实施大项目推动大发展战略，生态文明建设取得明显成效。年内完成天然林保护工程公益林建设任务 11.4 万亩，完成计划任务的 100%，其中，人工造林 1.7 万亩，封山育林 9.7 万亩；实施天保工程森林管护 3256.18 万亩，其中，国有林管护 297.68 万亩，集体国家和地方公益林管护 1300.65 万亩，商品林监管 1657.85 万亩；分流安置森工企业职工 1364 人，聘用护林员 4985 人；完成新一轮退耕还林 1 万亩，完成计划任务的 100%，完成陡坡地治理 0.5 万亩，完成计划任务的 100%，巩固成果人工造林 9.55 万亩，完成计划任务的 100%；完成农村能源项目太阳能建设 13 504 户，完成计划任务的 100%，病旧沼气池改造 600 户，完成计划任务的 100%，农村改灶 6500 户，完成计划任务的 100%；落实 1491.15 万亩生态公益林管护责任，兑现和使用国家级和省级公益林生态效益补偿资金 18 947.15 万元，补偿费兑现率为 100%；完成低效林改造 22 万亩，完成计划任务的 110%。②

2015 年，丽江市被列为全国水生态文明城市建设试点以后，丽江市委、市政府制订了《丽江市水生态文明城市建设试点实施方案》，坚持以"滇中引水"工程为突破口，加快一批骨干水利工程建设，完善配套一批"五小"水利设施，切实增强全市水资源保障能力和抗灾减灾能力。③

2015 年度云南省 1 个州申报云南省生态文明州，13 个县申报云南省生态文明建设县，207 个乡申报云南省生态文明乡镇、16 个行政村（社区）申报云南省生态文明村，云南省环境保护厅组织专家对其申报材料进行了严格的技术审查，并委托州环境保护局

① 巩立刚、曹雄：《云南省绿色系列创建工作座谈会召开》，http://www.ynepb.gov.cn/zwxx/xxyw/xxywrdjj/201512/t20151231_100612.html（2015-12-31）。
② 杨雨、孙永佳：《楚雄州完成 2015 年林业生态建设任务》，http://chuxiong.yunnan.cn/html/2016-01/12/content_4112902.htm（2016-01-12）。
③ 云南省水利厅：《丽江加快推进水生态文明城市建设》，http://www.wcb.yn.gov.cn/arti?id=55662（2015-12-31）。

根据技术审查情况，对部分申报材料不规范或现场情况不清楚的乡镇进行了现场检查。

通过技术审查、现场检查和考核验收，全省共有 1 个州、13 个县、186 个乡、16 个行政村达到云南省生态文明州、生态文明县、生态文明乡镇、生态文明村的申报条件和要求。生态创建的考核要求是由多项指标组成的，如生态村需要重点开展生活污水收集处理、生活垃圾收集、卫生厕所改造、村容村貌整治等工作。[1]

---

① 许孟婕、字月璐：《云南省环保厅拟命名版纳为首批省级生态文明州》，http://finance.yunnan.cn/html/2016-08/17/content_4490331.htm（2016-08-17）。

第三章 云南省生态文明体制改革
建设编年

生态文明体制改革主要是针对现今不适应生态文明建设的制度、体制、机制进行改革。云南生态文明体制改革建设是我国体制改革的重要组成部分，国家 2010 年将"绿色 GDP"纳入领导干部的政绩考核之中，这是重经济轻生态的政绩观念的一大转折，生态文明建设指标成为干部任免奖惩的主要依据。

2014 年 2 月 13 日，云南省成立了第一个生态文明体制改革专项小组；2015 年，云南省确定生态文明体制改革的工作要点，围绕健全自然资源资产产权制度和用途管制制度改革、划定生态保护红线工作、实行资源有偿使用制度和生态补偿制度、改革生态环境保护管理体制四个方面。为进一步贯彻落实生态文明体制改革，2015 年 9 月 8 日，玉溪市"三湖"水污染防治提速增效，加大第一产业向第二产业、第三产业转移力度，调升生态建设考核权重。一系列关于生态文明体制改革的探索，将生态环境保护以制度的形式进行贯彻落实，并在原有制度基础上寻求创新，建立了适合云南省的"河长制"，为云南省的生态文明建设提供了可靠的制度保障。然而，在具体制度落实的过程中，生态文明体制更多停留于表面，其执行力度有待加强，应以制度为主，监督为辅，全面深层落实。

第一节　云南省生态文明体制改革建设奠基阶段（2010—2014年）

一、2010 年

2010 年 2 月 23 日发布的《云南省人民政府关于全面推行环境保护"一岗双责"制度的决定》（云政发〔2010〕42 号），针对各州市政府，省直各委、办、厅、局指出，为全面落实科学发展观，推进七彩云南生态文明建设和法治政府、责任政府、阳光政府、效能政府建设，促进全省环境保护形势稳定好转，根据《中华人民共和国环境保护法》《云南省环境保护条例》《中共云南省委、云南省人民政府关于加强生态文明建设的决定》（云发〔2009〕5 号）等法律、法规和政策规定，结合云南省实际，就全省推行环境保护"一岗双责"制度做出如下决定。

其一，提高认识，切实增强推行环境保护"一岗双责"制度的责任感和紧迫感。环境保护"一岗双责"是指各级政府、各有关部门领导干部和生产经营单位负责人在其职责岗位上，实行抓好业务工作和环境保护工作的双重责任制度。主要负责人是环境保护工作的第一责任人，对环境保护工作负全面领导责任；分管环境保护工作的负责人对环境保护工作负综合监管领导责任；其他负责人对分管业务工作范围内的环境保护工作负直接领导责任。各级领导干部和生产经营单位负责人一定要深刻认识加强环境保护的重大意义，增强忧患意识，增强推行环境保护"一岗双责"制度的责任感和紧迫感，以对国家、民族、子孙后代高度负责的精神，切实做好环境保护工作，推动经济社会全面协调可持续发展。要站在贯彻落实科学发展观、构建社会主义和谐社会的高度，牢固树立生态文明理念，坚持"生态立省，环境优先"的原则，在履行本岗位职责的同时，切实履行所分管领域环境保护监管责任，做到"一岗双责"。要把环境保护工作融入经济、社会建设的各个方面，为建设富裕民主文明开放和谐云南创造更加良好的环境。

其二，全面落实各级政府的环境保护责任。各级政府是环境保护的监督管理主体，对行政区域内的环境质量负责。要把环境保护工作摆上重要议事日程，定期研究和及时解决环境保护问题，并形成制度。要认真贯彻执行国家环境保护法律法规，执行本级人民代表大会及其常务委员会有关环境保护的决议，以及上级国家行政机关有关环境保护的决定和命令，制定行政措施，发布决定和命令。要采取措施改善环境质量，根据国家制定的环境保护目标，制定实施行政区域内的环境保护目标以及有利于环境保护的经济、技术政策和措施，使环境保护同经济建设和社会发展同步。要采取措施对国家确定的重点保护区域加以保护，严禁破坏。要加强对农业环境的保护，防治生态破坏以及其他生态失调现象的发生和发展。在环境受到严重污染，威胁居民健康和财产安全时，要及时采取有效措施，解除或者减轻危害。对保护和改善环境做出显著成绩的单位和个人给予表彰或者奖励。

其三，全面落实各有关部门的环境保护责任。各有关部门在各自职责范围内，对环境保护实施监督管理。环境保护部门对环境保护工作实施统一监督管理。公安、交通运输等部门，依法对环境污染防治实施监督管理。国土资源、矿产、农业、林业、水利、旅游等部门，依法对资源保护实施监督管理。发展改革、工业信息化、教育、科技、监察、民政、司法、财政、人力资源社会保障、住房城乡建设、商务、文化、卫生、国有资产监督管理、工商行政管理、质量技术监督、安全生产监督管理、广播电视、新闻、法制、海关、检验检疫、通信管理、地震、气象、电力监管、银行业监督管理、保险业监督管理等部门，负责做好环境保护工作，加强环境保护监督管理。

其四，全面落实生产经营单位的环境保护责任。各生产经营单位是环境保护工作的责任主体，对其环境污染或生态破坏行为负责并承担相应的法律责任。要全面落实"环保优先"的方针，严格遵守环境保护法律法规，切实履行保护环境的法律义务，制定本单位的环境保护制度，主动防治污染。在进行新建、改建和扩建工程时，严格执行环境影响评价制度和"三同时"制度，在选址、设计、建设和生产时，必须充分注意防止对环境的污染和破坏，各项污染物排放必须遵守国家规定的排放标准。已经对环境造成污染和其他公害的单位，应当按照"谁污染谁治理""谁破坏谁恢复"的原则，制定规划，积极治理和恢复。按照减量化、再利用和资源化的原则，以提高资源综合利用率和降低废弃物排放为重点，着力推进循环经济、低碳经济和清洁生产，最大限度地节能降耗和减污增效。要加大污染治理项目建设投入，负责按照环境评价要求落实治污措施和项目。要建立环境突发事件应急处置机制，加强对环境事故隐患的监控防治，及时解决苗头性、倾向性问题，真正做到防患于未然。

其五，保障措施。一是加强组织领导。各级政府、各有关部门领导干部和生产经营单位要从全局和战略高度出发，切实把推行环境保护"一岗双责"制度摆到重要位置，列入重要议事日程，与本级政府、本部门、本单位工作共同部署、共同推进。要建立健全环境保护行政"一把手"负总责、分管环境保护工作的领导具体抓、其他领导分头抓的领导班子环境保护责任制。要进一步完善层层互保、层层联动和横向到边、纵向到底的环境保护责任制体系，建立严格的环境保护考核制度。要实行环境保护"一票否决"制，把环境保护作为对各级领导干部考核和评优、评先的重要依据。二是加强能力建设。要建立环境保护"一岗双责"履职能力建设制度，不断提高政治素质、业务素质，提高处置环境污染事故快速反应能力。要组织制定本行政区域、本部门、本单位环境突发事件应急处置预案并组织演练，及时组织环境污染事故的调查处置工作。要建立健全以环境保护责任制、安全操作规程、环保培训教育、环保监督检查、污染源监控、环境污染事故隐患整改、环境事故应急处置等为主要内容的有关制度，并全面贯彻实施。三是深入开展宣传。要进一步加大环境保护"一岗双责"制度的宣传力度，不断提高贯彻落实的自觉性和有效性。新闻媒体要通过多种形式加强环境保护"一岗双责"制度宣传，特别要宣传正反两方面的典型。四是严格责任追究。环境保护监督管理坚持预防为主、防治结合、综合治理、经济社会全面协调可持续发展的方针，实行"属地管理与分级管理相结合，以属地管理为主""谁主管、谁负责""谁审批、谁负责""谁污染、谁治理""谁破坏、谁恢复"的原则。凡发生环境污染事故和环境突发事件的，必须查清原因，对照环境保护"一岗双责"制度确定的职责追究有关人员的责任，构成犯罪的，要依法追究刑事责任。对重特大环境污染事故和环境突发事件，要尽快调查结案，并向社会公布。凡在本行政区域内发生特别重大、重大事故的，州（市）政府主要领导要向省政府做出书面检查。①

2010年6月7日昆明市召开生态文明建设工作会，明确将"绿色GDP"纳入全市各级党委、政府领导干部的政绩考核体系，年底出台相关考核办法，力争2011年在全市实施。市委、市政府召开生态文明建设工作会，明确主要任务为：深入贯彻落实科学发

---

① 云南省人民政府办公厅：《云南省人民政府关于全面推行环境保护"一岗双责"制度的决定》，http://www.yn.gov.cn/yn_zwlanmu/qy/wj/yzf/201006/t20100621_20545.html（2010-06-21）。

展观，按照中央和省建设生态文明的战略部署，坚持"生态立市，环保优先"，聚全市上下之智，集社会各界之力，在新的起点上全面推进生态文明建设，努力走出一条生产发展、生活富裕、生态良好的文明发展之路，为昆明市科学发展新跨越提供坚实的生态保障和环境支撑。

该会议用一整天时间，对全市生态建设进行现场观摩。从 12 个涉及河道整治、环湖截污、城乡绿化、滇池治理、生态农业、绿色社区等方面的观摩点中，既看到了近年来全市生态建设的亮点和成果，也看到了存在的差距和不足。会议指出，推进生态文明建设，是遵循发展规律、顺应时代潮流的战略选择，是坚持科学发展、建设小康社会的内在要求，是优化发展环境、增强竞争实力的现实需要，是发挥比较优势、实现跨越发展的重要途径。各级各部门一定要从全局和战略的高度，充分认识生态文明建设的极端重要性，切实增强工作的责任感和紧迫感。

在阐述生态昆明的境界目标和实践过程时，会议指出，当前及今后一段时期，推进生态文明建设，打造生态昆明，必须切实抓好五个方面的工作。第一，转变发展方式，积极发展低碳环保的生态经济。完善生态功能区划，构建绿色产业体系，发展循环经济，打造低碳城市，强化资源集约节约利用。第二，加强生态文明建设，全面营造优美宜居的生态环境。让人民群众喝上干净的水、呼吸到清新的空气、吃上放心的食物，努力营造碧水、蓝天、青山的优美环境。加快绿色城镇化进程，扎实推进水环境综合治理，深入实施城乡环境综合治理，积极构建生态安全保障体系。第三，培育生态理念，大力弘扬绿色和谐的生态文化。强化生态文明意识，建立生态文明道德规范，倡导绿色生活方式，广泛开展生态文明创建。第四，增强创新动力，加快形成可持续发展的体制机制。加大制度创新力度，挖掘政策创新深度，加快科技创新速度。第五，强化组织领导，切实凝聚生态文明建设的强大合力。强化责任落实，加大执法力度，严格督查考核。

会议要求，生态文明建设列入各级部门议事日程，与经济建设、文化建设、社会建设和党的建设一起部署、共同推进。生态文明建设纳入各级党委、政府及领导干部的政绩考核内容，考核结果作为干部任免奖惩的重要依据之一。对工作失误造成重大生态环境事故的，按有关规定追究相关人员责任。昆明市生态文明建设工作会提出建设生态昆明这一重大战略目标，为全市各族人民描绘了山川秀美、人与自然和谐相处的美好蓝图。

　　生态文明是人类遵循人、自然、社会和谐发展这一客观规律而取得的物质与精神成果的总和。科学发展离不开生态文明，构建人与自然和谐相处的生态文明，是昆明市实现科学发展新跨越的必然选择。城市发展需要生态文明，加快推进生态文明建设，是转变经济发展方式的必然要求和重要着力点。建设生态文明昆明，既是全面贯彻落实党的十七大精神的重要举措，也是城市发展的必然要求。党的十七大报告第一次引入了"生态文明"的概念，提出要"建设生态文明，基本形成节约能源资源和保护生态环境的产业结构、增长方式、消费模式"，使"生态文明观念在全社会牢固树立"。这是昆明市生态文明建设的指导思想。近年来，昆明市生态文明建设取得明显成绩，节能减排和环境保护的各项工作扎实推进，但是也要清醒地看到，目前昆明市生态环境形势依然严峻，还有许多"欠债"要还。治理滇池污染，依然任重道远。昆明市要在市委、市政府的统一部署下，深入实施可持续发展战略，坚持"生态立市，环保优先"，加快推进节能减排和加快污染防治，加快建立资源节约型技术体系和生产体系，加快实施生态工程，不断改善生态环境，通过不懈的努力，最终实现将昆明建设成为独具湖光山色、滇池景观、春城新姿，融人文景色和自然风光为一体，使现代文明与历史文化交相辉映，森林式、园林化、环保型、可持续发展的高原湖滨生态城市的美好愿景。[①]

　　2010 年 6 月 9 日，昆明市将建生态城市，生态文明建设纳入干部政绩考核。昆明市委、市政府下发了《关于加强生态文明建设的实施意见》，提出要将昆明市建设成为生态城市的目标，到 2020 年，在昆明市形成以循环经济、低碳经济为主体的生态型经济体系，并将生态文明建设指标作为干部任免奖惩的主要依据。为此，昆明市将严格环境分类管理，以盘龙、五华等主城区为主的优化开发区要坚持环境优先，着力发展现代服务业、高新技术产业，做到增产减污。而以东川区为主的限开发区，要严控开发强度，在不危及区域生态系统安全的基础上，建设优势资源开发和深加工基地，培育生态型特色产业；在禁止开发区，须严格监管，严禁与区域功能定位不符合的建设活动。到2015 年，高新技术产业增加值占工业增加值的比重计划达到 30%以上。在全面完成 35条入滇河道入湖河道综合整治工程后，昆明市将争取设立国家级滇池流域高原湿地保护区。《关于加强生态文明建设的实施意见》要求，今后将从生态经济、生态环境、生态

---

① 吴晓松、张伟：《昆明领导干部考核注重"绿色政绩"》，http://www.km.gov.cn/xxgkml/zwdt/611075.shtml（2010-06-08）。

设施、生态文化、生态保障等方面确立生态文明建设指标体系和考核办法，并将其纳入各级党委、政府及领导干部政绩考核，考核结果将作为干部任免奖惩的重要依据之一。[①]

2010年9月初，红河哈尼族彝族自治州林业工作暨集体林权制度主体改革总结表彰会议在石屏县召开，会议的主题是加大力度建设生态文明，打造"森林红河"。会议强调，要总结经验，完善政策，在红河哈尼族彝族自治州集体林权制度主体改革取得阶段性成果的基础上，继续保持思想不动摇、改革不停止、措施不松劲，加大集体林权制度改革力度，坚定不移地推进中低产林改造，用更强有力的措施，大力发展现代林业，建设生态文明，着力打造"森林红河"，走出一条大地增绿、农民增收、企业增效、政府增税的现代林业产业发展道路，推动全州林业又好又快发展。州委书记刘一平，省政协副主席、省林业厅党组书记白成亮在会上发表重要讲话。州委副书记杨立华对全州林业改革发展工作进行部署。

刘一平指出，红河哈尼族彝族自治州集体林权制度改革5年来，取得了显著成就，得到了云南省委领导和省林业厅的充分肯定，获得了全省集体林权制度主体改革目标考核一等奖，22家单位和32名同志被授予"云南省集体林权制度主体改革先进集体和先进个人"荣誉称号。林业是推动红河新发展的重要载体，是红河哈尼族彝族自治州经济发展的重要增长点，是促进农民增收的重要途径，是幸福宜居城市的重要资源。全州各级要充分认识林业在全州经济社会发展中的重要地位，进一步深化集体林权制度改革。要进一步完善林木采伐管理制度，建立健全林业社会化服务体系，深化林业行政管理体制改革，要认真处理好改革与稳定、放活与管理的关系，要妥善处置历史遗留问题，防止出现新的矛盾，避免留下各种隐患。

刘一平强调，集体林权制度主体改革基本完成，仅仅是走完了第一步，产权明确后，要把资源优势变为经济优势，必须提高林地效益，坚定不移地推进中低产林改造，巩固集体林权制度改革成果。红河哈尼族彝族自治州中低产林面积高达700万亩，需要改造的就有520万亩。如果不进行改造，集体林权制度改革的目标就不可能真正实现。这次会议的一个重要目的，就是研究部署中低产林改造，吹响中低产林改造的号角，迅速掀起全州中低产林改造的热潮。确保全州通过10年左右时间完成520万亩的中低产林

---

① 龚垠卿：《昆明将建生态城市 生态文明建设纳入干部政绩考核》，http://news.sina.com.cn/c/2010-06-10/072117637338s. shtml（2010-06-10）。

改造任务。

刘一平指出，要大力发展林业经济，大力营造工业原料林、速生丰产林；大力发展核桃、油茶、竹子、橡胶、药材等特色产业，真正把红河哈尼族彝族自治州绿色产业建设成为农民群众发家致富的主要途径之一；积极培育一批精深加工龙头企业，打造优势产业链条，形成品牌效应，带动集群发展；大力推进森林旅游开发，积极鼓励引导农民发展林下经济，帮助农民群众创业增收，促进新农村建设，统筹城乡发展。

刘一平最后强调，全州各级各部门和各级领导干部要切实加强领导，坚定不移地推进全州林业改革发展。当前林业改革发展进入攻坚克难阶段，涉及面更广、政策性更强、操作难度更大，各级各部门必须提高认识，主要领导要负总责，分管领导要直接抓、负主要责任，形成党委统一领导、党政齐抓共管、有关部门各负其责的领导体制和工作机制，共同推动林业改革发展。各级各部门还要进一步转变作风，深入林业改革发展的第一线，解决存在的困难和问题，并且要直面矛盾、迎难而上、强势推进，始终以改革创新精神开创全州林业工作新局面。

白成亮指出，随着集体林权制度改革的深入推进，云南省正处在由传统林业向现代林业转变的重要阶段。作为林业大州，红河哈尼族彝族自治州在林业工作和集体林权制度改革工作中进行了有益探索，取得了可喜成绩。白成亮在分析国内、省内有关林业发展的战略思路后指出，下一步红河哈尼族彝族自治州各级各部门一定要提高认识、抓住机遇、锐意进取。加强领导抓协调，转变作风抓服务，各方协同成合力，振奋精神抓落实，营造氛围抓宣传，巩固提升主体改革成果，继续深入推进配套改革，加快林业产业发展。同时，要在创新发展思路上有新突破，积极调整产业结构，突出产业特色，强化科技支撑，培育产业集群，构建发达的森林产业体系；要在发展规划提升上有新突破，认真编制好林业产业"十二五"发展规划；要在夯实林业产业发展基础上有新突破，确保林业和林产业建设工程质量，结合实际，红河哈尼族彝族自治州要着重抓好"五大"产业，即大力发展木本油料产业，加快用材林基地建设，开发林下经济，发展林产品加工，提升森林生态旅游；要在转变发展方式上有新突破，形成以森林资源培育为基础、以精深加工为带动、以科技进步为支撑的林业产业发展新格局。

州委副书记杨立华做了题为"明确思路，强化措施，努力开创林业改革发展新局面"的主题报告。杨立华要求，要认清形势，切实增强加快林业改革发展的紧迫感，充分发挥林地资源、物种资源的巨大潜力，全面提升林地产出率、资源利用率、劳动生产率和市场竞争力，使林业在推动科学发展和建设生态文明中发挥更大作用。他强调，当前和今后一个时期，红河哈尼族彝族自治州要继续加快林业改革发展步伐，努力打造林业产业发展新格局，重点要抓好以下工作。一要加快配套改革进程，建立和完善现代林业产权、支持林业发展的公共财政、新的树木采伐、森林资源资产评估、森林生态效益补偿基金等 5 大林业制度。二要加快发展社会化服务，建立和完善林业产权流转服务、科技服务、林业融资服务、森林资源管理、林业社会化服务、林产业市场等 6 大支撑体系。三要围绕兴林富民目标，着力推进林业产业加快发展，要坚持特色化发展，建设一批林业产业带、产业集群和现代林业示范区，加快龙头企业培育，推进林业产业转型升级。四要大力实施中低产林改造，不断提升森林资源质量和效益，要突出改造重点、抓树种选择、抓种苗管理、抓科技支撑、抓项目管理、抓配套政策、抓龙头带动、抓责任落实，全力掀起中低产林改造新高潮，确保红河哈尼族彝族自治州通过 10 年左右的时间完成 520 万亩的中低产林改造任务。五要加快推进林业生态建设，着力打造"森林红河"，加快构建绿色生态家园，提高森林生态质量，加强林业生态保护，发展林业生态文化。

杨立华强调，加快推进全州的林业改革与发展，是当前和今后一个时期农村工作的重点，也是党和政府工作中的一件大事。全州各级党委、政府要进一步加强领导，形成合力，硬化措施，加大宣传，严格考核，努力开创林业改革发展新局面。

海文达在会上宣读对全州集体林权制度主体改革 100 个先进集体和 300 名先进个人的表彰决定，与会领导向部分先进集体和先进个人颁奖。州政府与各县市政府签订了木本油料产业发展目标责任书。海文达要求，全州各级各部门要高度重视、认真对待，把会议精神特别是三位领导的重要讲话精神领会好、传达好、贯彻好、落实好。要顺势而谋，着力在谋划林业发展上实现新突破，要统筹兼顾，着力在林业生态建设上取得新突破，要再接再厉，着力在推进集体林权制度配套改革上实现新突破，要突出重点，着力在林业产业发展上取得新突破，要大胆创新，着力在林业生态文化建设上取得新突破。①

---

① 佚名：《云南省红河州召开林业工作暨集体林权制度主体改革总结表彰会》，http://iyxx.forestry.gov.cn/portal/lyxx/s/2915/content-441300.html（2010-08-31）。

二、2012 年

2012 年 12 月 28 日，"七彩云南生态文明建设研究与促进会议"在昆明举行，来自全国的知名专家学者、民间环保组织代表们以"持续推进七彩云南保护行动，努力争当生态文明建设排头兵，建设美丽云南"为主题，研讨交流七彩云南"生态立省，环境优先"发展战略建设问题，为如何推进七彩云南生态文明建设建言献策。云南省七彩云南保护行动领导小组办公室主任，云南省环境保护厅厅长王建华介绍，今后要推进生态文明建设，转变发展理念、消费理念。

其一，因地制宜发展特色产业。就云南的生态文明建设，全国政协人口资源环境委员会副主任、中国环境科学学会理事长王玉庆从四个方面谈了自己的感受。云南有众多各具特色的高原湖泊，过去水质非常好，近年来有些湖泊受到不同程度的污染。王玉庆说，"滇东南森林砍伐后的石漠化、干热河谷及滇池的污染都说明，生态环境破坏了，恢复很难。更不要说生物多样性被破坏，物种灭绝了，就永远无法再生了"，"保护生态，又要发展经济，使当地老百姓致富，关键在因地制宜，发展特色产业"。开发利用无公害的生物资源，大力发展生态旅游，这些是未来经济的热点，要使其规模化、产业化，要特别重视科技的作用，引进人才、龙头企业带动发展。云南省的自然保护区数量相当多，有些面积也很大，要有经费保障，要有人管，有研究项目作为基础来保护好。

其二，实行严格的环境保护制度。王玉庆说，发达国家经济发达、环境良好，很大程度上是通过资源产品的输入和环境影响的转移实现的，让广大发展中国家为他们的资源消耗和污染排放买单，这不是真正的生态文明。在体制上，从国家层面来讲，要建立政府为主导、企业为主体、社会组织推动、全体公民参与的生态文明建设体制，让环境保护成为全社会的责任。在机制上，要实行严格的环境保护制度，包括建设完善的法律制度，制定严格的环境标准，建立现阶段经济发展与环境管理需要相协调的技术体系。

其三，发展绿色生物经济。云南省林业科学院院长、教授杨宇明介绍说，要实现云南省生态建设和经济建设的良性互动，就要跳出传统产业发展的路子，开发非资源消耗型产品。云南省丰富的生物多样性资源是经济建设最重要的资源基础，云南省的经济建设在很大程度上还要靠开发利用生物资源，在实施生物多样性保护的同时，还应该认识生物多样性的经济开发价值，不应该把保护与利用对立起来。泰国在这方面做得很好，早年就把大量有观赏价值的野生兰花，驯化为人工栽培的商品花卉，成为世界上最大的兰花出口国。如果在云南 17 000 多种的高等植物中开发出 1%的类似石槲的高价值物种，那么以生物多样性经济支撑云南的经济发展就不会是一句空话。政府也应该将环保和生态建设贯穿于一切工作和决策中，对建设项目的审核和干部的考核都应该如此。

与会专家针对七彩云南生态文明建设提出的对策建议如下。

云南大学经济学院院长施本植提出，云南试行"绿色 GDP"昆明先做试点最好。"发展低碳经济，云南要建立起'政府引导、市场配置、企业支撑、公众参与"的机制。"施本植建议，云南省率先试行"绿色 GDP"核算模式，并从基础相对较好的昆明市开始试点，再选择其他州市开展"绿色 GDP"核算试点工作，实行先简后全，先易后难，先分项后综合逐步完善的办法。通过开展试点，检验"绿色 GDP"核算理论的可行性，总结经验，修改和完善"绿色 GDP"核算理论框架。他指出，要建立生态补偿机制和配套的低碳化政策体系。政府应当通过政策手段鼓励企业提供低碳产品，推动建立低碳型市场机制，促进公众消费低碳产品。包括建立碳排放交易权制度的相关政策、征收碳税、发展环境金融、加强低碳技术研发和应用的补贴、鼓励低碳消费等。"以减碳、去碳、无碳为政策目标，形成配套的低碳化政策体系，推动低碳经济可持续发展。"

云南省社会科学院院长助理、研究员郑晓云提出，云南必须防治城市化污染。"过去的发展中，我们注重产业竞争力的提升及产业的发展，忽略了环境竞争力的提升。"郑晓云认为，尤其是近年来水资源的减少和污染，使云南省的环境变得恶化，对很多产业发展造成了限制。云南省因连续几年的干旱，自然环境遭到了破坏，治理需要一个长期和修复的过程。云南省必须制定实施干旱长期治理和环境修复的工程，结合当前的灾害情况和风险建立减灾防灾的长效机制。在目前的城市化和工业发展的过程中，对空气、水污染的治理和防范要加大工程力度，加快有关设施的建设，有效防治城市化带来的污染。[1]

---

[1] 李婧、杨春萍：《"七彩云南生态文明建设研促会"昨在昆明召开专家提出——昆明应率先试行"绿色 GDP"》，http://yn.yunnan.cn/html/2012-12-29/content_2555710.htm（2012-12-29）。

三、2013 年

2013 年 1 月 15 日,玉溪市组织检查组,对 2011 年全市生态文明村建设补助资金的配套、拨付、使用及项目管理、社会效益等情况进行了专项检查。通过实地走访调查、听取工作情况汇报,检查组认为,通过实施生态文明村建设,全市各乡镇、村的环境卫生有了较大改变,群众反映较好,大多数项目已完成且按规定进行审计。针对存在的问题,检查组提出了四条整改意见:一是各县要高度重视生态文明村建设,足额安排配套资金,确保项目按时、按质、按量完成。二是加强对项目实施计划的调研和审核,尽量使投资计划符合实际。三是进一步加强项目的后续监管。加强项目工程质量和项目资金的监督管理,确保专款专用,发挥资金使用效益,同时做好项目后期管护工作。四是建议各县应将生态文明村建设与农村危房改造、农村扶贫和新农村建设等项目进行相互衔接,整合资金,减少不必要的重复投资。[①]

2013 年 6 月 21 日,云南省长李纪恒在深入昆明市宜良县和省林业厅调研林业工作时强调,要充分发挥林业在建设全国生态文明排头兵中的主力军作用,深化林业改革发展,促进生态文明建设,努力实现森林资源大省向林业经济强省跨越。一大早,李纪恒一行驱车来到宜良县狗街镇玉龙村云泉山,查看冬林苑荒山陡坡地治理项目。经过实施造林绿化和生态修复,这里 2500 亩荒坡地已种植 15 万株乔木、7000 株果木,绿树成林,鲜花满坡。李纪恒叮嘱随行人员:"林业建设涉及面广,投入大,周期长,各级政府要坚持不懈、持之以恒地做好这项工作,切实做到一任接着一任干、一任干给一任看,交班交青山、接班接护林。"在宜良县的昆明泛亚花木城,当了解到花木城引进数十家国内企业开展特色花木种植和生态休闲观光时,李纪恒十分高兴。他强调,各地要立足资源,科学规划推进林业特色产业园区建设,支持龙头企业向园区集中,推动产业集群发展,推动大地增绿、林农增收、林业发展。

李纪恒还到省林业审批中心、省森林防火指挥中心,查看了解工作流程,要求林业部门切实转变部门职能,结合即将开展的党的群众路线教育实践活动,做好政策指导、规划编制、科技支撑、公共服务等工作,帮助群众解决实际困难和问题。他说:"林业

---

① 施才、王一涵:《玉溪市检查生态文明村建设补助资金使用情况》,http://yuxi.yunnan.cn/html/2013-01/16/content_2580130.htm(2013-01-16)。

是生态建设的主体和建设生态文明的主阵地，既是改善生态的公益事业，又是改善民生的基础产业；既是生态产业、绿色产业，又是碳汇产业、循环产业。"

调研中，李纪恒强调，各级各部门特别是林业系统的全体同志，要认真学习贯彻落实党的十八大关于加强生态文明建设的部署和习近平总书记在中央政治局第六次集体学习时的重要讲话精神，毫不动摇地把推进生态文明建设贯穿"四化"同步全过程，充分发挥林业在建设全国生态文明排头兵中的生力军作用，深化林业改革发展，促进生态文明建设，努力实现森林资源大省向林业经济强省的跨越。他要求，当前要抓好以下工作：一是强化林业集约化经营。二是培育壮大带动主体。三是深化集体林权配套改革。四是提升科技支撑能力。五是深入推进林业重点生态工程建设。[1]

在 2013 年 7 月 26 日举行的"美丽云南 绿色家园"系列新闻发布会"活力曲靖"专场上，曲靖市长范华平介绍了曲靖市在生态文明建设中的思考和举措。他说："作为云南第二大经济体和重要的工业城市，同时也是全国 113 个环境保护重点城市之一，曲靖越来越认识到以牺牲环境为代价的发展是得不偿失的，是一种贫困式的增长。"近年来，曲靖市确立"生态立市"战略，坚持走资源节约、生态保护、循环发展道路，把生态环境作为美丽曲靖的灵魂，完善生态文明建设机制，实施"绿满珠江源"行动，取得了显著成效。曲靖市坚持治理污染从源头抓起，从根本上缓解城市经济增长与自然资源、生态环境之间的矛盾。5 年来，共组织开展重点节能工程 42 个、节能技改项目 18 个，累计节能 127 万吨标准煤，认定资源综合利用企业 44 户，全市单位生产总值能耗累计下降 18.4%，累计节约 270 万吨标准煤，淘汰 2276.8 万吨落后产能，关闭 94 户污染小企业。截至 2012 年底，全市完成二氧化硫新增削减量 6.5 万吨，氮氧化物新增削减量 2.8 万吨，化学需氧量新增削减量 1418 吨，氨氮新增削减量 463 吨。在实施"绿满珠江源"行动中，曲靖市坚持生态保护和建设从事后治理向事前保护转变，坚持人工建设和自然恢复相结合，加强对库区、湿地、重要水源地等自然生态系统的管理与保护，对南盘江、牛栏江等流域实施全域综合治理。加大天然林保护、退耕还林、石漠化治理、农村能源建设等重点工程的建设力度，"十一五"以来，全市公益林面积达到 1259.8 万亩，完成营造林 744.8 万亩，义务植树 1.5 亿株，森林覆盖率达 42%，治理水

---

① 尹朝平、王静：《李纪恒昆明调研林业工作：深化林业改革发展 促进生态文明建设》，http://politics.yunnan.cn/html/2013-06/22/content_2778595.htm（2013-06-22）。

土流失面积 2046 平方千米。从 2013 年起，曲靖市计划用 10 年时间完成 100 万亩陡坡耕地治理任务。[①]

四、2014 年

2014 年 2 月 13 日，为了贯彻落实云南省委全面深化改革领导小组第一次会议精神，加强对生态文明体制改革工作的领导，云南省成立了由省委常委李培同志任组长，刘慧晏副省长任副组长的云南省委全面深化改革领导小组生态文明体制改革专项小组。[②]

2014 年 4 月 3 日，云南省委全面深化改革领导小组生态文明体制改革专项小组在昆明召开第一次会议，传达学习省委全面深化改革领导小组第一次会议精神，研究安排生态文明体制改革专项小组工作。云南省委常委、省委生态文明体制改革专项小组组长李培主持会议并讲话。会议指出，云南省作为中国西南生态安全屏障和生物多样性宝库，承担着维护区域、国家乃至国际生态安全的战略任务。同时，云南省是生态环境比较脆弱敏感的地区，保护生态环境和自然资源的责任重大。加快生态文明体制改革、建设美丽云南、争当生态文明建设排头兵是云南省贯彻落实党的十八大、十八届三中全会精神的重要举措。

李培强调，专项小组各成员单位要进一步统一思想、深化认识，切实把推进生态文明体制改革作为一项重要任务。深刻认识云南省生态文明体制改革面临的形势、有利条件、实践基础和良好氛围，深刻认识生态文明体制改革是一场持续的攻坚战，切实增强改革责任担当，统筹谋划，周密部署，扎实推进。要结合实际、突出重点，以生态文明体制机制改革的突破带动全局。突出问题导向，对现行的不适应生态文明建设要求的制度、体制、机制进行改革，找准突破口，一个问题一个问题地解决。将日常工作和重点改革任务区分开来，明确路线图和时间表，注重发挥专家学者、研究机构的调研咨询作用，切实增强改革的系统性、整体性、协同性。要明确任务、加强协作，密切配合，落

[①] 李树芬、谭雅竹：《【美丽云南】曲靖完善生态文明建设机制》，http://yn.yunnan.cn/html/2013-07/27/content_2822598.htm（2013-07-27）。

[②] 云南省环境保护厅生态文明建设处：《云南省生态文明体制改革专项小组工作全面启动》，http://www.ynepb.gov.cn/zwxx/xxyw/xxywrdjj/201404/t20140403_43148.html（2014-04-03）。

实领导责任和工作职责。各成员单位要尽快进入角色，迅速行动起来，逐条逐项制订具体实施方案，增强针对性和操作性。建立健全运转工作机制，各司其职，各负其责，加强协作配合，争取 2014 年能够推动一批重点项目改革取得成效。会议研究讨论了云南省委生态文明体制改革专项小组工作规则、成员单位重要举措项目分工方案等。①

2014 年 5 月 8 日，云南省委全面深化改革领导小组召开了专项小组联络员会议，省政府副秘书长、生态文明体制改革专项小组联络员姚国华同志和省环境保护厅生态文明建设处的同志参会。会议听取 8 个专项小组联络员的书面汇报，审议通过了《中共云南省委全面深化改革领导小组专项小组联络员工作制度》，并且就推进云南省的改革工作提出了明确要求。会上，生态文明体制改革专项小组联络员、省政府办公厅姚国华副秘书长汇报了 2014 年生态文明体制改革工作情况和存在的问题，明确了 2014 年生态文明体制改革工作，计划在省委全面深化改革领导小组的领导下，强化组织领导，落实目标责任，按照"时机成熟可以确保完成的改革；立竿见影可以尽快推出的改革；可开展试点探索启动的改革；需上下协调对接、协同推进的改革"四个层次展开，按计划有序推进。会后，生态文明体制改革专项小组办公室积极发挥作用，进一步与 10 个牵头单位再次对接改革工作，梳理了 8 项 2014 年时机成熟可以确保完成和立竿见影可以尽快推出的改革事项，以及《深化生态文明体制改革工作要点》，准备召开专项小组成员单位和联络员会议研究讨论，为专项小组第二次会议的召开做好相关准备工作。②

2014 年 5 月 14 日，生态文明体制改革专项小组召开了办公室第一次会议，10 名专项小组办公室副主任，23 家成员单位联络员和省环境保护厅生态文明建设处的同志参加了会议。会议传达学习了云南省委全面深化体制改革专项领导小组联络员会议的精神，专项小组办公室副主任、省环境保护厅副厅长张志华同志汇报了办公室工作开展情况及改革要点编制说明，共同研究讨论了《深化生态文明体制改革工作要点》《2014 年生态文明体制改革时机成熟可确保完成和立竿见影可尽快推出的重点改革工作》。生态文明体制改革专项小组联络员、省政府副秘书长姚国华同志就推进生态文明体制改革工作及召开专项小组第二次会议提出了明确要求。会后，生态文明体制改革专项小组办

---

① 左超、陆月玲：《省委生态文明体制改革小组提出争当生态文明排头兵》，http://politics.yunnan.cn/html/2014-02/14/content_3077907.htm（2014-02-14）。

② 云南省环境保护厅生态文明建设处：《生态文明体制改革专项小组参加了省全面深化改革专项小组联络员会议》，http://www.ynepb.gov.cn/zwxx/xxyw/xxywrdjj/201405/t20140513_47511.html（2014-05-13）。

公室将积极发挥作用，进一步与牵头单位和参与单位再次对接改革工作，补充完善2014年时机成熟可以确保完成和立竿见影可以尽快推出的重点改革事项，细化修改《深化生态文明体制改革工作要点》，着手筹备召开生态文明体制改革专项小组第二次会议，为提档加速、全力推进云南省生态文明体制改革工作奠定坚实基础。[①]

第二节　云南省生态文明体制改革建设发展阶段（2015年）

2015年2月4日，云南省委全面深化改革领导小组生态文明体制改革专项小组在昆明召开2015年第一次会议，研究部署2015年生态文明体制改革工作。会议提出，深入贯彻落实习近平总书记关于全面深化改革的系列重要指示和考察云南重要讲话精神，按照省委年度改革要求，以时不我待的紧迫意识，齐心协力、锐意进取、真抓实干，努力开创生态文明体制改革工作新局面。省委常委、省委生态文明体制改革专项小组组长李培主持会议并讲话。副省长、省委生态文明体制改革专项小组副组长刘慧晏出席会议并对生态文明体制改革提出具体要求。会议传达了省委全面深化改革领导小组第八次会议精神，审议并原则通过了2015年生态文明体制改革工作要点，围绕健全自然资源资产产权制度和用途管制制度改革、划定生态保护红线工作、实行资源有偿使用制度和生态补偿制度、改革生态环境保护管理体制4个方面，提出了2015年要着力推进的改革任务、责任分工、完成时限和主要成果。

李培指出，2015年是全面深化改革的关键之年，贯彻落实好习近平总书记考察云南时提出的"争当生态文明建设排头兵"的重要指示精神，加快全省生态文明建设步伐，核心在改革，动力在改革。各成员单位要切实把思想和行动统一到中央和省委的部署要求上来，勇于担当、奋发有为、敢于攻坚，把工作落实到位，确保2015年生态文明体制改革工作取得实实在在的进展和成效。李培要求，要用中央和省委重要指示精神指导工作，注重生态文明体制改革的系统性、整体性，科学确定目标任务，把握好方

---

① 云南省环境保护厅生态文明建设处：《生态文明体制改革专项小组召开办公室第一次会议》，http://www.ynepb.gov.cn/zwxx/xxyw/xxywrdjj/201405/t20140515_47559.html（2014-05-15）。

向，控制好进程，掌握好节奏。各成员单位要进一步细化改革方案，明确改革内容，落实工作责任。要注重改革的协同性，加强专项领导小组和成员单位内部的统筹协调，强化协作配合。专项领导小组办公室要加强督促检查，努力形成推进改革的强大合力，保证 2015 年生态文明体制改革工作目标任务全面完成，为建设美丽云南、争当生态文明建设排头兵做出应有贡献。①

2015 年 7 月中旬，云南省领导干部任期经济责任审计领导小组办公室制定了《关于进一步贯彻落实〈党政主要领导干部和国有企业领导人员经济责任审计规定实施细则〉积极推进经济责任审计全覆盖的意见》。该意见提出要重点关注环保责任，将探索领导干部自然资源资产离任审计，要把大气、水、土壤污染防治和推进生态文明建设作为重中之重，推动对党政领导干部生态环境损害进行责任终身追究。

该意见强调，全省审计机关要根据不同类别领导干部的职责权限和岗位特点突出审计重点，着力监督检查其守法、守纪、守规、尽责情况。对党政领导干部，重点监督检查其承担的贯彻落实中央政策措施责任、经济发展责任、结构调整责任、防范化解风险责任、环境保护责任、民生改善责任、廉政建设责任等；对国有企业和金融机构领导人员，重点监督检查其承担的贯彻落实中央政策措施责任、经营管理责任、创新和转型升级责任、风险及境外资产管控责任、可持续发展责任、廉政建设责任等。审计机关要重点揭露重大违法违纪案件线索、重大失职渎职行为、重大决策失当和损失浪费、重大管理漏洞以及慢作为、不作为、乱作为等问题，切实发挥审计促发展、促反腐的作用和审计监督的尖兵作用。

该意见提出，要探索开展领导干部自然资源资产离任审计。审计机关将积极探索领导干部自然资源资产离任审计与任中审计、与经济责任审计以及其他专业审计相结合的组织形式，围绕领导干部责任，把环境问题突出、重大环境事件频发、环境保护责任落实不力的地方党政领导干部作为先期审计对象，要把大气、水、土壤污染防治和推进生态文明建设作为重中之重，推动对党政领导干部生态环境损害进行责任终身追究，争做生态文明建设的排头兵。②

---

① 刘晓颖、武铭方：《云南省生态文明体制改革专项小组提出科学确定任务形成强大合力狠抓工作落实》，http://politics.yunnan.cn/html/2015-03/05/content_3627858.htm（2015-03-05）。

② 王海涛：《云南探索领导干部自然资源资产离任审计 领导干部损害生态环境要终身追责》http://politics.yunnan.cn/html/2015-07/17/content_3825641.htm（2015-07-17）。

2015 年 7 月 18 日上午，在北京举行的 2015 全国生态文明建设高峰论坛暨城市与景区生态文明成果发布会上，云南沧源佤族自治县被授予"中国最具原生态景区"称号。此次活动由新华社半月谈杂志社，全国生态文明城市与景区推选办公室，中国国情调查研究中心共同主办，以"促进生态文明建设·共建美好绿色家园"为主题，共设"全国十佳生态文明城市""全国最佳生态保护城市""中国最具原生态景区"等十个奖项。活动的开展，旨在向社会推荐一批生态文明城市和景区，着力推进绿色发展、循环发展、低碳发展理念，积极引导各城市、各景区大力发展绿色环保的可持续经济。近年来，沧源佤族自治县立足自然生态、民族文化和沿边区位三大优势，以建设沧源国际旅游度假区为目标，按照"世界佤乡、秘境边关、狂欢胜地、度假沧源"的品牌定位和"一核拓展、六区联动、五线串联、全域景区化"的空间格局，坚持"山水为形，文化为魂"，用国际理念、国际视野、国际标准，积极打造以激情狂欢、原始体验、灵魂寄托、自然回归、跨国探秘为主题的景区旅游和"养生度假、文化体验、休闲娱乐及自然生态"旅游产品体系，推动内外部交通升级、公共服务优化、旅游产业壮大、旅游环境美化、度假功能完善、旅游市场繁荣，把沧源建设成为阿佤人民文化的荟萃地、传承地、弘扬地，世界阿佤人的美丽家园，令世界为之向往的天地人高度和谐的大美之地，成为沧源崛起、引领临沧转型升级跨越发展的引爆点和发力点。①

2015 年 8 月 19 日下午，云南省环境保护厅党组书记、厅长、云南省生态文明体制改革专项小组办公室主任姚国华同志主持召开了专题会议，深入学习中央全面深化改革领导小组第十四次会议精神，对贯彻落实《国务院办公厅关于印发生态环境监测网络建设方案的通知》、《中共中央办公厅 国务院办公厅印发〈党政领导干部生态环境损害责任追究办法（试行）〉的通知》以及即将下发的《环境保护督察方案（试行）》、《关于开展领导干部自然资源资产离任审计的试点方案》进行了认真研讨，并做出安排部署。

会上，姚国华厅长就贯彻落实好中央全面深化改革领导小组第十四次会议精神提出了五点工作要求。一要统一思想，提高认识。第十四次会议通过的"三方案一办法"意义重大、影响深远，为下一步全面深化生态文明体制改革指明了方向、做出了部署。全

---

① 杨之辉、赵淑芳、贺文英等：《云南沧源荣获"中国最具原生态景区"称号》，http://society.yunnan.cn/html/2015-07/19/content_3827914.htm（2015-07-19）。

省环保部门要统一思想，提高认识，认真统筹协调好云南省生态文明体制改革的各项工作，确保中央的决策部署落到实处、取得实效。二要认真学习，深刻领会。全省环保系统要认真研读《国务院办公厅关于印发生态环境监测网络建设方案的通知》、《中共中央办公厅 国务院办公厅印发〈党政领导干部生态环境损害责任追究办法（试行）〉的通知》等重要文件，领会精神实质，清楚中央的要求、把握云南的机遇、明白应该怎么做。要将"三方案一办法"纳入厅党组中心组学习内容。三要结合实际，制订方案。要根据中央全面深化改革领导小组第十四次会议精神，结合云南省生态文明体制改革工作实际，找准生态文明体制改革工作面临的机遇和存在的问题，制定切实推进云南省生态文明体制改革的对策措施。四要统筹协调，积极配合。一方面，对由云南省环境保护厅牵头负责的工作，各相关处室和单位要尽快组织开展工作方案或实施意见的制定工作；另一方面，对需由其他部门牵头落实的工作，省生态文明体制改革专项小组办公室要积极向省生态文明体制改革专项小组提出建议，并做好统筹协调工作。五要积极应对，强化监测。要结合天津滨海新区危险品仓库火灾爆炸事故，举一反三，吸取教训，围绕"着眼于监测数据活起来，提高环境保护看家本领"的要求，做好环境质量监测信息调度和数据研判工作，切实发挥环境监测在环境管理和突发环境事件应急处理中的作用。云南省环境保护厅办公室、生态文明建设处、环境监测处、自然生态保护处，省环境科学研究院，省环境监测中心站相关领导参加了会议。①

2015年9月8日，《中国环境报》记者蒋朝晖报道：玉溪"三湖"水污染防治提速增效，加大一产向二产、三产转移力度，调升生态建设考核权重。近年来，云南省玉溪市把"三湖"（抚仙湖、星云湖、杞麓湖）保护治理作为推进"生态立市"发展战略、争当全省生态文明建设排头兵的重中之重，在政府财力十分有限、持续干旱导致湖泊水位下降的情况下，全市各族人民齐心协力攻坚克难，千方百计确保"三湖"水污染综合防治工作不断提速增效。②

2015年9月8日，云南省委生态文明体制改革专项小组召开了第四次会议，会议传达学习了中央全面深化改革领导小组第十四次会议和省委全面深化改革领导小组第十一

---

① 云南省环境保护厅生态文明建设处：《云南省环境保护厅专题研究部署生态文明体制改革相关工作》，http://www.ynepbxj.com/hbxw/201508/t20150821_92136.html（2015-08-21）。

② 蒋朝晖：《加大一产向二产、三产转移力度 调升生态建设考核权重——玉溪"三湖"水污染防治提速增效》，http://www.cenews.com.cn/cb/7b/201509/t20150908_797093.html（2015-09-08）。

次会议精神，讨论审议并原则同意了《云南省贯彻落实中央全面深化改革领导小组第十四次会议精神工作方案》，部署云南省生态文明体制改革工作。省委常委、省委生态文明体制改革专项小组组长李培主持会议并讲话。他指出，中央全面深化改革领导小组第十四次会议审议通过的"三方案一办法"，完善了生态文明改革的顶层设计，指明了改革方向，提供了指导和遵循。专项小组各成员单位及办公室要深入领会会议精神和出台的文件，以此指导云南省生态文明体制改革工作；要按照云南省贯彻会议精神工作方案的分工，尽快完成相关文件的起草工作，确保云南省出台的实施意见具有很强的针对性和可操作性。

李培强调，成为生态文明建设排头兵是习近平总书记考察云南时给云南省的三大定位之一。成为生态文明建设排头兵，核心在改革，动力在改革，生态文明体制改革工作必须走在前面。专项小组各成员单位要切实把思想和行动统一到中央和省委的部署要求上来，按照"三严三实"和"忠诚干净担当"要求，牢固树立勇于改革的自觉性、坚定性，以奋发有为的工作态度、舍我其谁的担当精神，把中央做出的重大改革部署、出台的重要改革举措落实到位。李培要求，专项小组要搞好对上协调，不折不扣地抓好省委全面深化改革领导小组决定事项的贯彻落实，同时，加强与国家对口部门的衔接，及时掌握上级工作动态，紧跟中央改革进程，确保各项改革工作高效落实。要搞好横向协调，树立大局观念和全局意识，加强与省其他改革专项小组的协作配合，及时提出改革意见和建议。要搞好内部协调，各成员单位要牢固树立"一盘棋"观念，同向思维、通力配合，共同推进生态文明体制改革工作。①

2015 年 9 月 15 日至 17 日，云南省政协副主席王承才率队在迪庆藏族自治州开展"自然保护区保护管理情况"视察活动时强调争取在体制机制创新上走在全省前列。王承才率队到迪庆藏族自治州开展"云南自然保护区保护管理情况"视察活动时强调，迪庆藏族自治州在推进生态文明建设中，要正确处理好保护与发展的关系，做到保护与精准扶贫脱贫相结合，产业结构调整与转型升级相结合，大胆探索，争取在自然保护区管理体制机制创新上走在全省前列。王承才一行先后到白马雪山国家级自然保护区和普达措国家公园，通过实地考察、召开座谈会等方式，就自然保护区和国家公园保护管理情

---

① 云南省环境保护厅生态文明建设处：《省生态文明体制改革专项小组召开 专题会议研究部署生态文明体制改革工作》，http://www.ynepbxj.com/hbxw/201509/t20150918_92904.html（2015-09-18）。

况、人员编制、建设投入等进行交流探讨。在听取相关情况汇报后，王承才说，从白马雪山国家级自然保护区和普达措国家公园的保护建设管理情况来看，当地主管部门切实采取了扎实有效的措施，想方设法解决保护与发展的双重压力、资金紧缺等制约难题，依托自然保护区的良好平台积极开展科学研究，在保护生物多样性、筑牢生态安全屏障、助力地方经济社会发展等方面做了大量卓有成效的工作。在管理体制机制创新上做出了示范。王承才在充分肯定成绩后说，大家要清醒地看到面临的一些困难和问题，与生态文明建设排头兵的目标定位还有差距。他强调，要进一步统一思想、提高认识，深刻认识自然保护区建设管理的重大意义；要进一步深入调查，准确把握州情实际，编制好"十三五"规划，建立生态保护与经济社会发展相协调的模式；要突出重点，体现特色，抓实关键，推进自然保护区管理体制改革工作扎实开展；要拓宽渠道、加大投入和基础设施建设，提升自然保护区建设管理水平；要积极引导、广泛发动，提高全民生态保护意识。①

2015年9月16日下午，云南省环境保护厅党组书记、厅长，云南省生态文明体制改革专项小组办公室主任姚国华同志主持召开会议，专题研究部署学习贯彻落实中央生态文明体制改革系列方案有关工作。会议认为，中央政治局会议和中央全面深化改革领导小组第十四次会议审议通过了《生态文明体制改革总体方案》、《生态环境监测网络建设方案》、《党政领导干部生态环境损害责任追究办法（试行）》、《环境保护督察方案（试行）》和《关于开展领导干部自然资源资产离任审计的试点方案》等"1+N"系列改革方案，对生态文明领域改革做出顶层设计，确立了原则和制度安排，对全面深化生态文明体制改革具有重要的指导意义和深远影响。姚厅长明确了云南省贯彻落实中央"1+N"系列改革方案涉及云南省环境保护厅责任事项的厅内牵头处室或单位、完成时限、工作要求，要求全厅上下要高度重视，认真学习领会，吃透精神实质，牵头部门和单位要主动与有关部门和单位协调衔接好工作，确保"1+N"系统改革方案落到实处。要将学习贯彻落实中央生态文明体制改革系列方案与"三严三实"专题教育有机结合，以高度的政治责任感和工作责任心，认真贯彻落实中央生态文明体制改革系列方案，把工作做好做细做实。②

---

① 尤祥能、唐莉娜：《王承才迪庆视察：争取在体制机制创新上走在全省前列》，http://politics.yunnan.cn/html/2015-09/19/content_3920404.htm（2015-09-19）。

② 云南省环境保护厅生态文明建设处：《云南省环境保护厅专题研究部署中央生态文明体制改革系列方案相关工作》，http://www.7c.gov.cn/zwxx/xxyw/xxywrdjj/201509/t20150918_92918.html（2015-09-18）。

2015年10月20日下午，云南省环境保护厅组织召开进一步加强生态文明制度建设重点提案面商会议。省政协副主席王承才，省政协人口资源环境委员会、提案委员会领导，农工党云南省委主委杨鸿生，省政府办公厅议案处领导，省环境保护厅党组成员、厅长助理海景，以及提案会办厅局相关同志参加会议。云南省政协十一届三次会议第98号提案暨《进一步加强云南生态文明制度建设的提案》是2015年省政协提案委员会确定的十件重点督办提案之一，也是省环境保护厅2015年所承办人大代表建议和政协委员提案中唯一的重点提案。省环境保护厅对第98号重点提案的办理工作高度重视，及时召开专题会议进行研究，制订具体办理工作方案，明确了由厅主要领导负总责、分管领导牵头、厅生态文明建设处等处室具体办理的责任制。提案办理中，多次与提案单位和会办单位沟通，两次书面征求意见，同时，在前期组织两次专题调研的基础上，利用参加省政协赴德宏傣族景颇族自治州、保山市等调研时机进行补充调研。结合云南省生态文明体制改革工作情况，综合各会办厅局意见和相关州市调研报告，汇总完成了办理意见。厅党组成员、厅长助理海景同志就提案办理情况做了汇报和说明。王承才副主席指出，省环境保护厅办理第98号提案工作的情况很好，具有以下三个特点：一是领导重视抓得紧。二是办理责任落得实。三是工作提案两促进。同时指出，提案办理各部门按照生态文明建设的总体要求，健全了一批地方性的法规制度，取得较好成效。制度建设要适应改革发展的需要，各部门仍需高度重视，协调配合，进一步做好生态文明体制建设的各项工作。王承才副主席还对云南省生态文明建设和生态文明体制改革工作提出了工作建议。提案单位农工党云南省委，省政协提案委员会以及省政府办公厅议案处都认为，省环境保护厅对该重点提案办理非常重视，办理工作认真负责，对办理结果很满意。[①]

2015年12月14日下午，云南省环境保护厅召开"数字环保"项目云南省生态文明建设目标体系考核管理系统项目初验会。由省环境保护厅信息化领导小组办公室组织专家，厅生态文明建设处，云南省环境信息中心，监理、集成单位形成验收组，召开云南省环境保护厅"数字环保"项目云南省生态文明建设目标体系考核管理系统项目的初验会。会上，由承建方对云南省生态文明建设目标体系考核管理系统的总体框架、应用部署结构、数据备份、实施过程进行详细汇报，并对系统进行详细介绍。系统通过了业主

---

① 云南省环境保护厅办公室、生态文明建设处：《云南省环境保护厅组织召开重点提案面商会》，http://www.ynepbxj.com/hbxw/201510/t20151023_95702.html（2015-10-23）。

方、监理方、总集成方、承建方共同进行的功能测试。专家组听取了承建方的建设总结、总集成方的集成评估意见、监理方的监理意见、业主方的使用意见，经现场质询与讨论，认为该项目基本达到合同规定的技术要求，一致同意云南省生态文明建设目标体系考核管理系统项目通过初步验收。①

2015 年 12 月 15 日，生态文明体制改革专项小组召开第五次会议。云南省委常委、专项小组组长李培主持会议并讲话，副省长、专项小组副组长刘慧晏，副省长、专项小组副组长张祖林，省政府副秘书长、专项小组联络员李极明，省环境保护厅党组书记、厅长、专项小组办公室主任张纪华，省委办公厅副主任何巍，省政府副秘书长普建辉出席会议，专项小组成员单位领导参会。会议审议了《云南省贯彻〈党政领导干部生态环境损害责任追究办法（试行）〉实施细则》（送审稿）、《云南省关于贯彻落实〈开展领导干部自然资源资产离任审计的试点方案〉的工作方案》（送审稿）、《云南省人民政府办公厅关于推行环境污染第三方治理的实施意见》（送审稿）、《云南省限制开发区和生态脆弱区的国家级贫困县考核评价办法（试行）》（送审稿），原则同意将四个文件进一步修改后提交省委全面深化改革领导小组会议审议；听取了关于探索自然资源资产负债表编制和试点工作情况的报告，研究部署了下一步工作。刘慧晏、张祖林同志对各项拟出台文件的修改完善提出了具体要求。②

2015 年 12 月 28 日，在贯彻落实云南省委九届十二次全会精神系列新闻发布会第三场会议上，云南省发展和改革委员会提出，为生态文明建设提供坚实的制度保障。云南省发展和改革委员会资源节约和环境保护处处长吴尤宏说，省委九届十二次全会审议通过了《中共云南省委关于制定国民经济和社会发展第十三个五年规划的建议》，做出了关于绿色发展的部署。他说："生态文明建设涉及方方面面，发展改革部门推进的空间布局、产业结构、生产方式、节能减排、发展循环经济等有关工作，都是生态文明建设的重要内容。"云南省发展和改革委员会将加大实施主体功能区战略，优化国土空间开发格局；加快技术创新和结构调整，构建起科技含量高、资源消耗低、环境污染少的产业结构，大力发展绿色产业，培育新的经济增长点；推进低碳试点省建设，分解落实

---

① 云南省政府信息公开门户网站：《云南省环境保护厅召开"数字环保"项目云南省生态文明建设目标体系考核管理系统项目初验会》，http://xxgk.yn.gov.cn/Info_Detail.aspx?DocumentKeyID=CFE76F0D071046A9B6B6947E64C5552A（2015-12-16）。
② 云南省环境保护厅生态文明建设处：《省生态文明体制改革专项小组召开第五次会议》，http://www.ynepb.gov.cn/zwxx/xxyw/xxywrdjj/201512/t20151218_99977.html（2015-12-18）。

"十三五"期间碳排放强度和总量下降目标任务，推进全国碳排放权交易市场建设；大力发展循环经济，积极推进国家循环经济示范城市（县）建设，加大省级循环经济试点力度；做好节能减排综合协调，严格节能评估管理，从源头上把好能源消耗关。制度建设是推进生态文明建设的核心任务。

据悉，目前云南省发展和改革委员会已起草了贯彻中央《生态文明体制改革总体方案》的意见。下一步，发展改革部门将主动作为、积极谋划，做好空间规划体系、主体功能区制度、能源消费总量管理、碳排放权交易制度等牵头改革任务，同时配合有关部门，开展自然资源资产负债表编制、自然资源资产离任审计、生态环境损害赔偿和责任追究等制度建设。吴尤宏说："以改革创新精神，推动重大制度建设取得实实在在的成果，为生态文明建设提供坚实的制度保障。"省发展和改革委员会还将抓好国家和发展改革委员会等六部委批复的《云南省生态文明先行示范区建设实施方案》的贯彻落实。鼓励积极性高、基础条件较好的大理白族自治州、红河哈尼族彝族自治州、西双版纳傣族自治州率先启动、先行一步，积极探索不同资源禀赋、不同条件的地区开展生态文明建设。继续抓好普洱市建设国家绿色经济试验示范区建设。

据了解，2014年7月，国家发展和改革委员会、财政部、国土资源部、水利部、农业部、国家林业局将云南省列入国家首批生态文明先行示范区，12月又批复了《云南省生态文明先行示范区建设实施方案》，提出云南省生态文明建设要围绕努力成为中国生态屏障建设先导区、绿色生态和谐宜居区、边疆脱贫稳定模范区、民族生态文化传承区、制度改革创新实验区"五个"定位，支持在健全自然资源资产产权、资源有偿使用、环境污染第三方治理、生态环境损害责任追究等制度建设方面先行先试。2015年，云南省委九届十二次全会做出关于绿色发展的部署，按照部署要求，发展改革部门将发挥生态文明建设排头兵工作领导小组综合协调办公室的职能作用，建立健全综合协调办公室联席会议制度，主动加强与有关部门的协调配合，形成部门联动推进生态文明建设的工作格局。研究制订2016年度生态文明建设排头兵工作计划，提出年度生态文明建设的总体要求、工作重点及责任分工，协调推进努力成为生态文明建设排头兵各项工作任务落实。[1]

---

[1] 罗浩：《云南省发改委：为生态文明建设提供坚实的制度保障》，http://yn.yunnan.cn/html/2015-12-28/content_4090877.htm（2015-12-28）。

第三编

云南省生态文明排头兵

建设实践篇

生态环境具有多元性，且其变迁因素复杂多样，建设生态文明不仅需要对生态环境有整体认识，还需要掌握生态环境变迁尤其是生态污染情况，全面的生态环境监测能够准确、及时、全面地反映环境质量现状及发展趋势，为环境管理、污染源控制、环境规划等提供科学依据，是生态文明建设工作顺利展开的可靠保障。云南省生物多样性凸显的环境特点以及其在中国生态文明建设中的重要地位，决定了云南省更需要建立覆盖全省的生态环境监测网络。对此，云南省积极响应国家号召，不断加强生态环境监测的力度，做出了一系列有益探索。

在生态环境监测网络的建设过程中，云南省根据其提供的环境情况展开生态治理与修复工作，在湿地保护、水土保持、湖泊治理、石漠化治理、环境卫生整治等方面采取了一系列措施，使云南省出现了水质变好、森林覆盖率提升、村居环境得到有效改善等诸多生态环境向好发展的趋势。

生态文明建设是一项涵盖面极为广泛的工作，云南省在建立生态环境监测网络、实施生态治理与修复的同时，积极转变观念，将生态保护的参与主体扩大到公众层面，通过加大环境保护宣传教育力度，向全省各族人民普及环保知识，培养大家的环保意识，从而更好地推进生态文明建设工作。

第一章　云南省生态环境监测建设事件编年

生态环境监测是生态文明建设得以有效贯彻落实的可靠保障，生态环境监测的雏形则是环境监管。2015 年之前，生态环境的监督监测依赖于人，从 2016 年开始，生态环境监测则由人逐步转向信息技术，2017 年 2 月中旬，云南省政府办公厅印发《云南省生态环境监测网络建设工作方案》，全面推进全省生态环境监测网络建设，为云南省成为全国生态文明建设排头兵形成重要支撑。

根据《云南省生态环境监测网络建设工作方案》，全省生态环境监测网络建设包括：优化完善环境质量监测网络，建设涵盖全省大气、水、土壤、噪声、辐射等环境要素，统一规划、布局合理、功能完善的全省环境质量监测网络；建立完善生态环境状况监测网络，以卫星、无人机遥感监测和地面生态环境监测等为主要技术手段，建设完善自然保护区、森林生态区、石漠化区、生物多样性保护优先区等重点保护区域的生态环境状况监测网络。建设覆盖全部州市、重要江河湖泊水功能区、水土流失防治区的水土流失监测网络；健全完善污染源监测网络，国家、省级重点监控排污单位必须建设稳定运行的污染物排放在线监测系统，州市和县级重点监控排污单位要积极建设稳定运行的污染物排放在线监测系统。省级以上工业园区要建设特征污染物在线监测系统，密切关注特征污染物的变化情况，污染物排放在线监测系统将实现全省联网。

生态环境监测的信息化，极大地推进了污染物、自然保护区、县域生态环境状况、滇池水污染、污水处理、水土保持状况、水电站生态流量、湿地生态等监测、评价、预测、预报等监督管理工作。但是全省要建成生态环境监测网络和生态环境监测大数据平台，还需要各方面加强努力。

第一节 云南省生态环境监测建设的奠基阶段（2007—2014 年）

一、2007 年

2007 年 1 月 12 日至 16 日，国家环境保护总局对云南省开展主要污染物总量削减目标落实情况进行检查。为加强主要污染物总量控制工作力度，国家环境保护总局派出 14 个检查组对全国各地主要污染物总量削减执行情况进行检查。国家环境保护总局西南督查中心副主任杨为民为组长的检查组一行听取了云南省主要污染物总量削减情况的汇报后，在云南省环境保护局杨志强副局长和相关处室人员陪同下，对昆明市、红河哈尼族彝族自治州等地的污水处理厂和火电厂化学需氧量和二氧化硫总量控制及削减工程完成情况进行检查。实地检查了昆明市第二、第四、第五污水处理厂以及昆明市一、二发电厂，阳宗海发电厂，小龙潭发电厂，云南解化有限责任公司总量控制及脱硫项目进展情况并提出了指导意见。调查组在查阅相关资料及实地检查后向云南省环境保护局反馈了检查意见，对云南省总量控制工作给予了肯定，并指出了存在的问题。此次检查，促进了云南省主要污染物排放总量和主要污染物总量削减目标责任书的落实。[①]

二、2010 年

2010 年 5 月 13 日至 15 日，环境保护部西南督查中心一处马仁波副处长一行，对西双版纳傣族自治州国家级自然保护区建设进行专项执法检查。检查主要针对国家级自然

① 云南省环境保护厅生态文明建设处：《省生态文明体制改革专项小组召开第五次会议》，http://www.ynepb.gov.cn/zwxx/xxyw/xxywrdjj/201512/t20151218_99977.html（2015-12-18）。

保护区内是否存在违反《中华人民共和国自然保护区条例》的开发和建设活动，是否损害自然保护区内的环境质量和生态安全；涉及国家级自然保护区的开发建设项目和生产经营活动是否进行了环境影响评价，环评审批程序是否符合有关规定；涉及国家级自然保护区的开发和建设活动中有关保护、恢复和补偿措施的落实情况；是否存在违反国务院规定，擅自调整国家级自然保护区范围或功能区的情况。在深入国家级自然保护区勐养子保护区、勐腊子保护区和纳板河流域国家级自然保护区，通过资料查阅和问询，重点检查了野象谷、望天树保护区旅游项目的开发建设情况和纳板河流域保护区的建设与保护情况后，检查组对两个国家级自然保护区建设管理工作所取得的成绩给予了充分肯定，同时表示对西双版纳傣族自治州在国家级自然保护区建设管理工作中反映出的实际困难和问题，将向环境保护部进行报告，积极争取支持和帮助。此次检查是继 2010 年 4月污染减排专项检查之后，环境保护部西南督查中心对西双版纳傣族自治州生态环境保护工作的又一项专项检查。[①]

三、2011 年

2011 年 10 月 13 日至 16 日，云南省环境保护厅任治忠副厅长带领厅自然生态保护处、环境影响评价处，省环境科学研究院，省环境监察总队的相关同志一行 9 人，对独龙江乡生态环境保护情况及独龙江公路改建工程环评执行情况进行了现场督查调研。此次调研根据云南省委、省政府领导要求和云南省独龙江乡综合开发统筹小组协调会议精神，为促进《独龙江乡整乡推进独龙族整族帮扶三年行动计划》《独龙江乡生态环境保护规划》的贯彻实施。调研组一行在怒江傈僳族自治州政府，贡山独龙族怒族自治县政府和环境保护局领导的陪同下驱车前行，沿途查看了独龙江公路改建工程中的渣土倾倒、弃土场设置现场，召开了工程建设指挥部和项目施工方参加的座谈会，对建设中存在的擅自变更弃土场设置、不在指定地点倾倒渣土等现象提出了批评。任治忠副厅长，张正鸣处长在座谈会结束时讲话指出，"建设方要更加重视环评文件的落实，下大力落实好建设中的各项生态环境保护措施；县政府、州（县）环保局要注重督促、检查落

---

① 西双版纳傣族自治州环境保护局：《环保部西南督查中心到西双版纳州开展国家级自然保护区专项执法检查》，http://www.ynepb.gov.cn/zwxx/xxyw/xxywrdjj/201005/t20100526_7758.html（2010-05-26）。

实，把对生态环境的影响降低到最小"。调研组一行还书面听取了贡山独龙族怒族自治县生态环境保护工作情况汇报，实地考察了独龙江乡新农村建设成果，走访了解当地居民对生态环境保护的诉求。表示在今后的工作中，将结合农村环境综合整治，加大生态环境保护工作支持力度，努力促进独龙江整乡推进中的经济社会与生态环境保护协调发展。①

四、2012 年

2012 年 2 月 8 日，云南省政府滇池水污染防治专家督导组召开省滇池水污染防治工作第十七次联席会议。督导组认为：目前，滇池水体景观和周边环境明显改善，滇池综合整治取得了可喜的成绩。但是，滇池治理形势依然严峻，滇池"十二五"规划建设时间紧、任务重，许多工作已进入攻坚阶段，各级各部门要进一步提高认识，明确治理目标，坚定信心，2012 年要扎实做好以下几项工作：一是全面完成滇池"十一五"规划各项收尾工作。二是抓紧完成环湖截污及相关配套工程建设。三是继续做好"四退三还"工作。四是切实加强入湖河道综合整治工作。五是积极制订蓝藻暴发处置预案。六是加快牛栏江—滇池补水工程建设步伐。七是积极做好向国家有关部委及国务院领导汇报相关工作。②

2012 年 2 月 9 日，云南省政府滇池水污染防治专家督导组督查滇池入湖河道综合整治情况。督导组认为：35 条河道中仍有 2/3 未能达到考核目标要求，要实现"十二五"末所有入湖河道水质消灭劣 V 类的目标，任务仍然相当艰巨，"十二五"将是河道综合整治的攻坚期。下一步应在以下几个方面下功夫：一是进一步提高对入湖河道整治的重要性和紧迫性的认识。二是抓紧做好"十二五"规划所涉及的 24 条河道整治的前期工作。三是突出重点难点，加强分类指导。四是加强沟通协调配合。五是认真落实有成效的规章制度。六是克服重建轻管，巩固整治成果。③

---

① 云南省环境保护厅自然生态保护处：《省环保厅任治忠副厅长一行到独龙江督查调研》，http://www.ynepb.gov.cn/zwxx/xxywrdjj/201110/t20111019_9025.html（2011-10-19）。

② 云南省环境保护厅湖泊保护与治理处：《九湖动态总第89期——云南省九大高原湖泊2012年一季度水质状况及治理情况公告》，http://www.ynepb.gov.cn/gyhp/jhdt/201206/t20120607_11652.html（2012-06-07）。

③ 云南省环境保护厅湖泊保护与治理处：《九湖动态总第89期——云南省九大高原湖泊2012年一季度水质状况及治理情况公告》，http://www.ynepb.gov.cn/gyhp/jhdt/201206/t20120607_11652.html（2012-06-07）。

第二节　云南省生态环境监测建设发展阶段（2015 年）

2015 年 5 月 11 日至 15 日，为推动《中华人民共和国环境保护法》施行和国务院办公厅《关于加强环境监管执法的通知》落实，督促提高环境监管执法工作力度和水平，查办突出环境问题，环境保护部西南督查中心组成稽查组，对保山市及所辖部分县（区）开展了环境执法稽查。此次稽查采取摸底调查、查阅资料、开展现场检查相结合的方式。稽查主要内容为保山市各级人民政府及环境保护部门《中华人民共和国环境保护法》施行和国务院办公厅《关于加强环境监管执法的通知》落实情况，环境保护部门现场监察、环境执法及行政处罚、排污申报与排污收费、环境信访投诉、环境监测报告及环境质量、产业园区环境管理、环境保护机构能力建设等情况。稽查组一行查阅保山市各级环境保护部门及产业园区环境保护机构环保工作开展情况档案材料，分别对隆阳区、施甸县和腾冲县进行现场核查，并向保山市政府和环境保护部门反馈稽查情况。稽查组认为保山市各级环境保护部门开展了大量日常性环境保护工作，政府领导对环境保护工作高度重视。同时指出在《中华人民共和国环境保护法》施行和国务院办公厅《关于加强环境监管执法的通知》落实方面还存在一些不足，各级党政领导、有关部门领导及企业事业单位领导等重点人群对《中华人民共和国环境保护法》的学习掌握还有待提高。稽查组对检查发现的问题一一进行了通报，要求相关责任单位立即着手整改，稽查组将随时关注整改情况，并适时进行后督察。①

2015 年 5 月 12 日，云南省人大、省环境保护厅等有关省、市部门组成的执法检查组到开发区检查云南驰宏锌锗股份有限公司曲靖分公司的建设及污水处理运行情况。检查组一行现场查看了云南驰宏锌锗股份有限公司曲靖分公司废水总排口（水在线监测室）、雨水处理站、电铅铸锭截污池、新污酸处理站、污水处理站、办公楼大厅沙盘、锌熔铸车间及重点设施建设情况，对该公司建设、水污染防治落实情况给予了高度肯

---

① 云南省环境监察总队：《环境保护部西南督查中心对保山市进行环境执法稽查》，http://ynepb.gov.cn/zwxx/xxyw/xxywrdjj/201505/t20150527_78156.html（2015-05-27）。

定，检查组一行纷纷表示：该公司建设方面按照"国际一流、国内领先、花园式工厂"的高标准建设。在水污染防治方面全厂区排水实施恒常保持清污分流，分设生产排水系统、酸性污水排水系统、生活水排水系统及雨水排水系统；为节约用水，专门设置了二次水利用及回水系统，水的循环利用率达到了 97.02%。在生产源头实行了严格的减排管理措施，在生产现场严格管控，在各生产区域分片设置了截污池，把该区域的污水回用到本系统，实施水的分质回用，合理减少生产污水站处理负荷；生产污水实现全部封闭循环不外排；生活污水经过厂区生活污水站处理后回用于厂区绿化和景观用水；全厂污水总排口排放水仅为生产循环系统排放的"净下水"。[1]

2015 年 5 月 12 日至 15 日，云南省环境保护厅按照《云南省环境保护厅督查环境监管执法工作方案》（云环通〔2015〕90 号），巡视员佐伯俊带领厅规划财务处、信息中心、监察总队和厅办公室的负责同志在楚雄彝族自治州环境保护局局长苏光祖的陪同下深入楚雄彝族自治州 7 个县市检查环境监管执法工作。佐伯俊一行先后深入 7 个县市的 15 家国控、省控企业，重点对企业污染源在线传输、安全隐患排查整治情况、重金属污染治理情况和贯彻落实环境监管执法实施意见情况进行检查。通过实地检查和查阅相关资料，左伯俊对楚雄彝族自治州环境监管执法工作给予了充分肯定，要求楚雄彝族自治州要继续抓好环境安全隐患排查整治工作，创造舆论氛围，使用好《中华人民共和国环境保护法》及配套法规这把利剑，进一步加大环境执法监管力度，严厉打击环境违法行为，使环境保护各项法律法规落到实处；要切实推进历史遗留问题的解决，确保区域环境安全；要克难奋进，努力完成主要污染物年度减排任务；要强化信访调解工作，维护好群众环境权益。同时，还要加强环保队伍建设，不断提高环境监管能力和水平，所到县市政府分管领导陪同检查。[2]

2015 年 7 月 16 日，由云南省环境保护厅和省财政厅共同举办的 2015 年度云南省县域生态环境质量监测评价与考核工作培训班第一期在昆明开班。为促进生态文明建设，推动云南省生态环境质量的持续改善，定量反映生态文明建设和生态保护的成果，提高生态功能区转移支付资金绩效，2015 年 5 月，云南省环境保护厅、省财政厅联合印发了

---

[1] 曲靖市环境保护局：《省人大执法检查组到开发区检查水污染防治法实施情况》，http://www.ynepb.gov.cn/zwxx/xxyw/xxywrdjj/201507/t20150729_91382.html（2015-07-29）。

[2] 楚雄彝族自治州环境保护局：《云南省环境厅第八督查组到楚雄督查工作》，http://7c.gov.cn/zwxx/xxyw/xxywrdjj/201505/t20150525_78091.html（2015-05-25）。

《云南省县域生态环境质量监测评价与考核办法（试行）》。为指导各地做好县域生态环境质量监测评价与考核工作，了解该办法出台的背景和意义，熟悉考核内容、程序和填报要求。受省环境保护厅领导委托，环境监测处邓加忠处长做了动员讲话。省财政厅预算局相关部门负责人及省环境监测站施择站长出席开班式。省财政厅预算局相关部门负责人对生态功能区转移支付政策，省级财政投入的资金情况，该办法出台的背景和意义，下一步工作的打算进行了详细讲解。省环境保护厅负责考核工作的同志对该办法逐条进行了详细解读，对 2015 年考核工作进行了安排部署。省环境监测中心站专家对该办法的指标体系、数据来源、评价方法、监测方案、工作程序等进行了详细讲解。这项工作是云南省贯彻落实生态文明建设和成为全国生态文明建设排头兵的一项具体实践，是云南省委、省政府《云南省全面深化生态文明体制改革总体实施方案》中的一项重要举措，是云南省贯彻落实以环境质量改善为目标进行环境管理转型的积极探索，也是云南省完善生态补偿机制、"绿色 GDP"等工作的有益尝试。该办法的出台引起新华社、《人民日报》、《中国环境报》及《云南日报》等众多媒体关注，并陆续进行了相关情况报道。为全面对考核工作进行宣贯，切实督促和指导各地开展好此项工作，培训班按区域分布分为三期，直接培训到县级，覆盖全省 129 个县（市、区）环保部门。昆明市、昭通市、曲靖市、楚雄彝族自治州和滇中产业新区管理委员会环境保护局负责同志及具体负责考核工作人员，以及所属各县（市、区）环境保护局负责同志与具体负责考核工作人员 150 余人参加了本期培训。接下来还将在大理白族自治州、玉溪市开展第二期、第三期培训班。①

---

① 云南省环境保护厅环境监测处：《云南省县域生态环境质量监测评价与考核培训班第一期举办》，http://www.ynepb.gov.cn/zwxx/xxyw/xxywrdjj/201507/t20150720_91073.html（2015-07-20）。

第二章　云南省生态治理与修复建设
事件编年

　　生态文明建设的基本着力点是统筹和协调好人与自然的关系，加强生态治理，保护好水源、森林、湿地、沙漠等自然生态系统，构建结构合理、功能协调的生态体系是生态文明建设的基本内容。要建设生态文明社会，就要建立一种新的人与自然和谐相处的可持续发展模式，用生态文明调解人与自然之间的关系，调节人的行为规范和准则，加强对生态环境的关怀，使生态治理与修复成为生态文明建设的重要内容。①

　　云南省生态治理与修复的历史悠久，经历了从传统治理到由政府主导的生态治理与修复，再到以政府为主导、公众广泛参与的进程。2011—2015 年，云南省在农村环境综合整治、湿地保护、九大高原湖泊环境治理、环境卫生整治、流域治理、天然林保护、城乡地质环境整治、退耕还草、农业面源污染防治、水污染综合防治、石漠化治理、水土保持、河道生态绿化、陡坡地生态治理、生态补水等方面采取了一定措施，并取得了一定成效。

---

① 洪富艳：《生态文明与中国生态治理模式创新》，北京：中国致公出版社，2011 年。

第一节 云南省生态治理与修复建设奠基阶段（2011—2014年）

一、2011年

2011年7月22日至23日，云南省环境保护厅任治忠副厅长在大理白族自治州环境保护局，洱源县政府领导的陪同下，现场检查了近年来大理白族自治州洱源县农村环境综合整治项目完成情况。任治忠副厅长一行在书面听取洱源县环境保护局情况汇报的基础上，实地查看了南登村农村环境综合整治项目取得的成效及西湖右所污水处理厂处理效果，并调研了邓北桥湿地、永安江水质自动监测站等。任副厅长对近年来大理白族自治州环境保护局，洱源县委、县政府在环境保护工作上的大力投入给予了高度评价；对2009年前洱源县农村环境综合整治项目的完成及取得成效给予了肯定，并要求进一步加大工作力度，协调各方力量，尽快完成2010年农村环境综合整治项目，确保取得实效。[①]

2011年11月17日至18日，云南省农村环境保护工作培训班在昆明市晋宁县举办，来自16州市环境保护局，2011年农村环境综合整治项目所在县（市、区）环境保护局，项目实施方案编制单位的代表约100人参加培训。受云南省环境保护厅王建华厅长、任治忠副厅长委托，肖唐付副厅长在开班仪式上做了讲话，对今后云南省农村环境综合整治和生态乡镇创建工作提出了具体要求。肖唐付副厅长讲话指出："十一五"各级环保部门突出农村环境综合整治和生态乡镇（村）创建扎实工作，取得了阶段性成效，但存在的问题也不容忽视。他强调，近年来党和国家对农村环保工作越来越重视，力度越来越大，措施越来越硬，投入越来越多，既为云南省加强农村环保工作指明了方向，提出了更高要求，同时也为云南省农村环境保护工作创新发展提供了难得的机遇。针对当前云南省农村面临的突出环境问题，要以"以奖促治"为主线，结合"以创促

[①] 大理白族自治州环境保护局：《省环保厅任治忠副厅长到洱源调研洱海保护治理及生态文明建设工作》，http://www.7c.gov.cn/zwxx/xxyw/xxywrdjj/201108/t20110805_8842.html（2011-08-05）。

治""以减促治""以考促治"，积极开展环境监察、监测、宣教"三下乡"，紧紧围绕农村环境综合整治，加快推进农村环境保护各项工作。肖唐付副厅长就下步农村环境综合整治和生态乡镇（村）建设工作提出了明确要求。

此次培训班上，来自云南省环境科学研究院，省环境监测中心站的 3 名专家及环境保护厅自然生态保护处、规划财务处的 2 名工作人员，分别就农村环境综合整治项目实施方案编制内容和要求、农村环境污染防治实用技术、农村环境综合整治项目管理及资金使用和管理要求，以及农村生态创建规划、实施、验收要求等内容进行了授课。培训班还组织参训人员实地观摩了晋宁县农村环境综合整治、生态村镇示范建设和农村环境管理的成功经验。通过培训，进一步提高了市、县环保部门在农村环境保护管理工作中的能力，为更好地指导各地有效开展农村环境综合整治和生态乡镇、生态村创建，规范实施方案和规划编制、统一项目申报和考核验收要求、严格资金使用和管理，切实有效推进全省农村环境保护工作起到了积极的推动作用。[①]

2011 年 12 月 15 日至 16 日，任治忠副厅长到西双版纳傣族自治州督查农村环境连片整治项目进展。为加快农村环境连片整治试点项目实施，确保实施成效，云南省环境保护厅任治忠副厅长与自然生态保护处张正鸣处长一行 4 人到曼嘎俭村、曼尾村实地查看了村庄环境现状、听取了农村连片整治试点项目实施方案汇报，分别在景洪市、勐海县召开项目实施推进会，分析查找当前项目推进中存在的问题，明确要求高标准、高质量地施工完成两个项目，迎接 2012 年全省农村环境综合整治现场会在西双版纳召开。西双版纳傣族自治州环境保护局，纳板河流域国家级自然保护区管理局领导一同前往。任治忠副厅长与张正鸣处长在讲话中特别强调：一要高度重视这两个项目的实施。农村环境连片整治是今后农村环境综合整治工作的大趋势，实施好这两个连片整治试点项目在全省具有很好的示范效应。要按照签订的目标责任书，明确责任单位和责任人，统筹相关力量，整合涉农资金，确保项目成效。二要加快项目实施进度。要严格按照项目建设的相关程序，加快完善并批复实施方案，及时开展招投标、施工等各项工作，确保项目在全省农村环境综合整治现场会召开前按质按量完成。三要加大宣传力度。要使村民明白实施整治是为了改善自身生产生活环境，跟自己息息相关，以便项目施工中主动配

---

① 胡箭、王静：《全省农村环境保护工作培训班在晋宁举办》，http://www.ynepb.gov.cn/zwxx/xxyw/xxywrdjj/201111/t20111122_9110.html（2011-11-22）。

合项目施工方开展工作，收拾整理好自己家门前屋后及院内的杂物等，积极参与到项目建设和运行管理中来，真正把这两个连片整治项目做成惠民、富民工程。①

二、2012 年

2012 年 1 月，云南省八个民主党派和云南省工商业联合会联合提出的《关于进一步加强我省湿地保护工作的建议》被云南省政协确定为主席督办的重点提案，交由云南省林业厅主办，省直相关部门协办。为高质量办理好该提案，全面了解云南省湿地保护情况，进一步加强生态环境保护、生物多样性保护和推进生态文明建设，根据省政协工作部署，7 月 23 日至 27 日，由省政协陈勋儒副主席，部分民主党派云南省委及省工商业联合会领导、省直有关部门相关负责人组成的省政协"进一步加强我省湿地保护工作"联合调研第一组到大理、昆明两地开展了调研。省环境保护厅张志华副厅长为调研组组长。调研采取实地查看、走访座谈、听取汇报、查阅资料的方式进行，先后实地查看了大理白族自治州洱海月湿地、才村湿地、罗时江湿地，洱源茈碧湖集中式饮用水源地、西湖湿地、昆明市寻甸黑颈鹤市级自然保护区、滇池湖滨西华湿地、盘龙江入湖河口湿地建设情况；分别召开了大理白族自治州、昆明市湿地保护工作情况汇报会，听取了湿地工作情况汇报，分析存在的困难和问题，提出下一步湿地保护工作建议。调研组同志结合大理、昆明两地实际，对湿地保护工作提出了不少好的建议；陈勋儒副主席全程参加调研，并做了重要指示：一要进一步提高对湿地保护重要性的认识，使全社会共同参与到保护湿地的行动中来。二要高度重视湿地建设与管理的可持续发展，湿地建成以后如何进行管理并实现可持续发展值得思考。三要从宏观决策上，控制和消除对湿地保护的不利影响。四要妥善处理好湿地保护与项目开发的关系，建设项目开发一定要遵循科学、尊重专家的意见、科学论证。五要合理利用资源，吸引社会资金加大投入，积极争取资金，加大对湿地保护工作的投入。六要抓住省政府出台《云南省湿地保护条例》的契机积极推进湿地保护工作，使湿地保护工作再上新台阶。②

① 云南省环境保护厅自然生态保护处：《任治忠副厅长到西双版纳州督查农村环境连片整治项目进展》，http://www.ynepb.gov.cn/zwxx/xxyw/xxywrdjj/201112/t20111221_9182.html（2011-12-21）。

② 云南省环境保护厅自然生态保护处：《张志华副厅长带队陪同省政协领导调研湿地保护工作》，http://www.ynepb.gov.cn/zwxx/xxyw/xxywrdjj/201208/t20120813_9702.html（2012-08-13）。

2012 年 10 月 9 日，云南省九湖督导组召开滇池、阳宗海水环境治理工作推进会。督导组要求：一是加快阳宗海治理"十二五"规划实施进度，确保 2013 年规划项目开工率不低于 80%。二是切实加大滇池水葫芦采收处置力度。按照"全收集，全上岸，全处置"要求，确保年底 50 万吨水葫芦全部采收处置。三是继续加快推进省属及驻昆部队单位搬迁工作。四要进一步坚定滇池、阳宗海治理的信心和决心。①

三、2013 年

2013 年，马关县切实采取有效措施，狠抓资源保护，全县生态文明建设取得新成绩。该县扎实推进"七彩云南马关保护行动"和"森林马关"建设，切实开展林业大检查大清理大整顿工作，完成人工造林 1.3 万亩，封山育林 2.4 万亩，低效林改造 2 万亩。饮用水源、生态环境保护力度进一步加大，重点领域污染治理不断加强，重金属污染综合防治、重点河流污染防控取得新成效。切实加大工业污染防治，积极引导企业推进技术进步，节能示范企业创建深入开展，节能减排取得实效，地区单位生产总值能耗下降2.6%，年度污染物总量减排目标任务圆满完成。国土资源管理进一步强化，石漠化治理工程顺利实施，土地资源得到有效保护，实现年度耕地占补平衡。②

2013 年 7 月 7 日，云南省人居环境提升暨城乡建设会议在蒙自召开，云南 5 年内对350 个乡镇进行整乡推进以及生态文明村建设。会议提出，全省实现人居环境提升要一年起步、三年见效、五年变样，努力建设生态宜居幸福家园，为云南省争当全国生态文明建设排头兵奠定坚实基础；云南省人居环境提升工作开展后，首先要抓的就是城市综合体、特色小镇、美丽乡村、安居工程建设，还要抓好城乡环境综合整治，抓好城镇综合承载能力建设，各级政府"一把手"要将这项工作摆上议事日程。新华社报道称，为加快城镇污水和生活垃圾处理设施建设，切实提升人居环境，云南省将通过 5 年时间，全面提高生活污水处理率和生活垃圾无害化处理水平，力争到 2017 年底，全省城市污水处理率和生活垃圾无害化处理率达到 85%以上，建制镇镇区污水处理率和垃圾无害化

---

① 龙舟、蒋万国：《云南：狠抓落实确保滇池和阳宗海治理年度目标任务按时完成》，http://finance.people.com.cn/n/2012/1010/c70846-19217014.html（2012-10-10）。

② 陈正师：《云南文山马关县生态文明建设取得新成绩》，http://wenshan.yunnan.cn/html/2014-01-20/content_3045381.htm（2014-01-20）。

处理率达到 80%以上。据介绍，2013—2017 年，云南省在继续推进中小城市污水和生活垃圾处理设施建设的同时，省级财政每年还将安排 5 亿元资金，采取"以奖代补"的方式，专项用于完善县级污水配套管网、垃圾处理设施，以及建制镇供水、污水和生活垃圾处理设施建设，使乡镇"一水两污"设施新增服务人口 1000 万人以上。探索推行市场化投融资和经营管理模式，缩小城镇之间污水和生活垃圾处理水平的差距，均衡协调发展。此外，还将在人口相对集中的3万个自然村建设垃圾集中处置点，引导村民集中收集处理垃圾。同时，全省将对纳入规划的210个特色小镇按照规划进行建设，未来每年将抓好1500个省级重点村建设，5 年内对 350 个乡镇进行整乡推进以及生态文明村建设。①

四、2014 年

2014 年 1 月 11 日，昆明市政协主席田云翔在政协昆明市第十二届委员会第四次会议上介绍："昆明市政协大力参与滇池治理，市政协领导担任 8 条入滇河道'河长'，为生态文明建设献计出力。"为配合开展好昆明市滇池治理工作，昆明市政协专门召开主席会议协商讨论滇池治理工作，并对昆明市政府"加强牛栏江（昆明段）水环境治理建立生态环境保护长效机制建议案"办理情况提出了意见和建议。昆明市政协领导还担任昆明 8 条河道"河长"，分别参加了滇池截污、水体置换、生态建设三个指挥部工作。在对滇池湖滨生态建设深入调研的基础上，拟订了《推进滇池湖滨生态建设的意见》，进一步明确了生态建设中的土地使用、湿地建设项目、资金筹措管理及监管机制、各方面职权等问题。昆明市政协委员还以提案的方式，建议推进节能减排工作，完善绿化经营体系，重视山地城镇化建设中的生态环境保护，建立滇池湿地生态管护长效机制，加强农村环境保护工作，提高城市垃圾处理利用等。承办单位充分肯定政协委员提案质量及其合理化建议和意见，并制定了更加严格的环境影响评价制度。②

2014 年1月以来，云南省大理白族自治州紧密结合生态文明建设工作实际，面对生产生活垃圾日益增多、环境保护任务日益加重的实际，实施了以"清洁家园，清洁水

---

① 钱霓：《云南 5 年内对 350 个乡镇进行整乡推进以及生态文明村建设》，http://politics.yunnan.cn/html/2013-07/08/content_2796146.htm（2013-07-08）。

② 刘云、王静：《昆明市政协参与滇池治理　为生态文明建设献计出力》，http://politics.yunnan.cn/html/2014-01/12/content_3033352.htm（2014-01-12）。

源，清洁田园"为主要内容的环境卫生整治工作。经过3年努力，"三清洁"工作成为大理白族自治州"抓、干、建"的一面镜子，并上升为全省经验推广。然而，大理白族自治州依然存在城乡生活垃圾无害化处理率较低等问题。据调查，全州无害化处理的垃圾只占所产生垃圾总量的18%左右，大量垃圾还在通过填埋场填埋、简易填埋和露天焚烧等方式进行简单处置，这些粗放式的垃圾处置方式存在较大环境安全隐患。寻求一个技术可行、经济合理、环境友好、公众接受的解决方案，成为当务之急。[①]

2014年2月16日上午，凤庆县在砚池滨湖公园举行迎春河流域生态环境专项整治暨砚池滨湖公园生态湿地工程启动仪式，标志着凤庆县在实施"生态立县，绿色崛起"战略，建设"森林凤庆，美丽凤庆"进程中迈出了坚实步伐。近年来，凤庆县牢固树立"生态立县，绿色崛起"的理念，高度重视保护迎春河水环境，十分注重沿河景观打造，扎实开展迎春河流域生态环境专项整治和砚池滨湖公园生态湿地规划建设，努力打造"森林之城，创业之城，洁净之城，微笑之城"。迎春河流域生态环境专项整治行动和砚池滨湖公园生态湿地工程建设的启动，唱响了加快生态文明建设的主旋律。参加启动仪式的干部群众表示，将积极参与到"森林凤庆，美丽凤庆"建设之中，以点带面，坚持产业发展和生态建设融合推进，让母亲河岸绿水清、波光荡漾，共建景美、民富、人欢乐的美丽家园，宜居、宜业、宜游的美丽乡村。[②]

2014年5月30日，永德县南汀流域永德段"三带"建设暨"百里坚果长廊"义务植树活动在永德县大雪山彝族拉祜族傣族乡大平掌村大硝塘沟举行。这标志着永德县再度吹响南汀河流域生态治理的进军号，奏响了生态文明建设最强音。上午9时许，义务植树活动开始，永德县四班子领导、县直各部门科级领导干部、当地机关干部及农户共计300余人参加。全市南汀河流域生态综合治理工程暨"三带"建设全面启动后，永德县委、县政府立足当前、着眼长远，紧紧围绕南汀河流域生态综合治理建设"三带"、实现"三万"的思路和要求，按照"生态立县，绿色崛起"的总体规划和部署，着力打造"百里坚果长廊""百里生态恢复示范带"。"百里坚果长廊"主要布局在南汀河流域振清二级公路永德段，在公路可视范围和适宜区域内，用两年左右的时间，以种植坚

---

① 王敬元：《城乡生活垃圾无害化处理路径探索》，http://shzylt.yunnan.cn/html/2017-02/07/content_4721828.htm（2017-02-07）。
② 李廷昌：《凤庆：建设生态文明提升人居环境》，http://lincang.yunnan.cn/html/2014-02/17/content_3081720.htm（2014-02-17）。

果为主体，套种咖啡的模式，建成 10 万亩"百里坚果长廊"，到 2016 年，使全县坚果面积达 30 万亩。"百里生态恢复示范带"主要以施孟二级公路永德段和永康至德党二级公路为主轴，用两年时间，在 110.73 千米的公路沿线可视范围上下各 50 米区域内，以种植特色经济林果为主、其他树种点缀种植为辅，并逐年向外延伸，建成集特色产业大道、特色经济通道、永德经济走廊、生态恢复示范为一体的"百里生态恢复示范带"。目前，永德县集中人力物力财力，强势推进"两个百里"建设，党员领导干部多次下地义务植树，干群勠力同心为生态文明建设发起进军。据悉，2014 年，"百里坚果长廊"计划种植坚果 6 万亩，截止到 5 月 30 日，全县共完成台带开挖 6000 余亩，开挖坑塘 14 万余个，种植坚果苗 7000 余株。"百里生态恢复示范带"完成坚果坑塘开挖 2600 余个，完成核桃、杧果、板栗、凤凰木、铁刀木等其他树种种植累计 6.5 万余株。①

　　2014 年 6 月 29 日，《云南日报》记者在跟随环保世纪行采访团在迪庆藏族自治州采访期间了解到，迪庆藏族自治州正扎实推进生态文明建设。近年来，迪庆藏族自治州通过优化产业配置、强化环境监察执法、严格项目审批、完善法制建设的强有力措施，全州生态修复取得显著效果，生态环境质量进一步提高。近年来，迪庆藏族自治州坚持"生态立州"发展战略推动生态文明建设，持续开展退耕还林、退牧还草、天然林保护、土地整治、小流域治理、防污治污等一批生态环境治理工程建设，实施"七彩云南香格里拉保护行动"和"滇西北生物多样性保护工程"，推进"两江"流域生态安全屏障建设和保护，生态环境得到明显改善。截至目前，全州林业用地面积 2826.63 万亩，占全州土地面积的 78.95%。全州森林覆盖率达 73.95%。香格里拉县小中甸国有林场场长崔福超告诉记者，集体林权制度改革后，老百姓拿到了生态效益补偿，保护的意识和积极性都增强了。通过"生态村"建设，越来越多的村民用上了太阳能、节柴灶，结束了大量砍伐森林作为薪柴的历史。据了解，截至目前，小中甸国有林场已累计完成各类生态建设 23.8 万亩。近年来，德钦县结合县城整治拓展建设、城乡地质环境整治，着力开展工程治理和生物治理，在"两江"流域加强面山生态治理和植被恢复。探索"人下山，树上山"为主的生态保护模式，稳步推进异地搬迁和生态移民，使德钦成为"三江

---

① 秦建国：《永德：奏响生态文明建设最强音》，http://lincang.yunnan.cn/html/2014-05/30/content_3230395.htm（2014-05-30）。

并流"地区原生态保持最好的区域。记者了解到，近年来，迪庆藏族自治州还制定出台了一系列环境保护相关法规以及景区景点详细规划，通过强有力的环境监管，有效保护了区域自然资源、生态环境，也为全州的生态文明建设提供了强有力的支撑。①

2014年7月7日，玉溪市委书记张祖林在调研杞麓湖保护治理工作时寄语通海县干部职工：解放思想迫在眉睫，依法行政刻不容缓，产业发展时不我待，城乡环境整治急需进一步加强。"杞麓湖'嗷嗷待哺'，治理湖泊不能再用老办法，再不加大补水力度，母亲湖治不好。"张祖林来到杞麓湖畔，先后前往红旗河河口湿地、六一社区农田废水循环利用工程、中河河口湿地等地实地调研，了解杞麓湖保护治理工作情况。杞麓湖容积1.68亿立方米，五年连旱，现在仅剩5000万立方米，水位急剧下降，湖畔部分治理工程闲置，未发挥功用；同时湖水自净能力降低，湖水水质恶化加剧。张祖林指出，云南省委、省政府高度重视湖泊保护治理工作，杞麓湖作为九大高原湖泊之一，备受各界关注。治理好杞麓湖，必须摒弃老做法，必须解放思想，着眼未来，谋划长远，既要考虑局部区域的生态修复工程，更要考虑今后缺水困扰全局的解决方法。

玉溪市委、市政府全力支持抚仙湖保护治理工作，相关部门要及时调整东片区暨"三湖"生态保护水资源配置应急工程建设规划，在满足通海县城生活用水需求的同时，也解决好杞麓湖的生态用水需要，让杞麓湖重现昔日生机，实现东片区应急引水工程保护"三湖"、促进产业发展、结构调整等"一箭多雕"的目标。张祖林边走边看，边听边问，对正处在改革发展攻坚期和经济转型阵痛期，急需在比学赶超中实现跨越发展的通海县寄予厚望。他希望通海县进一步解放思想，更新观念，鼓舞精神，奋勇争先，做大做强特色产业；要继续加大生态文明建设力度，提速杞麓湖保护治理工作，提升工程管理水平；要提高认识，加大城乡环境整治力度，让城乡面貌变个样。

当天，张祖林来到东片区应急引水工程（江川段）第9标段施工现场和通海县大白龙管道制作防腐厂、管道加工厂，仔细了解输水管道制作、焊接、安装的全过程，听取工程建设情况汇报。东片区应急引水工程建设牵动着张祖林的心，他多次深入施工现场调研，听取专题汇报，与投资方进行协商。但由于组织管理、资金、技术不到位等因素影响，东片区应急引水工程进度一度滞后于计划进度。2014年6月以来，玉溪市委、市

---

① 胡晓蓉、王琳：《迪庆州扎实推进生态文明建设》，http://finance.yunnan.cn/html/2014-06/30/content_3266225.htm（2014-06-30）。

政府积极协调，领导靠前指挥，全线 7 个标段展开施工，上百机械上阵，数千工人挥汗如雨，工程建设快马加鞭。6 月 27 日输水隧洞正式打通，工程建设取得阶段性胜利；全长 16 千米的管道已焊接 3.7 千米，并以平均每日焊接 500 米左右的速度快速推进。张祖林指出，东片区应急引水工程扬程高达 904 米，是云南调水工程中扬程最高的工程。希望中国有色金属工业第十四冶金集团的干部职工，以质量为先，按照项目建设目标要求，科学施工、精心组织，加强技术人才力量，提升管理水平，抓时间、抢进度，实现工程顺利通水，书写云南调水工程新辉煌，塑造十四冶新形象。各级相关部门要认真组织，做好统筹协调，按照时间节点，高效率、高质量推进项目建设。市委常委、市委秘书长李洪云，通海县、江川县主要领导及相关部门负责人参加调研。①

第二节　云南省生态治理与修复建设发展阶段（2015 年）

2015 年 1 月 6 日，抚仙湖—星云湖生态建设与旅游改革发展综合试验区管理委员会第四次全体会议召开，玉溪市委书记罗应光强调，继续实施最严格的保护措施，加快重大项目建设步伐，干在实处、走在前列，全力以赴加快抚仙湖生态文明建设步伐。市委副书记、市长饶南湖主持会议，李洪云、杨兴荣、孙云鹏、范志华等市级领导出席会议。会议重点研究解决抚仙湖生态环境保护和开发建设工作中的具体问题。会议听取了抚仙湖保护治理和开发建设情况以及北岸生态湿地项目建设情况汇报，审议了沃森生命科学园作为重点推进项目的报告，北岸生态调蓄带、生态走廊以及广南营、马房村地块湖滨湿地等项目规划建设方案。

与会市级领导就相关项目规划建设做了发言。罗应光充分肯定抚仙湖保护治理和开发建设取得的成绩，强调要坚定信心不动摇，全力以赴保护好抚仙湖。罗应光说，抚仙湖是玉溪生态文明建设中最鲜明的品牌和最响亮的名片。历届市委、市政府把抚仙湖的保护治理作为最大的生态任务、政治任务来抓，确立"生态立市"战略，部署实施了一

---

① 刘跃、曾永洪：《张祖林：建设生态文明　提速杞麓湖保护治理》，http://yuxi.yunnan.cn/html/2014-07/08/content_3276
619.htm（214-07-08）。

系列重大举措。抚仙湖保护治理的力度进一步加大，组织领导和措施进一步强化，抚仙湖保护治理得到各方的高度关注和支持。罗应光强调，坚定不移抓保护，加快抚仙湖生态建设。要坚持"一张蓝图"干到底，坚决落实好"五个坚定不移"：一要坚定不移落实好中央和省委、省政府的决策部署和省九湖工作领导组的要求。二要坚定不移推进"四退三还"。坚持把"退人"作为面源污染的治本之策，大胆创新建设模式，加快实施"四退三还"，着力抓好沿湖近 3 万人、262 万平方米建筑的退出工作，退出村庄、农田，进行湖滨生态修复。同时，坚持把外迁群众的利益放在第一位，高度重视解决外迁人口的安置和生计问题，统筹考虑迁入地的城镇规划建设，千方百计解决外迁群众的后顾之忧，确保他们搬得出、稳得住、能致富。三要坚定不移建设湖滨生态走廊。因地制宜在湖滨特别是一级保护区内建设生态湿地、生态调蓄带和绿化造林，积极构建更加厚实的生态屏障。四要坚定不移实施最严格的保护管理措施。严格执行环境保护"一岗双责"制，层层签订目标责任书，实行环境保护"一票否决"制。大力推行目标管理奖惩制度，认真落实干部问责制度，做到奖惩分明。健全完善督导督查工作机制，拓展督导的深度和广度，进一步提升工作实效。五要坚定不移推进沿湖三县绿色低碳转型发展。

罗应光要求，要全面统筹抓发展，提升抚仙湖开发建设品质。要坚持"保护优先，审慎开发"的原则，遵循在保护中开发、在开发中保护的理念，实施大规划大项目带动大保护，积极稳妥、科学有序地推进试验区建设。一是抚仙湖周边所有开发项目必须严格遵守《云南省抚仙湖保护条例》及"四条红线"的规定，满足《试验区控制规划》、《禁控区规划》和《省级风景名胜区总体规划》等的规划控制要求。二是抚仙湖周边所有开发项目必须按照《试验区建设项目审查管理办法》和《试验区管理委员会工作规则（试行）》的规定上报审查，集体讨论决策同意后，项目建设单位方可按照基本建设程序办理其他相关手续。三是所有开发项目必须按照《玉溪市人民政府关于设立试验区项目保证金和抚仙湖保护治理专项资金的决定》和《资金管理办法的通知》实施。四是澄江、江川、华宁三县政府要进一步督促项目方认真履行项目建设周期承诺。五是进一步规范和统一沿湖周边村庄建设风格、建筑高度，为打造抚仙湖地方特色文化旅游品牌和实现生态良好、环境优美、群众增收奠定基础。①

---

① 李智林、曾永洪：《罗应光：全力以赴加快抚仙湖生态文明建设步伐》，http://yuxi.yunnan.cn/html/2015-01/07/content_3539299.htm（2015-01-07）

2015 年 3 月 12 日上午,美丽、宁静的抚仙湖湖畔,玉溪市争当"仙湖卫士"行动计划正式启动。此举将进一步发挥基层党组织和党员在保护治理抚仙湖、星云湖、杞麓湖中的引领模范作用,引导全社会积极投身"三湖"保护治理,确保玉溪争当生态文明建设排头兵干在实处、走在前列。长期以来,历届玉溪市委、市政府始终把"三湖"保护治理作为最大的生态任务、政治任务来抓,确立"生态立市"战略,实施一系列重大举措,坚决落实好"五个坚定不移",即坚定不移落实好中央和省委、省政府的决策部署和省九湖工作领导组的要求,坚定不移推进"四退三还",坚定不移建设湖滨生态走廊,坚定不移实施最严格的保护管理措施,坚定不移推进沿湖三县绿色低碳转型发展,确保"三湖"保护治理取得明显成效。2015 年,围绕"确保抚仙湖稳定保持Ⅰ类水质,星云湖、杞麓湖水质明显好转,主要入湖河流河道水质良好"的目标,玉溪市要求全市各级各部门以抚仙湖保护治理为龙头,以县县绿色发展、村村截污、户户节能、人人环保、党员表率为重点,想实策、用实招,出实力、用真劲,深入开展争当"仙湖卫士"行动计划。为全面落实争当"仙湖卫士"行动计划的各项目标任务和工作措施,玉溪将深化入湖河道"三长"制,延伸入湖河道综合整治、流域截污治污责任链条;建立"三湖"保护治理"五包"责任制,形成"网格化"管理新模式;组建爱湖护湖党员先锋队,开展"四带头四争当"活动;推行保护母亲湖主题服务活动,做到"一月一主题、月月有活动"。同时,玉溪还要求沿湖三县各级党委创造性地开展争当"仙湖卫士"行动计划,积极帮助挂钩联系村组谋划发展思路、协调项目资金,解决实际困难,不断出成果、见实效,促进玉溪经济社会全面协调可持续发展。[①]

2015 年 3 月 31 日,云南省政府滇池水污染防治专家督导组对滇中产业新区滇池治理"十二五"规划项目进展情况进行实地调研。督导组提出,滇中产业新区要坚持在保护中发展,在发展中保护,争当全省生态文明建设的典范。滇中产业新区内涉及滇池流域水污染防治"十二五"规划项目共 6 个:空港区垃圾焚烧发电项目、昆明国际包装印刷产业基地污水处理站(二期)建设项目、空港经济区再生水处理站及配套管网建设项目、空港经济区污水处理厂及配套官网建设项目、新宝象河水环境综合整治工程(大板桥段)、设置在大板桥街道办辖区内的国家考核宝象河水库国控水质监测点。截至目

---

① 余红:《争当全省生态文明建设排头兵 玉溪启动"仙湖卫士"行动计划》,http://news.hexun.com/2015-03-13/174000576.html(2015-03-13)。

前，已完工 2 项，在建项目 3 项，配合做好工作的 1 项。督导组一行实地查看了空港垃圾焚烧厂、南污水处理厂。督导组在听取相关汇报后认为，滇中产业新区依法规划建设和加强环境保护的意识很强，与昆明市相关部门交接工作已经完毕，"十二五"规划项目进展比较顺利。督导组组长晏友琼、副组长高晓宇参加调研并在座谈会上讲话。晏友琼说，滇中产业新区要争当生态文明建设的典范，坚持在保护中发展，在发展中保护。新区生态文明建设，有思路，已把生态文明建设纳入整个新区产业规划布局中来考虑；有基础，新区辖区内林地占 56%，森林覆盖率达到 40% 以上，有着生态文明建设良好基础；有实力，从目前"十二五"规划项目的实施情况来看，新区有实力全面推进生态文明建设。针对下一步工作，晏友琼强调，一要确保"十二五"规划项目按进度按质量完成。二要做好在建项目的竣工、验收、正常运行等工作。三要充分发挥已完成项目的作用。四要抓紧做好"十三五"规划项目的申报工作，关键项目、重点项目早做准备，把前期工作做细做实。①

2015 年 7 月 8 日至 10 日，云南省环境保护厅贺彬副厅长一行赴万峰湖、阳宗海调研湖泊保护治理工作。8 日至 9 日调研组实地查看了万峰湖湖区保护及水质情况，菜籽塘村、机场村农村环境整治情况，九龙街道办以洪村拟建农村生活垃圾及污水处理系统，长家湾重金属污染治理、多依河河道生态修复以及鼎牧养殖场工程减排项目等情况。贺副厅长充分肯定了罗平县对万峰湖保护治理取得的成效，并对下一步保护治理工作提出了两点要求：一是政府要进一步加大监管力度，把握住万峰湖生态环境保护总体方案申报契机，加大财政对环保项目的投入和资金整合力度，确保环境保护专项资金的合理使用。二是要确保万峰湖生态环境保护项目的落实，项目建设要紧紧围绕考核指标推进，核心要在水质提升上下功夫，要把握关键点，既要突出重点，也要考虑整体推进。7 月 10 日，贺彬副厅长来到阳宗海，实地调研了阳宗海流域水污染防治"十二五"规划项目建设情况。期间先后查看了阳宗大河湿地、阳宗镇垃圾中转站、阳宗镇阳宗村污水处理系统示范工程、摆衣河湿地、云南国土资源职业学院污水处理站，并听取了阳宗海流域水污染综合防治"十二五"规划项目建设情况的汇报。贺副厅长指出，一要加快"十二五"规划项目建设推进力度。2015 年已是"十二五"末期之年，相关部门要

---

① 浦美玲：《云南省政府滇池水污染防治专家督导组：滇中产业新区要争当生态文明建设典范》，http://politics.yunnan.cn/html/2015-04-01/content_3671734.htm（2015-04-01）。

强化项目及资金使用管理，提高资金使用效益，注重项目绩效评估及档案资料规范化收集工作，为末期考核做好准备。二要加快阳宗海环湖截污重点工程项目前期工作，尽快开工建设。三要强化湖泊监管力度。①

2015 年 7 月 14 日，《中国环境报》记者蒋朝晖报道：连日来，云南省昆明市滇池外海北部沿岸出现蓝藻水华现象，引发各界关注。记者日前从昆明市滇池管理局召开的滇池蓝藻水华情况及应急处置工作通报会上获悉，近期滇池北部沿岸局部水域（约 1 平方千米）蓝藻呈现零散富集，未出现大规模富集。据介绍，目前，滇池外海的平均水温约 25.1℃，比同一水域往年同期高出约 1℃，滇池水域已进入蓝藻水华发生的高峰期。依据藻情监测，2015 年度滇池蓝藻治理及应急工程蓝藻清除工作已于 4 月启动。当前，按照滇池蓝藻应急处置预案，昆明市多举措开展了应急处置。延长龙门藻水分离站及所有移动除藻船的运行时间，从 8 小时/日延长至 12 小时/日；集中调度现有移动除藻设备，重点加强滇池北岸沿线蓝藻收集处置能力；责成责任单位尽快抢修龙门村水体置换通道，及时恢复运行，加快水体循环；将海埂公园沿线新建的 4 个蓝藻收集口投入运转，确保海埂公园沿线蓝藻有效收集，提高处置效率；加强蓝藻应急项目的现场监测和监管工作，确保人员到位、设备到位、资金到位、监管到位，同时要求除藻单位做好清除垃圾、漂浮物等水面保洁工作等。滇池生态研究所副所长韩亚平认为，尽管采取了这些应急措施，但面对庞大的蓝藻数量，无法从根本上解决问题。目前采取的应急措施能避免蓝藻造成更大的危害，但要从根本上解决蓝藻问题，还需要恢复生物多样性，以草为主的生态修复是下一步滇池治理的必经之路。②

2015 年 7 月 16 日，环境保护部环境评估中心课题调研组到祥云县调研农业面源污染防治情况。云南省环境工程评估中心和大理白族自治州环境工程评估中心人员随同环境保护部环境工程评估中心课题调研组专家一行 9 人到祥云县，就农业面源污染防治情况进行座谈和实地走访调研。当天，课题调研组专家和省州环境工程评估中心人员与祥云县环境保护局、县农业局、县畜牧局，财富工业园区管理委员会的有关人员召开了座谈会。会上，围绕农业面源污染防治这一主题，与会人员对祥云县农业面源污染治理情况、农业面源污染治理相关环境管理政策实施情况、农业生态补偿及转型情况、种植业

① 云南省环境保护厅湖泊保护与治理处：《云南省环境保护厅副厅长贺彬赴万峰湖、阳宗海调研湖泊保护治理工作》，http://www.7c.gov.cn/zwxx/xxyw/xxywrdjj/201507/t20150713_90854.html（2015-07-13）。

② 蒋朝晖：《昆明应急处置滇池蓝藻 目前未出现大规模富集》，http://www.ywrp.gov.cn/hydt/3526.html（2015-07-16）。

和畜牧业发展概况、土地流转基本现状、测土配方施肥和良种良法推广实施情况、科技培训情况等进行了座谈和问卷调查。会后，祥云县环境保护局、县农业局人员随同课题调研组及省州环境工程评估中心人员先后到祥云县泰兴农业科技开发有限责任公司的蔬菜种植基地和祥云县生宝农产品有限公司的肉牛养殖场进行了实地走访。走访过程中，课题组详细询问了上述两个企业的农业生态转型情况、农业科技成果推广情况、种植业发展和施肥情况、畜牧业废弃物处置情况等，并认真查看了两家企业的种植和养殖状况。调研组通过座谈和实地走访，对祥云县农业面源污染防治的有关情况有了进一步了解。同时，调研组将把调研情况及时反馈环境保护部，为推动农业面源污染防治对策、措施及绩效评价研究工作提供依据。①

　　2015 年 7 月 28 日上午，昆明市副市长孟庆红到市长热线办公室现场接听群众来电，并通过云南网就网友关注的话题进行交流互动，对昆明市东川区推进林业恢复，多措并举整治生态问题起到重要作用。网友@小浣熊干脆面想知道目前东川区生态环境保护工作情况，孟庆红介绍了东川区推进生态林业恢复，多措并举综合整治生态环境问题的具体工作情况。孟庆红介绍，为了遏制生态环境恶化趋势，近年来，东川区委、区政府高度关注生态环境问题，采取了环境综合整治、关闭、取缔落后生产工艺等多项措施，推进生态林业恢复，开展生态文明村创建活动，深化农村环境污染防治，推进新农村建设和生态保护工作，并已取得初步成效。在林业生态修复方面，东川区营造林生产成效显著。目前，已完成市级下达的营造任务 3.9 万亩、经济果林培育 2.4 万亩、苗木基地建 512.8 万亩、义务植树 50 万株；完成区级林业生态建设荒山造林 2.6 万亩。同时，退耕还林工作稳步推进。2014 年度 5.1 万亩市级还林工程圆满完成；2012 年、2014 年 9.13 万亩市级退耕还林工程顺利通过市级验收；2014 年度巩固退耕还林成果补植补造项目完成 1000 亩；2014 年新一轮退耕 5000 亩已完成作业设计，目前正在组织施工。东川区天保工程及公益林补偿工作成效显著，已完成天然林资源保护工程二期（2014 年度）2 万亩，其中人工造林 1 万亩，封山育林 1 万亩。完成 5 万亩的核桃补植补造，共发放苗木 47.5 万株；完成核桃提质增效示范基地 1000 亩。孟庆红表示，近年来东川区加大环境执法力度，多措并举整治环境违法行为。开展各项环保专项行动，畅通环保

① 孔菁菁：《环境保护部环境评估中心课题调研组到祥云县调研农业面源污染防治情况》，http://www.daliepb.gov.cn/
news/local/2795.html（2015-07-21）

热线，及时处理群众投诉，妥善处理环境信访案件及环境污染纠纷，生态保护工作已取得初步成效。东川区是我国矿业开发较早的地区之一，据历史记载，从东汉时期开始，人类就在东川地区进行铜矿开采。1949年后，从"一五"到"九五"期间，东川区一直都是我国铜矿开采的重点地区之一。多年来，东川区的铜矿资源为国家的经济建设和地区繁荣做出了重大贡献，但是由于长期的开采和过度垦殖，区域生态环境受到严重破坏，带来区域生态功能退化、土地砂石荒漠化、水土流失严重等一系列生态环境问题。[①]

2015年8月5日至6日，云南省委副书记、省长陈豪在大理白族自治州调研时强调，要深入贯彻落实习近平总书记考察云南重要讲话精神，千方百计稳增长，全力以赴促跨越，切实加强洱海保护治理力度，努力实现大理富民强州、山青水绿。陈豪一行先后来到海东新区、喜洲镇海舌和洱源县西湖湿地、东湖湿地，详细了解洱海保护治理"网格化"管理、环湖截污工程建设、流域环境综合整治和"十三五"规划编制等情况，对大理白族自治州所做的工作表示肯定。陈豪强调，要按照习近平总书记对洱海保护治理做出的重要指示，全民动员，及时行动，全面打响洱海保护治理攻坚战。他说："我们要牢记总书记的殷殷嘱托，像保护自己的眼睛一样保护洱海，像爱惜自己的生命一样爱惜洱海。"陈豪要求，省和州市相关部门要立足洱海保护治理的新要求，抓好规划引领、基础设施建设、生态环境治理和宣传教育等工作，把源头治理与末端治理更好地结合起来，把工程措施与生物措施更好地统一起来，综合施策，以洱海保护治理的实际成效落实"生态文明建设排头兵"的要求。

"要加大古村落保护力度，充分挖掘历史、民族文化元素，推动旅游产业加快发展。"陈豪一行还到喜洲镇和沙溪古镇，实地考察古村落和古建筑保护情况。他强调，古村落是先民留给我们的宝贵财富，绝不能在我们这代人手里毁掉。历史和民族文化是古村落的灵魂，要加强对古村落濒危建筑群的抢救、修复力度，并充分融入旅游产业发展中，提高旅游产业的内涵和竞争力。他还要求，要把古村落保护和旅游小镇建设结合起来，以乡村旅游带动群众增收致富，促进湿地建设保护水生态的可持续发展。在群鸟翻飞、风景迷人的喜洲海舌、龙湖湿地以及洱源县西湖湿地、东湖湿地，陈豪希望相关部门要依托良好的资源禀赋，吸收先进的开发、建设和管理理念，引进实力较强的企

---

① 黎鸿凯：《昆明市东川区推进林业恢复 多措并举整治生态问题》，http://www.lifeyn.net/article-1507107-1.html（2015-07-28）。

业，大力发展乡村旅游，建设美丽乡村，让群众在积极参与湿地保护和旅游业发展中得到实惠。

陈豪一行还围绕稳增长和园区建设考察了祥云财富工业园区和大理创新工业园区，了解产业发展、招商引资、生产经营等情况。祥云县龙盘矿业公司是一家将铅锌、钢铁等企业废渣废矿变废为宝的循环经济企业，公司依靠科技创新提升工艺，在低迷的市场中杀出一条血路，实现效益的提高和利润的增长。云南明阳风电技术有限公司在下步发展中，将以大理为区域总部，在云南打造产业集群，带动风电装备制造基地及相关产业链发展。力帆骏马公司正加大技改力度，优化产品结构，加快"走出去"步伐。"像龙盘矿业、明阳风电、力帆骏马等这样有发展潜力的企业，各级政府部门都应该加大扶持力度。"陈豪指出，我们在加大对外招商引资力度的同时，也要将目光对准一些本土成长型企业。"现成的好企业就摆在我们面前，只要我们主动加以扶持便会迅速得到壮大，何乐而不为？我们两个方面都得用力。"在云南欧亚乳业有限公司，陈豪希望企业结合市场需求，进一步加强新产品研发，扩大生产经营规模。他还提出，基于大理的区位、资源等优势，应该大力发展生物医药、现代装备制造、食品加工、现代物流、旅游等优势支柱产业。

"无论是城乡建设还是产业发展，都必须坚持规划优先、坚持规划引领。"陈豪强调，要结合实际，站位高远，把当前的稳增长同长远发展结合起来，进一步理清和制订好发展计划。在城镇化和城乡一体化建设中，要把规划作为一项基础性工作，远近结合、科学谋划，抓紧抓实。要加强产业与城乡建设的融合发展，从服务于云南旅游强省的目标要求来规划建设美丽云南城镇和乡社，同步提高产业发展对城乡一体化的支撑作用。还要注重维护规划的严肃性和权威性，保障规划实施的延续性和稳定性。产业发展也要先做好规划再抓项目落地，不能让规划跟着项目走，而是要项目服从规划，并通过园区集聚和政策、资金整合，推动形成产业集群，集中力量做大做强。陈豪还对陪同调研的大理白族自治州、县（市）领导干部提出，不仅要以扎实苦干的作风团结奋斗，更要敢想、敢干、能干、会干，把每一个规划落实到具体项目上，共同描绘云南最美的蓝图。[1]

2015年8月10日，云南省委副书记钟勉在昆明就城乡环境综合整治和城市绿化工

---

[1] 陈晓波、碧玉：《陈豪在大理州调研时强调加强洱海保护全力稳增长 守住绿水青山 推动富民强州》，http://dali.yunnan.cn/html/2015-08/07/content_3854644.htm（2015-08-07）。

作进行调研。他强调，昆明市要强化省会城市意识，围绕建设面向南亚东南亚辐射中心的区域性国际城市这一目标，高标准、高水平抓好城市规划、建设和管理，全面提升城市形象、城市品质和城市现代化管理水平，打造生态、现代、文明的昆明新形象。钟勉到两面寺城市出入口改造节点、白龙潭入滇河道综合整治工程等建设现场和机场高速沿线调研，详细了解昆明市规划情况、迎接国家卫生城市复审准备情况和绿化昆明进展情况。他强调，昆明市要根据省委、省政府决策部署，按照省会城市和区域性国际城市的目标定位，坚持规划先行，以高水平规划引领城市建设管理。要突出重点区域、重点项目规划建设，充分发挥重大项目对周边区域的带动作用，以重点项目促进区域组团发展和品质提升。要坚持既利当前、又利长远，加强城市基础设施和公共服务设施建设，提高设施水平和服务质量，不断改善春城人居生活环境。要科学管理城市，完善管理机制，提高管理效率，提升城市管理标准化、信息化、精细化水平，更加方便市民出行和生活。要认真抓好城乡环境综合整治工作，及时发现和解决存在的问题，建立健全长效监管机制，推动城市风貌和城市形象全面提升。要抓住雨季有利时机，突出道路沿线、重点区域造林绿化，不断提高城市绿化美化水平，巩固国家园林城市创建成果。省级各部门和各有关单位要积极支持、密切配合，大力支持昆明城市规划建设管理和城乡环境综合整治及绿化美化工作。钟勉还到昆明长水国际机场，对机场建设和运行管理情况进行调研。他强调，长水国际机场是昆明的重要窗口，代表着城市形象，要进一步完善有关设施建设，加强周边地区环境整治，全面改善软硬件条件。要把确保安全放在第一位，着力提高服务质量和水平，努力提升管理和运营效率，给旅客留下良好印象。①

2015年9月7日上午，环境保护部自然生态保护司综合处负责人率国家级生态县技术评估二组，实地查看勐海县勐阿镇"两污"建设、生活污水处理设施、环境保护所制度建设、卫生院医疗污水处理操作过程、小城镇建设主街道卫生综合治理等情况。为确保勐海县成功创建国家级生态县，作为现场检查线路之一的勐阿镇，进一步巩固国家级生态乡镇创建成果，积极做好各项迎检工作。镇党委、政府高度重视，精心安排部署，明确各项职责，认真开展主街道、公路沿线、村内环境卫生综合整治，巩固集镇"两

---

① 张寅、杨春萍：《钟勉在昆明调研时强调 打造生态现代文明城市新形象》，http://politics.yunnan.cn/html/2015-08/11/content_3858883.htm（2015-08-11）。

污"建设等系列工作，生态文明建设取得更加明显成效。①

2015 年 9 月 9 日至 13 日，环境保护部自然生态保护司农村处处长陈和东及相关专家一行 2 人到云南省调研指导农村环境综合整治工作，云南省环境保护厅自然生态保护处处长夏峰等陪同调研。调研组先后深入德宏傣族景颇族自治州芒市、瑞丽市，保山市施甸县和昆明市禄劝彝族苗族自治县等地，重点调研农村生活垃圾热解处理、农村生活污水处理等。陈和东处长对云南因地制宜积极探索实践适合云南农村实际的生活垃圾处置、污水处理技术模式表示肯定和支持。经实地了解芒市、施甸等地的垃圾热解处理技术，陈和东处长指出：农村垃圾处置要因地制宜，只要技术可靠、管用，都可以探索推广。针对热解处理设备，陈和东处长详细询问了工作原理、工艺流程、烟气排放、废水处理、建设和运行费用等，提出了进一步优化设备设计，降低建设成本；探索太阳能等节能措施，降低运行成本；加强技术比对，总结技术优势特点；制作完善技术宣传培训资料，便于推广应用等四点建议。

在调研中，陈和东处长指出，农村垃圾收集，关键还是要源头减量，可以通过回购分类垃圾抵扣村庄保洁费等形式，积极引导群众做好垃圾的源头分类，既能实现垃圾的资源化利用，又能减少垃圾清运量，降低垃圾的运输和处理成本。对于农村污水处理，污水处理的布点和工艺选择，一定要因地制宜；同时要建立长效的管护机制，不仅要建得好，还要用得好。在施甸县小马桥村，听完村小组长的介绍，陈和东处长表示，农村环境整治关键还是要群众愿意，只要乡镇和村干部积极带领群众想办法、完善措施，环境一定能整治好。因此，环境综合整治一定要选择地方积极、重视的地区，同时要充分发动群众，发挥群众的参与作用。在禄劝彝族苗族自治县，陈和东处长听取了禄劝彝族苗族自治县环境保护局的详细介绍后指出，云龙水库是昆明市的重要饮用水源地，环保部门要进一步摸清基础现状，找出问题，提出针对性措施，切实加强水源地周边的环境整治和保护，确保供水安全。在调研中，陈和东处长还具体了解和查看了各地已获得国家命名和正在申报中的生态示范乡镇有关工作情况。②

2015 年 9 月 24 日至 25 日，环境保护部部长陈吉宁赴云南省大理白族自治州和昆明

---

① 玉罕：《西双版纳勐阿镇助力勐海县创建国家级生态县》，http://xsbn.yunnan.cn/html/2015-09/09/content_3903122.htm（2015-09-09）。

② 云南省环境保护厅自然生态保护处：《环保部生态司到我省调研指导农村环境综合整治工作》，http://www.ynepbxj.com/hbxw/201509/t20150915_92742.html（2015-09-15）。

市考察调研,深入了解洱海、滇池等湖泊生态环境综合整治和保护情况,并主持召开水质较好湖泊生态环境保护座谈会,结合落实《水污染防治行动计划》安排部署湖泊流域环保工作。陈吉宁强调,湖泊保护是我国水污染防治的重中之重,是保障饮用水水源地安全的重中之重,也是给后代留下有价值的生态系统的重中之重,要坚持以质量改善为核心,撬动全社会力量,共同推进湖泊流域水污染防治,把良好湖泊保护打造成生态文明示范窗口。洱海素有"高原明珠"之称,是我国湖泊保护的重要方面。2015年1月,习近平总书记视察洱海保护治理工作时指出:一定要把洱海保护好,让"苍山不墨千秋画,洱海无弦万古琴"的自然美景永驻人间。他提出"立此存照",叮嘱一定要改善好洱海水质。李克强总理、张高丽副总理也就水污染防治、洱海等湖泊生态环境保护等工作做出一系列重要批示。带着中央领导同志对洱海保护的明确要求和殷切期望,9月24日,陈吉宁来到大理市双廊镇、上关镇、喜洲镇和湾桥镇古生村,以及洱源县西湖湿地等处,现场查看洱海流域综合整治、截污治污、湿地建设、垃圾处置等情况和苍山十八溪治理及苍山水资源统筹利用情况。在双廊镇,陈吉宁详细询问流域综合整治进展并察看水质。随后他走进一家客栈,老板杨志荣热情地介绍了自家客栈生活污水的处理情况。杨志荣说:"我们第一次修的排污管道不合格,环保部门的技术人员还专门赶来进行现场指导,现在厨房污水、生活污水的处理便捷多了,客栈的环境变得更好了,经营情况也蒸蒸日上。"陈吉宁听后很高兴,叮嘱大家要保护好美丽家园。在洱源县和喜洲镇,陈吉宁沿着岸边察看水质情况,询问蓝藻治理工作进展,同正在工作的河道管理员和周边的村民谈话,肯定沿岸保护治理取得的成绩,并提出改进意见和要求。

9月25日,陈吉宁来到昆明,实地查看滇池外海水质、海东湿地"四退三还"及呈贡新区生态示范城区建设等情况。陈吉宁表示,近年来,滇池水质企稳向好,污染物平均浓度降低,流域生态环境已有改观。下一步,要继续加大滇池保护和治理力度,在资金和政策上给予重点支持,推动滇池治理实现新突破。考察调研期间,陈吉宁主持召开水质较好湖泊生态环境保护座谈会,交流推广洱海等湖泊生态环境保护典型经验,结合落实《水污染防治行动计划》安排部署湖泊流域环保工作。陈吉宁说,2015年以来,党中央、国务院就生态文明建设和环境保护做出了一系列重大决策部署,相继出台《中共中央　国务院关于加快推进生态文明建设的意见》和《生态文明体制改革总体方案》两个重要文件,绘制了生态文明建设蓝图,为进一步加强生态文明建设和环境保护提供了制度保障。党中央、国务院的一系列决策部署，对全国环境保护、水污染防治以及湖泊生态环境保护提供了方向和参照。湖泊保护是我们的责任所在，要切实提高对环境保护重要性、艰巨性、紧迫性的认识；树立正确的自然观、世界观和政绩观，平衡和处理好经济发展与环境保护的关系；以环境质量的改善作为检验工作的标尺，把握好质量与总量的关系；严格环境执法，营造公平公正的市场竞争机制；健全生态环境保护制度，让保护者受益、让损害者受罚。各地要切实把思想、认识和行动统一到党中央、国务院的新决策、新部署、新要求上来，认真贯彻落实到湖泊保护工作实践中，推动湖泊保护工作再上新台阶。

陈吉宁指出，在湖泊保护工作中，各地要相互学习借鉴，推广好做法、好经验，进一步提升我国水质良好湖泊生态环境保护水平。总结洱海保护的典型经验，一是党政同责、高度重视，坚持以水定城、以水定地、以水定人、以水定产，用洱海水质保护目标倒逼经济社会健康发展。二是真抓实干、功不在我，各届政府持续推动洱海保护工作，各项措施稳步推进，保护成效逐渐显现。三是突出制度建设、落实各方责任，实施精细化管理，全面推行覆盖洱海全流域的"五级网格化"管理责任制度，层层细化落实责任单位。四是解放思想、创新方式，积极通过政府和社会资本合作模式、加强信息公开等，调动全社会力量参与保护。

陈吉宁表示，良好湖泊生态环境保护在生态文明建设全局中处于重要地位，具有示范窗口作用。洱海保护的成功经验，增强了我们做好下一阶段湖泊生态保护工作的信心。但湖泊保护面临的总体形势仍不容乐观，尤其是水质较好湖泊所在地区普遍面临较大发展压力，水质好转所要求的科学手段也更高。结合《水污染防治行动计划》的落实工作，在当前和今后一个时期，湖泊（水库）流域环境保护工作要重点做好以下几个方面。一要科学治污，完善湖泊流域生态保护体系。各地要科学制定《水污染防治行动计划》落实方案，提出有效目标，提高方案的针对性和可操作性，脚踏实地推进落实工作。要加强科技支撑，做到科学决策，实现系统、科学、精细、有效治污，节约时间和资金成本，提高治污效率，增强社会对改善水环境质量的信心。二要预防为主，优化湖泊保护空间。水质较好湖泊保护工作正处于"知易行难"阶段，保护工作的重要性深入人心，但妥善处理保护与发展关系的有效措施还不多。这要求水质较好湖泊所在地区吸取已有的经验教训，积极保护生态空间，严格准入标准，严格水域岸线用途管制，认真落实预防为主，切实做到在发展中保护、在保护中发展，避免走"先污染后治理"的老路。三要完善地方标准，尊重每个湖泊流域自身的自然规律。受海拔、光照、换水周期、经济活动等因素影响，我国各地区湖泊特质各有不同。要深入研究湖泊保护规律，针对湖区不同特质，完善相应的标准体系，分区分类研究提出有针对性的保护措施。四要加大投入，建立湖泊保护长效机制。要强化激励和约束，兼顾社会效应、环境效益、投资效率，把水污染防治资金用在"刀刃"上；要充分发挥市场机制作用，通过政府和社会资本合作、第三方治理等模式，积极吸引社会资本参与湖泊水污染防治工作。五要严格执法，加强湖泊保护社会监督。强化湖泊流域行政执法与刑事司法联动，加强环保队伍建设，提高基层监测、执法能力，推动环境守法成为新常态。六要加强信息公开和宣传教育，构建上下结合、全民行动、共同推进的湖泊流域水污染防治格局。

陈吉宁最后表示，我们要按照党中央、国务院的部署要求，坚持以质量改善为核心，深化改革，强化创新，谋之以严、行之以实，全面推进湖泊流域水污染防治各项工作，确保如期实现全国水环境治理与保护目标，为建设美丽中国、实现全面建成小康社会奋斗目标做出新的更大贡献。调研期间，陈吉宁会见了云南省委书记李纪恒，省长陈豪，就云南省生态文明建设和环境保护工作进行了交流。陈吉宁说，云南省各级党委、政府坚持以生态文明建设为引领，党政同责，真抓实干，以又严又实的精神，扎扎实实践行生态文明建设，经验值得借鉴推广。下一步的任务仍十分艰巨，希望云南省不松劲、不懈怠，进一步转变观念、开拓创新，切实统筹好经济社会发展和资源环境保护。环境保护部将全面贯彻落实习近平总书记在云南考察时的重要指示精神，支持云南把生态环境保护好、治理好，努力成为全国生态文明建设排头兵。环境保护部副部长翟青，云南省副省长刘慧晏参加上述活动。环境保护部、财政部有关司局负责同志参加调研。部分中央财政重点支持湖泊所在省（区、市）环境保护厅（局）主要负责同志，部分中央财政重点支持湖泊及云南洱海所在主要地市（区、州）人民政府主要负责同志参加洱海调研和座谈会。①

2015 年 10 月 9 日，《中国环境报》记者蒋朝晖报道：云南省马关县着眼提高矿业科学发展水平，消除污染存量，实施生态修复。云南省文山壮族苗族自治州委书记纳杰

---

① 王昆婷：《陈吉宁在云南考察调研并主持水质较好湖泊生态环境保护座谈会指出把良好湖泊保护打造成生态文明示范窗口》，http://www.cenews.com.cn/sylm/hjyw/201509/t20150928_797724.html（2015-09-28）。

称：坚持把生态保护作为基本红线，牢固树立尊重自然、顺应自然、保护自然的理念，突出绿色、循环、低碳发展，推动经济社会发展与生态环境改善同步提升，大力建设美丽新文山，努力建成云南生态文明建设示范区。云南省文山壮族苗族自治州州长张秀兰称：坚持"生态立州，绿色发展"理念，加强生态环境保护，实施可持续发展战略。大力推进"森林文山"建设，着力整治环境污染问题，严厉查处各类破坏环境的违法行为，落实目标责任，全面完成"十二五"节能减排任务。①

2015年10月15日，云南省环境保护厅、财政厅在昆明组织召开云南省农村环境连片整治整县推进试点工作座谈会。洱源县、昌宁县、芒市、思茅区、勐海县、砚山县、维西傈僳族自治县共7个试点县（市、区）政府领导和环境保护局，以及整治工作所涉及的7个州（市）环境保护局、相关乡镇负责人等60人参加了座谈会。各个试点县（市、区）介绍了2015年各县（市、区）整县推进工作思路，整治内容、方案编制及工作进展情况。云南省环境保护厅副厅长高正文就做好整治工作提出了提高认识，加强领导；突出重点，因地制宜；明确责任，强化考核；抓方案编制完善，抓项目组织实施，抓资金整合，抓监督管理，确保成效，以及健全机制，确保环境整治设施长效运行等五点意见。下午，参会人员进行了交流沟通，就实施好云南省农村环境连片整治整县推进试点工作进行了深入交流和讨论。座谈会小结时，省环境保护厅自然生态保护处处长夏峰要求各地各部门要认真贯彻落实高副厅长讲话精神，真抓实干，全力推进农村环境连片整治整县推进试点工作，确保整治项目按质按量如期完成。此次座谈会，有利于进一步统一思想、明确任务、强化责任，采取有力措施，加快推进云南省农村环境连片整治整县推进试点工作，努力开创云南省农村环境连片整治工作新局面。②

2015年10月22日，云南省环境保护厅自然生态保护处副处长李进伟一行到景谷傣族彝族自治县调研农村环境综合整治情况。在市、县环境保护局等相关工作人员的陪同下来到景谷镇景谷村，对农村环境综合整治项目工作进展情况进行调研。调研组一行实地查看了景谷村农村生活垃圾清理清洁、生活污水处理、垃圾回收等情况。景谷县环境保护局局长罗恒寿详细地汇报了景谷县农村环境综合整治项目工作的进展情况，以及存

---

① 蒋朝晖：《重金属污染防治为何有成效？云南马关县着眼提高矿业科学发展水平，消除污染存量，实施生态修复》，http://www.ywrp.gov.cn/hydt/3819.html（2015-10-10）。

② 云南省环境保护厅自然生态保护处：《云南省农村环境连片整治整县推进试点工作座谈会在昆明召开》，http://www.ynepb.gov.cn/zwxx/xxyw/xxywrdjj/201510/t20151020_95535.html（2015-10-20）。

在的困难。在实地查看和听取了关于农村环境综合整治项目工作进展情况汇报后，调研组充分肯定了景谷县近年来对环保工作所做出的努力，同时要求景谷县结合实际，制订好项目实施方案，积极探索解决农村生活垃圾和生活污水处理设施运行管理模式，加大宣传力度，强化村民的环保意识，攻坚克难，全面深入推进农村环境综合整治工作，努力建设富裕、和谐、美丽的新景谷。①

2015 年 12 月 23 日，玉溪市委领导参加红塔区城乡人居环境综合整治劳动时，在高仓街道上牟溪冲村和村民一道栽种了 200 多株绿化树，再次掀起全区农村生态建设新高潮。2015 年以来，红塔区林业部门在生态环境、卫生环境、社会治安三项治理活动中，发挥部门职能作用，大力组织实施包括村庄绿化工程、石漠化综合治理、义务植树、核桃种植在内的林业生态建设和产业发展重点项目。截至目前，完成人工造林 10 400 亩、封山育林 55 900 亩。在大营街街道合作水库、凤凰街道大红坡水库、研和街道歪者河、洛河彝族乡洛河流域实施石漠化综合治理，完成人工造林 2500 亩、封山育林 55 900 亩。在小石桥彝族乡响水村种植杨树 9 万株，组织义务植树超过 70 万株，种植以核桃为主的经济林 5500 亩。在推进村庄绿化工程中，投入 60 万元苗木采购资金，由区林业局统一招标采购，乡（街道）组织栽种。在 8 个乡（街道）、31 个村（居）委会、77 个村（居）民小组的区域内种植 1 万株香樟、滇润楠、蓝花楹、球光石楠，全力打造"村在林中、林在村中、人在景中"的生态宜居文明幸福美丽家园。红塔区林业部门负责人表示，将以城乡人居环境综合整治行动为契机，乘势而上，以乡村道路和近面山绿化美化为重点，进一步加大村庄绿化工程实施力度。同时，结合生态修复，在 2016 年组织实施 1.7 万亩石漠化综合治理工程，种植经济林 1000 亩，义务植树 70 万株。②

2015 年 12 月 1 日，在香港举行的 2015 "绿色中国"国际论坛上，西畴县荣膺"绿色中国·生态成就"奖。西畴县是云南省乃至滇黔桂石漠化程度最严重的地区之一，曾被外国地质专家称为"基本失去人类生存条件"的地方。一直以来，西畴县围绕"生态立县"目标，树立绿色发展理念，以"咬定青山不放松"的精神持续不断地推进石漠化综合治理，实施了生态公益林保护、退耕还林、封山育林等造绿工程，森林覆盖率从

---

① 普洱市环境保护局：《云南省环境保护厅自然处副处长李进伟调研景谷县农村环境综合整治工作》，http://www.7c.gov.cn/zwxx/xxyw/xxywrdjj/201511/t20151102_96171.html（2015-11-02）。

② 唐文霖：《云南玉溪红塔区大力推进农村生态建设》，http://yuxi.yunnan.cn/html/2015-12/24/content_4084451.htm（2015-12-24）。

30年前的25.24%提高到现在的53.3%，石漠化面积下降到983平方千米。①

2015年12月2日，《云环通〔2015〕280号 云南省环境保护厅关于印发〈云南省农村环境综合整治项目工作指南〉的通知》要求各州、市环境保护局，安宁市、嵩明县，云南昆明空港经济区环境保护局，为规范乡（镇、街道）、县（市、区）人民政府及有关部门开展农村环境综合整治工作，按照《全国农村环境连片整治工作指南（试行）》和《云南省环境保护厅 云南省财政厅关于印发〈云南省农村环境综合整治项目管理实施细则（试行）〉的通知》（云环通〔2015〕279号）等文件要求，云南环境保护厅制定《云南省农村环境综合整治项目工作指南》，并于2015年12月7日印发，请各级部门参照执行。②

① 黄鹏、冯彪：《西畴荣膺绿色中国生态成就奖》，https://www.yndaily.com/html/2015/zhoushi_1207/101287.html（2015-12-07）。
② 云南省环境保护厅自然生态保护处：《云环通〔2015〕280号 云南省环境保护厅关于印发〈云南省农村环境综合整治项目工作指南〉的通知》http://www.ynepb.gov.cn/xxgk/read.aspx?newsid=99814（2015-12-11）。

第三章　云南省生态文明宣传与教育建设

　　生态文明宣传与教育是云南省生态文明建设的重要思想保障。云南省生态文明宣传与教育的对象面向社会公众、高校学生、中小学生及政府工作人员等人群，尤以高校学生、中小学生为重。云南省的生态文明宣传与教育工作与以往的环境保护宣传及教育有其区别和联系，在环境保护宣传及教育的基础上有所继承和发展，更结合云南地方实际，有所创新。

　　云南省生态文明宣传与教育包含两个部分，即宣传和教育。生态文明宣传的形式呈现多样化，对机关单位人员主要是通过培训；对于社会公众而言，主要通过宣传报、广播、展板、宣传片、宣传广告等形式宣传；而生态文明教育主要集中在各个高校、中小学，通过开设生态文明课程、组织演讲比赛、组织生态文明实践活动等向学校学生普及生态文明理念，使其深入人心。2010 年 10 月 16 日，第三届中国生态文化高峰论坛暨中国生态文明建设高层论坛召开，国家林业局，教育部，共青团中央，中国生态文化协会授予昆明"国家生态文明教育基地"称号，更是以试点形式开展生态文明宣传与教育，并陆续将一些森林公园设为"生态文明教育基地"，这是在环境宣传与教育的基础上进行的创新和拓展。

　　然而，生态文明宣传与教育在推进的同时也存在一些问题，如一些基层干部仍将生态文明建设等同于环保，生态文明理念尚未深入人心，生态文明观的自觉践行力较为薄弱等。云南省生态文明宣传与教育是在环境保护宣传与教育的基础上形成的，虽然加入了一些信息化手段，但是仍处于探索阶段，生态文明宣传与教育需要一个长期的过程。

第一节　云南省生态文明宣传与教育建设的奠基阶段
（2009—2014 年）

一、2009 年

2009 年 3 月 8 日左右，新平彝族傣族自治县妇女联合会开展生态文明环保活动。3 月 3 日，县妇女联合会、司法局、卫生局、林业局联合在县城中心广场开展"三八"维权周法律法规宣传活动。活动以设立法律咨询点、发放宣传单、广播、展板等方式进行，内容涉及保护妇女儿童的法律法规、防艾知识、妇幼保健知识、森林防火法规等。此次活动共展出防艾知识展板 26 块，发放各种宣传材料 62 000 多份，宣传内容丰富，宣传面广，效果良好，受到人民群众的一致好评。3 月 7 日，县妇女联合会，建设局，万佳超市联合组织开展以"万佳回馈社会、全民登山寻宝、整洁县城面山"为主题的全民登山寻宝暨整洁县城面山健身活动，吸引了 500 多名各界群众的积极参与。他们在登山健身活动过程中积极拾捡白色垃圾，以实际行动整治县城面山，共同营造"生态、环保、健康、文明、欢乐"的健身氛围，倡导科学、文明、健康的生活方式。[①]

2009 年 5 月 4 日至 8 日，西双版纳国家级自然保护区管理局开展保护区百名干部职工大走访活动，组成宣传组深入 6 所学校开展弘扬生态文明理念进校园教学宣传活动。宣传组分别走进勐腊县勐伴镇会落龙嘎小学（保护区内）、瑶区瑶族乡纳卓小学（保护区周边）、勐腊县民族中学、景洪市勐养镇中心小学、勐海县民族中学和西双版纳傣族自治州民族中学等 6 所民族中学及小学，向师生发放保护森林宣传画 1300 余张，保护动物大型宣传画 6 张，动物保护书签 200 张，亚洲象保护宣传册 1600 份，"珍爱绿洲·保

① 普国富、唐唐：《"三八"节期间新平县妇联开展生态文明环保活动》http://yn.yunnan.cn/yx/html/2009-03/12/content_280203.htm（2009-03-12）。

护家园"和"国家公园相关知识"宣传单 2000 余份。活动以"保护生态，爱我家园"和"弘扬生态文明理念"为主题，结合中小学生不同的特点，采取面对面参与互动的教学方法，使学生通过回答问题和参与游戏，接受"珍爱绿洲·保护家园""生物多样性保护""亚洲象及栖息地保护""自然资源保护""环境保护""热带雨林保护""生态文明"等相关方面的知识，初步了解西双版纳傣族自治州在生态文明建设中采取的措施及取得的保护成效。①

二、2010 年

2010 年 10 月 16 日，第三届中国生态文化高峰论坛暨中国生态文明建设高层论坛召开，国家林业局，教育部，共青团中央，中国生态文化协会授予昆明海口林场等 10 个单位"国家生态文明教育基地"称号。本届论坛的主题是"生态文化与低碳生活"，论坛从学术研究、绿色生活、低碳经济、企业绿色生产等角度探讨生态文化与低碳生活理论实践问题，总结交流各地弘扬生态文化、发展低碳经济、倡导绿色生活的经验，研讨新形势下加快推进生态文明建设进程的对策措施。本届论坛向全社会发出《弘扬生态文化、倡导低碳生活》的倡议书，弘扬以人与自然和谐共存为核心的生态文化，倡导以"节俭、节约、节制、节用"为内容的低碳生活，努力营造绿色低碳的文化氛围和生活空间，让绿色低碳理念进机关、进学校、进厂矿、进社区，进入所有的社会生活、职业生活和家庭生活。②

三、2011 年

2011 年 4 月 20 日上午，为建设生态文明城市，昆明劳模代表种植杨善洲纪念林。来自昆明市的 300 多名各行各业的劳模在昆明市总工会的组织下，来到昆明郊区的小七十郎村，共庆五一，同时种下千棵中山杉，为保护滇池，绿化母亲湖，撒下了自己的汗

---

① 中国野生动物保护协会：《自然保护区管理局：生态文明宣传进校园》，http://www.forestry.gov.cn/bhxh/688/content-10644.html（2009-05-14）。

② 一言：《生态文化高峰论坛举行　江泽慧倡导和谐绿色家园》，http://news.china.com.cn/env/2010-10/17/content_21138756.htm（2010-10-17）。

水。昆明市近年来深入践行科学发展观，坚持环保优先，"生态立市"，持续强化生态修复和环境保护，全面推进生态文明建设，加快建设资源节约型，环境友好型社会，努力实现人与自然的和谐共生，力求实现经济社会永续发展。工人们以自己的行动支持和响应省市的号召，积极投身到高原湖滨生态城市的建设中，充分发挥工人阶级的主力军作用。昆明市总工会要求广大职工群众学习杨善洲精神，在把昆明建设成为区域型国际城市的活动中，发挥积极作用。为进一步做好滇池流域生态环境保护工作，昆明市将按照城市总体规划，加强城市规划区划空间管制，在滇池流域范围内设立适宜建设区、禁止建设区，严格禁止有损生态环境的各种活动。不得新建、扩建、改建与滇池保护和治理无关的任何建筑物、构筑物和设施。对原有的建筑物、构筑物和设施，将逐步拆除或者搬迁，此外，昆明将适时把禁止建设区申报为国家级森林公园。①

2011 年 5 月 26 日，国家林业局，教育部，共青团中央，中国生态文化协会联合授予保山市施甸县善洲林场"国家生态文明教育基地"称号。国家林业局希望善洲林场充分发扬英模精神，全方位展示杨善洲艰苦创业的先进事迹和生态建设成果，扩大善洲林场的教育覆盖面，努力使之成为公众接受生态文明素质教育的阵地。②

2011 年 8 月 26 日，由云南省委宣传部组织的"云之南"艺术团带着省委、省政府的问候与关怀，来到高原水乡江川县举行《情系母亲湖》生态文明专场文艺演出，唱响人与自然和谐共处的主旋律。省、市、县三级部分领导观看了演出。省委宣传部常务副部长代表省委、省政府向江川县广大干部职工和父老乡亲为保护高原湖泊做出的努力和奉献表示敬意。希望江川县广大群众继续按照省委、省政府的统一部署，以压倒一切困难的勇气，开拓创新，迎难而上，为全面实现抚仙湖、星云湖的生态保护任务而不懈努力。市委书记孔祥庚在致辞中感谢"云之南"艺术团到玉溪市举行生态文明专场文艺演出。孔祥庚说，抚仙湖是珠江第一大湖，占全国优质淡水资源总量的 50%。八年来，玉溪人民在省委、省政府的领导下，坚持"生态立市"发展战略不动摇，全市干部群众铁着心肠关矿，含着眼泪禁船，冒着风险拆除违章建筑，挤出有限的财政资金支持环保项目，实施了抚仙湖—星云湖出流改道工程，成功地截住了每年流入抚仙湖的 4000 多万

---

① 方民：《建设生态文明城市 昆明劳模代表种植杨善洲纪念林》，http://news.hexun.com/2011-04-20/128904323.heml（2011-04-20）。

② 燕子：《善洲林场成为国家生态文明教育基地》，http://special.yunnan.cn/feature3/html/2011-05/27/content_1635486.htm（2011-05-27）。

立方米污水和蓝藻，抚仙湖总体水质由Ⅱ类恢复到Ⅰ类，受到了中央领导同志的肯定。今后，我们一定要在省委、省政府的领导下，坚定不移地在整个抚仙湖径流区实施"一退够、二调优、三保护"战略，构建抚仙湖生态水源区和清水产流机制，推进生态文明教育，引导广大群众像爱护自己的眼睛一样爱护抚仙湖，永葆抚仙湖水长清，让抚仙湖Ⅰ类水质一代一代传下去。[①]

四、2012 年

2012 年 6 月 28 日，云南省林业厅在善洲林场举行了"国家生态文明教育基地"授牌仪式。为进一步深入开展向杨善洲同志学习活动，推进"森林云南"建设，2011 年 5 月，国家林业局，教育部，共青团中央，中国生态文化协会联合授予善洲林场"国家生态文明教育基地"荣誉称号，旨在通过开展生态文明宣传教育和实践活动，扩大教育覆盖面，全方位展示杨善洲同志艰苦创业的先进事迹和生态建设成果，使善洲林场成为广大干部群众接受生态文明素质教育的主要阵地。授牌仪式上，云南省杨善洲绿化基金会向杨善洲纪念馆赠送了书画作品并向爱心企业颁发荣誉奖牌。[②]

五、2013 年

2013 年 6 月 3 日，云南省林业厅、教育厅，共青团省委联合下发了《云南省生态文明教育基地创建管理办法》，标志着云南省省级生态文明教育基地创建评选活动正式拉开帷幕。云南省生态文明教育基地是指具备一定的生态景观或教育资源，能够促进人与自然和谐价值观的形成，教育功能显著，经云南省林业厅、教育厅、共青团省委命名的场所。其主要是省级以上的自然保护区、森林公园、湿地公园、国家公园、国有林场、自然博物馆、野生动物园、植物园、生态科普基地、生态科技园区；或者具有一定代表意义、一定知名度和影响力的风景名胜区、重要林区、古树名木园、湿地、野生动物救护繁育单位、鸟类观测站，学校、青少年教育活动基地、文化场馆（设施）等相关单

---

① 方民：《"云之南"艺术团赴江川举行生态文明专场文艺演出》，http://news.cntv.cn/20110827/100373.shtml（2011-08-27）。

② 沈浩、高佛雁：《善洲林场成为国家生态文明教育基地 6 月 28 日授牌》http://special.yunnan.cn/feature3/html/2012-06/29/content_2276631.htm（2012-06-29）。

位。云南省省级生态文明教育基地的基本条件是，生态景观优美，人文景物集中，观赏、科学、文化价值较高，地理位置重要，具有一定的区域代表性，一定的服务接待能力，一定的社会知名度；或者具有一定的生态警示作用、较高的生态科技示范作用；或者拥有比较丰富的生态教育资源。云南省生态文明教育基地称号采用命名制，严格控制数量，坚持标准、注重实效、保证质量，并实行动态管理。云南省生态文明教育基地为公民接受生态道德教育提供便利，对有组织的生态文明教育活动实行优惠或者免费；对现役军人、残疾人、离退休人员和有组织的中小学生免费开放；植树节向全民免费开放，并组织有纪念意义的宣传活动。云南省生态文明教育基地管理的日常工作由云南省林业厅负责。云南省林业厅设云南省生态文明教育基地管理工作办公室，成员单位包括云南省林业厅、教育厅，共青团省委等省级有关部门。"云南省生态文明教育基地"证书和牌匾由云南省生态文明教育基地管理工作办公室对评审委员会的意见汇总后，报云南省林业厅、教育厅，共青团省委批准后授予。[1]

2013 年 6 月 4 日，云南省环境保护厅日前在昆明滇池国家旅游度假区海埂社区举行了第四十二个"六·五"世界环境日宣传活动。来自省、市环保部门的工作人员、环保专家、学生、社区群众 200 多人参加了这次活动。活动现场展出了生态文明、节能减排、低碳生活、白色污染、湖泊保护、农村环境污染防治等贴近民生的环保知识宣传展板 60 块；环保专家就市民关心的环境问题进行了生动的讲解；工作人员走近市民、走进社区，发放宣传材料，向市民宣传环境政策。活动中，环保工作人员、社区群众、小学生一起在滇池湖畔种下 140 多棵环保树；省环境保护厅团委组织团员们分别对盘龙江、金太塘河入湖河段岸边垃圾进行清捡；河道打捞队员对盘龙江入湖河段内的漂浮物进行了打捞。"六·五"世界环境日宣传活动期间，云南省环保系统围绕"同呼吸共奋斗——爱护美好家园我们一起行动"的主题，结合本地实际，开展丰富多彩的环保宣传活动，旨在传播环保理念，宣传环境法规，普及环保知识，正面引导环保舆论，促使广大公众关心环保、支持环保、参与环保，为云南省生态文明建设贡献力量。[2]

2013 年 7 月 15 日起，云南省计划以"美丽"的名义连续召开新闻发布会，全省 16

---

[1] 杨之辉、武建雷：《云南启动省级生态文明教育基地创建活动》，http://yn.yunnan.cn/html/2013-06/04/content_2757348.htm（2013-06-04）。

[2] 程伟平、资敏：《云南社区讲解池畔栽树 环境宣传活动异彩纷呈》，http://www.cenews.com.cn/xwzx/zhxw/qt/201306/t20130604_742639.html（2013-06-05）。

个州市将分别介绍各自在生态环境保护和生态文明建设中采取的有力措施和取得的显著成效，客观地反映云南省生态文明建设的现状。7月15日，首场"美丽云南"新闻发布会将在昆明举行。作为省会城市，昆明市将一马当先，以"幸福"为题，向网友展示春城人民"还高原明珠滇池以绿色"的决心，以及让"春城无处不飞花"所做的努力。云南网将从7月15日起，派出全媒体报道组，对16场新闻发布会进行图文、微博、微信、视频全方位的报道。届时，网友可以通过云南网"美丽云南"新闻发布会专题，以及@云南网微博全面了解新闻发布会的动态。①

2013年10月23日上午，以双柏县委中心学习组开展第三次学习活动为契机，县委宣传部邀请云南省社会科学院马列主义毛泽东思想研究所所长黄小军教授进行了题为"推进生态文明，建设美丽双柏"的专题讲座，400多位领导干部参加培训和聆听了专题讲座。黄小军教授结合自己多年的工作实践，用生动的语言，翔实的例子，对十八大报告提出生态文明建设的背景意义、生态文明的内涵特征进行了深刻阐述。他指出，加快生态文明建设，是社会历史发展的必然趋势，是实现中国梦的具体行动，是建设美丽中国的迫切需要，更是全面建成小康社会的目标和重要内容。同时，黄小军还根据双柏县实际，对如何"推进生态文明，建设美丽双柏"提出七个坚持和希望：一是坚持处理好生产发展、生活富裕、生态良好的关系。二是坚持社会主义建设"五位一体"的系统观、整体观。三是坚持全力推进高原特色农业发展。四是坚持突出绿色发展，争当全国生态文明建设排头兵。五是坚持"生态立县，环境优先"，正确处理好经济社会发展与人口、资源、环境的关系。六是坚持有形的生态建设与无形的生态文化建设相结合。七是坚持发挥政府主导作用与调动企业积极性相结合。

与会干部反响热烈，纷纷表示通过专题讲座对生态文明建设有了更深一步的认识和理解。双柏县住房和城乡建设局相关领导表示，在下步工作中要结合住房和城乡建设部门的工作实际，从"抓规划、抓建设、抓管理、抓经营"着力，根据环境优美、生态平衡、设施配套、布局合理的要求，走一条精小别致、山水交融的特色城镇发展的道路，来扩大城市规模，改善人居环境，提升城市品位，真正把双柏县建设成为山水园林城乡、休闲宜居地。双柏县林业局相关领导也认识到，今后在林业工作中，要从抓好"天

---

① 王琳、钱霓：《以"美丽"的名义云南16州市召开新闻发布会介绍生态文明建设情况》，http://politics.yunnan.cn/html/2013-07/12/content_2802898.htm（2013-07-12）。

保工程、退耕还林工程、农村能源建设工程、野生自然保护区和野生动物建设工程"几方面工作抓好生态环境建设。同时也要注重改善民生，确保全县林业生态环境的可持续发展，不断改善生态环境，使生态环境呈现一种可持续发展，在可持续发展的同时不断加强林业产业建设，使全县生态环境达到一种可持续良性循环。据了解，双柏县作为云南省的林业重点县和楚雄彝族自治州的水能资源大县，对生态文明建设工作高度重视。为认真组织好双柏县生态文明建设宣讲活动，确保宣讲工作有序开展，双柏县委宣传部2013年8月23日下发《关于认真做好生态文明建设宣讲工作的通知》，成立了生态文明建设宣讲团。截至目前，生态文明建设宣讲团共组织10余场专题宣讲。①

2013年12月31日由云南省林业厅组织教育厅，团省委有关负责人及林业专家组成的评审委员会，对安石村和临沧市花果山城市森林公园申请"云南省生态文明教育基地"进行复核评审，结果获得评审委员会一致通过。安石村2013年全村实现经济总收入3543万元，农民人均纯收入9392元。其中，茶叶收入1800万元，人均5788元；核桃产量214吨，产值600万元，人均1929元；桃、李、甜柿、杨梅等经济林果人均收入1675元。安石村是"生态建设产业化，产业发展生态化"发展思路的践行者，是用好用活"退耕还林"政策的典范，是资源节约型、环境友好型可持续发展的一个缩影。临沧市花果山城市森林公园位于临翔区西南郊的花果山上，森林公园生态环境质量良好，建设有1个珍稀植物园，拥有较丰富的生态教育资源和受众群体，是一个能为社会提供林业科技培训、推广和交流的服务平台，对推动临沧市林业生态建设，促进林业产业发展，繁荣林业生态文化具有重要作用；是一个面向社会的生态科普和生态道德教育基地，能为社会提供科普宣传教育服务，能够促进人与自然和谐价值观的形成，教育功能显著。②

六、2014 年

2014年6月5日下午，由云南省环境保护厅，省委高等学校工作委员会，共青团云

---

① 王静：《云南双柏县举办 10 余场专题宣讲 助推生态文明建设》，http://yn.yunnan.cn/html/2013-10/29/content_2937129. htm（2013-10-29）。

② 陈灿华：《我市两单位通过"省级生态文明教育基地"评审》，http://www.lincang.gov.cn/Jrlc/Jrlc/201401/50184.html （2014-01-06）。

南省委共同主办的以"争当全国生态文明建设排头兵——我们在行动"为主题的大学生演讲比赛决赛在昆明举行，旨在宣示云南省委、省政府带领全省各族人民争当全国生态文明建设排头兵的信心和决心，释放和传递建设美丽云南人人有责的信息，倡导在一片蓝天下生活的每一个公民都应该牢固树立保护生态环境的理念，切实履行好呵护环境的责任，从自己做起，从小事做起，从身边事做起，做到了解自然、敬畏自然、亲近自然、保护自然，自觉增强节约意识、环保意识、生态意识。努力营造"做好事做善事做志愿者"的良好氛围，养成健康合理的生活方式和消费模式，激发全社会的环保热情，为实现天蓝、地绿、水净的美丽云南梦而奋斗。本次大学生环保宣传比赛立足云南省生态环境保护工作实际，围绕"争当全国生态文明建设排头兵——我们在行动"的主题撰写演讲稿，充分阐述当代大学生践行生态文明的理念，展示他们向污染宣战的坚强决心，倡导健康合理的生活方式和消费模式，呼吁大众增强节约意识、环保意识、生态意识，用实际行动争做生态文明建设的宣传者、推动者、实践者。经过激烈角逐，云南财经大学张一凡获得本次演讲比赛第一名，朱学磊等三名同学获得二等奖，云南艺术学院魏亚东等三名同学获得三等奖，另有 8 名参赛同学获得优秀奖，昆明医科大学等参赛单位获得参赛优秀单位组织奖称号。[①]

2014 年 7 月中旬，以"争当全国生态文明建设排头兵——我们在行动"为主题的环境活动走进昌宁县湾甸傣族乡帕旭芒石傣族村。此次活动由云南省环境保护厅，保山市环境保护厅，昌宁县委政府主办，旨在宣示云南省委、省政府带领全省各族人民争当全国生态文明建设排头兵的信心和决心，释放和传递建设美丽云南人人共享、人人有责的信息，倡导在一片蓝天下生活、呼吁每一位公民都应该牢固树立保护生态环境的理念。通过现场歌舞表演、环保知识讲解、有奖问答、现场专访、环保知识展板宣传和生态文明建设签名等形式，向当地群众宣讲生态保护的重要性和云南省争当生态文明建设排头兵的理念。湾甸傣族乡副乡长景巧燕说："通过这个活动的开展，增强了我们村民的环保意识，也为我们下一步做好环保工作奠定了知识。在以后的生活当中，我们会加强垃圾分类，建设一些沼气池，然后把我们的空地都种上绿色的树。"湾甸傣族乡帕旭芒石傣族村民小组长金国林说："我相信我们帕旭芒石傣族寨子，环境会越来越好，越来越

[①] 李晓燕：《争当全国生态文明建设排头兵——我们在行动"大学生演讲比赛决赛举行》，http://yn.yunnan.cn/html/2014-06/05/content_3236787.htm（2014-06-05）。

漂亮。"①

2014 年 8 月 10 日，新华社、《中国绿色时报》、《云南日报》等中央、省级新闻媒体共同聚焦保山市隆阳区水寨乡海棠村生态文明建设，实地进行深度采访报道。新闻采访组听取了乡、村负责人的介绍，走访了松茸、块菌大户、林下中草药种植户，观看松茸采收过程、森林景观和村容村貌。海棠村是保山市典型的亚热带冷凉山区，海拔 2350 米，辖 5 个自然村 6 个村民小组，人口 374 户 1551 人，面积 11 平方千米，历史上曾是森林茂密、生态优美的地方，由于历史原因，曾两次出现大规模砍伐森林，导致生态环境一度恶化，当地群众生活陷入赤贫。痛定思痛，在村支部、村委会的带领下，海棠村确立了造林护林爱林、保护生态环境的理念，通过几代人的努力，在上级党委、政府和各级林业部门的帮助扶持下，村民们走出了一条山头种花椒、山下栽核桃，林下种山葵、促繁野生菌的发展绿色经济路子。同时围绕建文明新村，大力实施改厨、改厩、改厕、建家、建院的三改两建和道路硬化工程，彻底改变了"脏乱差"的现象，村容村貌发生了翻天覆地的变化，形成了"村在林中，人在画中"的和谐共荣景象。到 2013 年底，全村林地面积达 12 226 亩，森林覆盖率达 87%，年产松茸 4.5 吨、180 万元，块菌 10 吨、300 万元，核桃年产 50 吨、175 万元，还有中草药、花椒、松子、梨、木瓜等林产品，林业经济总收入 700 多万元，占总收入的 65% 以上，人均年纯收入达 7356 元。2010 年海棠村被中国生态文化协会授予"全国生态文化村"称号，成为全国生态环境良好、生态文化繁荣、生态产业兴旺、人与自然和谐、示范作用突出的典范。②

第二节　云南省生态文明宣传与教育建设发展阶段（2015 年）

2015 年 3 月 29 日，有当地市民主动到晋福古园陵园预约登记，选择生态葬。这是晋福古园陵园建园以来，推出生态葬业务后出现的首次变化：市民主动选择。这意味着

---

① 张恒、张忠海、段晓瑞：《争当全国生态文明建设排头兵——昌宁在行动》，http://baoshan.yunnan.cn/html/2014-07/15/content_3286129.htm（2014-07-15）。
② 钱秀英、段绍飞：《新华社等多家媒体聚焦海棠村生态文明建设》，http://www.baoshan.cn/561/2014/08/18/402@75797.htm（2014-08-18）。

人们的殡葬观念已悄然发生变化，开始接受这种环保的殡葬模式。^①据云南省民政厅统计，云南省每年仍有 20 万具遗体在火化区和土葬改革区装棺土葬。几乎全省都存在"二次土葬"，即遗体火化后再装棺土葬的现象，豪华墓、"活人墓"和"超大墓"也屡禁不止。目前"绿色殡葬"还没有被社会普遍理解、接受和选择，每逢清明节，烧纸、放鞭炮等传统祭扫方式依然流行。加上目前很多人对树葬、花葬等生态葬还停留在低端、低价产品的错误认识上，认为生态墓位是提供给低收入群体的选择，很多人出于攀比心理，不愿意选择生态墓位。加之部分公墓出于价格方面的考虑，对推广生态葬法积极性也不高，这些都导致目前"'绿色殡葬'叫好不叫座"的局面。云南省民政厅社会事务处处长陈强说："我们所称的'绿色殡葬'，是以厚养薄葬、文明祭扫、低碳祭扫和生态节地葬法等为核心的殡葬理念和殡葬方式。"全省推行"绿色殡葬"，其目的便是节约土地、保护环境、移风易俗、减轻群众负担。从长远来看，"绿色殡葬"仍将是殡葬改革的最终发展方向，是建设生态文明、实现科学发展、可持续发展的客观要求。根据 2014 年民政部在全国殡葬会议上提出的计划，到 2020 年，要使全国火化率达到或接近 100%，节地生态安葬率达到 40% 以上，推行殡葬改革，云南省任重道远。^②

　　2015 年 4 月 16 日上午，按云南驻京机构党委工作计划，经与首都绿化委员会协调，云南驻京机构党委在北京市八达岭林场组织了以"绿色北京，人人有责"为主题的义务植树活动。本次活动旨在使云南驻京机构广泛开展全民义务植树活动，增强广大干部职工的环保意识，展示云南争做生态文明建设排头兵的良好形象。首都绿化委员会办公室副主任、北京市园林局副局长甘敬，云南驻京机构党委书记、纪委书记、省驻京办事处副主任马红梅，省驻京办事处副主任李富雄等领导参加了植树活动。云南省驻京办事处，州市驻京联络处，部分省属国有企业驻京单位，北京云南商会部分会员单位等云南驻京机构的近百人参加植树活动。植树现场，大家在林场工作人员的指导下热火朝天

① 2003 年开始，云南省实施《云南省殡葬改革条例》，生态葬落户云南殡葬行业。例如，观音山公墓、金宝山艺术园林等陵园都建有生态葬墓区；2004 年，云南省全面倡导绿色殡葬。截至 2014 年底，云南省共有殡葬管理执法机构52个，91 个县（市、区）、115 个街道办事处、388 个乡镇被定为火化区，火化已覆盖 2000 多万人，火化率达 37.6%。目前全省大部分公墓都开展了树葬、鲜花葬、草坪葬、壁葬、塔葬等生态葬式，但节地生态安葬率仅达 19.2%。参见苏瑞阳、杨旭、金涛等：《绿色殡葬不叫座 云南生态葬 12 年安葬率仅 19.2%》，http://society.yunnan.cn/html/2015-04/05/content_3677328.htm（2015-04-05）。
② 苏端阳、杨旭、金涛等：《绿色殡葬不叫座 云南生态葬 12 年安葬率仅 19.2%》，http://society.yunnan.cn/html/2015-04/05/content_3677328.htm（2015-04-05）。

地行动起来，三人一组，五人一群，挥锹铲土、干劲十足，有的挖坑，有的将树木周边筑成小型土坝，有的扶树，有的填土，有的浇灌，分工合作、齐心协力地完成植树任务。两个多小时后，在八达岭林场 5 亩土地上，200 余颗树苗在大家的共同努力下整齐排列于八达岭长城脚下，一阵风吹来，树干轻轻晃动，摇曳的身姿仿佛在向劳动的人们招手致意。云南驻京机构党委积极组织广大党员和干部职工参与首都绿化美化建设，在增强义务绿化首都的宣传意识的同时，也将云南特色生态保护措施应用到北京绿化工作中，增强了首都及其周边地区植绿、爱绿、护绿的生态文明理念，推动了社会文明新风的兴起，也为云南推进争当全国生态文明建设排头兵的工作营造出了良好的环境和氛围。参加义务植树活动的同志们纷纷表示，绿化祖国，改善生态，人人有责。要落实习总书记参加首都义务植树活动重要讲话精神和各级部门领导要求，牢固树立环境就是民生、青山就是美丽、蓝天也是幸福的理念。植树造林是创造良好生态环境、为后人造福的一件大好事，参加植树既是一种义务，也是一种责任，更是一项造福人民的伟大事业，义务植树活动的蓬勃开展，对提高全民绿化意识，加快绿化国土和生态环境建设，促进经济发展和社会文明进步起到了重要的作用。①

2015 年 5 月 10 日上午，昆明启动 2015 年全国城市节约用水宣传周工作，对"建设海绵城市，促进生态文明"主题进行宣传。昆明市水务局副局长、市计划供水节约用水办公室主任龚询木介绍，昆明将努力建设"海绵城市"。龚询木介绍，海绵城市就是比喻城市像海绵一样，遇到有降雨时能够就地或者就近吸收、存蓄、渗透、净化雨水，补充地下水、调节水循环；在干旱缺水时有条件地将存蓄的水释放出来，并加以利用，从而让水在城市中的迁移活动更加"自然"。海绵城市遵循"渗、滞、蓄、净、用、排"的六字方针，把雨水的渗透、滞留、集蓄、净化、循环使用和排水密切结合。建设海绵城市要有"海绵体"。城市"海绵体"既包括河、湖、池塘等水系，也包括绿地、花园、可渗透路面这样的城市配套设施。雨水通过这些"海绵体"下渗、滞蓄、净化、回用，最后剩余部分径流通过管网、泵站外排，可有效提高城市排水系统的标准，缓减城市内涝的压力。②

---

① 李洁：《争当生态文明建设排头兵 云南驻京机构党委组织义务植树活动》，http://yn.yunnan.cn/html/2015-04/21/content_3700573.htm（2015-04-21）。

② 庞继光：《昆明完善城市排水设施建设 力建"海绵城市"》，http://yn.yunnan.cn/html/2015-05/11/content_3726484.htm（2015-05-11）。

2015 年 5 月 28 日，昆明市官渡区举办"生态南博绿色出行"文明交通志愿服务活动，40 名志愿者参与活动，以此动员和号召市民参与到迎南博志愿服务活动中，以优良秩序迎接中国—南亚博览会的举行。在官渡森林公园，交警八大队民警支起展板，发放宣传材料，为市民讲解交通安全文明出行知识。志愿者在民航路口开展文明交通宣传和劝导活动，号召所有交通参与者强化交通安全意识，做到遵章守纪，安全文明出行。环卫工人志愿者则打扫环境卫生，做好官渡森林公园及周边保洁工作。这次活动由官渡区精神文明建设指导委员会办公室，共青团官渡区委，区妇女联合会，交警八大队和关上街道联合举办。分别在官渡森林公园，官渡广场、关兴路、关上实验学校门口等路段及公交站台，通过组织青年志愿者，巾帼志愿者和文明单位志愿者开展文明交通宣传和劝导活动，引导市民自觉遵守交通法规，强化交通意识，养成文明交通行为习惯。①

2015 年 5 月 22 日，云南举办"5·22 国际生物多样性日"系列宣传活动，为纪念生物多样性日，云南省环境保护厅举办了一系列宣传活动，并积极参与了前期布展工作，展览设立了云南专版。5 月 22 日是联合国确定的"国际生物多样性日"，2015 年国际生物多样性日主题是"生物多样性促进可持续发展"。为纪念第 20"个国际生物多样性日"，环境保护部中国生物多样性保护国家委员会举办了"2015 年 5·22 国家生物多样性展览"，环境保护部陈吉宁部长出席做重要讲话，并参观了展览。《中国环境报》记者对高正文副厅长就云南省生物多样性保护工作情况进行专访，相关采访内容分别刊登在 5 月 22 日《中国环境报》第 6 版和《云南日报》第 2 版。云南生物多样性研究院举办了"保护生物多样性市区面对面""云南首届大学生保护生物多样性宣传周""大手拉小手保护生物多样性自然体验教育"等活动，传播生物多样性保护知识，以唤起公众的生物多样性保护意识，促进公众广泛关注和参与生物多样性保护。②

2015 年 5 月 27 日，《中国环境报》记者蒋朝晖报道，云南省首届大学生保护生物多样性宣传活动周日前在昆明成功落幕。这是云南省环境保护厅与西南林业大学云南生物多样性研究院共同举办的系列宣传活动之一，旨在唤起全社会逐步形成保护生物多样性的行动自觉和文化自信。活动周期间，来自西南林业大学等高校的大学生以保护生物

---

① 赵岗、熊楠、张云洪：《昆明 40 志愿者参与"生态南博绿色出行"文明交通志愿服务活动》http://yn.yunnan.cn/html/2015-05/29/content_3752203.htm（2015-05-29）。

② 巩立刚：《云南省环境保护宣传教育中心组织开展"5·22 国际生物多样性日"宣传活动》，http://www.ynepbxj.com/hjxc/xchd/201605/t20160523_153255.html（2016-05-23）。

多样性为主题，积极参与微视频展示、保护生物多样性话剧剧本创作大赛等形式多样的线上线下宣传活动；云南生物多样性研究院的科研人员带领西南林业大学青年志愿者协会志愿者，走进昆明市区南屏街广场、圆通山动物园等地，通过发放生物多样性知识彩页、珍稀濒危野生动物精美明信片、纪念"国际生物多样性日"精美宣传品，与市民面对面交流，传播生物多样性保护知识，让大家了解云南省生物多样性保护工作取得的成果和面临的难题。云南省生物多样性研究院常务副院长董文渊说："云南是全球的生物多样性富集区和物种基因库，是中国生物多样性最丰富的省份。希望通过科普宣传，让生物多样性知识走进千家万户，让大众更多地认识到生物多样性与人类生活的关系，深刻理解生物多样性是人类生存和实现可持续发展必不可少的基础，在全社会逐步形成保护生物多样性的行动自觉和文化自信。"①

2015 年 6 月初，云南省普洱市思茅区围绕全区重点工作，投入 20 万余元，深入企业、社区、学校、农村、机关等，采取培训、电视、网络、展板等多种方式，扎实开展形式多样的环保宣传教育系列活动。在环境教育方面，依托"绿色学校""绿色社区"创建活动，提高中小学环境教育和环境管理水平，增强师生的环境保护认识和实践能力；推动社区环境自治，促进居民改变传统生活方式，改善城市社区环境质量。在农村环境保护方面，依托农村环境综合整治工作，加大农村"两污"治理，改善农村生活环境，推动村委会完善环保村规民约；新建农村环保知识展板，培养村民良好的生活习惯；认真开展亚洲象保护宣传活动，在思茅港镇、六顺镇、倚象镇新建三块"亚洲象"保护宣传路牌，强调生物多样的重要性。在能力培训方面，依托生态文明建设宣讲活动，深入企业、学校、社区、乡镇，扎实开展绿色宣讲活动；组织南屏镇、六顺镇、思茅港镇、龙潭彝族傣族乡开展"国家级生态乡镇""省级生态乡镇""市级生态村"培训；结合"六·五"环境日等重大环境纪念日，自编"空气污染防治小知识""让良好的生态环境成为思茅发展的宝贵资源和最大优势"等环保知识手册，无偿提供给企业、社区、学校等用于开展环境保护宣传。②

2015 年 6 月 2 日，在第 44 个"六·五"世界环境日即将来临之际，云南省环境保

---

① 蒋朝晖：《云南启动湿地保护演讲大赛企业参与搭建公众宣教平台》，http://www.cenews.com.cn/ywz_3513/jy/lsxy/201702/t20170208_820432.html（2017-02-08）。

② 毕波：《思茅区扎实开展 环境保护宣传教育活动》，http://puer.yunnan.cn/html/2015-06/05/content_3770087.htm（2015-06-05）。

护厅和省人大环境与资源保护工作委员会，省政协人口资源环境委员会共同举办"生态文明建设·环保法规政策知识竞赛"活动。据悉，本次竞赛共有 16 个州市环保机关，省级环保机关和省环境监察总队共 18 支代表队参加，决赛设有必答题、抢答题、风险题及案例分析题等 4 个环节，比赛现场气氛活跃，各参赛队围绕生态文明建设、环保法规政策的相关问题沉着应答，选手精彩的表现不时赢得观众热烈的掌声。经过激烈角逐，最终迪庆藏族自治州环境保护局代表队获得本次比赛一等奖；云南省环境保护厅，昆明市环境保护局、昭通市环境保护局等 3 个代表队获得二等奖；玉溪市环境保护局，省环境监察总队，普洱市环境保护局，德宏傣族景颇族自治州环境保护局等 4 个代表队获得三等奖；西双版纳傣族自治州环境保护局、丽江市环境保护局、临沧市环境保护局、曲靖市环境保护局、怒江傈僳族自治州环境保护局等 10 个代表队获得优秀奖。据了解，2015 年"六·五"世界环境日的主题是"践行绿色生活"。推动生活方式绿色化，是生态文明建设融入经济、政治、文化和社会建设的重要举措，是实现生活方式和消费模式向勤俭节约、绿色低碳、文明健康方向转变的具体实践。

云南省环境保护厅副厅长高正文介绍，本次"生态文明建设·环保法规政策知识竞赛"活动旨在促进全省环保系统加强学习，准确理解有关生态文明建设的新谋划、新部署，全面掌握《中华人民共和国环境保护法》及四项配套制度等法规政策的新规定、新要求，努力提升全省环保系统广大干部职工的工作能力和执法水平，更好地为全省经济社会发展服务。高正文表示，全省各级环保部门要学习宣传、贯彻落实《中华人民共和国环境保护法》及四个配套办法的规定、中华人民共和国最高人民法院和最高人民检察院关于办理环境污染刑事案件适用法律若干问题的解释、国务院和省政府关于加强环境监管执法的意见，保护生态环境，加大污染防治工作，严厉打击环境违法犯罪行为，不断改善环境质量。《中华人民共和国环境保护法》将生态文明建设、可持续发展、经济社会与环境保护协调发展作为立法宗旨，明确了环境保护基本国策和保护优先、预防为主、综合治理、公众参与、损害担责的基本原则。完善了环境监测、环境影响评价、总量控制、排污许可、生态保护红线等环境管理制度。明确了政府、企事业单位和环境监管部门的责任，对公众参与和公民的环境权利做了进一步明确，此外，《中华人民共和国环境保护法》针对按日连续处罚、限制生产、停产整治、停业关闭、查封扣押、行政拘留等行政处罚措施做出了明确规定，配套出台的四项制度就具体情形、执法程序等做

了进一步细化和明确。①

2015年6月4日，鹤庆县环境保护局组织干部职工利用县城街天②，在街心花园开展"六·五世界环保日"宣传活动。鹤庆县环境保护局向过往群众发放《生态文明我先行——努力成为全国生态文明建设排头兵》读本，《中华人民共和国环境保护法》《保护草海湿地保护生物多样性》等宣传资料，利用广播解读《中华人民共和国环境保护法》。鹤庆县环境保护局干部职工还向草海湿地投放鱼苗，在湿地周边开展"三清洁"活动。联合国环境规划署确定2015年世界环境日主题为："可持续消费和生产。"口号为："七十亿人的梦想：一个星球 关爱型消费。"环境保护部公布2015年世界环境日中国主题为："践行绿色生活。"通过集中宣传旨在广泛传播和弘扬生活方式绿色化理念，提升人们的认识和理解，并自觉转化为实际行动；呼吁人们行动起来，从自身做起，从身边小事做起，减少超前消费、炫耀性消费、奢侈性消费和铺张浪费现象，实现生活方式和消费模式向勤俭节约、绿色低碳、文明健康的方向转变。③

2015年6月5日上午，由共青团云南省委和云南省环境保护厅联合主办，共青团玉溪市委，江川县委、县政府承办的"云南争当全国生态文明建设排头兵"青少年生态文明志愿行动启动仪式在玉溪市江川县举行。玉溪市委常委方志鸣出席启动仪式并致辞，省环境保护厅巡视员左伯俊，团省委副书记景绚出席启动仪式并讲话。启动仪式由共青团省委副书记罗永斌主持。景绚介绍说，"云南争当全国生态文明建设排头兵"青少年生态文明志愿行动是全省各级团组织和广大青少年深入贯彻落实习近平总书记云南考察时重要讲话精神，认真贯彻落实省委、省政府关于争当全国生态文明建设排头兵决策部署的重要工作举措。近年来，在省委、省政府的正确领导和高度重视下，在环保部门的大力支持和悉心指导下，云南省各级团组织紧紧围绕全省生态文明建设发展大局，组织和动员广大青少年广泛开展生态环保宣传，扎实推进植树造林、河道清淤、环境综合整治等青少年环保宣传实践活动，植树造林累计20余万亩，援建共青团希望水窖近3万口，开展了"保护母亲河"、"九湖流域生态监护"、共青团希望水窖"1+X"公益活

---

① 詹晶晶：《"世界环境日"将至 云南举行"生态文明建设·环保法规政策知识竞赛"》，http://yn.yunnan.cn/html/2015-06/02/content_3764205.htm（2015-06-02）。
② 指当地人每个月固定赶集的日子。
③ 寸红亮：《鹤庆县开展"6.5 世界环保日"宣传活动》，http://dali.yunnan.cn/html/2015-06/04/content_3767544.htm（2015-06-04）。

动、青少年生态环保公益徒步等一系列青少年生态环保品牌活动，总结提炼出"小手拉大手"、"1 助 1"和"1 帮 5"等工作模式和经验，为建设美丽云南做出了力所能及的贡献。

就全省各级团组织抓好"云南争当全国生态文明建设排头兵"青少年生态文明志愿行动各项工作落实，景绚要求要大力宣传生态理念，引导广大青少年争做谱写中国梦云南篇章的奋进者；要大力弘扬生态文化，引领广大青少年争做社会主义核心价值观的践行者；要大力倡导生态实践，带领广大青少年争做美丽云南建设的参与者。她要求，全省各级团组织要本着"党政所指、青年所想、社会所需、力所能及"的原则，加强与环保部门的沟通合作，立足实际不断创新活动的方式和载体，充分整合社会力量，加强宣传，发动和引导更多的社会公众参与到生态文明建设中来，使志愿行动形成声势、深入人心，成为云南共青团工作的拳头品牌。

左伯俊表示，"云南争当全国生态文明建设排头兵"青少年生态文明志愿行动是对2015 年我国环境日"践行绿色生活"主题的极好呼应，行动的实施必将为云南省"争当全国生态文明建设排头兵"做出积极贡献。他指出，要认真贯彻落实习总书记系列重要讲话精神和考察云南重要讲话精神，深刻领会习近平总书记关于生态文明建设的新思想、新观点和新论断，吃深吃透、融会贯通。要认真学习领会中央关于加快推进生态文明建设的重大战略部署，抓住《中共中央 国务院关于加快推进生态文明建设的意见》实施的新契机，拓展新思路、探索新途径、构建新模式，大力弘扬生态文明主流价值观，推进生态文明制度建设，加快形成节约资源和保护环境的空间格局、产业结构、生产方式和生活方式。要认真贯彻落实《中共云南省委、云南省人民政府关于争当全国生态文明建设排头兵的决定》和《中共云南省委关于深入贯彻落实习近平总书记考察云南重要讲话精神闯出跨越式发展路子的决定》的各项要求，着力提高资源节约和综合利用水平，着力加强生态保护与建设，着力建设生态文化，着力建设城乡宜居生态环境，着力完善生态制度建设。全省各级团组织将围绕建设绿色工程、宣传绿色文化、开展绿色活动、培育绿色队伍、倡导绿色生产生活的工作布局，通过组织化动员和社会化发动相结合、线下活动和线上活动相结合的方式，广泛组织开展"保护母亲河行动"、"九湖生态监护"、青年林建设、援建共青团希望水窖、服务美丽乡村建设、生态环保知识宣传、弘扬绿色生产生活理念、选树青少年生态环保先进典型、培育青少年志愿环保队伍、凝聚青少年生态环保组织等一系列形式多样、内容丰富的工作和活动，努力在广大青少年中形成人人关心生态环保、人人参与生态环保的良好氛围。

启动仪式上，共青团玉溪市委和洱源县委就青少年生态环保工作做了交流发言，青年志愿者代表宣读了《云南争当全国生态文明建设排头兵青少年生态文明志愿行动倡议书》，发布了《云南争当全国生态文明建设排头兵青少年生态文明志愿行动宣传片》。启动仪式后，青年志愿者将在抚仙湖周边开展义务植树、生态环保徒步等活动。云南省环境保护厅、共青团云南省委相关处室负责同志，玉溪市相关部门负责同志，共青团各州（市）委、滇中产业新区团工委负责人，九湖流域 17 个共青团县（市、区）委负责同志，江川县领导及相关单位负责人，青年志愿者代表等参加了启动仪式和植树活动。①

2015 年 6 月 14 日上午，大理市在全民健身中心举行洱海卫士志愿服务活动启动仪式，来自全市政府机关、企事业单位和学校的 1500 名志愿者参加了启动仪式。为充分发挥志愿者在保护洱海中的引领示范作用，形成全民关心洱海、人人保护洱海的全新局面，进一步加大保护洱海志愿服务工作力度，大理市决定成立保护洱海志愿者队伍——洱海卫士志愿服务队。该志愿服务队由大理市志愿者协会负责组织协调，总人数不少于 2 万人。为保证保护洱海志愿服务活动定期化、常态化和品牌化，大理市将每个月的最后一个星期五定为"保护洱海志愿服务日"。服务日当天，洱海卫士志愿者开展保护洱海志愿服务活动，各镇组织志愿者对辖区内所有临湖自然村开展集中环境卫生整治，大理市精神文明建设指导委员会办公室每月组织部分文明单位志愿者轮流到一个镇开展一次全面环境卫生整治活动，各文明单位按"网格化"管理组织全体职工到挂钩责任区开展环境卫生整治活动；各大中专院校组织学生志愿者到环湖各自然村的所有农户家中，通过发放宣传资料和面对面宣讲，向村民宣传保护洱海的目的和意义、规章制度和行为规范，帮助村民树立保护洱海意识，培养自觉参与保护洱海文明行为；大理市精神文明建设指导委员会办公室将搭建平台和渠道，引导和鼓励广大洱海卫士志愿者开展"我监督、我曝光"活动，对乱搭乱建、侵占破坏洱海水域、乱扔垃圾、乱排污水污染洱海水体等不文明行为进行监督，通过登录大理市精神文明建设指导委员会办公室官方微博或微信公众平台，向大理市精神文明建设指导委员会办公室提供举报信息，大理市精神文

① 杨之辉：《"云南争当全国生态文明建设排头兵"青少年生态文明志愿行动在玉溪启动》，http://society.yunnan.cn/html/2015-06/05/content_3770340.htm（2015-06-05）。

明建设指导委员会办公室将通过新闻媒体进行曝光。启动仪式上，大理市领导向各洱海卫士志愿服务队授旗，并宣读了保护洱海志愿服务倡议书，号召全市人民，积极参与，争做保护洱海"践行者"；以身作则，争做洱海保护"宣传员"；勇于担当，争做洱海保护的"捍卫者"，坚决与破坏洱海生态环境的不文明行为做斗争，用行动实践爱与奉献的志愿精神，用智慧和汗水让洱海发出更加耀眼夺目的光彩。①

2015年7月底，由新华社半月谈杂志社、《中国名牌》杂志社，中国国情调查研究中心主办的"全国十佳生态文明城市"评选活动揭晓，香格里拉市荣获"全国十佳生态文明城市"称号。近年来，香格里拉市紧紧围绕"生态立市"主题，大力实施生态工业、生态农业、生态林业、生态旅游和生态城建工程，打好"生态牌"，推进美丽家园建设。②

2015年8月10日，由墨江哈尼族自治县林业局、县农业局、县住房和城乡建设局、交通局、水务局等部门联合，利用街天在墨江电影院前再一次开展创建国家森林城市宣传活动。此次宣传活动主要是向广大市民宣传创建国家森林城市的有关知识，提高市民植绿养绿护绿理念，使社会各界积极投身到创建国家森林城市的活动中来。③

2015年8月11日至21日，曲靖环保世纪行走进陆良县、麒麟区、马龙县等地，以"推进生态文明，建设美丽家园"为主题，重点加强对《中华人民共和国环境保护法》的宣传报道力度，为曲靖市全面贯彻实施《中华人民共和国环境保护法》营造良好氛围，在全社会牢固树立尊重自然、顺应自然、保护自然的生态文明理念。

其一，变废为宝，污水变清流。陆良县垃圾处理厂，一排排翠绿的树木迎风摇摆，隐约有一股淡淡的花香扑面而来……谁能想到这里是垃圾处理厂，在这里看不到蝇虫飞舞、闻不到垃圾恶臭。垃圾处理厂负责人徐通指着前方一座蓝色屋棚的房子介绍道："你们看，那里是垃圾预处理车间，所有运到这里的垃圾就先堆放在那里，然后进行有机物、无机物和可燃物分离。垃圾分好类后就通过运输线运输到不同的地方，该烧的

① 岳盛：《大理市举行洱海卫士志愿服务活动启动仪式》，http://dali.yunnan.cn/html/2015-06/15/content_3781921.htm（2015-06-15）。
② 石显尧：《香格里拉市获"全国十佳生态文明城市"称号》，http://www.xgll.com.cn/xwzx/dqtt/2015-07/28/content_184784.htm（2015-07-28）。
③ 郭徽：《墨江县开展创建国家森林城市宣传活动》，http://www.ynly.gov.cn/8415/8477/103308.html（2015-08-12）。

烧、该埋的埋、该降解的降解。"陆良县垃圾处理厂于2014年11月13日开始带料试运行，采用"生活垃圾预处理+有机质好氧发酵花卉园林绿化肥+可燃物质垃圾衍生燃料+无机物填埋"相结合的资源化综合处理工艺，对县城及周边乡镇的生活垃圾进行综合处理，实现垃圾分类95%以上，塑料、金属回收，无机物填埋，垃圾燃烧热值达到3000大卡（1大卡=4.184焦）。该项措施对陆良县的生活垃圾进行了"无害化、减量化、资源化"的妥善处理和回收利用。目前，已处理生活垃圾23 914吨，除液塑料再生新型复合材料生产系统正在调试阶段外，其他各系统运行正常。垃圾有了去处，那人们是不是更加爱护环境了呢？"小伙子，垃圾不可以随地乱扔，要扔到垃圾桶里。"陆良县三岔河镇清河村里的一条路上，一位年过半百的老大爷正将一位小伙子随手扔下的食品袋捡起扔到垃圾桶里，小伙子红着脸挠挠头说："我记住了，下次一定扔到垃圾桶里。"这位老大爷正是该村环境卫生监管委员会主任高忠良。高忠良指着穿村而过的杜公河说："晴天遇着灰，雨天卷裤脚，垃圾堆墙角，苍蝇满屋落。这是环境治理前我们村的真实写照，以前那条河里的垃圾都堆满了，每年清都清不完，现在好了，河里没有垃圾了，水也渐渐变清了。这个环境卫生监管委员会是由我们退休老党员自发组建的，为的就是让村里的环境变好。我们在每家每户门口都放有分类投放垃圾的垃圾袋，逢单号垃圾车就开着往村里绕，大家就自觉地把垃圾倒到车里。经过不到一年的整治，我们村的环境发生了翻天覆地的变化。水清了、岸绿了，群众的生活舒心了。"

其二，生态治理，和谐发展。麒麟区东山镇是一个典型的以煤矿生产为主的乡镇，由以前的"黑灰脏"变成了现在的"白富美"。该镇自2013年以来累计投资2600余万元，配套建成了一大批环卫基础设施。在建设中突出实用性，数量上按群众居住情况，每30至50户建一个垃圾房，配套建设一个公厕，选点尽可能就近就便，群众习惯把垃圾丢到哪里就把垃圾房建到哪里，设计上尽可能方便群众，让群众不用弯腰、不闻到垃圾气味就能投放垃圾。截至目前，已建成垃圾中转站1个、简易垃圾填埋场24个、规范化公厕202个、垃圾房452个，购置了箱体运输车3辆、三轮运输车31辆、垃圾箱体48个。与东山镇一样，马龙县的旧县街道也是旧貌换新颜，一个新型的小城镇正逐渐呈现在眼前。根据各村实际，采用户分类、自然村收集、行政村清运、处置等方式，督促群众将垃圾及时投送到就近的垃圾房内，用配置给各村的垃圾清运车将生活垃圾运送到各行政村的填埋场进行集中处置，同时引导村民对有机垃圾进行沤肥处理，实现垃圾的再利用和减量化。集镇的垃圾清扫、保洁、清运、处置等都采用市场化运作，确保清扫保洁质量，真正提升人居环境。村民张文良感慨地说："在这种无垃圾的环境里生活，我一定能多活几年。现在我们这里的环境和城里一样好了，甚至还比城里好，我们生活得真是太舒适了。"截至目前，全市已启动建设美丽家园示范点 185 个，危房重建 22 416 户；共征收排污费 1700 万元，全面完成第一阶段环境安全隐患排查整治工作，全市共排查工业园区 13 个，建设项目 801 个，重点企业 211 家，重点信访案件 24 件，核辐射企业 267 家，处罚金额 279.12 万元，已完成整治 30 家；234 个省级重点减排项目完成 142 个，其中工程减排 7 个，管理减排 124 个，结构减排 11 个……这一组组数字无不表明在曲靖市委、市政府的坚强领导下，曲靖市上下正在为干净的呼吸、幸福地活着而积极努力，并将为此不懈地努力下去。①

2015 年 9 月 5 日至 6 日，由云南省环境科学研究院，云南省环境保护宣传教育中心，沧源佤族自治县人民政府联合举办的"翁丁古村落环境保护宣传教育培训活动"启动仪式在沧源佤族自治县翁丁古村落举行。活动以贴近佤族村寨生活特点开展，内容丰富多彩，亮点纷呈，翁丁古村落佤族人民积极参与互动，生态文明理念宣传效果明显，活动取得圆满成功。翁丁古村落，如同它的名字"翁丁"，佤族语意云雾缭绕的地方——朦胧、美丽、神秘、原生态而令人神往，依旧保留着最原始的建筑风格和风土人情，被民俗专家称为"中国优秀传统村落最后的守望"，是迄今为止保存最为完美的原始群居村落，被《中国国家地理》杂志誉为"中国最后一个原始部落"。先后被云南省委、省政府列入云南省第一批非物质文化保护单位和历史文化名村，以及临沧市独具特色的旅游景点之一。用生态文明理念保护和发展好翁丁古村落是贯彻落实省委、省政府确立的"保护优先、发展优化、治污有效"的重要举措，对云南省生态文明建设过程中农村环境综合整治具有典型性和示范作用，对推动全省生态文明建设具有重要意义。"翁丁古村落环境保护宣传教育培训活动"是云南省环境科学研究院承担的国家科技支撑计划课题"翁丁村环境保障技术研究与示范"中的一项重要内容。课题组此次共计 17 人走进翁丁古村落 103 户佤族人家中，以多种贴近民生、关心民生、寓教于乐的方式，完成既定环保宣传各项工作任务。

---

① 张雯：《曲靖环保世纪行追踪 挖掘生态潜力 建设美丽家园》，http://qj.news.yunnan.cn/html/2015-08/26/content_3883 066.htm（2015-08-26）。

亮点一，专家团队规格高，却又敬业、朴实。17 人中有中央民族大学生命与环境科学学院、中国科学院昆明植物研究所研究员，博士生导师教授 1 人；云南省环境科学研究院教授级高级工程师 1 人，硕士 1 人；中国林业科学研究院资源昆虫研究所副研究员、博士 1 人；云南省社会科学院东南亚研究所研究员、云南省参与式发展学会会长 1 人；云南省环境保护宣传教育中心高级工程师 1 人，新闻采编员 1 人；云南大学图书馆副研究馆员 1 人；云南金丝猴电脑艺术工作室画家及助手 2 人、西南林业大学在读研究生 2 人；云南、上海两地高级艺术家 2 人。专家团队精心制订计划，分组实施，对分布在翁丁古村落的 103 户佤族人家以走访、慰问、咨询、问卷调查、促膝谈心等方式，做全盘了解，在交谈中渗透生态文明建设与发展理念。从初始的异常、怀疑、猜测到课题接近完成后的一起留影、欢歌，课题组与佤族同胞如同"一家人"，为课题组完成既定内容做好了铺垫。特别值得一提的是课题负责人欧阳志勤教授通过之前的社会调查，帮助并鼓励翁丁古村落在昆明上学的孩子们，让佤族同胞感恩至极。

亮点二，将可持续发展的生态文明理念以润物无声的方式传达给翁丁村佤族人家。一是在走访翁丁古村落 103 户佤族人家过程中，有课题组赠送印有宣传生态文明的环保手册、遮阳帽、生态围裙等。二是课题组经过专家论证、研究，拟选择适合栽种的珍稀濒危植物及果树苗，传达给村民们爱护自然、爱护生态、保护物种的思想，这些植物终将在翁丁古村结出"生态文明之果"，被翁丁古村佤族同胞称为"希望之树"。三是建立"翁丁环保书屋"，由农村生态环境、农作物种植、畜禽养殖、垃圾分类处置等科普知识读物组成，既增加了科普知识渗透教育，又丰富了翁丁古村佤族人的文娱生活。四是通过绘画艺术专家组织传授翁丁古村小学生进行绘画，在绘画中激发小学生们爱家乡、爱环境的热情。

亮点三，体验翁丁生活，用真情实感传达生态文明理念。目前，村落内不少农户不断扩大养殖规模，畜禽粪便直接排泄在院落或村落中，在自家庭院晾晒粪便，用自来水冲洗猪栏，污水横流，已成为村落中最大的环境污染源。同时，还有部分人乱丢垃圾，生活污水随意泼洒，不少农户仍然是人畜混居（上层住人，下层圈养家禽家畜）。近年来，随着游客数量的增加，翁丁古村落周边的水体已经在一定程度上受到了污染，给原本就脆弱、敏感的自然环境带来隐患。课题组工作人员食宿均在翁丁古村，他们用切身体验，以感受互动来传达生态文明理念。"翁丁村环境保障技术研究与示范"课题，拟在国内外对农村环境综合整治方面取得的一些成熟的技术和方法上筛选集成，并因地制宜地对翁丁古村落存在的主要环境问题进行分析和研究，探索出适宜于翁丁古村落家庭养殖污染物处理的技术、生活污水和垃圾治理的技术，并应用于翁丁古村落环境综合治理示范工程中，以改善该村落绝大多数家庭的生活环境，提升其生活质量，提高村民环境保护意识，促进区域旅游业健康快速发展，实现村落社会经济可持续发展。在翁丁古村落开展环境保护宣传教育培训活动，其目的是提高村民和游客的环境保护意识，培养村民爱家园、爱干净、讲卫生的意识和习惯，促进翁丁古村落村民参与环境建设、加强邻里交流互助、改善村落环境、推动村落文明进步、提升村民生态文明意识，使村民在参与村落环境卫生整治过程中不断接受环保理念、养成讲究卫生的习惯，维护村落和院落卫生，从而自觉践行绿色生活方式。整个环境保护宣传教育培训活动落下帷幕，环保专家组翁丁之行也画上了圆满的句号。本次活动为全省乃至全国自然村落生态环境保护与经济发展，提供了一个良好的典范，充分践行了"努力成为生态文明排头兵，云南环保在行动"，在推动生态示范村建设、形成整套农村生态生产建设技术、传承传统民族文化等方面产生了积极影响，为续写美丽中国梦云南篇章，奠定了坚实的基础。①

　　2015 年 9 月 11 日，大理镇妇女联合会来到龙龛村开展洱海保护知识培训，镇妇女联合会主席陈丽霞为龙龛村 110 多名妇女讲授了洱海保护和生态文明建设相关知识。陈丽霞告诉记者："2015 年，大理镇妇女联合会依托妇女'环保学校'，在 7 个村开展洱海保护宣传培训，有 700 多名妇女参加培训，提高了全镇广大妇女保护洱海的自觉性、积极性和主动性。"由于避开了农忙时节、选取身边事例、语言通俗易懂，这类洱海保护宣传培训活动受到了妇女群众的欢迎。据大理市妇女联合会主席张宁介绍，从 2014 年起，大理市妇女联合会以基层"妇女之家"为阵地，在沿湖各乡镇建立了妇女"环保学校"，并邀请老师结合洱海保护治理重点工作和妇女工作实际制作洱海保护专题课件，通过在各乡镇逐级开展洱海保护宣传培训，引导广大妇女养成科学、文明、健康、环保的生活习惯，共同保护洱海"母亲湖"。2015 年，大理市妇女联合会制作了以"落实新要求，积极投身到保护洱海的行动中"为主题的洱海保护专题课件，让广大妇女群众理解、掌握和支持党委、政府及各级各部门在保护洱海过程中采取的政策、措施

---

① 云南省环境保护宣传教育中心：《将生态文明理念润泽在翁丁村的每寸土地——云南环境保护宣传教育培训活动在沧源县翁丁村举行》，http://www.ynepb.gov.cn/zwxx/xxyw/xxywrdjj/201509/t20150910_92641.html（2015-09-10）。

和办法。同时，创建州、市妇女"环保学校"25 所，举办洱海保护知识培训 60 期，培训妇女 4658 人次，修编并发放《洱海保护知识读本》1 万册和洱海保护宣传资料 3 万份。在开展好日常宣传工作的基础上，全市各级妇女联合会组织通过开展群众积极参与的才艺比赛、知识问答、手工展示、植树、捡拾白色垃圾等活动，为开展"保护洱海·巾帼行动"活动营造了良好氛围。结合妇女工作实际，各级妇女联合会组织还将洱海保护宣传教育活动与"家风家训"征集、"最美家庭"推荐、"绿色家庭"创建等活动结合，将积极参与环保和公益事业的优秀家庭推荐为"最美家庭"，以"双合格"家庭教育宣传实践活动为着力点，在城乡广大妇女儿童中积极开展"保护洱海·小公民环保行动"宣传教育工作，动员广大妇女积极参与"三清洁"等活动，影响带动家庭成员共同节约资源、保护洱海。张宁说："保护洱海离不开广大妇女的参与和支持。我市广大妇女以'小家'为基础，以'大家'为责任，形成了人人争当洱海保护、节能减排、生态文明建设的倡导者和实践者的新局面。"近年来，通过建立"环保学校"，全市各级妇女联合会广泛组织深入开展洱海保护宣传教育活动，广大妇女在保护洱海意识不断增强的同时，影响和带动家庭成员主动参与到洱海保护治理各项工作中，在全市营造了良好氛围。①

　　2015 年 9 月 19 日上午，"云南环保绿色讲堂进社区"活动在昆明市官渡广场举办的"社区文化大舞台"正式启动。本次活动由关上街道办事处，关上中心区社区，云南省环境保护宣传教育中心，云南广播电视台都市频道，广发银行国贸支行联合组织，来自关上中心区社区的居民、演员以及社区的六支志愿者队伍近万人参加了活动。启动仪式上，云南省环境保护宣传教育中心王云斋主任致辞，并将"云南环保绿色讲堂进社区"的绿旗授予了首次承办方昆明市官渡区关上中心社区主任，同时为社区居民们赠送了《环保小词典》。习近平总书记把 2015 年首次离京考察选在云南，这是云南发展史上具有里程碑意义的大事，充分体现了习近平总书记对云南的重视和关心，为云南在新的历史起点上推进科学发展、跨越发展带来了宝贵机遇、注入了强大动力。为此，云南省委、省政府出台了《中共云南省委 云南省人民政府关于争当全国生态文明建设排头兵的决定》，明确运用多种形式和手段，深入开展保护生态、爱护环境、节约资源的宣

---

① 李锦芳、赵璐：《大理市依托"环保学校"让保护洱海理念深植妇女心中》，http://dali.yunnan.cn/html/2016-02/01/content_4150668.htm（2016-02-01）。

传教育和知识普及活动，让生态文明教育进机关、进企业、进社区、进农村、进学校。同时，倡导绿色生活方式，加快建设美丽云南，使云南的天更蓝、水更清、空气更清新，努力成为全国生态文明建设排头兵。"云南环保绿色讲堂进社区"活动，就是希望通过环保绿色讲堂，为社区居民提供有关环境保护、生态文明和绿色生活等方面的知识培训，让他们了解环境保护的重要性、生态文明建设的必要性、绿色生活的有益性，进而加入环保知识普及、绿色生活推广和建设美丽云南的行动中来，用他们自己的行动践行生态文明和绿色生活，为云南所有民众树立起一个标杆、一个榜样。①

　　2015年10月16日，"关爱云南九大高原湖泊"志愿服务活动在大理洱海之滨举行。云南省委常委、省委宣传部部长赵金出席并讲话，他强调要认真贯彻落实习近平总书记考察云南重要讲话精神，坚定不移推进生态建设和环境保护，弘扬志愿服务精神，扎实开展志愿服务活动，助力保护好云南的绿水青山、蓝天白云。赵金说，集中开展"关爱云南九大高原湖泊"志愿服务活动，是贯彻落实习近平总书记考察云南重要讲话精神，推进生态文明建设排头兵战略的具体举措。通过活动的深入开展，动员更多的人加入生态环境保护志愿者行列，进一步增强全社会生态保护意识，形成全社会关爱高原湖泊，积极参与生态环境保护的强大力量。赵金强调，要牢记习近平总书记对云南生态环境保护的殷切期望和谆谆教导，始终把生态环境保护放在突出位置，像保护眼睛一样保护生态环境，像对待生命一样对待生态环境，切实增强紧迫感、责任感和使命感，用心、用情、用力推进生态文明建设。他指出，生态环境保护是具体、实在、长期的，需要我们每一个人从我做起，从一点一滴做起，持之以恒，一代接着一代做下去，使保护生态环境成为人们日常工作生活中的一种理念、一种素养、一种习惯、一种常态。赵金指出，保护生态环境是党委、政府和社会各界的共同责任，是功在当代、利在千秋的事业。各级精神文明建设指导委员会要高度重视，加强领导，精心组织，扎实推进志愿服务活动，引导干部群众自觉参与生态文明建设。广大志愿者要积极投身志愿服务活动，争做关爱九大高原湖泊的支持者、倡导者和践行者，带动更多的人参与到生态文明排头兵建设中来。各级各类媒体要深入宣传活动的重要意义，及时报道各地开展活动的好经验、好做法，大力宣传志愿者的先进事迹，营造有利于志

---

① 云南省环境保护宣传教育中心：《"云南环保绿色讲堂进社区"活动正式启动》，http://www.ynepb.gov.cn/xxgk/read.aspx?newsid=93135（2015-09-28）。

愿服务的良好氛围。[①]

现场，"关爱云南九大高原湖泊"志愿服务活动全体志愿者向社会各界发出倡议：争做保护高原湖泊的支持者、践行者、捍卫者，保护好"母亲湖"，推动云南省建设成为全国生态文明建设排头兵。当天，1500 余名志愿者在洱海周边区域开展了一系列志愿服务活动。志愿者代表、大理大学一年级新生严增迪在宣读倡议书时说："洱海、滇池、阳宗海、抚仙湖、星云湖、杞麓湖、程海、泸沽湖、异龙湖等九大高原湖泊，是大自然赋予七彩云南的珍贵礼物，保护好我们的母亲湖，意义重大。请您做一名保护高原湖泊的支持者、践行者、捍卫者。"严增迪向社会各界倡议，要自觉树立水生态文明理念和水资源节约保护意识，以实际行动响应、支持保护高原湖泊的各类活动；要自觉加入志愿服务组织，积极参与各类保护江河源头的志愿服务活动，开展垃圾清理、植绿护绿、封堵污染物入水口等志愿服务活动，让高原湖泊永葆健康；要积极捍卫保护高原湖泊已取得的成果，营造良好社会氛围，使保护高原湖泊得到社会公众的支持并成为人们的自觉行动。严增迪笑着说："我来自贵州贵阳，到云南大理上学后，看到洱海这么美，希望她能一直保持下去，也希望身边的人都能行动起来，一起保护她。"她也会利用课余时间参与志愿服务活动，宣传保护洱海的措施。参与此次志愿服务活动的社会公益组织"大理爱心之家"负责人张仕钧也坦言："地球只有一个洱海，要保护好她，让子孙后代也能看到这片碧海蓝天。"[②]

2015 年 10 月 22 日，丽江市副市长陈星元带队做客"金色热线"栏目，解答丽江是如何做好生态保护这一课题的。陈星元说："丽江地处青藏高原与云贵高原之间的连接部，是长江中下游地区生态安全的重要屏障，加强这一地区的生态文明建设既是落实科学发展观的一个根本要求，也是维护长江流域经济、社会和生活安全的重要责任。"丽江为了保护生态环境，从树立环境保护理念、教育实践、加快经济发展转变方式等五个方面落实环境保护。陈星元说，树立尊重自然、顺应自然、保护自然的生态文明理念，把丽江的生态文明建设放在更加突出的位置，融入经济社会建设各个方面和全过程，从思想上建立环境保护意识。突出教育实践，提高文明意识，通过教育实践来进一步强化

① 李承韩、罗浩：《赵金在"关爱云南九大高原湖泊"志愿服务活动上指出弘扬志愿服务精神 助力生态文明建设》，http://politics.yunnan.cn/html/2015-10/17/content_3962164.htm（2015-10-17）。
② 罗浩：《1500 余名志愿者参与洱海保护活动 倡议关爱云南九大高原湖泊》，http://society.yunnan.cn/html/2015-10/17/content_3960353.htm（2015-10-17）。

生态文明的理念和生态文明的实践，使建设美丽丽江、和谐丽江成为人人自觉参与的一种行动。陈星元在栏目中介绍，除了有良好的保护意识，让环保成为自觉行动之外，在经济发展方面也要找到新出路，在加快经济发展方式的转变上，坚持以总量的减排作为生态文明建设和环境保护工作的重要抓手，走出一条经济发展转变的新路子。例如，坚持走新型工业化的道路，促进产业结构的优化升级、降低能源、资源的消耗，减少污染的排放等这些经济方式的转变来探索一条生态文明建设的新路径。除此之外，丽江还要努力做好生态文明建设和环境保护，陈星元特别提到了认真贯彻落实《中华人民共和国环境保护法》，要开展"七彩云南保护行动"、生物多样性保护行动。同时丽江还要依托创建环境模范城市这个载体，加强泸沽湖、程海湖和拉市海水污染的防治。"陈星元介绍，丽江在"十二五"期间，森林覆盖率为 66.15%，而当前丽江的目标是在"十三五"末达到 70%以上的森林覆盖率。除了在做法上进行明确分工和严格执法，丽江还将在制度方面进行整体规划，陈星元说，还要坚持党政"一把手"负总责、层层落实，如建立科学的考核体系、奖惩机制。[1]

　　2015 年 11 月初，云南省生态文明教育基地复核组来到丘北县，就普者黑国家湿地公园申报省级生态文明教育基地工作进行复核。11 月 4 日，由省林业厅、省教育厅，共青团云南省委组成的省生态文明教育基地复核组一行，在丘北县相关工作人员的陪同下，先后来到普者黑国家湿地公园教育基地宣教室、普者黑国家湿地公园、双甲山码头、普者黑湖、青龙山码头等地，对丘北县省级生态文明教育基地创建工作进行现场复核和考察，并听取了相关工作汇报。通过实地考察和听取汇报，复核组认为丘北县自2013 年底申报普者黑国家湿地公园创建省级生态文明教育基地以来，通过积极保护和利用湿地生态资源，全县上下群策群力，取得良好成果，已基本达到省级生态文明教育基地建设的基本要求。对于下一步工作，复核组认为丘北县各级各相关部门要高度重视省生态文明教育基地创建工作，健全领导机构，完善创建方案，明确工作目标、职责和要求，为创建工作提供有力保障；要加强基础建设和管理，进一步加大湿地宣传推介，不断提高社会知名度；要积极开展一系列生态文明宣传教育和实践活动，扩大教育覆盖面，全方位展示丘北县生态建设成果，营造良好的创建氛围；要进一步对相关制度和

---

[1] 张成、罗浩：《丽江力争十三五末森林覆盖率超 70%》，http://lijiang.yunnan.cn/html/2015-10/22/content_3971236.htm（2015-10-22）。

设施进行配备完善，加大生态环境建设工作力度，推进丘北县生态文明建设迈上新的台阶。①

2015年11月2日云南省跨越式发展生态文明建设专题培训班正式开班，6日在省委党校圆满结束。省委常委、省委组织部部长刘维佳出席5日举行的学员论坛。本期培训班培训对象为省直相关单位分管领导，州市、县（市、区）党政分管领导以及州市环保、国土、住建、农业、林业等部门负责人200余人。培训教学紧紧围绕深入贯彻落实习近平总书记考察云南重要讲话精神，聚焦生态文明建设主线，突出争当生态文明建设排头兵目标，以生态文明建设理论创新与实践探索、环境保护政策、生态红线划定、环境保护信息公开与公众参与、环境保护投融资等具体内容展开，共组织了8个专题讲座、2次分组研讨。培训期间，学员们观看了省委书记李纪恒、省长陈豪在第一期跨越式发展专题培训班上的辅导报告，聆听了来自中央党校，环境保护部以及省发展和改革委员会的专家授课。学员论坛上，参训学员进行了交流发言。大家认为，此次培训在深入贯彻落实习近平总书记考察云南重要讲话精神和党的十八届五中全会精神背景下举办，意义重大。培训紧密联系云南省当前改革发展实际，突出问题导向、突出理论和实践相结合，使学员进一步认清了新形势下云南省生态文明建设与环境保护工作的重要性和紧迫性，明确了目标任务，理清了思路，坚定了信心。大家表示，要把培训成果转化为实际行动，在开展各项实际工作中贯穿环保意识、坚持绿色发展，保护好绿水青山，为云南省生态文明建设做出应有贡献。②

2015年12月初，中国生态文化协会授予云南省罗平县长底布依族乡发达村、宁洱哈尼族彝族自治县同心镇那柯里村、昌宁县温泉镇联席村、腾冲市中和镇新岐社区、古城区七河镇共和村、双江拉祜族佤族布朗族傣族自治县沙河乡允俸村"全国生态文化村"称号。据了解，"全国生态文化村"是指生态环境良好、生态文化繁荣、生态产业兴旺、村民生活富裕、人与自然和谐、典型示范作用突出的行政村。"全国生态文化村"由中国生态文化协会负责组织评选，创建活动遵循"弘扬生态文化，提倡绿色生活，共建生态文明"的宗旨。自2011年"全国生态文化村"评选活动开展以来，除上

① 李福龙：《普者黑湿地公园申报省级生态文明教育基地》，http://wenshan.yunnan.cn/html/2015-11/04/content_3995547.htm（2015-11-04）。
② 郎晶晶：《云南跨越式发展生态文明建设专题培训班圆满结束》，http://yn.yunnan.cn/html/2015-11/07/content_4001150.htm（2015-11-07）。

述 6 个村外，云南省还有漾濞彝族自治县苍山西镇光明村、隆阳区水寨乡海棠村、江川县江城镇明星村、澜沧拉祜族自治县惠民哈尼族乡景迈村、腾冲市固东镇江东村、石林彝族自治县石林镇月湖村、罗平县鲁布革布依族苗族乡罗斯村、古城区束河乡龙泉村、盈江县太平镇拉丙村荣获"全国生态文化村"荣誉称号。①

2015 年 12 月 1 日，生态文明建设进入大学校园。云南省环境保护宣传教育中心与云南师范大学商学院教育学院领导在宣教中心举行座谈，共同研究探讨在大学校园中开展"弘扬生态文明，践行绿色生活"活动。云南省环境保护宣传教育中心领导，相关科长，云南师范大学商学院教育学院院长薛斌、副院长李琳参加座谈会。座谈会上，云南省环境保护宣传教育中心主任王云斋同志向云南师范大学商学院教育学院领导介绍了省环境保护宣传教育中心主要职能、全省环境保护宣传教育基本情况和下一步工作重点。教育学院领导介绍了学院办学、师生队伍、学科设置和环境教育等方面情况。双方就下步如何在学院大力普及环境教育、开展绿色创建活动、打造绿色校园等方面工作进行了深入讨论和真诚交流，并形成了一致共识。②

2015 年 12 月 4 日是第十五个全国法制宣传日，云南省环境保护宣传教育中心在昆明大观公园举办了"增强环保法制观念，保护七彩云南，共建美丽家园"主题法制宣传教育活动。此次活动，向市民普及环保法律知识，增强环保法治意识，倡导市民自觉践行绿色生活，努力争做生态文明建设排头兵。省环境保护宣传教育中心主任王云斋同志率宣传教育中心全体人员参加了活动，云南省环境保护厅政策法规处人员莅临现场指导并参加活动。在 2015 年的环保法治文化宣传中，云南省环境保护宣传教育中心积极运用报刊、广播、电视、网络等方式手段，及时准确、广泛深入地宣传环保法律知识，使环保法治理念在润物无声、潜移默化中深入人心，走进千家万户。③

2015 年 12 月 9 日，反映云南省生态文明建设，呵护珍爱"母亲湖"，提升公众环境意识的公益影片《滇池牧歌》举行开机启动仪式。云南省环境科学学会会长邓家荣、云南省环境保护宣传教育中心、云南省环境保护厅湖泊保护与治理处领导参加启动仪

---

① 胡晓蓉：《云南 6 个村获评"全国生态文化村"》，http://yn.yunnan.cn/html/2015-12/02/content_4044950.htm（2015-12-02）。
② 巩立刚：《云南省环保宣教中心与云师大商学院举行座谈会》，http://www.ynepb.gov.cn/zwxx/xxyw/xxywrdjj/201512/t20151202_99266.html（2015-12-02）。
③ 云南省环境保护宣传教育中心：《云南省环保宣教中心开展"12·4"全国法制宣传日活动》，http://www.ynepb.gov.cn/zwxx/xxyw/xxywrdjj/201512/t20151205_99378.html（2015-12-05）。

式。启动仪式上，影片《滇池牧歌》导演、制片人、演职人员分别介绍了影片的策划、主题、前期筹备等情况。云南省环境科学学会会长邓家荣发表了热情洋溢的致辞。邓会长指出，影片《滇池牧歌》紧扣时代发展脉搏，贯穿了绿色、和谐、发展的理念，展现云南生态文化和人文文化，展现云南坚定不移推进生态文明建设、加大环境保护力度的信心和决心，将为推动云南省环保事业发展，争当生态文明建设排头兵起到极大的激励作用，对弘扬生态文明理念，宣传生态文明先进典型，提高公众环保意识，为生态文明建设营造良好的舆论环境具有重要现实意义。①

2015年12月21日，云南省环境保护宣传教育中心与云南师范大学商学院共建"大学绿色教育"合作启动仪式在云南师范大学商学院举行。双方站在新的历史起点上，携手合作，让绿色教育融入教学，进入课堂，让绿色教育在大学校园焕发出新的生机与活力。环境保护宣传教育中心主任王云斋、副主任郑劲松及相关科长，云南师范大学商学院党委副书记何福全、副校长梁正卿及教育学院、艺术学院领导等共同参加启动仪式。双方与会人员就今后如何开展好共建共育活动进行了深入讨论与交流。双方表示，将以共建"大学绿色教育"为契机，云南师范大学商学院将生态文明、环境保护、绿色教育纳入基础公共必修课，着重抓好绿色教育、绿色科研、绿色校园文化和绿色教育激励机制。环境保护宣传教育中心将学院作为社会绿色创建新亮点，把环境文化、环境宣传、环境活动、环境业务作为主体，着重抓好学院绿色教育的指导培训、环境法规的宣讲、绿色讲堂和环保流动展进校园、社会大型环保公益活动的参与、推进绿色大学创建、绿色教育成果的宣传推广等工作，共同打造大学绿色教育示范点。双方表示，今后将不断加强共建活动的组织领导，保持经常性的沟通交流，注重总结活动经验，发现和培养先进典型，确保绿色教育与实践活动有组织、有计划、有质量的开展，让每一个大学生建立起绿色的知识系统，树立起绿色观念，让大学校园处处充满绿色气息，让大学生共同做环境保护的宣传队、生态文明的传播人、绿色生活的先行者，为在全社会大力形成珍爱环境、保护环境的良好风尚做出共同努力。合作启动仪式上，双方领导签订了合作意向备忘录，环境保护宣传教育中心向云南师范大学商学院赠送了价值3.6万元的环保方面书籍。②

---

① 云南省环境保护宣传教育中心：《云南高原明珠首部环保公益微电影〈滇池牧歌〉开机启动》，http://www.ynepb.gov.cn/xxgk/read.aspx?newsid=99564（2015-12-10）。
② 云南省环境保护宣传教育中心：《云南省环保宣教中心与云南师大商学院举行共建"大学绿色教育"合作启动仪式》，http://www.ynepb.gov.cn/zwxx/xxyw/xxywrdjj/201512/t20151222_100065.html（2015-12-22）。

2015 年 12 月 25 日，云南省少年儿童生态道德教育公益项目第三阶段讲座和总结会在昆明市海源小学召开。云南省妇女联合会副主席、省妇女儿童发展中心主任计关琴，云南省环境保护宣传教育中心主任王云斋，云南农业大学相关领导，昆明市妇女联合会相关领导，五华区教育局相关领导，海源小学相关领导，海源小学 200 余名师生和家长参加了会议。在 2015 年的"绿色土壤和绿色种子计划"主题活动中，海源小学将少年儿童及其家庭作为对象，开展了校园讲座、到昆明植物园和中国科学院植物研究所种质库学习实践、亲子种植、种植作品展示等一系列绿色主题教育活动。通过活动，引导少年儿童亲近自然，纳悦自然，从中体验自然的美好，探索自然的奇妙，树立绿色生态理念，践行绿色生活，促进少年儿童健康成长。会议对 2015 年云南省少年儿童生态道德教育公益项目开展情况进行了总结，授予海源小学为云南省少年儿童生态道德教育示范基地，表彰了优秀家庭和优秀教师，观看了"绿色土壤和绿色种子"计划云南省少年儿童生态道德教育公益项目宣传片，并进行了知识讲座，海源小学的学生表演了精彩的以"关爱绿色，倡导绿色，保护绿色"为主题的文艺节目。①

---

① 云南省环境保护宣传教育中心：《云南省少年儿童生态道德教育公益项目第三阶段讲座和总结会在海源小学召开》，http://www.7c.gov.cn/zwxx/xxyw/xxywrdjj/201512/t20151228_100362.html（2015-12-28）。

第四章　云南省生态文明交流与合作事件编年

生态文明交流与合作主要是云南省在生态文明建设的过程中，与国际、省际、省内州市之间开展的学习、交流与合作。

云南省生态文明交流与合作最早可追溯到 1995 年环境外事活动极为频繁的一年，不仅积极争取到世界银行贷款 1.5 亿美元治理滇池，而且申请德国援助的西双版纳热带雨林修复工程项目已经得到批准，并很快组织实施。从 1995 年开始，云南省在滇池治理与修复、湖泊环境保护、生物多样性保护、红河干热河谷生态修复、污水治理等方面积极开展国际合作与交流，极大地推进了云南省生态文明建设。进入 21 世纪以来，中国与国外在生态环境保护方面的合作与交流更为频繁，2002 年 3 月 25 日至 27 日，亚欧会议第一届流域管理暨中国富营养化湖泊及其流域治理国际研讨会召开，对于中国学习经验，更好地治理和修复环境具有重要意义。2004 年 5 月 14 日，湄公河（中国境内称澜沧江）流域问题提上日程，乱伐森林成为该地区的首要环境问题，湄公河（中国境内称澜沧江）流域的国家（中国、缅甸、越南、老挝、泰国、柬埔寨六国）正在经历土壤流失、河道淤积、河水污染、生态环境被破坏、生物多样性丧失、有毒有害废物快速积累等严重生态问题，对人类健康造成威胁，使各国深切意识到生态文明合作与交流的重要性。2005 年 10 月 17 日，由国家环境保护总局和云南省政府主办的"七彩云南生物多样性保护国际论坛"在春城昆明隆重召开，国内外的专家学者在论坛上就全球的生物多样性保护进行了广泛深入的学术研究和探讨，生物多样性锐减逐渐成为中国关注的重点。

2012 年以后，生态文明被作为"五位一体"的重要战略，2013 年 6 月 5 日，云南省委、省政府发出《关于认真学习贯彻习近平总书记重要讲话精神的通知》，要求全省各地各部门认真学习贯彻习近平总书记关于推进生态文明建设重要讲话精神，云南的生态文明建设如火如荼展开。国内领导，国内外专家学者陆续到云南各地进行考察，并参加生态文明相关会议，互相汲取经验和教训，对云南争当生态文明排头兵起到了重要作用。

在云南开展的一系列国内外学术研讨会议、考察活动等推进了中国良好生态形象的建立，更加快了中国的生态文明建设进程。

第一节　云南省生态文明交流与合作的奠基阶段（2007—2014 年）

一、2007 年

2007 年 2 月 20 日至 21 日，云南省政府在丽江召开滇西北生物多样性保护工作会议，专题研究、部署和全面推动以滇西北为重点的生物多样性保护工作。省长秦光荣出席会议并做重要讲话。会议指出，政府将加强与民间环保组织沟通合作，共同促进云南滇西北生物多样性保护，共同推进云南生态文明建设。会议听取滇西北 5 个州市（保山市，大理白族自治州，丽江市，怒江傈僳族自治州，迪庆藏族自治州）生物多样性保护工作情况汇报和省级有关部门发言，通过《滇西北生物多样性保护丽江宣言》。[①]

二、2009 年

2009 年 12 月 10 日，云南省召开了"七彩云南保护行动"研讨座谈会。政府部门负

---

① 李秀春、江世震、王永刚：《省政府召开滇西北生物多样性保护工作座谈会》，http://news.sina.com.cn/c/2008-02-21/094013450036s.shtml（2008-02-21）。

责人，国内外环保非政府组织负责人，云南省经济学、社会学、生态学和环境科学的专家学者及新闻媒体代表齐聚一堂，总结云南省实施"七彩云南保护行动"三年来的成效和经验，为进一步推进云南省生态文明建设献言献策。会上，云南省委副书记、省长秦光荣做了题为"感悟造化天道 涤荡尘世心灵——为七彩云南保护行动计划实施 3 周年而作"的书面发言，提出人与自然和谐相处新思考。秦光荣从人要"了解自然、敬畏自然、亲近自然、保护自然"的深层次思考着眼，总结发展的经验和教训，提出人类需要重新审视与自然的关系。云南推进生态文明建设，实施"七彩云南保护行动"，其根本目的，就是要重新定义人与自然之关系，促使人与自然共融共通，实现良性循环和可持续发展。秦光荣呼吁，社会各界、人民大众，应以国家民族和人民群众的根本利益、长远利益为重，真正按照科学发展观的要求，自觉地行动起来，投入生态文明建设的具体行动中，让七彩云南这颗明珠绽放更加绚烂的光芒。据悉，"七彩云南保护行动"实施三年以来，云南省生态建设、环境治理的力度不断加大，一大批重大生态建设工程顺利完成，全社会的环境意识明显增强，公众的环境权益切实得到维护，生态环境总体状况进一步优化，发展的环境实力不断增强，生态环境质量处于全国前列，为保护好彩云之南这块生态绿洲、建设好中国西南生态屏障发挥了极其重要的作用。与会代表认为，云南是中国生态环境最好的省区之一，良好的生态环境是云南最大的特色和优势，也是最重要的资源。为了提高全社会的生态文明意识、推进云南生态文明建设，与会代表们就完善生态保护项目支撑，大力发展绿色经济、低碳经济，认真做好节能减排，积极探索排污权交易，森林生态效益补偿、森林碳汇等方面提出很多建设性的建议。[①]

三、2010 年

2010 年 8 月 21 日，云南省科学社会主义学会和云南农业大学在昆明联合召开生态文明建设研讨会暨云南省科学社会主义学会 2010 年年会。云南省委常委、迪庆藏族自治州州委书记齐扎拉出席会议并讲话。他以迪庆藏族自治州坚持"生态立州，文化兴州，产业强州，和谐安州"发展之路的成功实践，阐述了加强生态文明建设、大力推进

[①] 资敏：《云南召开"七彩云南保护行动"研讨座谈会 全面推进云南生态文明建设》，http://www.7c.gov.cn/zwxx/xxyw/xxywrdjj/200912/t20091211_7366.html（2009-12-11）。

生态环境保护，走生产发展、生活富裕、生态良好的全面协调可持续发展道路对推进地方经济社会又好又快发展的重大意义。他说，过去的十年，通过狠抓生态建设，迪庆藏族自治州生态基础进一步加强，经济社会的可持续发展能力进一步增强，城乡面貌发生深刻变化，人民生活环境和条件进一步改善，生活水平和质量进一步提高，全州生产总值增速在全省和全国十个藏族自治州位居前列，提前一年超额完成了"十一五"目标。齐扎拉强调，现在我们正面临深入实施西部大开发战略，建设中国面向西南开放的桥头堡的重大发展机遇，必须全面贯彻落实中央第五次西藏工作座谈会和省委八届九次全委会精神，坚持"生态建设产业化，产业发展生态化"方针，坚持可持续发展，努力在生态文明建设上走在全国前列。社会科学专家学者要紧密结合云南省情、结合云南各地在生态文明建设方面的实践探索，切实加强生态文明建设实践经验的总结和理论的研究，形成高水平的研究成果，为推进西部大开发和"两强一堡"建设，为"十二五"规划的制定提供理论支撑和智力支持。来自省内高等院校、科研院所的近 200 位专家学者，向研讨会提交了 120 多篇论文，并就马克思主义生态文明理论的早期形态、创新发展与运用，云南的环境、发展与节能减排等十几个主题，进行了交流发言。①

四、2011 年

2011 年 3 月 30 日至 4 月 2 日，应澳门特别行政区政府邀请，云南省人大常委会李春林副主任受秦光荣省长委托，率由云南省政府、环保、科研单位、企业组成的云南省代表团赴澳门出席由澳门特别行政区政府主办，以"绿色机遇—低碳城市发展"为主题的"2011 年澳门国际环保合作发展论坛及展览"活动，在环保、节能等领域积极与参会各方进行交流并寻找合作机会，取得了较好的成果。在澳期间，澳门特别行政区行政长官崔世安会见了云南省代表团一行；代表团还会见了澳门云南商会，拜会了中央政府驻澳门特别行政区联络办公室和外交部驻澳门特别行政区特派员公署，参加了论坛开幕式等系列活动。李春林副主任等领导还参观了云南省参展的 11 家科研单位和企业的展位，与参展人员进行了交谈，对此次云南省科研单位和企业参展的组织形式给予了肯

---

① 耿嘉、梅国生：《齐扎拉：社科专家要加强生态文明建设理论研究》，http://news.sina.com.cn/c/2010-08-22/0825/8002366s. shtml（2010-08-22）。

定。此次出行，时间虽短，但取得了较好成效，加深了相互之间的了解，为进一步推进云南省与澳门地区及泛珠三角区域的交流与合作发挥了促进作用。崔世安对李春林率云南省代表团出席"2011 年澳门国际环保合作发展论坛及展览"活动表示感谢和热烈欢迎，对云南省在高原湖泊治理、滇西北生物多样性保护，以及其他生态环境保护方面卓有成效的工作给予了高度赞赏，并表示澳门与云南互补性强，希望双方共同努力，在节能环保、旅游等方面开展新的合作。李春林副主任转达了云南省委书记书记、秦光荣省长对澳门特别行政区长官崔世安的谢意，感谢澳门特别行政区政府和澳门居民对云南省抗震救灾工作的关心和支持，并高度评价了澳门特别行政区政府主办的"2011 年澳门国际环保合作发展论坛及展览"活动，认为这不仅有利于推动澳门的可持续发展，同时也为泛环三角区域在环保领域的交流合作提供了一个难得的平台，双方还就滇澳两地加强合作、共谋发展充分交换了意见，达成了重要共识。①

2011 年 4 月 19 日至 20 日，由环境保护部对外经济合作领导小组办公室和亚洲开发银行环境运营中心主办，云南省环境保护厅和西双版纳傣族自治州环境保护局共同承办的大湄公河次区域核心环境计划与生物多样性保护走廊项目一期中国成果推介会在西双版纳景洪召开。环境保护部对外经济合作领导小组办公室肖学智副主任，环境保护部国际司区域处崔丹丹副处长，云南省环境保护厅肖唐付副厅长，西双版纳傣族自治州杨沙副州长出席会议并致辞。亚洲开发银行、亚洲开发银行环境运营中心，野生动植物保护国际、野生动物保护协会等国际国内组织，泰国、越南、老挝、柬埔寨环境保护部门代表，广西壮族自治区环境保护厅，云南省发展和改革委员会，省财政部等相关部门的50 多位代表参加了会议。会议交流了大湄公河次区域各国实施生物多样性保护走廊一期项目所取得的经验，探讨大湄公河次区域各国生物多样性保护所面临的挑战和合作战略，促进了大湄公河次区域各国在环境保护领域的交流与合作。中国生物多样性保护走廊一期项目所取得的成果和经验获得了参会代表的一致好评。②

2011 年 6 月 3 日下午，一场集领导和专家学者共商环保的"云南省生态建设沙龙"在昆明开展。此次沙龙由云南省环境科学学会主办，主题是"推进我省生态建设工

---

① 云南省环境保护厅：《云南省政府代表团赴澳门参加 2011 年国际环保合作发展论坛》，http://www.ynepb.gov.cn/zwxx/xxyw/xxywrdjj/201104/t20110415_8506.html（2011-04-15）。

② 云南省环境保护厅：《大湄公河次区域核心环境项目生物多样性保护走廊项目一期中国成果推介会在西双版纳召开》，http://www.ynepb.gov.cn/xxgk/read.aspx?newsid=8518（2011-04-22）。

作，构建和谐云南"，来自云南省环境保护厅，云南省环境监测中心站、云南省环境保护宣传教育中心，云南大学、云南农业大学、西南大学的领导和专家学者，就云南乃至全国、全球生态环境保护与建设的话题踊跃倡言，尤其是在云南的生态文明建设上如何体现云南特色，更是大家关注的焦点。

省长秦光荣指出，生态建设与生产力发展是一种相生而非相克的关系，完全能够实现相互促进、协调发展。加强云南生态文明建设，就是要更加深入扎实地推进"七彩云南保护行动"，积极探索生态环境与生产力相互适应、相互促进和相互协调的绿色发展之路。经济发展是否必须以牺牲环境为代价？生态与发展，能否实现共存？针对这两个问题，秦光荣列举了几个生态与发展的例子，加以阐述。云南省腾冲县江东村因长期种植银杏树而被冠名"银杏村"，银杏果具有预防与治疗心血管疾病的功能，银杏村银杏果年产 250 00 千克，村民仅此一项收入就达千万元，实现了经济与环保的共赢。漾濞彝族自治县核桃闻名省内外，漾濞彝族自治县退耕还林种植 82 万亩核桃，10 年间森林覆盖率提高近 20%，有效遏制水土流失，2010 年漾濞彝族自治县农民从核桃种植中获得的年人均纯收入超过 1500 元。此外，通过合理规划的思小（思茅区—景洪市小勐养）高速公路，从立项到建设，以"最大限度保护，最低程度破坏，最大程度恢复"的建设理念，让高速路所经过的西双版纳国家级自然保护区得到了最大限度的保护；香格里拉普达措国家公园的前身碧塔海、属都湖在遭到破坏之后，通过"政府主导，管经分离，多方参与，分区管理"的模式，成就了普达措今天的成绩：中国内地第一个国家公园。

云南省环境科学学会秘书长李唯向记者介绍说，目前云南省水污染严重，但城市水污染治理情况相对较好，在加大治理力度和保障资金投入的情况下有所好转。而农村缺乏资金和环保人才，进展缓慢，一些历史遗留问题导致的重金属污染在局部地区较为突出。为此，她建议在重点污染地区开展调查，实行搬迁，同时对污染地实行禁栽禁牧措施；工业园区的建设应让产业链结合，上家废料成为下家原料，实现生产的可循环性。李唯秘书长还提及，云南省致力于打造绿色经济强省，过去资源消耗大、粗放式的经济发展模式要转变为少耗资源、少排放、高附加值的经济增长方式，生态工业园区通过严格执行审计方案实现清洁生产。经济发展可以以多种方式实现，宜工则工，宜林则林，宜旅游则旅游，通过建设生态村、生态乡镇、生态州市升级到创建生态文明省，让云南成为全国生态文明建设的排头兵。

针对农村与城市污染程度上的差异，李唯认为，农村最普遍的问题是村容村貌差，不良卫生习惯导致污染。而滥用农药和化肥，则是最严重的污染问题，滥用农药导致的食品安全问题，更是引发"菜篮子""米袋子"安全隐患的罪魁祸首。提升农村科学文化素质，普及科学施肥知识，对于改善村容村貌、提升"菜篮子"的质量意义重大。李唯还认为，城市的盲目扩大，同时在规划上没有考虑到水资源、环境资源、土地资源的承载能力，城市拥堵、水资源匮乏，成为"城市病"的主要症状。她建议：大昆明要向小城市方向走，建设卫星城，分散城市的压力，营造真正和谐、幸福的春城环境。

在会上，专家们指出，找出适合云南发展的路子，避免云南发展被"边缘化"，是一个急迫的课题。"七彩云南保护行动"自 2007 年启动以来，已取得了一定成效，并被纳入云南各级人民政府负责人的综合考评体系中，生态环境的保护意识已经上升为一种新的施政理念。"在经济总量翻番的情况下，环境质量有所改善，这就是理念的提升。"专家们指出，在保护生态环境的基础上，因地制宜发展生物资源开发、生态旅游等产业，生态优势转变为经济优势。依托环境的经济社会发展，环境越好，生产要素的凝聚力就越强，环境对经济社会发展的承载能力也就越强。因此，找准路子，利用云南的地理与环境优势，在推进经济发展的同时，更加注重保护云南省的生态环境，促进生产力的发展，以实现经济与生态发展的和谐共存。①

2011 年 7 月 24 日至 26 日，全国 2011 年生物多样性保护专项生物物种资源调查项目中期检查和数据采集软件培训会议在香格里拉召开。会议由环境保护部南京环境科学研究所主持，国内知名物种保护专家、学者共 60 余人参加了会议。会上，26 个物种调查任务课题组分别汇报了工作进展情况，生物多样性首席专家薛达元对全国物种资源调查工作进展给予了高度肯定，并对下一步工作进行了部署。环境保护部信息中心专家对升级数据采集软件进行了培训。②

① 李晓燕：《云南生态建设沙龙：生态文明建设凸显云南特色》，http://www.7c.gov.cn/zwxx/xxyw/xxywrdjj/201106/t20110607_8644.html（2011-06-07）。
② 云南省环境保护厅自然生态保护处：《2011 年全国生物多样性保护专项生物物种资源调查项目中期检查会议在香格里拉召开》，http://www.7c.gov.cn/xxgk/read.aspx?newsid=8815（2011-07-28）。

五、2012 年

2012 年 6 月 6 日至 8 日，全国政协副主席、全国工商业联合会主席黄孟复在云南省政协副主席王学智，省工商业联合会主席杨焱平等陪同下，来到西双版纳傣族自治州调研考察，调研组深入了解了西双版纳州生态建设、民族文化保护、民营企业发展等方面的情况。

其一，构筑生物多样性宝库。为了了解云南生物多样性的优势，调研组一行来到西双版纳原始森林公园和中国科学院西双版纳热带植物园。西双版纳原始森林公园的热带沟谷雨林中有一百多万年的天然林木，高耸入云的望天树，十多人合围的巨大板根，两棵缠在一起的"绞杀树"，各种寄生在树干上的小花，让调研组成员叹为观止。勐腊县勐仑镇葫芦岛上的中国科学院西双版纳热带植物园中优美的园林景观以及热带雨林独特的自然景观，让调研组成员流连忘返。在体验了热带地区丰富的生物多样性和少数民族文化后，调研组成员与中国科学院科研中心的工程师就如何开展合作研究和提供技术支撑服务等问题进行了交流。

其二，保护传承民族文化。6 月 7 日中午，橄榄坝的傣族园内锣鼓喧天，傣族姑娘、小伙儿们跳起了优美的舞蹈迎接调研组一行到来。许多地区古老的民族文化在现代文明的冲击下已经开始慢慢消亡，但在傣族园内，调研组看到傣族传统的织锦、章哈、制陶、贝叶经等国家级非物质文化遗产制作技艺得到了很好的传承。走进澜沧江畔的西双版纳民族博物馆，仿佛走进了时光隧道：从新石器时代到现代的西双版纳，从各民族多姿多彩的民俗文化到莽莽苍苍的热带雨林，丰富多彩的文化展示让调研组对西双版纳的历史沿革及风土人情有了更深入的了解。景洪市郊约 5 千米处有中国最大的南传佛教寺院——勐泐大佛寺。在这里，调研组了解到南传佛教在西双版纳深入人心，傣族儿童七八岁时都要到佛寺过一段脱离家庭的僧侣生活，系统地接受宗教文化教育，学习佛经、教义、教规，以及相应的民族文字、历史传统、道德规范和天文历法等方面的知识。

其三，热带雨林中的体育训练基地。云南建设中国面向西南开放重要桥头堡启动以来，西双版纳充分发挥地缘区位优势，以建设桥头堡主阵地为目标，抢抓机遇，在招商引资方面取得了重大突破。独特的区位优势和终年温暖的气候，使西双版纳吸引了多个体育项目的入驻。景洪市勐罕镇楠景新城就是一个由民营企业投资，集傣族文化与体育产业、休闲旅游度假产业于一体的项目。6月7日下午，调研组来到这里考察该项目的建设情况。炎炎烈日下，楠景新城棒球基地的球场上，一支棒球队正在紧张训练中。黄孟复兴致勃勃地走到球场上，了解球队队员们的训练及生活情况。目前，楠景新城已经被列为云南省"三个一百"重点建设项目、云南省"十二五"文化产业发展规划全省30个文化重大建设项目、旅游二次创业重大建设项目和高原体育训练基地重点打造的项目之一。然而，就是这样一个好项目，和许多民营企业一样，投资方正面临贷款融资难，项目难启动的问题。在认真听取投资方负责人的介绍，仔细了解实际困难后，黄孟复表示，这是一个充分利用云南区位、气候优势的项目，应进一步把该项目作为手曲棒垒球训练基地的优势发挥好，突出云南发展体育产业的优势；对融资难的问题，将积极帮助协调解决。[①]

2012年12月11日，十八届中央候补委员、云南省委常委、省委宣传部部长赵金在州委常委、州委宣传部部长王以志等领导陪同下，深入洱源县调研农村基层文化建设、生态文明建设等情况。赵金一行在洱源县委书记杨承贤，县委副书记、县长杨瑜，县委副书记杨文泽、李联斌，县委常委、副县长李桂瑞，县委常委、县委办公室主任杨泽亮，县委常委、县委宣传部部长李灿文等领导的陪同下，先后深入邓川镇德源文化广场、邓川镇文化站，县城海之源民族文化广场、县城文化活动中心，右所镇永安万亩湿地恢复建设工程东湖湿地主入口处，凤羽镇铁甲村等地调研农村基层文化建设、生态文明建设及洱源县"8·06"特大型山洪泥石流自然灾害恢复重建情况。在认真听取汇报和实地调研后，赵金对洱源县在文化建设、生态建设和灾后恢复重建等工作上取得的成绩给予了充分肯定。

在调研农村基层文化建设时，赵金指出，农村公共文化建设要重视抓基层，打基础，提质量，依托村委会文化站，抓好硬件建设，丰富内容，加强管理和使用，做好服务，着力把文化广场和文化站打造成为群众文化舞台、休闲娱乐平台和宣传教育阵地，不断丰富群众的文化生活。要紧紧围绕老百姓的需求建设基层文化，以文化人、以文育人，真正做到文化乐民、文化育民、文化惠民、文化富民，让文化热在基层、亮在基层、暖在民心。赵金说，现在群众生活好了，更需要文化。农村有很多有才艺的人，乡

① 张莹莹：《生态宝库盛开民族文化之花》，http://xsbn.yunnan.cn/html/2012-06/19/content_2258711.htm（2012-06-19）。

（镇）政府与文化站可以通过举办节日征文，诗歌、书画评选及群众体育等形式丰富的活动，让群众唱起来、跳起来、乐起来。

在调研生态文明建设时赵金指出，建设生态文明，是关系人民福祉、关乎民族未来的长远大计，要大力推进生态文明建设。洱源是洱海的源头，"洱源净，洱海清，大理兴"定位很好，洱海源头保护好了，就是保护了洱海，洱海保护好了，就是保护了大理可持续发展的根基，就是保护了环境，保护了人类。洱源县作为全省唯一的全国生态文明示范县，建好示范县意义重大，是洱源贯彻落实十八大精神所提出的加强生态文明建设、建设美丽中国最切实的体现。洱源县要把生态文明建设放在重要位置，进一步加快全国生态文明示范县建设工作，推动洱源生态、文化的大发展大繁荣，让天更蓝、地更绿、水更清，人民群众生活更幸福。

赵金在深入铁甲村了解灾后恢复重建工作情况并到遭遇山洪泥石流自然灾害农户家中慰问时，称赞基层党员、干部在抢险救灾过程中发挥了模范带头作用，对目前已经开展的危房拆除、避险搬迁、维修加固改造、农房重建等灾后恢复重建工作给予了充分肯定。赵金还叮嘱当地干部、群众，在恢复重建过程中，要做好群众工作，不仅要依靠政府支持，还要自力更生，重建美好家园；要抓好建筑质量，质量是重中之重，从基础工作开始一点也不能马虎；要抓好文化设施恢复重建，让群众享有健康丰富的精神文化生活。[①]

2012年12月28日，七彩云南生态文明建设研究与促进会议在昆明召开。来自云南省内外的有关领导和专家围绕"持续推进七彩云南保护行动，努力争当全国生态文明排头兵，建设美丽云南"这一主题，共商云南生态文明建设大计。会议由云南省生态文明建设领导小组办公室，省七彩云南保护行动领导小组办公室，省生态文明建设研究会主办，世界自然基金会、大自然保护协会等民间环保组织的代表也参加了会议。[②]

在会议上，专家学者、分管政府官员和企业代表齐聚一堂，共同交流保护云南生态文明，建设美丽新云南的意见和经验，主要有以下观点。

杨宇明认为要实现云南生态建设和经济建设的良性互动。他指出，云南既要承担起为国家和全球的保护责任，在不断加大保护力度的同时，又要加快区域的经济发展，改

---

① 张杨、杨泉伟：《赵金到洱源县调研农村基层文化建设和生态文明建设》，http://dali.yunnan.cn/html/2012-12/13/content_2533077.htm（2012-12-13）。

② 雷啸岳：《云南推进七彩云南保护行动　生态文明建设成绩显著》，http://yn.yunnan.cn/html/2012-12/28/content_2555402_2.htm（2012-12-28）。

变贫困落后的现状。因此，云南正承受着前所未有的压力。而现在，云南正在从封闭的内陆边远山区，转变为对外开放的前沿，这将为云南带来十分重大的格局改变和发展机会。杨宇明建议，应该利用优质的生态环境和多样性的生物资源吸引国内外的投资力量，以绿色经济的发展方式将这些环境资源优势和各要素流整合起来，搭建云南与东盟经济圈和南亚国家生态经济一体化发展的合作框架，实现真正意义上的利用区位、生态与资源优势，推动云南生态经济与社会的同步发展。他表示，可以争取国家的生态补偿和生物多样性保护补偿，用国家的资金承担起保护国家生态安全和战略核心资源的责任；依托优质资源，开发有竞争力的生物产品，发展生物多样性经济。

云南省社会科学院院长助理郑晓云认为，云南必须实施干旱长期治理和环境修复的工程。他指出，在过去的发展过程中，由于生态文明建设的理念没有得到切实贯彻，云南已经面临森林、土地、水资源减少等问题。为此，郑晓云说，要结合当前的灾害形式和风险建立减灾防灾的长效机制；大力推进美丽家园建设，让云南人民切身感受到生态文明建设带来的好处。

在政府经验方面，主要有以下区域经验。

其一，西双版纳傣族自治州——对率先完成国家级生态县（市）命名的县（市）给予百万奖励。西双版纳傣族自治州政府副秘书长罕华兴介绍，为保护生态环境，西双版纳傣族自治州建立了严格的保护责任制：建立生态创建激励机制，对率先完成国家级生态县（市）命名的县（市），给予 100 万元奖励；对完成国家级生态乡（镇）命名的乡（镇），给予 10 万元奖励；对完成省级生态乡（镇）命名的乡（镇），给予 3 万元奖励。严格产业和项目建设环境准入，达不到环保要求的项目，一律不准上马，在建项目环保设施未经验收合格的，一律不准投产，已建项目经过限期治理仍未达标的，一律关闭。同时，西双版纳傣族自治州紧紧围绕桥头堡建设中关于构建西南绿色生态屏障的要求，积极与周边国家开展生态保护合作，建立跨境联合保护生态区，从 2009 年开始，先后与老挝南塔省、丰沙里省和磨丁开发区建立了 285 万亩的森林联合保护区域；在老挝北部 5 省建立了 5 个中老农业科技试验示范园，支持老挝北部 5 省在保护生态的前提下积极发展生物产业，并鼓励州内企业积极"走出去"与老挝合作发展，目前已有 30 家企业在老挝建立了 82 万亩的生物产业基地。

其二，腾冲县——坚决执行环保"一票否决"制。在保山市腾冲县，政府严格环境保护准入制度,提高环境保护准入"门槛",坚决执行环保"一票否决"制。腾冲县县长杨正晓介绍,"我们先后劝退、调整或中止了一批高污染、高能耗、环保措施不完善、资源和生态环境保护工作不到位、污染问题突出的招商引资项目,淘汰了一批污染严重的落后工艺、设备和企业,形成了保护与开发相协调的良好格局"。腾冲县还围绕"工业园区化,园区城市化"的思路,规范企业统一入住园区;积极推进旅游产业发展体制转型和机制创新,引入龙头企业整合旅游资源,打造精品生态旅游景区景点。[①]

2012年12月30日,七彩云南生态文明建设研究与促进会议在昆明召开。全国政协人口资源环境委员会副主任王玉庆,中国工程院院士、云南农业大学校长朱有勇到会并发表讲话。这次会议围绕"持续推进七彩云南保护行动,努力争当生态文明建设排头兵,建设美丽云南"的主题,重点研讨交流七彩云南"生态立省,环境优先"发展战略中的"四个同步"(云南省第九次党代会提出的经济建设与生态建设同步进行,经济效益与生态效益同步提高,产业竞争力与生态竞争力同步提升,物质文明与生态文明同步前进)建设问题,以助推七彩云南生态文明建设,促进云南科学发展、和谐发展、跨越发展。七彩云南保护行动领导小组相关负责人认为,学习贯彻党的十八大精神,大力推进生态文明建设,关键在于结合云南实际,找准工作着力点,找准创新突破口。一是牢牢把握云南省第九次党代会提出的"四个同步"。要坚定信念、鼓足干劲、开拓进取、扎实工作,把省委提出的"四个同步"的要求落到实处,把实现中国梦美好愿望转化为富民强滇的实际行动。二是积极推动生态文明建设各项工作。要紧紧围绕"努力争当生态文明建设排头兵"的目标,认真扎实地抓好《七彩云南生态文明建设规划纲要(2009—2020年)》及其明确的"十大重点工程"的落实。三是积极弘扬生态文明理念。要广泛深入宣传党的十八大关于生态文明建设的重要论述、宏伟目标和战略部署,在全省上下普及生态文明知识,弘扬生态文明理念,宣传生态文明先进典型,为生态文明建设营造良好的舆论环境。四是加强生态文明建设相关问题的研究。要结合云南省经济社会和生态环境保护的实际,认真研究进一步提升云南省生态文明建设水平的思路和办法。[②]

---

① 普日果萱:《专家支招云南生态文明建设 建议发展生物多样性经济》,http://yn.yunnan.cn/html/2012-12/28/content_2555546.htm(2012-12-28)。

② 蒋朝晖:《保护七彩云南 建设生态文明》,http://www.cenews.com.cn/xwzx/zhxw/ybyw/201212/t20121230_734486.html(2012-12-31)。

六、2013 年

2013 年 5 月 28 日至 6 月 3 日，环境保护部在昆明、丽江组织召开中国-南盟履行生物多样性公约能力建设交流研讨会。来自环境保护部的代表，相关机构的专家，以及阿富汗、孟加拉国、不丹、尼泊尔、巴基斯坦、斯里兰卡等 6 个国家的环境部门官员和专家，共 50 余人参加了交流研讨活动，会议由环境保护部环境保护对外合作中心和云南省环境保护厅承办。这是环境保护部继 2012 年 3 月首次成功举办中国-南盟国家编制实施生物多样性保护战略与行动计划交流培训会以来，第二次与南盟国家就环境领域履约能力建设开展交流研讨活动。该研讨会以环境保护部《"十二五"环境保护国际合作工作纲要》"稳固、塑造、惠及周边，推动区域环境合作"为宗旨，通过对中国环境保护政策与生态文明建设进展、生物多样性战略与行动计划编制动态、履约二十年成果与联合国生物多样性十年行动进展、《生物安全议定书》履约行动、遗传资源获取与惠益分享相关政策介绍等专题内容进行交流，深化中国与南盟国家环境合作，提高履行生物多样性公约能力，促进区域生物多样性保护和绿色发展，增进区域合作友谊。①

2013 年 6 月 7 日，澳门国际绿色环保产业联盟理事长肖晋邦先生带领澳门国际环保卫视，亿达再生资源（澳门）有限公司，澳门绿色建筑协会等多家企业组成的代表团到访云南省环境保护厅。周东际副厅长会见了代表团一行，省环境保护厅对外交流合作处、湖泊保护与治理处科技与环保产业发展处和省环境科学研究院相关人员参加了座谈会。周东际副厅长代表云南省环境保护厅对澳门国际绿色环保产业联盟的来访表示欢迎，并由各相关处室负责人和省环境科学研究院专家就云南省九大高原湖泊保护与治理、污染防治、科技与环保产业发展等方面的现状和技术需求做了简要的介绍，希望澳门国际绿色环保产业联盟能够结合云南省环境保护的特点将国际先进环保产业技术和发展模式引入云南。肖晋邦理事长对周副厅长的欢迎表示感谢，并请企业代表介绍了澳门国际绿色环保产业联盟现有的先进技术以及开展过的示范项目，希望能够进一步加强与云南省环保领域的交流，共同探讨在环保技术和污防治理等方面的合作。②

---

① 云南省环境保护厅对外交流合作处：《中国-南盟召开交流研讨会 促进区域生物多样性保护》，http://www.mdjepb.gov.cn/Shown.asp?ClassID=136&ID=1899&flag=15（2013-06-03）。
② 云南省环境保护厅对外交流合作处：《澳门国际环保产业联盟代表团来访云南省环保厅》，http://www.ynepb.gov.cn/dwhz/dwhzgjjlhz/201306/t20130608_39090.html（2013-06-08）。

2013年6月21日，应中共中央对外联络部邀请，由苏里南民族副主席、国会议员安德烈·杰西卡巴（正部级）先生率领民族民主干部考察团一行11人于6月赴云南访问。访问期间，云南省人民政府外事办公室于6月20日在昆明饭店组织专题座谈会，云南省环境保护厅高正文副厅长向苏里南民族民主干部考察团一行专题介绍了云南省环境保护和生态文明建设情况，同时就矿产开发的环境保护问题进行了深入的交流，并安排代表团一行到滇池永昌湿地和第七污水处理厂进行实地考察。中共中央对外联络部副局级参赞何晓报，云南省人民政府外事办公室和云南省环境保护厅相关业务处室的同志出席会议并陪同考察。苏里南民族副主席、国会议员安德烈·杰西卡巴先生一行对高正文副厅长的介绍和安排的实地考察表示感谢，希望通过此次交流访问，借鉴云南省在环境保护领域所取得的经验，促进双方在环境保护领域的合作与交流。①

2013年7月2日至4日，以全国政协常委、提案委员会主任、中央直属机关工作委员会原副书记孙淦为组长的全国政协提案委员会调研组一行，在全国政协民族和宗教委员会副主任、省政协原主席王学仁，省政协副主席喻顶成等的陪同下，就全国政协重点提案《把西双版纳建设成为美丽中国生态示范区》到西双版纳傣族自治州调研。州党政领导陈玉侯、胡志寿、权继能及有关部门负责人陪同调研。调研组一行先后深入西双版纳热带雨林国家公园望天树景区和中国科学院西双版纳热带植物园，对西双版纳生态保护和发展进行实地调研。

在调研汇报会上，州委书记陈玉侯就西双版纳近年来开展生态文明建设的情况做了简要汇报。他说，西双版纳具有得天独厚的优势，神奇美丽的西双版纳早就以风光秀丽、风情独特、资源丰富、区位优越而闻名于世。建州以来，历届州委、州政府坚持把生态建设和环境保护作为支撑全州可持续发展的重要基石，坚持不懈地走符合边疆民族地区实际、具有西双版纳特色的发展路子，为建设生态文明试验示范区打下了坚实基础，主要体现在生态环境优良、绿色经济优势明显、立体交通体系基本建成、桥头堡主阵地建设初见成效、民族风情浓郁、各民族团结互助、和谐共融等方面。良好的生态环境是西双版纳赖以生存和实现可持续发展的基础。多年来，西双版纳傣族自治州始终坚持"环境优先，生态立州"，把保护置于开发之前，加大对森林资源尤其是热带雨林和

---

① 云南省环境保护厅：《苏里南民族民主干部考察团赴云南进行环保考察》，http://ynepb.gov.cn/dwhz/dwhzgjjlhz/201306/t20130621_39313.html（2013-06-21）。

生物多样性的保护力度，永葆蓝天白云、青山绿水、清新空气，让生态环境优良成为子子孙孙永久的财富。

针对西双版纳傣族自治州生态文明试验示范区建设的初步打算，陈玉侯指出，生态文明试验示范区建设是一项系统工程，西双版纳傣族自治州将按照党的十八大和习近平总书记讲话精神，认真落实省委、省政府关于争当全国生态文明建设排头兵的一系列决策部署，坚持保护生态环境，发展生态经济，弘扬生态文化，建设生态文明，努力推进美丽西双版纳建设。努力构建八大体系，即完备的生态体系、发达的产业体系、繁荣的民族文化体系、严格的环境安全体系、健全的民生保障体系、牢固的科技支撑体系、科学的环境监测评估体系和完善的政策法规体系；重点突破八大工程，即立体交通畅通工程、傣乡水城建设工程、珍贵用材林基地建设工程、南传佛教历史文化区建设工程、庄园经济和特色村镇建设工程、保健品园区建设工程、边境口岸建设工程、平安和谐建设工程。

在听取汇报后，调研组对西双版纳傣族自治州生态文明建设取得的成绩给予了充分肯定。西双版纳山清水秀、生态优美，基础设施、城镇建设发展迅速，生态保护发展显著，边疆民族团结，和谐稳定。全国政协调研组建议：西双版纳傣族自治州要进一步加快衔接落实好中央办公厅、国务院办公厅 13 号文件精神。抓住机遇，加快落实西双版纳生态文明试验示范区建设，按照习近平总书记在云南调研时的要求和希望，云南应当成为生态文明建设的排头兵。认真做好西双版纳生态文明试验示范区建设的目标和顶层设计，做好规划工作，制定重大政策措施，解决存在的困难和问题，尽快上报有关部门。要不断完善思路，制定有力措施，真抓实干，巩固边疆民族团结稳定，为加快西双版纳生态文明试验示范区建设步伐而努力奋斗。①

2013 年 7 月 15 日，"美丽云南绿色家园生态文明建设系列新闻发布会"之"美丽春城幸福昆明"专场发布会在昆明海埂会堂举行，昆明市市长李文荣介绍昆明生态文明建设情况并答记者问。李文荣表示，环境是最稀缺的资源，生态是最宝贵的财富，生态文明是人、自然、环境和谐发展的最佳状态，也是经济、政治、文化和社会发展的必然结果。昆明市政府在实践中坚持"环保七优先"方针，即，在做出发展决策时优先考虑

---

① 王楠：《陈玉侯：把西双版纳建成美丽中国生态文明示范区》，http://special.yunnan.cn/feature3/html/2013-07-24/content_2818531.htm（2013-07-24）。

环境影响，在编制发展规划时优先编制环保规划，在调整经济结构时优先发展清洁产业，在建设公共设施时优先安排环保设施，在新上投资项目时优先进行环境影响评价，在增加公共财政支出时优先增加环保开支，在考核发展政绩时优先考核环保指标。①

2013 年 7 月 18 日，在"美丽云南绿色家园生态文明建设系列新闻发布会"之"和谐楚雄"专场发布会之后，楚雄彝族自治州委常委、副州长任锦云接受了云南网记者的专访。他说："金山银山要靠绿水青山，这就是楚雄处理发展与环境保护的理念。"楚雄之所以将"和谐"作为主题，是因为"和谐"就是楚雄彝族自治州生态文明建设所追求的目的，生态文明建设就是要达到人与环境的和谐、产业与环境的和谐、社会与环境的和谐。任锦云表示，"现在对生态环境影响最大的就是产业的发展"。产业发展和生态保护并不是对立的，之所以会形成过去那种对立的局面，是因为产业发展的路子不对，为此，现在产业的发展就一定要与环境相结合，形成相互发展、良性互动的关系。"例如，过去认为畜牧业对环境的影响比较大，就禁止养殖牲口，但现在我们的养殖行业做到了无臭味、无污染排放、无能耗，和生态环境形成了相互促进的作用。"绿色产业，特别是高原特色农业，正是楚雄彝族自治州"通过有选择的产业建设来保护生态环境"的典型样本。

任锦云介绍到，楚雄彝族自治州的高原特色农业突出的特色就是"绿色"，做到了"绿色"的生产方式和"绿色"的产品。在楚雄彝族自治州重点发展的六大产业里，烟草、生物医药、绿色食品、文化旅游和新能源新材料五大产业都是有利于生态保护的。任锦云指出，良好的生态环境是楚雄彝族自治州最大的品牌、最大的优势、最大的财富、最大的潜力，保绿水青山品牌、保绿色生态优势是各级政府的重要责任。围绕把楚雄打造成为全省乃至全国重要的绿色产业基地的目的，楚雄彝族自治州围绕高原特色农业这篇大文章，加快以元谋冬早蔬菜为代表的绿色基地建设，培强做大以核桃为主的特色经济林产业，以野生菌为主的非木质林产业，以木材为主的木材深加工产业，以松香、桉叶油、天然香料和生物质能源林为主的林产化工产业，以林木种苗和花卉产业的建设，以医药工业园区、绿色食品园区、特色蔬菜园区为载体，进一步培强做大烟草、天然药业、绿色食品及绿色产业等三大产业。到 2012 年，楚雄彝族自治州已初步形成

① 赵岗、王琳：《["美丽云南"昆明发布会]李文荣：考核政绩先看环保指标》，http://yn.yunnan.cn/html/2013-07/15/content_2806043.htm（2013-07-15）。

以生物农业、生物林业、生物制药业为主体的产业发展格局，绿色经济强州建设取得了显著成效。①

2013年9月16日至17日，云南省人大常委会常务副主任率队在大理市调研生态文明建设工作时强调，要进一步加大环境保护力度，大力推进生态文明建设。考察队先后前往大理市苍山林区、洱海湿地、大理兰国花业有限公司等地，就林业生态建设、湿地保护、花卉产业发展情况进行实地调研，并与当地基层干部群众进行座谈。孔垂柱在调研中指出，近年来大理市通过广大干部群众群策群力、开拓创新、真抓实干、砥砺奋进，在经济社会快速发展的同时，生态环境日益改善和好转，苍洱风光已经成为大理闻名中外的靓丽名片，还成功创造城市近郊湖泊保护治理的洱海模式，经验弥足珍贵，成绩来之不易。孔垂柱强调，要继续深入实施"生态立省，环境优先"战略，着力推进绿色发展、循环发展、低碳发展，全面提升生态文明建设水平。

一要深入贯彻党的十八大精神，把生态文明建设摆在更加突出的位置，清醒认识保护生态环境、治理环境污染的紧迫性和艰巨性，清醒认识加强生态文明建设的重要性和必要性，以对人民群众、子孙后代高度负责的态度，真正下决心把环境污染治理好、把生态环境建设好。

二要认真贯彻执行《中华人民共和国环境保护法》《中华人民共和国大气污染防治法》等相关法律法规，切实加大对危害环境犯罪行为的打击力度。

三要努力将尊重自然、顺应自然、保护自然的生态文明核心理念融入云南省经济、政治、文化建设各方面和全过程，防止和避免部分地方、少数企业打着加快城镇化、工业化的幌子，乱占耕地、乱圈林地、乱污水源、乱排废气等破坏生态、污染环境的情况发生。

四要正确处理好经济发展同生态环境保护的关系，牢固树立保护生态环境就是保护生产力、改善生态环境就是发展生产力的理念，决不以牺牲环境为代价去换取一时的经济增长。

五要按照习近平总书记的有关讲话精神，探索和建立必要的责任追究制度，对那些不顾生态环境盲目决策而造成严重后果的人，必须追究其责任，而且应该终身追究。②

---

① 王琳、赵岗：《[美丽云南]专访楚雄副州长任锦云："和谐"是生态文明建设追求的目的》，http://yn.yunnan.cn/html/2013-07/18/content_2811267.htm（2013-07-18）。

② 岳盛：《孔垂柱在大理市调研时强调加大环境保护力度推进生态文明建设》，http://dali.yunnan.cn/html/2013-09/22/content_2892813.htm（2013-09-22）。

2013 年 11 月 19 日，由亚洲开发银行提供技术援助、云南省环境保护厅执行的亚洲开发银行技术援助"云南省生物多样性保护战略与行动计划研究项目"启动会在昆明召开，标志着项目的正式启动实施。该项目旨在学习和借鉴国际国内生物多样性保护的先进理论和最佳实践经验，更好地指导《云南省生物多样性保护战略与行动计划（2012—2030 年）》的实施。项目于 2012 年 12 月 10 日获得亚洲开发银行正式批准，由亚洲开发银行提供 60 万美元开展技术援助，实施周期一年半，按照亚洲开发银行技术援助项目的要求，亚洲开发银行采用公开招标的方式聘请 AECOM 国际咨询公司为项目提供技术咨询服务。云南省环境保护厅高正文副厅长、亚洲开发银行东亚局自然资源与农业处冯玉兰处长到会致辞，云南省生物多样性保护联席会议成员单位，相关科研院所，非政府组织的代表和项目咨询团队参加了会议。①

2013 年 11 月 26 日，由云南省社会科学界联合会主办、云南省生态文明建设研究会承办的云南省生态文明研究会学术年会在昆明市云南省文史研究馆举行。云南省人大常委会原副主任吴光范，云南省社会科学院巡视员江克，中共十八届三中全会云南省地方志编纂委员会办公室主任李一是出席了会议。就在不久前，中共十八届三中全会通过了《中共中央关于全面深化改革若干重大问题的决定》，其中第十四部分提出"加快生态文明制度建设"。会上，与会专家对该决定第十四部分进行了深入解读，并对如何建设好云南省生态文明制度给出了自己的意见和建议。

吴光范在会上表示，云南省要进行生态文明建设，城市建设环节不可忽视。他说，曾经的昆明有着"东方威尼斯"的美誉，城市美观有序，但如今，随城市发展而来的水资源污染，使昆明往昔风采不再，城市缺乏科学的管理规划带来的无序开挖也使城市环境不如往昔。他建议，在城市建设上要变无序开挖为有序开挖，要科学合理地进行城市管理规划，在此基础上，以十八届三中全会精神为着力点，才能真正构筑中国梦、云南梦，实现富民强滇梦想。

云南省社会科学院巡视员江克谈到建设云南省生态文明时表示，《中共中央关于全面深化改革若干重大问题的决定》共有六十条，其中第十四部分"加快生态文明制度建设"就占了四条，可见建设生态文明制度的重要性。对此，他向在座专家学者分享了两

---

① 云南省政府信息公开门户网站：《亚行技术援助云南省生物多样性保护战略与行动计划研究项目正式启动》，http://xxgk.yn.gov.cn/Info_Detail.aspx?DocumentKeyID=dd4dc2c2-0267-4d14-9218-b4b65a5bc282（2013-11-26）。

点感触：一是生态、制度、体制、机制等词在该决定第十四部分中出现得最多，明确地强调了生态文明建设中的体制、制度、机制建设的重要性。二是该决定中采纳了多年来从事生态文明建设的专家学者以及不同行业人士的意见和建议。江克还在会上提出，要把该决定作为指导云南生态文明建设的总纲领，把云南的研究成果与中央的政策指示结合起来，推进云南的生态文明建设。应树立个人正确价值观，寻找新思路治理滇池污染。

云南省社会科学院研究员蔡毅从哲学工作者的角度看治理滇池污染，认为应树立个人正确价值观，寻找新思路、新办法治理滇池污染。他说："滇池污染治理不应该依靠领导者的个人铁腕。"依靠领导个人铁腕的方式只能让滇池一时清澈，却并不是长期有效的办法。滇池污染80%源自城市污水排放，而每个人都是城市污水的排放者，所以，要引导人们树立正确的价值观，用正确价值观约束个人的行为，这样才能真正实现人与自然和谐发展。其他参会专家学者也分别从旅游产业生态化、生态文明建设推进新型城镇化、加快建立生态补偿机制以及农村生活污水调查等方面提出了自己的观点和看法。①

七、2014年

2014年5月19日至21日，应云南省西双版纳傣族自治州环境保护局邀请，老挝南塔省自然资源和环境保护厅宋·席哈铁副厅长等一行11人赴西双版纳傣族自治州进行环境保护工作交流访问，并参观了宝莲华橡胶加工厂污水处理设施、景洪市城市"两污"处理基础建设、勐罕镇曼嘎俭农村环境综合整治及野象谷生态旅游示范建设。为中老进一步开拓西双版纳傣族自治州与老挝南塔省跨境环境保护的合作，加强两地环境保护，推进区域可持续发展。20日，西双版纳傣族自治州环境保护局和老挝南塔省自然资源和环境保护厅召开了交流访问座谈会，西双版纳傣族自治州发展和改革委员会，州住房和城乡建设局、州交通局、州林业局、州森林公安局等相关部门的代表出席会议。座谈会上，西双版纳傣族自治州环境保护局阳勇局长对老挝此次来访表示欢迎，并介绍了西双版纳傣族自治州环境保护等方面的基本情况。宋·席哈铁副厅长对西双版纳傣族

---

① 冯君：《云南省生态文明研究会学术年会在昆召开》，http://edu.yunnan.cn/html/2013-11/26/content_2973784.htm（2013-11-26）。

自治州热情友好的接待表示诚挚感谢，并表示此行不仅增加了对中国云南省西双版纳傣族自治州的了解，也让其看到了西双版纳傣族自治州在环境保护规划、污染防治、环保基础建设、生物多样性保护、交通建设等方面的好经验和好做法，希望双方进一步加强友好往来和交流合作，推动中老双方跨界环境保护工作。会上，双方就今后进一步加强交流合作、定期互访增进了解、环保技术支持、人员交流学习、工作信息沟通、跨界河流保护、生物多样性保护等方面工作达成了初步的共识。①

2014 年 10 月 15 日，云南省高原湖泊流域生态文明建设学术研讨会在昆明学院举办。来自政府部门的领导，高校科研机构的专家学者就高原湖泊的生态保护、国外生态文明建设的经验启示、水环境承载力等问题开展研讨。昆明市副市长王道兴表示，一直以来，滇池的治理保护都是昆明的头等大事，是昆明贯彻科学发展观、推进生态文明建设的一面"镜子"。在经过四个五年规划的实施后，滇池治理成效显著。下一步，昆明将继续按照"滇池治理工作只能加强不能减弱；资金投入只能增加不能减少；治理工程只能加快不能放慢"的要求，不断完善治理思路，采取有力措施，突出截污治污、生态修复、水体置换等工作重点，全面推进滇池治理各项工作的顺利开展。昆明学院校长蒋永文在研讨会上倡议，云南省高原湖泊所在各级政府，高校，科研院所和企业联合成立"云南高原湖泊生态文明建设研究会"，进一步促进高原湖泊生态文明建设研究，更好地为治理保护高原湖泊建言献策，整合资源培养本土专家学者，形成"云南智慧""云南声音"，促进七彩云南生态文明建设。②

2014 年 10 月 16 日，云南省政协十一届七次常委会举行"推进生态文明 建设美丽云南"专题协商会。省政协常委分别围绕"加快推进云南国家公园建设""促进科技成果在生态农业中的推广应用""优化城市垃圾处理""关于民族地区资源开发和环境保护"四个主题开展小组讨论。省政协主席罗正富，常务副主席白成亮，副主席马开贤、曾华、罗黎辉、倪慧芳、王承才，秘书长车志敏参加讨论。常委们一致认为，云南拥有良好的生态环境和自然禀赋，在发展现代农业、生物产业等方面具有突出优势。但同时，云南又是生态环境较脆弱的地区，保护生态环境和自然资源责任重大。省委九届八

① 中华人民共和国商务部：《老挝南塔省自然资源和环境保护厅赴云南西双版纳州进行环境保护交流访问》，http://news.eastday.com/eastday/13news/auto/news/china/u7ai2126174_K4.html（2014-07-28）。
② 自建丽：《专家学者昆明学院共论云南高原湖泊生态文明建设》，http://yn.yunnan.cn/html/2014-10/15/content_3407237.htm（2014-10-15）。

次全委会提出集中培育"大生物、大能源、大旅游、大制造、大服务"五大产业部署，对云南加快生态文明建设和美丽云南建设提出了更高要求。大家认为，云南作为边疆少数民族地区，建立国家公园，其意义远远超过保护意义，应抓住机遇，改革创新，走出一条具有云南特色的国家公园建设新路子。"云南生态农业发展要立足云南农业的特殊性，吸收和引进现代科技成果及高新技术，与其他优势产业相结合，发展适合各地区域性的生态农业模式，促进农业产业化发展。"常委们建议，加快农业科技成果在生态农业中的推广应用，云南既要开展关键技术的研发和攻关，又要在体制机制方面进行创新完善，同时给予科技成果转化和运用以更多政策、资金和人才支持。常委们还围绕当前云南省垃圾分类无法产生效益、垃圾收费、环卫工人待遇等问题，以及少数民族地区资源开发和环境保护存在的突出问题展开讨论。省发展和改革委员会、工业和信息化委员会、财政厅、住房和城乡建设厅、环境保护厅，省国家税务局等职能单位代表和高校专家学者应邀参加会议。①

2014年10月20日，云南省政府与青海省考察组在昆明举行座谈会，就生态文明建设深入交流。青海省考察组由青海省副省长张建民率队。云南省副省长刘慧晏主持座谈会并讲话。他说，近年来，云南步入发展快车道，特别是国家推进新一轮西部大开发战略，支持云南加快建设面向西南开放重要桥头堡，以及"一带一路"倡议、长江经济带和沿边开放战略的实施，使云南迎来了新的发展机遇，进入发展的黄金期。云南和青海都是资源大省、生态大省、旅游文化大省，双方交流合作的空间很大，此次青海省考察组来云南考察，对于云南来说是个难得的学习交流机会。刘慧晏说，云南省委、省政府历来高度重视生态文明建设和环境保护工作，建立了环境保护"一岗双责"制度，大力推进"七彩云南保护行动""森林云南"建设、生物多样性保护等工作，印发了《中共云南省委 云南省人民政府关于争当全国生态文明建设排头兵的决定》等一系列重要文件，着力推进生态文明建设。青海省近年来在生态文明建设方面进行了很多探索，在典型示范、典型引领方面成效显著。云南省相关部门要多学习青海省在生态文明建设方面的好经验、好做法，更好地促进云南生态文明建设。张建民说，近年来云南经济社会发展取得了显著成效，生态文明建设走在全国前列，在生态文明建设和生态文明体制改革

---

① 张潇予：《云南省政协举行专题协商会 推进生态文明建设美丽云南》，http://politics.yunnan.cn/html/2014-10/17/content_3409548.htm（2014-10-17）。

方面，云南做出了很多有益的探索和实践。希望今后双方加强交流合作，共同把生态文明建设各方面的工作做好。会上，双方就生态文明先行示范区、生态红线划定、生态文明建设考核评价、国家公园建设、高原湖泊保护等问题进行了深入交流。[①]

第二节　云南省生态文明交流与合作的发展阶段（2015 年）

2015 年 3 月 16 日，临沧市委书记对"森林临沧"建设进行专题调研。临沧市委书记提出，2015 年"森林临沧"建设要突出打造生态景观和发展森林经济，为争当生态文明建设排头兵的先行者奠定坚实基础。近年来，临沧市围绕构建完备的森林生态体系、发达的森林产业体系、繁荣的森林文化体系、合理的森林城镇体系，大力发展生态林业、民生林业、人文林业、景观林业，扎实推进"森林临沧"建设，全市森林生态、森林产业、森林文化建设在取得明显成效的同时，森林城镇景观变得更加美丽。临沧市委书记深入临翔区，就旗山森林公园建设、发展森林经济、森林防火工作进行实地调研，听取相关情况汇报。临沧市委书记指出，"森林临沧"建设是临沧争当生态文明建设排头兵的重要抓手和平台，要积极构建政府主导、全民参与、市场化运作的运行机制，持之以恒抓好、抓出成效。建设"森林临沧"，是大力推进生态文明建设的战略需要，更是成就"大美临沧"的必然选择。

临沧市委书记强调，2015 年，一要继续抓好"十百千万"工程，着力在森林城市、森林村庄、林荫大道建设等方面下功夫，努力塑造城市的生态品牌形象。二要突出发展生态景观和森林经济。打造生态景观要突出林荫化、色彩化，着力在四季常绿、四季鲜花、四季挂果上下功夫，突出珍稀树种的栽培，突出对主城区和南汀河沿线的森林化打造。发展森林经济要对森林资源进行规划，对森林环境进行优化，突出森林环境招商引资，大力发展森林果园、森林蔬菜、森林旅游，加快推进森林生态产业建设。在打造生态景观和发展森林经济的同时，要下功夫抓好苗木基地建设；要依托良好的生态环

---

① 胡晓蓉：《云南省政府与青海省考察组在昆举行座谈会 深入交流共同推进生态文明建设》，http://politics.yunnan.cn/html/2014-10/21/content_3413831.htm（2014-10-21）。

境资源，通过古树挂牌、赋予临沧山河名字深化文化内涵等方式，塑造临沧的森林生态文化，不断丰富临沧生态文化内涵；要抓好"森林临沧"建设的"十三五"规划编制，推动"森林临沧"建设可持续发展。三要抓好"森林临沧"建设重大项目的推进，积极做好工作对接，争取上级加大对"森林临沧"建设的支持力度。临沧市委书记强调，春季森林防火任务十分艰巨，清明期间更是森林防火的关键时节，全市各级党委政府和森林防火部门必须高度重视森林防火工作，不能有丝毫的麻痹思想，严厉打击野外违法用火行为，全面加大护林防火宣传力度，全面加大责任追究力度，切实做到严阵以待，严防死守，对违规用火行为严惩不贷。

2015年3月19日至20日，云南省委副书记、省长陈豪在西双版纳傣族自治州调研时强调，要深入贯彻落实习近平总书记考察云南重要讲话精神和全国两会精神，主动服务和融入国家发展战略，扩大沿边开放，大力推进绿色发展，争做全省生态文明建设排头兵。"一带一路"倡议及长江经济带等一系列国家重大战略的实施和推进，催生着西双版纳沿边开放的巨大活力。陈豪先后到勐腊县、勐海县，景洪市，深入磨憨经济开发区、勐海工业园区、景洪工业园区及部分企业和口岸进行实地调研，与州县党政领导干部进行座谈，对全州经济社会发展取得的成绩给予肯定。他指出，独有的生态环境是西双版纳最大的特色、最大的资本和最大的优势，要按照习近平总书记对云南提出的争当全国生态文明建设排头兵的要求，紧紧围绕绿色发展这个核心，统筹生态保护和环境建设，加快推进绿色产业发展、绿色消费、城乡一体化建设，做好绿色发展大文章，闯出一条绿色发展、跨越发展的路子。磨憨经济开发区建设热火朝天，正在按照打造中老友好合作的先行区，昆曼国际大通道的重要枢纽和面向东南亚的区域性进出口加工基地、商贸服务基地、物流配送基地的定位，全力加快基础设施建设，推进招商引资和产业培育步伐。随着物流集散平台的建成和物流规模的扩大，把"过路经济"变为"落地经济"的美好愿望正在这里慢慢变成现实。

陈豪详细了解了口岸建设、跨境经济合作等情况。他指出，西双版纳在云南对外开放战略中，承载着重要的功能和使命，要按照习近平总书记提出的建设面向南亚东南亚辐射中心的要求，以更开放的思维，加快推动大通道和对外经贸交流合作平台等建设，促进资金、技术和人才等更多要素向这里聚集，努力打造沿边开放升级版，在沿边开放开发中走在全省前列，"要把旅游业发展成为西双版纳的第一大产业、第一品牌，在进一步做大、做强、做精、做优上做文章、下功夫，不断推动旅游业提质增效"。在考察万达西双版纳国际度假区、告庄西双景等旅游建设项目时，陈豪要求，要注重推动旅游业与其他产业、特色城镇建设融合发展，进一步提高旅游市场组织化程度，加大优质企业培育力度，加强旅游秩序整顿，促进旅游行业自律。要坚持规划先行，大力提升城乡规划建设和管理水平，打造更优的软硬件环境，以城市品质的提升带动旅游业的发展。同时，还要针对重点人群，细分旅游市场，要注重为中低端旅游者提供优质的旅游产品，更要注重吸引高端旅游者，努力提升旅游服务质量和品质。陈豪还分别参观了光明食品集团云南石斛科技有限公司、英茂糖业有限公司景真糖厂、勐海茶业有限责任公司、印奇生物资源开发有限公司印奇果油加工基地，希望企业充分依托当地丰富的生物资源，加大科技创新力度，全力提升生产水平，提高标准化和精细化程度，积极瞄准市场扩大生产规模。陈豪要求，西双版纳傣族自治州要按照习近平总书记提出的建设民族团结进步示范区的要求，大力实施兴边富民工程，把资金、政策、人力更多向民生倾斜，进一步加大对少数民族贫困人口和整族的帮扶力度，帮助他们早日脱贫致富，在全省率先实现全面建成小康社会的目标。①

2015 年 5 月 20 日上午，为提高洱海流域环境管理水平，云南省大理白族自治州邀请加拿大皇家科学院院士布鲁斯·米契尔先生和耿涌先生做大理白族自治州洱海流域环境管理专题讲座。双方交流了国内外先进经验，为洱海水资源管理及全州生态文明建设的稳步推进提供了新思路，拓宽了新视野。布鲁斯·米契尔先生是加拿大皇家科学院院士，是国际具有盛名的流域水资源管理专家。耿涌先生是上海交通大学环境科学与工程学院院长，特聘教授，获得了国家杰出青年基金，并入选中国科学院"百人计划"。布鲁斯·米契尔先生做了题为"综合水资源管理：对治理和实施的意义"的讲座。介绍了一体化水资源管理的概念、政策和规划实践，并重点结合加拿大大河流域管理介绍加拿大在流域水资源管理的最新做法及申报流域管理国际奖项的注意事项，包括加拿大在流域在线监测系统、生态治河实践、流域圆桌会议等国际最新的一体化流域管理方面的经验，并围绕洱海管理实际提出了建议。耿涌先生做了题为"基于绿色增长的生态文明建设路径"的讲座，介绍了国家发展生态文明的相关政策和规划设想，并结合大理实际，

---

① 陈晓波、王永刚：《陈豪在西双版纳调研时提出扩大开放提高水平争做全省生态文明建设排头兵》，http://politics. yunnan.cn/html/2015-03/21/content_3657227.htm（2015-03-21）。

尤其是保护洱海水环境的实际，介绍关于循环经济、低碳发展的最新理念、政策、实践和评价手段，提出建议。州政府领导，州级相关部门领导，州环境保护局全体干部职工，大理市及洱源县相关部门领导和科室负责同志参加了专题讲座。①

2015 年 5 月 25 日至 27 日，云南省政协副主席王承才率调研组到昆明开展"争当生态文明建设排头兵"专题调研。通过实地查看，调研组对昆明生态文明建设情况给予肯定，并希望昆明继续努力，争当生态文明建设排头兵。调研组一行先后到东川区，禄劝彝族苗族自治县、富民县及昆明主城区，实地查看了东川区大白泥沟小流域治理项目、石板河综合治理工程生态湿地及绿化造林情况、东倘高速公路建设情况、汤丹尾矿库建设情况、昆明危险废物集中处理处置中心、昆明东郊垃圾焚烧发电项目、昆明市餐厨垃圾资源化利用处理厂等。调研座谈会上，副市长王道兴就昆明生态文明建设情况做了汇报。市政协常务副主席张建伟陪同调研。王道兴说，昆明生态文明建设以滇池保护治理为重点突破口，市域水环境治理工作全面推进，人居环境质量持续改善，城乡绿化水平不断提升，节能减排任务有效落实，环保制度建设进一步加强，生态创建工作深入开展。在生态建设中还存在着生态环境承载力不足、生态保护资金严重不足、产业结构不尽合理、局部区域生态脆弱、生态文明意识不强等困难和问题。通过深入调研，调研组对昆明生态文明建设情况给予肯定。王承才在调研座谈会上强调，昆明市要紧紧围绕"四个全面"的战略布局部署落实各项工作，进一步牢固树立生态文明理念，把生态文明建设融入经济、政治、文化和社会建设的方方面面和全过程，健全生态文明体制机制，完善生态文明制度体系，狠抓生态文明工程建设，全面提升全市生态文明建设的质量和水平，走出一条符合昆明生态文明建设的新路子，以中心城市示范效应带动全省，努力争当全省生态文明建设排头兵，为云南成为全国生态文明建设的排头兵做出积极贡献。②

调研组认为，昆明市"争当生态文明建设排头兵"工作初显成效，主要表现在以下几个方面。

其一，滇池流域截污治污体系基本形成。昆明市委、市政府一直将滇池治理作为头

① 侯滢松：《加拿大皇家科学院院士到大理作水资源管理讲座》，http://www.daliepb.gov.cn/news/local/2676.html（2015-05-25）。
② 董宇虹：《昆明要争当生态文明建设排头兵》，http://www.yn.gov.cn/yn_zwlanmu/yn_dfzw/201505/t20150529_17663.html（2015-05-29）。

等大事来抓，大幅度削减入湖污染物，改善滇池水质，全力开展滇池流域水环境综合治理。目前，滇池流域截污治污体系基本形成，建成 97 千米环湖截污主干灌渠、10 座污水处理厂和 17 座雨污调蓄池，形成 4500 千米的市政排水管网，城市污水日处理能力由"十五"末的 55.5 万立方米增加到 196 万立方米，出水水质优于一级 A 排放标准。加上滇池湖滨生态及面山植被恢复、控制农村面源污染等措施，滇池水质得到改善，特别是 2014 年 12 月到 2015 年 3 月，滇池外海连续 4 个月水质已转变为轻度富营养化，滇池外海湖体营养化程度明显减轻。

其二，主城区饮用水源水质稳定达标。调研组一行视察了昆明主城区主要供水地——云龙水库，提出昆明生态文明建设工作要重视对水源地的保护。调研组专家张健萍说："通过调研，我们看到水源区的保护工作做得越来越好。与此同时，要继续做好入库河流植被修复、垃圾处理等工作。"一直以来，昆明市都非常重视饮用水源保护工作，并成立了以市长为主任的昆明市重点水源保护区委员会，出台了一系列水库保护条例和水源保护区扶持补助办法等，设立了水源保护专项资金等。近年来，云龙水库、松华坝水库、清水海等主城区饮用水源水质稳定达标。

其三，2014 年空气质量排名省会城市第四。2014 年，昆明空气质量排名全国省会城市第四，空气质量达标率 97%，单是"昆明蓝"就给了昆明人民一个舒适的人居环境。为进一步营造干净舒适的城乡环境，昆明加快城乡生活污水和垃圾收集处理设施建设，在全市建成 31 座城镇污水处理厂，提高生活生产用水水质，还建立了村镇垃圾收集处置体系，城市垃圾无害化处理率达 85%，建成危险废物和医疗废物处置中心，危险废物和医疗废物集中处理率 100%。

其四，全省 8 个生态文明县（市）区昆明占 5 个。2014 年，云南省命名了第一批 8 个生态文明县（市）区，其中 5 个在昆明，分别为西山区、呈贡区，石林彝族自治县、晋宁县、宜良县，目前又有新的县区在申报这项荣誉。此外，昆明市有 36 个乡镇获得云南生态文明乡镇命名，2 个村、社区获国家级生态村命名，24 个村、社区获云南生态文明村命名，1120 个村、社区获市级生态村命名，昆明先后荣获国家园林城市、国家卫生城市、国家节水型城市、国家森林城市等称号。①

---

① 董宇虹：《昆明要争当生态文明建设排头兵》，http://www.yn.gov.cn/yn_zwlanmu/yn_dfzw/201505/t20150529_17663.html（2015-05-29）。

2015年6月4日，2015年云南环保世纪行活动在昆明启动。云南省人大常委会副主任卯稳国，副省长刘慧晏出席活动并讲话。卯稳国说，云南环保世纪行活动经过多年探索，形成了较为固定的组织机构和活动程序。环保世纪行组织委员会要认真总结经验，传承好做法，创新活动形式，把环保世纪行打造成人民群众喜闻乐见的宣传品牌。各级各部门要高度重视，精心组织，真抓实干，全面理解、准确把握习近平总书记考察云南重要讲话精神，结合实际，充分认识云南省经济发展与环境保护的关系，始终坚持"生态立省，环境优先"的发展战略，进一步发挥环保世纪行活动的作用，不断开创云南环保世纪行活动新局面。刘慧晏说，多年来，云南省始终坚持"生态立省，环境优先"，出台了一系列加强生态环境保护、推动生态文明建设的政策措施，深入开展了"七彩云南保护行动"计划、"森林云南"建设、生物多样性保护、高原湖泊污染治理、节能减排等工作，全省生态环境质量总体上保持良好，生态产业化、产业生态化发展理念不断深化，逐步走出了一条经济发展与环境保护协调发展的路子。2015年云南环保世纪行活动要立足于习近平总书记考察云南时对云南工作提出的新定位、新要求，进一步突出重点，优化提升，争取更大的成效。2015年是开展云南环保世纪行活动的第22年，2015年的活动主题为"推进生态文明，建设美丽家园"，主要任务是围绕活动主题，宣传报道相关的法律法规、政策措施、经验成果、典型事例，进一步提高全社会的法律意识，加大环境资源监督工作力度，为全省经济社会实现科学发展、和谐发展、跨越发展做出贡献。启动仪式上，云南环保世纪行组织委员会对荣获2014年云南环保世纪行活动"好新闻作品奖"的24篇作品进行颁奖，《云南日报》、云南网、《春城晚报》、《云南法制报》等新闻单位的作品获奖。①

2015年6月10日，西双版纳傣族自治州召开2015年环境友好型生态胶园和生态茶园建设推进会。会议总结了2014年西双版纳傣族自治州环境友好型生态胶园和生态茶园建设工作，对下一阶段的工作进行动员和部署。州委副书记、州长罗红江，三县市政府领导，磨憨经济开发区，景洪工业园区管理委员会和州农垦局，州环境友好型生态胶园建设领导小组成员单位负责人近100人参加会议。期间，参会人员现场观摩了景洪市东风农场管理委员会中林小组生态胶园示范基地、景洪农场管理委员会沟谷种植经济林

---

① 胡晓蓉：《推进生态文明建设美丽家园 2015年云南环保世纪行启动》，http://politics.yunnan.cn/html/2015-06/05/content_3768503.htm（2015-06-05）。

示范基地、勐海县勐混镇曼国村委会曼打火村民小组生态茶园示范基地。三县市负责人就环境友好型生态胶园和生态茶园建设的相关情况做了交流发言。州政府与三县市政府，磨憨经济开发区，景洪工业园区管理委员会和州农垦局负责人签订 2015 环境友好型生态胶园和生态茶园年建设目标责任书。罗红江对 2014 年环境友好型生态胶园和生态茶园建设工作给予充分肯定，要求2015年要突出抓好6个方面的工作。一要突出深化思想认识。要深刻认识环境友好型生态胶园和生态茶园建设是西双版纳傣族自治州生态文明建设最重要的任务之一，是西双版纳傣族自治州创建全国生态文明先行示范区的重大举措，是全州各族人民多年的夙愿。二要突出规划引领。要组织精干力量，认真做好环境友好型生态胶园和生态茶园建设"十三五"规划编制工作，突出可操作性，目标、任务、措施要具体。三要突出速度服从质量。严格执行《环境友好型生态胶园建设技术规程》和《生态茶园建设技术规程》，同时加大对农民群众的培训力度，切实做到不符合技术规程的环节不放过，达不到技术规程要求的项目不验收。四要突出生态效益和经济效益双优。在环境友好型生态胶园和生态茶园建设中要切实有效解决橡胶和茶叶单一物种种植面积过大、植胶区和植茶区水源减少及水土流失的问题。建设环境友好型胶园要同建设高产优质胶园紧密结合起来；建设生态茶园要同创建无公害茶园、绿色茶园、有机茶园等结合起来。五要突出发挥市场"这一只手"的作用。政府要加大投入，强化引导，着力创造市场能够发挥作用的条件，充分发挥农民群众和企业的主体作用，实实在在让农民增收、企业增效。六要突出落实各级责任。州级要做好总体规划、完善技术规程、加强监督检查；县市级要组织实施，制定本地规划和年度规划，抓好任务分解、资金安排和大项目，指导乡镇抓好落实；乡镇和农场要抓落实，细化工作方案，组织站、所、村、组的力量，做好宣传、培训、动员、推进等具体工作。同时要主动加强与驻州科研单位的联系和合作，赢得更多的支持和帮助。①

2015 年 6 月 18 日下午召开的第二场云南社会科学专家怒江行暨怒江发展高端论坛重点就"怒江绿色生态价值的地位、作用、前景及政策建议"这一课题进行了讨论。在三天的时间里，专家组对贡山独龙族怒族自治县独龙江乡至福贡县石月亮乡怒江流域、六库镇至兰坪白族普米族自治县营盘镇澜沧江流域生态进行了考察。云南省林业科学院

---

① 夏文燕：《西双版纳州环境友好型生态胶园茶园建设推进会召开》，http://xsbn.yunnan.cn/html/2015-06/12/content_3778998.htm（2015-06-12）。

院长杨宇明教授认为怒江生态环境呈现出丰富多样却又脆弱易受破坏的特点。而改变观念、创新思路、制定绿色发展策略是怒江跨越发展的必由之路，要树立培育生态资源的理念和森林创造财富的新价值观。杨宇明指出了几点具体举措：进行生态恢复工程，推行林下种植规划，开发如牡丹花油、沉香、牛樟芝等特色生物资源高价值产品。云南大学生态学与环境学院院长段昌群教授指出："生态特区的建立是破解怒江问题的核心命门。"他认为要把国家定位和需求变为发展资源，要打造"怒江的就是生态的、环保的、绿色的、民族的"生态品牌。所以要大胆创新、抢占先机、敢为人先，全力申请和鼎力创建国家生态特区。省环境科学学会秘书长李唯通过具体的数据和大量实拍图片论证了怒江傈僳族自治州在生态文明建设方面如今仍旧比较落后，她认为要加快创建文明州，需要解决人力、财力的基础问题，还要加快文明细胞工程的建设，对污水、垃圾的处理及公共配套设施的建设也要加强。将文明建设纳入考核指标，进入基层开展生态文明科普工作，合理布局工业，确保空气质量安全，尤其是兰坪白族普米族自治县的土壤评估和污染治理工作需要逐步开展。云南财经大学城市与环境学院副教授许晓毅以"人口迁移和生态保护"为主题进行了论述，她认为人口相对过多对资源需求增长过快导致了人口与土地资源的矛盾，所以应加强城镇化步伐。

云南省社会科学界联合会主席范建华代表专家组，从怒江发展定位、路径、方式、前景四个方面做了最后的总结并最终对怒江的发展提出了几点呼吁：解决经济须先解决交通这一瓶颈；退耕还林须有补偿机制；要给予怒江足够的发展空间；怒江的教育体制应有特殊政策；将怒江放入"一带一路"建设重要位置；怒江特有的民族文化保护应放在国家层面给予特殊扶持。在听取完 11 位专家就本次调研的四个主要课题总结后，怒江傈僳族自治州委书记童志云在感谢专家组对怒江的发展提出建议建言的同时也发表了自己的看法，他认为，怒江的经济发展需要考虑人民意愿、时代要求、市场支撑和制度设计。针对生态文明建设问题，童志云指出目前怒江傈僳族自治州的发展思路是严格划定自然保护区，将破坏的地方进行恢复，对污染进行逐步治理，目前这些措施已初见成效，并希望结合本次专家组的建议，继续完善怒江发展的策略。会议最后由州委宣传部部长杨中华对为期五天的云南社会科学专家怒江行活动进行总结，他说，本次怒江调研活动可谓过程艰辛，专家组在调研期间深入了解州情，结合个人知识储备，深入浅出地围绕四个主要议题进行总结和献言献策，为今后怒江傈僳族自治州的发展提供了更多的可行性思路，可谓成果颇丰。此次怒江行调研活动圆满成功，下一步怒江傈僳族自治州政府将抓好调研成果，有效运用和转化，使其产生更大影响力。①

2015年7月2日，云南省委常委、省委高等学校工作委员会书记、省委全面深化改革领导小组生态文明专项小组组长李培应邀来到西南林业大学，以"为云南争当全国生态文明建设排头兵贡献智慧和力量"为题，为在昆部分高校师生做形势政策报告。李培回顾了人类社会对生态环境的认识过程，回顾了党和国家推进生态文明历程，深刻阐释了十八大以来党中央"走向生态文明新时代"的重要论述、重大决策，深刻阐释了习近平总书记考察云南时将"成为全国生态文明建设排头兵"确定为云南的发展战略以及把着力推进生态环境保护作为云南"五个着力"任务重大而深远的意义。李培指出，争当生态文明建设排头兵是国家赋予云南的重要使命，既是机遇又是责任。云南各族人民有爱护环境的优良传统，云南具有独特的生态文明建设资源和较好的工作基础，落实省委九届十次全会提出的争当生态文明建设排头兵，要抓好以下工作。一是强化主体功能定位，优化国土空间开发格局。二是推动技术创新和结构调整，提高发展质量和效益。三是全面促进资源节约循环高效使用，推动利用方式根本转变。四是加大自然生态系统和环境保护力度，切实改善生态环境质量。五是着力深化生态文明体制改革，健全生态文明制度体系。六是加强生态执法监测监督，以零容忍态度打击环境违规违法行为。七是强化全社会"绿色化"观念，加快形成推进生态文明建设的良好社会风尚。李培要求，全省高校尤其是西南林业大学要进一步深化创新创业改革，加快内涵式发展，在生态文明建设和云南跨越式发展中敢于担当，牢记使命：一要为生态文明建设培养更多优秀人才。二要为建成全国生态安全屏障提供科技支撑。三要为美丽云南、森林云南建设提供智力支撑。四要为保护传承民族生态文明发挥重要作用。

最后，李培寄语高校师生：一要牢固树立尊重自然、顺应自然、保护自然的理念，争当传播生态文明的宣传员。二要勤学善思，储备知识，增长本领，争当生态文明建设排头兵的生力军。三要从我做起，从小事做起，从今天做起，争当绿色低碳生活方式的先行者，自觉树立只有一个地球的绿色文明观，善待自然、善待环境。在"一带一路"建设的崭新实践中展现风采，为谱写中国梦云南篇章建功立业。报告会结束后，李培及

---

① 佚名：《【云南社科专家怒江行】怒江的绿色生态建设是解决发展问题的关键》，http://yn.yunnan.cn/html/2015-06/18/content_3787121.htm（2015-06-18）。

省直有关部门，在昆高校负责同志等在西南林业大学参加植树，考察重点学科实验室和大学生创业基地，并和同学们共进午餐，进行互动交流。①

2015年7月16日，以"推进生态文明，建设美丽家园"为主题的2015年怒江环保世纪行活动在六库正式启动。本次活动由怒江傈僳族自治州人大常委会环境与资源保护工作委员会、怒江傈僳族自治州委宣传部牵头，活动时间从7月开始，至10月结束。活动期间，怒江傈僳族自治州将组织媒体记者、专家和相关单位到全州典型地区进行调研及集中采访报道。活动将紧紧围绕当前水污染治理、水环境保护面临的问题，重点采访报道贯彻实施《中华人民共和国环境保护法》《中华人民共和国水污染防治法》等法律，重点流域、重污染河流综合治理行动取得的成效和存在的问题，城镇、工业水污染防治进展情况及存在的问题，城乡饮用水水源地保护及面临的突出问题等。以增强社会及各个部门的环境责任意识，积极推动问题的解决，进一步推进怒江傈僳族自治州经济社会发展方式和生活消费方式的转变，大力宣传《中华人民共和国环境保护法》等法律，不断加大环境资源保护舆论监督力度，为全州全面推进生态文明建设做出新的贡献。启动仪式上，州领导还对获2014年怒江环保世纪行活动"好新闻作品奖"和"组织奖"的个人和单位进行了表彰。②

2015年7月22日下午，以"推进生态文明，建设美丽家园"为主题的2015年楚雄环保世纪行活动正式启动。2015年是楚雄彝族自治州开展环保世纪行活动的第17年。活动将围绕主题，宣传报道相关法律法规、政策措施、经验成果、典型事例，进一步提高全社会的法治意识、环保意识，加大环境资源监督工作力度，为全州经济社会实现科学发展、和谐发展、跨越发展做出新贡献。州人大常委会副主任、环保世纪行组织委员会主任李佳在活动启动仪式上要求，各级各部门要统一思想，充分认识推进生态文明建设对楚雄彝族自治州实现跨越式发展的极端重要性；准确定位，充分发挥楚雄环保世纪行活动的重要作用；高度重视，为环保世纪行活动提供保障，不断拓展活动领域、丰富活动内容、创新活动形式，整合资源、加强联动，进一步形成环保世纪行活动的合力，精心组织、求真务实，确保环保世纪行活动取得实实在在的效果。副州长赵祖莹出席启

---

① 张成：《李培：为云南争当全国生态文明建设排头兵贡献智慧和力量》，http://yn.yunnan.cn/html/2015-07/02/content_3805137.htm（2015-07-02）。

② 娜雪兰：《2015年怒江环保世纪行活动启动》，http://nujiang.yunnan.cn/html/2015-07/17/content_3826084.htm（2015-07-17）。

动仪式并就开展好活动提出要求。州人大常委会秘书长张林敏出席启动仪式。[①]

2015 年 7 月 20 日至 22 日，云南省人大常委会副主任卯稳国率调研组一行深入普洱市边疆基层和农村林区，对全市基层人大工作、扶贫工作和普洱国家森林公园建设管理工作进行调研，并听取相关工作情况汇报。调研中，卯稳国对普洱国家森林公园建设和扶贫工作给予充分肯定。他指出，近年来，普洱市坚持"生态立市，绿色发展"的战略，积极推动普洱国家森林公园建设，生态资源保护开发利用成效明显，为推动普洱市的跨越发展发挥了重要作用。在扶贫开发中，普洱市积极探索创新扶贫工作体制机制，发挥优势、突出重点、落实责任、精准扶贫、进村入户、成效明显，为打赢扶贫开发攻坚战闯出了一条路子。卯稳国要求，要认真贯彻落实习近平总书记考察云南重要讲话精神和省委、省政府一系列重大战略部署，将普洱国家森林公园建设作为争当生态文明建设排头兵的一个重要抓手，在保护与开发中找准切入点，充分运用法治思维和法治方式不断推动普洱国家森林公园管理和环境保护工作持续健康发展。要结合实际，认真研究，积极探索，按照"一公园一条例"的原则，积极推动普洱国家森林公园管理法规的制定工作，充分运用已有的法律法规，共同促进普洱国家森林公园健康发展。要开展好科普、科研和生态环境监测工作，充分发挥普洱国家森林公园的社会效益。要围绕保护生态来进行普洱国家森林公园设施建设，通过保护开发促进普洱国家森林公园生态改善。卯稳国对普洱市人大工作给予肯定，特别是思茅区人大在监督工作、代表工作方面特色鲜明、亮点突出，值得认真总结。他指出，加强基层人大工作，充分发挥基层国家权力机关和人大代表的作用，是坚持和完善人民代表大会制度、做好新形势下人大工作的重要任务。在今后的工作中，要围绕县乡人大代表选举、重大事项决定权行使、加强和改进人大监督工作、人事选举任免、加强同人大代表和人民群众联系、加强人大自身建设等方面，健全基层人大组织制度和工作机制，提高基层人大工作水平，推动人民代表大会制度和人大工作与时俱进，为建设民族团结进步示范区、生态文明建设排头兵和面向南亚东南亚辐射中心做出积极贡献。市人大常委会副主任李洪武、秘书长秦永勋陪同调研。[②]

① 付雪：《2015 年楚雄环保世纪行活动正式启动》，http://chuxiong.yunnan.cn/html/2015-07/24/content_3835057.htm（2015-07-24）。
② 唐娅楠：《卯稳国在普洱调研时强调推动国家森林公园管理立法》，http://puer.yunnan.cn/html/2015-07/24/content_3834758.htm（2015-07-24）。

2015 年 8 月 18 日，由中国林业工程建设协会主办，国家林业局昆明勘察设计院协办的生态建设学术研讨会在昆明隆重召开。国家林业局副局长刘东生出席研讨会并向与会人员传达了全国林业厅局长会议主要精神，肯定了中国林业工程建设协会所做工作，并对协会成立 30 周年表示了祝贺。云南省林业厅党组成员、副厅长夏留常出席研讨会并致欢迎辞。会议公布了林业工程建设领域资深专家名单。国家林业局调查规划设计院，国家林业局昆明勘察设计院，北京林业大学，内蒙古林业监测规划院，浙江省森林资源监测中心的代表在研讨会上做了专题发言。来自全国 80 多名专家及领导参加了研讨会。①

2015 年 8 月 20 日，2015 年个旧市环保世纪行活动正式启动。活动以"推进生态文明，建设美丽家园"为主题，以非金属矿山环境复绿治理、产业转型 211 工程、重点企业、美丽家园建设、法治宣传等为主要内容，不断提高公众对全市节能减排、低碳经济、环境保护、生态建设的了解和认识，引导公众选择低碳、节俭、健康的生产生活方式，形成崇尚生态文明的社会新风尚。近年来，个旧市在资源型城市转型升级中，积极推进生态文明体制改革，坚持"生态立市，环境优先"的发展战略，着力强化污染防治、加强生态建设，深入开展综合治理和节能减排等工作，全市环境质量总体上保持良好，生态产业化、产业生态化发展理念不断深化，逐步走出了一条经济发展与环境保护协调发展的路子。自 1994 年举办首届环保世纪行活动以来，个旧市围绕全社会普遍关注的资源环境问题，组织媒体深入报道资源节约型和环境友好型社会建设的成效和经验，着力推动解决资源与环境问题，成为社会、公众广泛认同的宣传舆论品牌，有力地推动了生态环境保护工作。②

2015 年 8 月 21 日，丽江环保世纪行活动启动会召开。丽江市人大常委会副主任王金龙，副市长陈星元出席会议并讲话。会议宣读了《关于开展 2015 年丽江环保世纪行活动的通知》和《2015 年丽江环保世纪行活动安排意见》。2015 年丽江市环保世纪行的主题是"推进生态文明，建设美丽家园"，活动从 8 月 21 日启动，至 11 月底结束。会议提出，2015 年是全面推进依法治国的开局之年，2015 年的丽江环保世纪行活动要

---

① 武建雷：《中国生态建设学术研讨会在昆明召开》，http://www.ynly.gov.cn/yunnanwz/pub/cms/2/8407/8415/8477/103562.html（2015-08-20）。

② 李树芬、王佳：《个旧环保世纪行活动启动》，http://honghe.yunnan.cn/html/2015-08/21/content_3876112.htm（2015-08-21）。

把学习和宣传《中华人民共和国环境保护法》作为丽江市全面推进生态文明建设各项工作的抓手，结合市人大常委会环境保护监督工作，深入开展好环保世纪行活动。重点宣传《中华人民共和国环境保护法》的重大意义、主要原则和制度规定，为全面贯彻实施《中华人民共和国环境保护法》营造良好的社会氛围；要加大生态文明制度建设、法治建设的宣传报道，增强全民环保意识、生态意识，在全市牢固树立尊重自然、顺应自然、保护自然的生态文明理念；深入采访报道人民群众自觉保护生态环境和生产生活情况、风景区及自然保护区生物多样性保护情况，进一步推动相关问题的解决。会议强调，2015 年的丽江环保世纪行活动，要突出重点，优化提升，争取更大的成效，要深入宣传加快生态文明建设的重大意义；要大力倡导绿色生产生活方式；要充分发挥环保世纪行活动在宣传推动和舆论引导方面的作用；要形成强大合力，为实现丽江天更蓝、水更绿，人民更幸福，争当全国生态文明建设排头兵，谱写好中国梦丽江篇章做出新的更大贡献。据悉，丽江环保世纪行活动自 2003 年举行以来，始终紧紧围绕全社会普遍关注的资源环境问题，深入报道丽江市资源节约型和环境友好型社会建设的成效和经验，成为社会公众广泛认同的宣传舆论品牌，有力地推动了丽江市生态环境工作。2014年丽江环保世纪行活动围绕"遏制生态退化——发展中的资源利用与环境修复"这一主题，对森林遭砍伐、植被遭破坏、水土流失等生态环境问题及相关法律法规的执行情况等进行了重点关注，在促进合理利用资源能源，遏制生态退化、加强生态修复等方面取得了积极的成效。会议表彰了 2014 年丽江环保世纪行"组织奖"和"好新闻作品奖"。市、县（区）人大相关领导，丽江环保世纪行组织委员会、执行委员会成员以及省级媒体驻丽江站负责人参加启动。[①]

　　2015 年 8 月 23 日，云南省委副书记、省长陈豪与国家林业局局长张建龙重点围绕林业生态保护、野生动植物保护、国家公园建设试点等问题在昆明进行座谈。陈豪对国家林业局长期以来对云南经济社会发展的关心和支持表示感谢。他说，云南省委、省政府高度重视林业改革与发展，始终坚持林业可持续发展战略，大力实施"森林云南"建设，积极推进国家公园试点工作。截至目前，全省共建立八个以林业为主导、社会各界共同参与的国家公园，以较小面积的开发利用换取较大面积的保护，在生物多样性保护、民生改善、旅游转型升级等方面做出了积极探索，取得了显著成效。陈豪指出，云

---

① 皮秀清：《丽江环保世纪行活动启动》，http://lijiang.yunnan.cn/html/2015-08/25/content_3881120.htm（2015-08-25）。

南立体地形和立体气候特征明显，生物多样性丰富，在中国以及南亚东南亚乃至全球的生态地位十分重要，当前，全省上下正在深入学习贯彻习近平总书记的系列重要讲话和考察云南重要讲话精神，闯出一条跨越式发展的路子，努力成为中国民族团结示范区、生态文明建设排头兵和面向南亚东南亚辐射中心。下一步，云南将紧紧围绕"三个定位"，充分发挥区位、资源、开放"三大优势"，推动经济结构和产业结构向开放型、创新型和绿色化、信息化、高端化转型发展，加快推进国家公园建设试点工作，努力成为中国生态文明建设排头兵，希望国家林业局一如既往地给予大力支持。张建龙说，云南是中国南方重点林区，生物多样性异常丰富。多年来，云南省委、省政府高度重视林业生态建设和改革发展，在林业生态保护、亚洲象等野生动植物保护、集体林权制度改革、国家公园试点、珍贵树种培育、林下经济等特色产业发展等方面取得了显著成效。国家林业局将一如既往地支持云南林业产业发展、深化林权制度改革、林业科技管理创新，助推云南成为全国生态文明建设排头兵。①

2015 年 8 月 24 日至 28 日，根据云南省人大常委会环境与资源保护工作委员会关于生物多样性保护专题调研工作的安排，由云南省环境保护厅高正文副厅长带队组成的调研组赴西双版纳傣族自治州、普洱市对生物多样性保护工作进行专题调研。调研组实地查看了西双版纳国家级自然保护区、纳板河流域国家级自然保护区、太阳河省级自然保护区的建设管理及生物多样性保护与减贫示范和生态旅游等情况，听取了西双版纳傣族自治州和普洱市关于生物多样性保护工作汇报及州（市）人大，法制办公室，环境保护局、农业局、林业局，自然保护区管理局等相关单位的意见和建议。通过实地调研和听取汇报，调研组对西双版纳傣族自治州和普洱市在生物多样性工作方面所取得的成绩给予了充分肯定。调研组认为，此次调研为下一步加强自然保护区建设与管理、加快推进《云南省生物多样性保护条例》制定进程具有重要意义。省法制办公室经济立法处处长王晖，省环境保护厅自然生态保护处处长夏峰、政策法规处副主任科员杨正坤，省林业调查规划院副总工程师陶晶及省环境科学研究院副院长吴学灿参加调研。②

2015 年 9 月 8 日，云南省政协十一届委员会中共界别小组到迪庆藏族自治州调研生

① 徐前、朱红霞：《陈豪与国家林业局局长张建龙在昆座谈 提出发挥 3 大优势推进生态文明建设》，http://yn.people.com.cn/news/yunnan/n/2015/0824/c228496-26095357.html（2015-08-24）。
② 云南省环境保护厅自然生态保护处：《高正文副厅长带队省人大环资工委调研组赴西双版纳、普洱专题调研生物多样性保护工作》，http://lzjc.7c.gov.cn/zwxx/xxyw/xxywrdjj/201509/t20150906_92441.html（2015-09-06）。

态文明建设情况。省政协常务原副主席管国忠带队，省政协提案委员会主任郭文龙，省委政法委副书记、省综合治理委员会办公室主任朱家美，昆明市政协主席田云翔，保山市政协主席张静，丽江市政协主席罗学军，楚雄彝族自治州政协主席李兴顺，文山壮族苗族自治州政协主席王云凌，迪庆藏族自治州政协主席杜永春等省政协中共界别组织委员参加调研。省政协提案委员会副主任彭济生，迪庆藏族自治州政协党组副书记杨文祥，省政协副秘书长杨志诚等领导一同调研。州委副书记齐建新出席座谈会。期间，调研组一行深入普达措国家公园等地实地考察迪庆藏族自治州生态环境建设情况，听取迪庆藏族自治州生态文明建设工作汇报，围绕生态文明建设有关问题座谈交流。参加调研的委员们认为，迪庆藏族自治州认真贯彻落实中央和省委关于生态文明建设精神，举生态旗、打生态牌、创生态业，走出了一条富有迪庆特色的创新发展之路，在生态文明建设方面走在全省前列。委员们就发展生态经济、建设生态文化、完善生态文明建设和生态补偿体制机制、构建生态建设政策体系等方面提出了意见建议。

管国忠指出，推进生态文明建设，提高生态文明水平，是破解日趋强化的资源环境约束的有效途径，是加快转变经济发展方式的客观需要，是保障和改善民生的内在要求。良好的生态环境是迪庆最宝贵的资源、最明显的优势、最靓丽的名片。他强调，要认真学习贯彻十八大精神和习近平总书记在云南考察时的重要讲话精神，充分发挥迪庆的生态优势，挖掘生态潜力，发展生态经济，做好生态文章。要科学制定好迪庆"十三五"生态文明建设规划，从实际出发，统筹考虑，分步实施，做大旅游业。要坚持绿色、低碳、生态的要求，加大研发力度，加快技术创新，拉长产业链，形成产业群，提升生态产业竞争力和可持续发展能力。

副州长蔡武成代表迪庆藏族自治州做汇报时说，近年来，迪庆藏族自治州以党的十八大精神为指导，积极实施"生态立州"战略，全力培育生态产业，扎实开展生态环境综合整治，切实加强生态环境保护立法工作，着力打造山清水秀、天蓝云白、空气新鲜的美丽家园，生态文明建设取得了一定的成效。一是着力推进"生态立州"战略，加快建设绿色生态幸福家园。通过实施"森林迪庆"建设，生态环境质量逐年提高；通过"生态村"建设，农村人居环境得到显著改善；通过实施"七彩云南香格里拉保护行动"和滇西北生物多样性保护工程，推进了"两江"流域生态安全屏障保护与建设；通过开展湿地生态保护、水土保持、饮用水源地保障等生态效益补偿试点、资源开发生态补偿试点，生态环境保护能力明显提升。二是建设国家公园，促进生态旅游发展，国家公园建设助推了旅游基础设施建设，丰富了旅游内涵，提升了保护与发展的水平。三是开展"禁白"行动，防止白色污染，"禁白"工作的全面开展探索出了一个行之有效的"禁白"模式，彻底改变了群众生活方式，保护和提升了香格里拉品牌、迪庆城乡生态环境，促进了生态文明建设。四是加强地方立法，巩固生态文明建设成果。迪庆藏族自治州先后出台了《关于禁止销售和使用塑料袋的通知》《云南省迪庆藏族自治州香格里拉普达措国家公园保护管理条例》《云南省迪庆藏族自治州白马雪山国家级自然保护区管理条例》《迪庆藏族自治州草原管理条例》《迪庆藏族自治州水资源保护管理条例》等一系列环境保护法规，为迪庆藏族自治州环境管理提供了法律依据，对开展生态文明建设提供了法治保障。五是实施"环境综合整治，建设美丽迪庆"行动。2014 年，迪庆藏族自治州启动了"环境综合整治，建设美丽迪庆"行动，从 12 个方面对各种环境进行综合整治，切实解决迪庆环境建设中出现的新问题，努力建设生态更加优良，环境更加优美，人与自然更加和谐的美丽迪庆。州政协秘书长彭跃辉及迪庆藏族自治州生态文明建设领导小组成员单位相关负责人参加座谈会。①

2015 年 9 月 14 日，为期三天的"梅里雪山生态文化与区域可持续发展"高端论坛在德钦县落下帷幕。此次论坛，来自北京、拉萨、成都、西宁、昆明以及台湾等地的藏学与人类学领域知名专家、学者齐聚梅里雪山，共梳梅里雪山地区生态文化脉络，把脉优秀传统文化传承，论道喜马拉雅向东延伸地带及云南藏区可持续发展，共同描绘生态文化多样性驱动区域可持续发展的宏伟蓝图。与会专家和学者聚焦梅里雪山生态文化与区域可持续发展等多个主题，以战略思维和发展眼光，从生态文化理论体系、政策完善和实践探索等层面，总结交流弘扬生态文化、促进区域可持续发展的做法和经验，探讨新形势下生态文化的创新发展和引领问题。中国藏学研究中心洛桑灵智多杰副总干事和中国文学艺术界联合会副主席丹增参加论坛，60 多位藏学与人类学领域知名专家、学者还到梅里雪山周边及雨崩和明永冰川等核心地带进行了实地考察调研。此次论坛由云南民族大学主办。②

① 和启光：《云南省政协中共界别委员到迪庆州调研生态文明建设》，http://www.xgll.com.cn/xwzx/dqzw/zw/szyw/2015-09/09/content_190564.htm（2015-09-09）。
② 尤祥能、江初：《"梅里雪山生态文化与区域可持续发展"高端论坛落幕》，http://yn.yunnan.cn/html/2015-09/16/content_3913366.htm（2015-09-16）。

2015 年 9 月 25 日，云南省委、省政府与环境保护部在昆明举行工作座谈会。省委书记李纪恒主持座谈会，省委副书记、省长陈豪汇报云南省环境保护工作情况；环境保护部部长陈吉宁讲话。李纪恒代表省委、省政府对陈吉宁率领环境保护部调研组来滇调研考察表示欢迎。他说，2015 年初，习近平总书记在云南考察指导工作时，将成为"全国生态文明建设排头兵"作为云南发展的三大战略定位之一，为云南长远发展指明了方向。我们将始终牢记习近平总书记的期望和嘱托，认真贯彻落实党中央、国务院的决策部署，全力推进生态建设和环境保护，深化生态文明体制改革，努力建设生态文明排头兵，让良好生态环境成为人民生活质量的增长点、成为展现七彩云南良好形象的发力点、成为云南发展的核心竞争力。

李纪恒强调，以滇池、洱海为重点的九大高原湖泊生态状况关系到流域居民的生产生活和健康安全，关系到云南生态文明建设排头兵大局。云南各地各部门将切实增强紧迫感、责任感和使命感，以铁的决心、铁的措施、铁的责任，用心、用情、用力抓好九大高原湖泊治理，给国家、全省各族人民、子孙后代交出一份满意的答卷。一是"一湖一策"、精准治污。牢固树立综合治理的理念，把湖泊保护治理与经济发展、生态建设与社会管理工作有机结合起来，统筹推进、多管齐下，同时根据九大高原湖泊不同的环境问题及其成因，把握共性、突出个性、分类治理，达到既治标又治本的目的。二是生态优先、保护优先。把改善湖体水质、维护湖泊生态系统完整性放在首位，着力在治污、净水、增绿上下功夫。划定并严守生态红线，有效控制开发利用对湖泊生态环境及水质的影响，在湖泊所在流域开展对环境有影响的活动时，实行湖泊保护"一票否决"制。统筹保护与开发的关系，努力探索"排放少、代价小、效益好、可持续的"发展模式。三是严字当头、依法治湖。实行源头监控、过程严管、违法严惩，综合应用工程措施、科技措施、管理措施。把依法治污、依法治湖贯穿湖泊保护治理的方方面面，加大执法力度，让违法者付出沉重代价。四是严明责任、铁面问责。将九湖治理任务和目标层层分解、层层签订责任书，确保责任落实、项目落实、资金落实。强化目标考核，将湖泊治理年度考核结果纳入对责任人政绩考核的重要内容。五是完善思路、科学谋划。全面总结"十二五"九湖治理工作情况，找准存在的问题，进而调整项目、完善思路和治理措施，为科学制定"十三五"九湖治理规划提供坚实依据。

陈豪说，云南全省上下深入贯彻落实习近平总书记系列重要讲话精神和考察云南重要讲话精神，按照"生态立省，环境优先"的发展战略，坚持保护优先、发展优化、治污有效，依法加强环境保护。一是大力推进生态文明体制改革，细化国家生态文明体制改革系列方案的贯彻落实和相关实施意见的制定。二是全面推进环境保护法治建设，确保《中华人民共和国环境保护法》落到实处。三是加快实施水污染和大气污染防治行动计划，积极推进以洱海、滇池为重点的九大高原湖泊保护治理。四是强力推进主要污染物减排，以更加严厉的措施和手段全面推进各重点领域污染减排工作。五是加强对全省经济稳增长的服务，全面提升环评审批质量和效率。六是深入开展生态创建和对外交流合作，大力创建生态文明建设示范区，重点加强与周边国家环境保护合作，深入参与大湄公河次区域环境合作。陈豪说，今后一个时期，云南将着力抓好生态文明建设和生态文明体制改革，把生态文明理念融入经济社会发展各方面和全过程。坚定不移地保护好良好的生态环境，牢固树立底线思维，采取强有力措施持续提升云南良好的生态环境质量。紧紧围绕重大发展战略优化产业发展，形成节约资源和保护环境的空间格局、产业结构、生产方式和生活方式。围绕改善环境质量打好污染防治战役，实施好以九大高原湖泊为重点的水污染防治工作，积极开展土壤污染治理。切实加强环境监管执法，严厉打击环境违法违规行为。希望环境保护部帮助支持云南加大生态建设力度，支持九湖保护治理工作，支持云南重大项目建设有关工作，支持生物多样性保护重大工程，支持云南与周边国家开展环保交流合作。

陈吉宁说，十八大以来，党中央、国务院就生态文明建设和环境保护工作提出许多新思想、新论断、新要求，做出了一系列重大决策部署，为当前和今后一个时期环境保护工作指明了方向、提供了遵循。近年来，云南省委、省政府高度重视生态文明建设与环境保护工作，落实环境保护"党政同责"要求；省委、省政府主要领导带领各级干部真抓实干，以"三严三实"的精神和最严最实的措施抓好环境保护工作，各项工作取得了积极进展。当前，云南省生态文明建设和环境保护工作正处于关键时期，下一步任务十分艰巨，希望云南省各级党委、政府继续把环境保护工作摆在重要位置上，不松劲、不懈怠，转变观念、开拓创新，进一步处理好经济社会发展和环境保护的关系，坚持预防为主、严格产业准入，给资源和生态系统留出空间，用更高水平、更高质量的发展，破解能源资源和环境制约的难题，避免重蹈"先污染，后治理"的覆辙。环境保护部将一如既往地支持云南环境保护工作，对云南生态建设、九大高原湖泊保护治理、重大项目建设、生物多样性保护重大工程、开展国际环保交流合作等给予支持，帮助云南努力建设成为全国生态文明建设排头兵。刘慧晏、李邑飞参加座谈会。环境保护部副部长翟青参加座谈会。[①]

2015 年 10 月下旬，西南民族大学中国生产力科学研究院课题组就洱海流域生态环境与大理白族自治州经济社会全面协调发展综合改革试验进行了课题研究，并形成了研究报告。10 月 20 日上午，西南民族大学校长曾明一行 5 人代表课题组与大理白族自治州领导进行座谈。州委副书记李雄出席座谈会并讲话，副州长杨承贤、静炜参加座谈会并发言。曾明表示，作为国家民族事务委员会直属高校，西南民族大学长期坚持"为少数民族和民族地区服务，为民族工作服务，为国家发展战略服务"的办学宗旨，充分发挥学校的人才优势、科研优势和学科优势，为民族地区经济社会的全面协调可持续发展提供了有力的智力支持。西南民族大学开展这一课题研究，是以大理洱海流域生态保护与经济社会全面协调发展的成功经验为基础，从国家顶层改革发展需求的视角，对大理洱海流域生态环境与大理白族自治州经济社会全面协调发展综合改革试验进行系统分析。李雄表示，感谢西南民族大学对大理白族自治州经济社会发展及生态文明建设、洱海保护治理等工作的重视、关心和支持。大理白族自治州始终坚持"洱海保护治理高于一切"的理念，切实抓好依法治湖、工程治湖、科学治湖、全面治湖，严格落实全流域"网格化"保护管理责任制，并取得了显著成效。同时，洱海流域生态环境承载力与经济社会发展之间还存在不协调的问题，需要西南民族大学这样的国家高等院校，帮助大理出主意、想办法。希望课题组注重可行性和可操作性，进一步完善和提升研究报告，促使研究成果得到很好的运用。希望参加座谈会的各部门高度重视，支持好、配合好课题组的工作。

座谈会上，西南民族大学课题组专家详细介绍了《洱海流域生态环境与大理州经济社会全面协调发展综合改革试验研究报告》，参加座谈会的州环境保护局，州政府法制和政策研究室，州委政策研室，州洱海流域保护管理局，州发展和改革委员会，教育局，州民族宗教事务委员会，州住房和城乡建设局相关领导先后发言。据悉，在习近平总书记到大理白族自治州视察并对洱海保护治理工作做出重要指示和批示后，西南民族

---

① 张寅：《云南省委省政府与环保部举行工作座谈 李纪恒主持》，http://yn.yunnan.cn/html/2015-09/26/content_3930890.htm（2015-09-26）。

大学将"洱海流域生态环境与大理州经济社会全面协调发展综合改革试验研究"作为2015 年的重大课题，并成立了以校长为组长的课题组，开展专题研究。①

2015 年 10 月 20 日至 21 日，保山市组织部分云南省十二届人大代表到腾冲市对其生态文明建设和古村落保护情况进行集中视察并进行报告。按照云南省人大常委会办公厅《关于 2015 年省人大代表集中视察有关事项的通知》要求，受省人大常委会委托，保山市人大常委会经过认真研究，组织保山市选举的省十二届人大代表赴腾冲市，对其生态文明建设和古村落保护情况进行集中视察并召开视察汇报反馈会。省政府参事、中国国际贸易促进会云南省分会名誉会长熊清华，市级领导杨正晓、刘朋建、陈自锋、孙甸鹤、李伟，市人大常委会秘书长付永明，保山市选举的省人大代表及五县（市、区）的相关负责人参加了实地视察和视察汇报反馈会。杨正晓主持视察汇报反馈会。此次视察采取实地调研、听取汇报、集中反馈的方式进行。20 日，代表们相继对腾冲市和顺古镇、中和镇新岐社区、腾越镇董官村、固东镇江东银杏村的生态文明建设和古村落保护情况进行了实地视察。

在 10 月 20 日召开的汇报反馈会上，代表们首先认真听取了腾冲市政府关于生态文明建设和传统村落保护开发情况的汇报。从 2011 年开始，腾冲市牢固树立"保护生态环境就是保护生产力，改善生态环境就是发展生产力"的理念，通过健全组织机构，强化生态管理；加强综合管理，改善环境质量；突出生态发展，加大节能减排；加强城乡建设，改善人居环境；树立生态效益理念，营造生态理念等措施，生态文明建设取得了长足进步。自 2012 年国家启动传统村落申报工作以来，腾冲市采取抓好机制，提供保障；摸清家底，分级保护；全面覆盖，抓好规划；强化监管，注重风貌；生态优先，保护环境；突出优势，做活产业等措施，加大传统村落的申报、保护和开发力度。目前，腾冲市共有 57 个村落入选中国传统村落名录，入选量居全省第一，第四批申报传统村落的 91 个村庄已组织上报到国家住房和城乡建设部。

听取情况汇报后，代表们就视察中发现的问题，优缺点及意见建议进行了反馈。熊清华指出，近几年来，保山市呈现出了较好的发展势头，经济快速增长，运行质量高，城市在不断变大变美，社会文明程度在不断提高。他建议腾冲市委、市政府要尽快做好

---

① 施贵兴：《西南民族大学到大理州开展课题研究并进行座谈》，http://dali.yunnan.cn/html/2015-10/21/content_3967414.htm（2015-10-21）。

规划，加快立法保护，营造良好氛围，加快旅游小镇建设，促使旅游和招商引资工作顺利推进。刘朋建指出，良好的生态是发展的基础，腾冲有悠久的历史，丰富而深厚的文化底蕴，古村落是很好的载体，要强化认识、完善机制、加强规划、抓好落实，切实做好生态文明建设和传统村落保护开发工作。陈自锋、李伟及其他与会代表还分别就传统村落的基础设施建设，商业活动和旅游开发的统筹规划，加强环境卫生整治力度，加快立法保护，加大宣传力度，营造良好氛围等方面提出了相关的意见建议。杨正晓在听取反馈意见建议后表示，此次集中视察对腾冲市的生态文明建设和传统村落保护开发将产生积极的推动作用，腾冲市委、市政府将及时对代表们提出的意见建议进行梳理、采纳，进一步做好生态文明建设和传统村落保护开发工作，为腾冲实现跨越发展，争当生态文明建设排头兵增光添彩。[①]

2015 年 10 月 20 日，中国生态系统服务与生物多样性经济学（The Economics of Ecosystems and Biodiversity）项目首个示范县授牌仪式在景东举行，标志着景东彝族自治县正式成为中国生态系统服务与生物多样性经济学项目示范县。生态系统服务与生物多样性经济学项目是由联合国环境规划署主导的生物多样性和生态系统服务价值评估、示范及政策应用的综合方法体系。它综合了生态、经济和政策领域的专业知识，在揭示生物多样性与人类福祉关系的基础上，评估和宣传生物多样性价值，促进生物多样性保护和可持续利用政策的制定，最终为生物多样性等自然资源的管理提供新的理论、方法和技术支撑。

近年来，景东彝族自治县高度重视生态文明建设，生物多样性保护工作取得积极进展。同时，积极申请加入中国生物多样性和生态系统服务价值评估项目，开展生物多样性与生态系统服务评估示范。2014 年 7 月，景东彝族自治县邀请中国环境科学研究院专家对景东生物多样性和生态系统服务价值评估项目进行调研，11 月向环境保护部提出申请将景东彝族自治县列为项目示范县。经过联合国环境规划署，中国环境科学研究院，环境保护部等专家的实地调研、座谈评估，2015 年 1 月 8 日中国环境科学研究院下发了《关于建设生物多样性国际项目示范县》的函，把景东彝族自治县列入了全国生物多样性国际项目示范县。中国生态系统服务与生物多样性经济学项目景东示范县的正式

[①] 王克强、江洪临：《保山市组织部分省十二届人大代表到腾冲视察》，http://baoshan.yunnan.cn/html/2015-10/23/content_3972067.htm（2015-10-23）。

实施，将对推动生态系统服务与生物多样性经济学中国进程具有积极的影响，有利于提升公众的生物多样性保护意识，促进景东彝族自治县生物多样性保护与可持续利用，服务于景东彝族自治县生态文明建设。下一步，景东彝族自治县将进一步完善景东生态文明建设考核激励办法，探索建立自然资源资产产权制度和用途管制制度，建立健全资源有偿使用制度和生态补偿制度，划定生态保护红线，创新生态环境保护管理体制。同时，全面提高干部职工的生态系统服务与生物多样性经济学理论水平和技能水平，为更好保护景东生态环境奠定坚实基础。[①]

2015 年 10 月 29 日下午，云南省环境保护厅张纪华厅长会见了以占塔冯·鹏那吉厅长为团长的老挝琅勃拉邦省自然资源和环境厅代表团一行，张纪华厅长首先欢迎代表团一行来云南访问，并向客人介绍了中国"一带一路"建设倡议和云南的生态环境保护情况。他说，云南省与琅勃拉邦省都是旅游省份，在两省经济社会快速发展过程中，我们共同面临诸多环境挑战，有很多生态建设、生物多样性保护，以及世界文化和自然遗产的环境管理等方面的经验值得分享。"一带一路"建设强调与沿线国家和地区加强生态环境合作，共建绿色丝绸之路，为两省进一步拓展和深化环境保护领域的合作提供了平台。希望双方本着平等互信、互利共赢的原则，加强环境保护领域的交流与合作，共同保护我们赖以生存的生态环境。占塔冯·鹏那吉厅长对张纪华厅长的热情接待表示感谢，对云南省政府在环境保护领域所付出的努力与取得的成就表示赞赏。他表示，愿与云南省加强在环境保护方面的合作，互相学习借鉴、取长补短，共同促进区域绿色可持续发展。会见后，张纪华厅长和占塔冯·鹏那吉厅长分别代表云南省环境保护厅和老挝琅勃拉邦省自然资源与环境厅签署了环境保护合作备忘录。双方将通过交换环境信息及资料、人员交流互访、共同举办研讨会和专业培训、共同合作开展研究和实施试点示范项目等方式，在城市环境管理、环境规划和环境科学研究、环境宣传与教育及环境管理培训和能力建设等领域优先开展合作。备忘录的签署旨在鼓励和支持两国的环境保护企业、研究机构建立和发展直接的合作关系，共同促进环保产业和技术的交流与合作。[②]

2015 年 10 月底，环境保护部在大理市召开"水质较好湖泊生态环境保护"座谈

[①] 李启刚：《景东成为中国 TEEB 项目首个授牌示范县》，http://puer.yunnan.cn/html/2015-10/23/content_3972153.htm（2015-10-23）。

[②] 云南省环境保护厅对外交流合作处：《老挝人民民主共和国琅勃拉邦省自然资源与环境厅代表到云南考察访问》，http://www.7c.gov.cn/zwxx/xxyw/xxywrdjj/201511/t20151102_96166.html（2015-11-02）。

会，环境保护部部长陈吉宁主持会议并讲话。会议期间环境保护部部长陈吉宁一行调研了洱海保护治理与流域生态建设"十三五"规划情况；实地查看了滇池外海水质情况，调研滇池"四退三还"及湖滨生态建设情况。在"水质较好湖泊生态环境保护"座谈会上，陈吉宁对多年来云南在高原湖泊保护和探索工作中取得的成绩给予肯定，对洱海保护中形成的好的经验和做法给予表扬。他说，2015 年党中央、国务院就生态文明建设和环境保护做出一系列重大安排，短期内相继出台了《关于加快推进生态文明建设的意见》和《生态文明体制改革总体方案》两个重要方案，各级环保部门要切实提高对环境保护重要性、紧迫性的认识。中央领导对生态文明建设、环境保护做了多次批示，特别是对洱海保护做出重要指示，各级环保部门要认真学习贯彻党中央、国务院关于生态建设和环境保护的最新决策部署，认真总结推广好的经验做法，扎实推进生态建设，建设美丽中国。要认真研究督办，落实相关政策，提出科学管用的措施方案，支持云南做好重点流域湖泊的水环境治理和生态建设。陈吉宁指出，加强立法保护、建立联动机制、加大资金投入、严格监督执法等是水质较好湖泊的共同经验，但由于湖泊生态环境问题、保护与发展现实利益等问题突出，这些湖泊的生态环境保护仍面临严峻的现实问题。他强调，保护好湖泊特别是水质较好湖泊，是环保工作的重中之重。各级环保部门要结合《水污染防治行动计划》，把良好湖泊保护工作做好、做到位。要科学治污，完善湖泊流域生态保护体系。要以预防为主，优化湖泊保护空间。要完善地方标准，尊重每个湖泊流域自身的自然规律。要加大投入力度，建立湖泊保护的长效机制。要严格执法，加大对湖泊环境信息的公开力度，保障公众环境知情权、参与权、监督权和表达权，动员全社会力量共同参与，形成保护合力，科学、系统、全社会地推动水污染治理。座谈会上，包括洱海在内全国 14 个水质较好湖泊的代表就各自保护的经验进行交流发言。①

2015 年 11 月 13 日，云南省第九届社会科学学术年会学科专场"生态文明建设排头兵：理论与实践"在昆明市西南林业大学举行。这次年会由云南省委宣传部，省社会科学界联合会主办，西南林业大学承办。这次年会共邀 9 名专家发言，旨在通过交流，让建设性意见融入云南省文明建设的洪流，并促使各地各部门提高思想认识，坚决贯彻落

① 王密：《环保部在滇召开"水质较好湖泊生态环保"座谈会 洱海保护经验被表扬》，http://yn.yunnan.cn/html/2015-10/28/content_3980106.htm（2015-10-28）。

实习近平总书记考察云南重要讲话精神，争当生态文明建设排头兵，是知识界积极行动的重要举措。会上，著名生态文明学家、云南大学人类学博物馆原馆长、博士生导师尹绍亭做了题为"从文化人类学看生态文明"的主旨演讲。他提出，生态文明是人类文明的重要组成部分，是不同时代人类认知自然、适应和顺应自然规律、合理利用自然资源、维护人类与生态环境和谐共生的知识、技术、教育、伦理、道德、信仰、法制的综合文化生态体系。尹绍亭认为，生态文明的缺失，使当代社会陷于深刻的危机，成为社会和学界高度关注的课题。演讲中，他提出新时期生态文明建构的思考：当代生态文明的建设，不能只局限于现代科学技术的运用，还需要学习人类上万年适应自然的历史，以正确认识人与自然的关系。同时，还必须正视和包容现实世界文化的多样性，以汲取不同文化传统知识的精华，并着力培育和强化和谐共生的理念。唯有如此，才是当代生态文明建设的可行之道。此外，云南省高级法院正处级审判员、省法官协会副秘书长况继明，西南林业大学生态旅游学院副院长巩合德，云南大学西南环境史研究所所长周琼等做发言交流。据悉，会后，西南林业大学将编辑会议讨论文集，实现科研成果的社会转化，使之为云南全面进步献计出力。云南省社会科学学术年会是全省社会科学界标志性的学术活动，与"云南省社科专家基层行""云岭大讲堂"并列为云南省社会科学界着力打造的"三大品牌"工作之一。年会自2007年始办以来，已成功举办8届，每届年会由一个主场活动（学术大会）和若干个专场、系列活动组成。年会根据云南省经济、政治、文化和社会发展中的重大理论与实际问题以及学术前沿问题确定一个主题，从不同学科、不同层面开展研究，进行学术交流。①

2015年11月13日，2015年云南省高校百场形势政策报告会在西南林业大学举行，建言如何发展生态农业。报告会邀请中国工程院院士、云南省科学技术协会主席朱有勇教授做报告，并与师生互动交流。现场，朱有勇以"生物多样性发展生态农业"为题做形势政策报告。他提到，生物多样性即所有来源的活的生物体中的变异性，这些来源包括陆地、海洋和其他水生生态系统及其所构成的生态综合体，也包括物种内、物种之间和生态系统的多样性。生物多样性的组成包括遗传多样性、物种多样性、生境多样性。朱有勇说，云南生物多样性特征包括地理地貌多样性、气象气候多样性、生物多样性富

---

① 罗浩：《云南省第九届社科学术年会举行 探讨如何争当生态文明排头兵》，http://society.yunnan.cn/html/2015-11/13/content_4011167.htm（2015-11-13）。

集、生态环境多样性及民族文化多样性。因此，云南生态农业品牌可围绕热带坝区冬早生态蔬菜瓜果、热区旱季冬早优质马铃薯、干冷河谷区优质葡萄酒、干热河谷区优质柠檬等生态产业重点打造。朱有勇说："发展生态农业，要突出一个'早'，利用春早冬晚气候特点，抓住农产品早熟优势，打时间差，填补市场空白，提高产品效益。"朱有勇建议，还要发挥一个"热"，即利用低海拔河谷热区的冬闲田或水浇地，发挥天然热资源优势，大力发展露天生态农业，小春胜过大春，建成冬早蔬菜、冬早水果生态农业基地；彰显一个"绿"，即利用云南生态优势，打绿色牌，彰显无公害或有机产品及其生产过程，优质优价，满足高端市场需求；做强一个"精"，即利用云南生态农产品质量优势，做强终端精品，提升科技和文化附加值，形成一批云南特色精品。朱有勇指出，云南大部分地区生态与贫困相伴相依，立足生态基础，发挥后发优势，把脱贫作为抓手，利用生物多样性发展生态特色农业，生态建设与脱贫有机结合，成为生态文明排头兵。①

2015年11月26日至30日，根据云南省人大常委会2015年监督工作计划，省人大常委会环境与资源保护工作委员会组织两个调研组，由何天淳主任、董英副主任带队，分别赴广西壮族自治区、海南省，以及红河哈尼族彝族自治州、文山壮族苗族自治州开展生物多样性保护专题调研。这次调研有利于促进生态环境保护，进一步加强云南省生物多样性保护工作，推动生物多样性保护立法。广西、海南调研组实地考察了两省（区）有关区域生物多样性保护和管理情况，分别与广西壮族自治区人大和海南省人大召开座谈会，就生物多样性保护有关工作展开交流，充分了解广西、海南两省（区）在生物多样性保护工作方面的政策、措施和依法加强生物多样性保护方面的一些好的做法与经验。红河哈尼族彝族自治州、文山壮族苗族自治州调研组深入河口瑶族自治县、屏边苗族自治县、马关县实地调查大围山国家级自然保护区、马关古林箐省级自然保护区建设管理及生物多样性保护情况，查看了有关科研单位依托两个保护区开展华盖木、望天树、西畴青冈等极小种群物种拯救性保护工作情况。调研组分别与红河哈尼族彝族自治州、文山壮族苗族自治州人大常委会及相关部门召开座谈会，听取了红河哈尼族彝族自治州政府和文山壮族苗族自治州政府关于生物多样性保护工作的汇报，以及对云南省

---

① 罗浩：《云南省高校百场形势政策报告会揭幕　建言如何发展生态农业》，http://society.yunnan.cn/html/2015-11/13/content_4011168.htm（2015-11-13）。

开展生物多样性保护立法和《云南省生物多样性保护条例》（初稿）的意见和建议。调研组还考察了建水南庄光伏电站建设及管理有关情况。通过此次调研，了解了广西、海南在生物多样性保护方面好的做法和经验，也收集了基层碰到的问题和提出的意见建议，这对云南省开展生物多样性保护立法具有重要参考价值和积极促进作用。①

2015年12月4日至5日，红河哈尼族彝族自治州州市党政领导抓生态。州委理论学习中心组举行2015年第十二次学习，在自学的基础上用一天半时间开展集中学习，围绕"深入学习贯彻党的十八届五中全会精神，科学编制红河州'十三五'规划"主题进行学习研讨。州委书记姚国华指出，要认真贯彻落实创新、协调、绿色、开放、共享五大发展理念和红河发展新定位、新要求，以生态环境保护和污染治理体现产业转型升级。坚持绿色发展、绿色惠民，推动形成节约资源和保护环境的生态格局。坚持保护优先、发展优化、治污有效理念，突出生态文明建设，让广大群众享受到生态文明带来的实惠。州长杨福生指出，要用绿色理念来解决发展与自然和谐问题，着力补齐绿色短板，突出抓好生态文明建设，增强可持续发展能力。扎实推进林业生态绿州、景观美州和产业富州工程建设。强化污染减排，深入开展碧水蓝天环境宜居专项行动。健全环境监管体系和责任追究制度，落实环境保护"一岗双责"制度，严格环境执法监管。②

2015年12月11日下午，云南科学大讲坛第五十九讲在楚雄师范学院学术报告厅举行。中国工程院院士、生物学、森林培育专家尹伟伦受邀做了题为"生态文明建设与可持续发展"的专题讲座，云南省科技厅副厅长侯树谦主持讲座，来自楚雄师范学院师生代表近300人在现场听取了讲座。尹伟伦从生态文明的内涵及人类文明的历程、生态恶化是忽视生态成本的结果、中国经济发展带来的环境问题、生态资源也是生产力、"绿色GDP"与"生态GDP"是可持续发展的保障等五大方面详细地阐述了农业文明及现代工业文明对环境造成的污染及破坏，分析生态恶化的成因，提出构建生态文明社会。尹伟伦说："从维护社会、经济、自然系统的整体利益出发，在可持续发展的大前提下，以循环经济为发展模式，重视资源和生态环境支撑能力的有限性，以最小的资源和环境成本取得最大的经济社会效益，改变目前高消耗、高污染的生产方式，走新型工业

---

① 云南省环境保护厅自然生态保护处：《省人大环资工委组织调研组分别赴广西、海南和红河州、文山州开展生物多样性保护专题调研》，http://wap.ynepbxj.com/zwxx/xxyw/xxywrdjj/201511/t20151110_98520.html（2015-11-10）。
② 李聪华、魏道俊：《站位全局以新定位引领红河"十三五"发展》，http://www.cnepaper.com/hhrb/html/2015-12-06/content_1_1.htm（2015-12-06）。

化道路，建设资源节约型、环境友好型社会。"生态环境的建设为工农业发展提供了更加广阔的发展空间，良好生态资源的开发利用也是新的生产力。最后，尹伟伦提出了"绿色 GDP"的内涵。"绿色 GDP"就是将生态成本要素纳入国民经济核算体系中，即从国内生产总值中扣除经济生产中投入的环境成本。"绿色 GDP"是对生态环境建设可持续建设发展的有力支撑，大家要树立"绿色 GDP"的全民意识，实现人与自然的和谐全面发展。演讲结束后，尹伟伦院士一一回答了现场观众的提问。由云南省委宣传部和云南省科技厅联合举办的大型公益性常设科学讲坛——云南科学大讲坛，自 2008 年开讲以来，已成功举办了 58 讲，此次是该讲坛首次在楚雄开讲。[①]

2015 年 12 月 28 日上午，云南省"启航'十三五'贯彻落实省委九届十二次全会精神系列新闻发布会"第三场"绿色发展篇"在云南海埂会堂举行。云南省环境保护厅厅长张纪华作为主发布人介绍了省委九届十二次全会提出的坚持绿色发展，争当全国生态文明建设排头兵的主要内容和云南省"十三五"推进生态文明排头兵建设的主要举措，并回答了记者提问。中央驻滇，香港驻滇和省内主要新闻媒体共 27 家对会议做了新闻报道。据张纪华厅长介绍，省委九届十二次全会把争当全国生态文明建设排头兵纳入云南省"十三五"时期发展的指导思想，在目标要求和发展理念中都体现了绿色发展的思想，重要任务中明确必须坚持绿水青山就是金山银山，营造绿色山川，发展绿色经济，建设绿色城镇，倡导绿色生活，打造绿色窗口，坚定走绿色发展、生态富民之路，建设美丽云南，生态文明建设走在全国前列。要从加快形成人与自然和谐共生新格局、加快建设主体功能区、促进资源节约循环高效使用、全面推进环境治理、筑牢国家西南生态安全屏障五个方面推动绿色发展，争当全国生态文明建设排头兵。最后，张纪华厅长说，"十三五"期间，云南省进一步提高生态文明建设水平，要坚决把握"六个必须"。新闻发布会上，省委政策研究室，省农业厅、省林业厅，省发展和改革委员会分别结合本单位工作实际，介绍了相关工作进展情况及云南省下一步开展有关工作的思路、计划和实施步骤。省政府新闻办公室主持会议。[②]

---

① 李俊茜：《云南科学大讲堂首次在楚雄开讲》，http://edu.yunnan.cn/html/2015-12/14/content_4065259.htm（2015-12-14）。
② 云南省环境保护厅政策法规处：《"启航十三五 贯彻落实省委九届十二次全会精神系列新闻发布会"第 3 场"绿色发展篇"在昆举行》，http://www.ynepb.gov.cn/zwxx/xxyw/xxywrdjj/201601/t20160104_100724.html（2016-01-04）。

第四编

云南省生态文明排头兵

建设路径篇

十八大报告要求，把生态文明建设放在突出地位，融入经济建设、政治建设、文化建设、社会建设各方面和全过程。生态文明建设本身便是环境问题、社会问题、政治问题、民生问题的综合体。云南在争当生态文明排头兵的过程中必须以国家政策为导向，结合云南特色建设生态文明，走符合云南省情和中国国情的生态文明可持续发展道路，包括生态经济、生态文化及生态法治三个方面，相互之间交织和共融，成为云南争当生态文明排头兵的重要路径。

生态经济方面，云南主要集中于生态农业、生态旅游业、生态茶园、环保产业、生态工业五个领域。云南在生态文明试点创建之中，依托当地生态资源，力求发展适合当地环境、经济、文化的生态产业，并努力实现人与自然之间的和谐相处，创造了洱源县等一批成功案例。

生态文化方面，云南各民族地区拥有丰富的生态文化观念，如傣族的"垄林"、藏族的"神山"、彝族神话中的"天人和谐"观念等，各少数民族在悠久的历史演进中，已形成处理人与自然关系的传统观念，并将人对自然的认知表现在人类生产生活的方方面面，以更好地维护人与自然之间的关系。2008年7月3日，梅里雪山国家公园生态文化走廊工程在云雾缭绕的云南第一峰面前拉开建设序幕；2009年12月28日，云南省首个集中展示哈尼族历史文化、民族风俗、哈尼族茶文化的西双版纳哈尼族生态文化园，在勐海县格朗和哈尼族乡南糯山村开园；2015年5月7日至9日，纳板河流域国家级自然保护区管理局、云南省香港社区伙伴项目和省绿色基金会共同在保护区内曼吕村开展了布朗族传统文化保护及传承的交流培训。生态文化的保护与传承是云南更是中国建设生态文明过程中的重要思想基础，对于形成生态文明理念意义重大。

生态法治方面，从"四个全面"战略布局来看，生态文明建设应以全面依法治国为法治保障，要将绿色发展理念贯穿到科学立法、严格执法、公正司法和全民守法的各方面各环节，为生态文明建设提供法治保障。当前，应针对现实中的突出矛盾和问题，着力加强刑事立法，加大对破坏生态环境犯罪行为的打击力度；实行环境司法举证责任倒置等。[1]云南的生态法治建设在环境监督、环境执法、环境立法、环境案件处理方面已取得了一定成效，为促进生态环境保护，进一步加强云南省生

---

[1] 苏宇箫：《从战略高度推进生态文明建设》，http://llw.yunnan.cn/html/2017-06/21/content_4861069_2.htm（2017-06-21）。

物多样性保护工作，推动生物多样性保护立法，促进生态文明建设提供了强有力的司法保障。

　　综上，云南在争当生态文明排头兵的过程中，坚持国家政策导向，寻找适合云南生态文明可持续发展的路径，构建生态文明区域发展的云南模式。云南在生态文化、生态经济方面取得了较好的成效，但应在全省范围内全面开展，发展适合云南的生态文化、生态经济建设，如大力发展高原特色农业、建设传统生态文化传习馆、博物馆等。云南的生态法治尚处于萌芽阶段，仍有很多需要改进之处，如生物多样性保护的监督监测、环境破坏案件的执法力度等。因此，在今后的生态文明建设中，必须大力发展其长处，弥补短板，形成生态文明可持续发展的长效机制。

第一章　云南省生态经济建设事件编年

生态经济建设是保障生态文明建设得以持续的重要经济基础。云南是一个集边疆、民族、山区、贫困于一体的地区，近几十年来经济的无序发展，加之生态脆弱性，导致生态系统严重失衡。生态经济建设在生态文明提出之前便已有所发展，生态文明被提上日程之后，更是以稳步推进的态势不断发展。

"十一五"期间，云南将建设"绿色经济强省"作为重要战略目标，大力发展绿色旅游、绿色农业、绿色工业、绿色机械、绿色食品等，为生态经济建设提供了重要支撑。"十二五"期间，云南为了天更蓝、山更青、水更净、民更富，在实施建设"绿色经济强省"战略中，转变经济发展方式，生态优先，调整工业结构，推进云南生态文明建设。为顺利启航"十三五"，云南各州市根据区域特色，大力开展生态特色产业建设，升级传统产业，构建资源节约型与环境友好型的生态工业体系。生态旅游业、生态农业成为云南大力发展的生态经济，更好地推进了云南社会经济的发展，较好实现产业转型、经济结构调整。

云南在生态经济建设的过程中仍需继续推进，彰显云南独特性，以区域特色打造生态经济，带动全省经济发展，更好解决山区、贫困的劣势。

第一节　云南省生态经济建设奠基阶段（2009—2014 年）

一、2009 年

2009 年 6 月 29 日下午，大理白族自治州委常委、副州长在 2009 年大理洱海开海节活动组织委员会召开的第一次会议上强调，要彰显特色，打造亮点，把洱海开海节打造成特色鲜明富有吸引力的生态旅游文化品牌。一年一度的洱海开海节将于 8 月 1 日在大理市双廊镇举办，这次开海节的主题是"赏风花雪月，品洱海渔歌"。副州长指出，2008 年我们成功举办了首届洱海开海节，要在总结 2008 年办节经验的基础上，精心举办好 2009 年开海节。要进一步彰显特色，宣传大理双廊四千年古渔村，真正把洱海开海节打造成一个特色鲜明、吸引力强的生态旅游文化品牌。要进一步创新办节方式，从传统文化中挖掘内涵，扩大影响力。要加大宣传力度，2009 年洱海开海节与第八届中国摄影艺术节暨大理国际影会同期举办，要把大型活动统一包装对外宣传，形成合力。目前，离洱海开海节开幕还有一个月的时间，洱海开海节活动组织委员会各相关部门要密切配合，各司其职，做好筹备工作。据了解，2009 年洱海开海节由云南省旅游局与大理白族自治州人民政府主办，大理市人民政府，大理省级旅游度假区管理委员会承办，开海节期间将举办祭海礼仪、赛龙船、传统捕鱼、民俗表演、洱海渔歌表演、渔家乐等多项活动，大理双廊将再现千年古渔村的无限魅力。①

二、2011 年

2011 年 12 月 20 日，沧源生态文化旅游产业发展试验区暨南滚河国家公园建设启动仪式在沧源佤族自治县勐角傣族彝族拉祜族乡翁丁村隆重举行。仪式上临沧市相关单位

---

① 钱霓：《大理欲把开海节打造成生态旅游文化品牌》，http://yn.yunnan.cn/dl/html/2009-07/01/content_533139.htm
（2009-07-01）。

部门主要负责人为市南滚河国家公园管理局、耿马傣族佤族自治县和沧源佤族自治县的南滚河国家公园管理分局授牌。临沧市委副书记、市长锁飞出席仪式并宣布项目启动。临沧市委常委、常务副市长郭惠云对沧源生态文化旅游产业发展试验区暨南滚河国家公园建设项目的正式启动表示祝贺，并介绍了沧源生态文化旅游产业发展试验区和南滚河国家公园建设项目情况。沧源佤族自治县及耿马傣族佤族自治县委、县政府及各有关职能部门要以旅游产业发展总体规划为指导，以打造"世界佤乡·秘境临沧"形象品牌为目标，按照"高起点规划，高标准建设，高效能管理"的原则，通过招商引资、合作开发，把项目建设成为生态系统保存完整，生物多样性丰富，旅游产品多样，集科研、宣传、教育等功能为一体的旅游基地。

沧源佤族自治县委书记祁腾武指出，建设沧源生态文化旅游产业发展试验区，是市委、市政府"一带、两区、四通道、六大产业"战略决策的重要内容，对提升全市整体发展水平，促进科学发展、和谐发展、跨越发展具有重要的现实意义和深远的社会影响，更是沧源划时代的又一历史节点。南滚河国家公园建设项目地跨沧源、耿马两县，规划建设 12 个景区，对于促进生态环境和生物多样性的有效保护，带动地方旅游业和经济发展，实现生态资源的可持续利用具有重要意义，将成为吸引高端客源的重要品牌，最终实现少数民族地区文化效益、生态效益、经济效益和社会效益的成功结合。祁腾武强调，在省委、省政府，市委、市政府的正确领导下，今后一段时期，将认真贯彻省第九次党代会、市第三次党代会精神，以建设"民族文化强县"和"绿色经济强县"为目标，更加自觉、主动地推动文化大发展大繁荣，以建设"一城、两区、三线、一园"为主线，加快旅游资源开发和旅游基础设施建设进程，加强与境外的旅游合作，推动集"民族文化、民俗风情、自然生态体验、秘境奇观探险、边境异国风光"于一体的生态文化旅游产业全面发展，把阿佤山建设成为滇西重要生态安全屏障，国内一流、国际知名的云南新兴旅游目的地，云南面向南亚东南亚旅游的重要中转站和连接东西方文化传承的文化桥头堡，努力创造沿边开放新奇迹。

据了解，沧源生态文化旅游产业发展试验区建设坚持以《国务院关于加快发展旅游业的意见》《云南省旅游产业发展和改革规划纲要（2008—2015）》精神为指导，紧紧围绕市、县发展思路，着力加快旅游资源开发和旅游基础设施建设进程，重点搞好崖画谷 AAAA 级、翁丁原始部落 AAAA 级、南滚河国家公园、南亚风情小镇、永让温泉度假区五大景区和临空经济区建设，建成一批高星级酒店和高档休闲娱乐场所，加强与境外的旅游合作，更好地推动民族文化旅游产业全面发展。加强旅游文化宣传和市场营销，培育和引进市场主体，大力发展具有民俗特色、南亚东南亚特色，上档次、有规模的餐饮、购物、休闲和娱乐业。大力推进公共文化服务体系建设，全面深化文化体制改革，加快培育文化支柱产业和实施文艺精品工程，将文化建设与生态文化旅游产业发展试验区及桥头堡建设结合起来，努力把沧源建设成为全国最具民俗文化特色的旅游目的地和边境生态旅游胜地，云南面向南亚东南亚旅游的重要中转站和连接东西方文化传承的文化桥头堡。到 2015 年，力争实现接待国内外游客 120 万人次，旅游总收入突破 5.5 亿元，使文化旅游真正成为该县重要的支柱产业。南滚河国家公园于 2011 年 5 月 25 日经云南省政府批准建立，该项目地处沧源佤族自治县和耿马傣族佤族自治县内，共规划建设南天门森林休闲、弄抗河生态观光、福音山遗址探险、勐冷桫椤景观、翁丁佤族原生态村落、翁弄瀑布、怕囊动物廊道、芒库巨龙竹、南郎社区展示、木料山三棱栎林、班老生态养殖区、生态小径旅游 12 个景区。公园的主题形象是"南滚秘境动物家园—展示自然""阿佤山寨生趣盎然—体现人文"。在保护优先的前提下，南滚河国家公园游憩规划建设"六个片区、十二景区、二十景点"，规划建设期限为 10 年，南滚河国家公园的建成，将标志着滇西南第一个国家公园的诞生。①

三、2012 年

2012 年 4 月 20 日，云南省委常委派调研组到昆明阳宗海风景名胜区调研，昆明市委常委、市委秘书长保建彬，市人大常委会副主任、阳宗海风景名胜区党工委书记郭子贞，副市长阮凤斌、杨皕等市级领导及市级有关部门负责人参加调研。调研组先后调研了七甸工业园区、云南白药原料药加工中心、云南华侨城、鹿鸣谷生态休闲运动度假村、磷石膏贮存库建设情况，并且到汤池街道草甸社区前所村小组实地查看了抗旱应急工程建设情况。近两年来，阳宗海风景名胜区党工委、管理委员会认真贯彻落实省委、

---

① 赵淑芳、李学军：《沧源生态文化旅游产业发展试验区暨南滚河国家公园建设项目启动》，http://lincang.yunnan.cn/html/2012-01/11/content_1995610.htm（2012-01-11）。

省政府的决策部署和市委、市政府的工作安排，立足当前、着眼长远，求真务实、真抓实干，理清了工作思路，发展开始起步，项目推进有力，重视生态环保，干部状态良好，各项工作取得了明显成效。当前，随着国家新一轮西部大开发和云南桥头堡建设的深入推进，以及现代新昆明和区域性国际城市建设步伐加快，阳宗海风景名胜区的发展迎来了难得的历史机遇，进入了加快发展的黄金期和关键期。调研组强调，要科学谋划，高端定位，努力把阳宗海风景名胜区打造为国际生态文化旅游休闲度假区。对各项规划要做进一步优化、完善和提升。引进实力雄厚、有品牌影响力的企业和团队，倾力打造高端、高品质阳宗海。注重旅游与文化相融合，使风景名胜区不断丰富内涵、提升品质、增添魅力。要坚持保护与开发并重，强化生态建设，实现绿色发展。始终把生态保护放在第一位，坚持规划和实施好环湖截污工程，做到环湖截污全循环、全闭合。积极推进砷污染源的综合治理，加快磷石膏综合利用处理厂建设。全面加强城乡园林绿化建设，加大景区主干道、昆石高速路沿线、面山绿化工程景观提升及综合整治力度。①

2012 年 9 月 12 日，昆明滇池国家旅游度假区举行海埂环湖生态文化旅游圈项目合作意向书签字仪式。未来的滇池海埂环湖生态文化旅游圈将打造成集旅游、文化、休闲、娱乐、商业为一体的昆明市新旅游文化休闲度假名片。昆明市滇池国家旅游度假区国有资产投资经营管理有限公司与云南强林投资有限公司签署的合作开发协议中提到，海埂公园有条件发展旅游文化及相关配套产业，协议双方决定合作对海埂公园进行环湖生态文化旅游圈的升级改造综合性开发。海埂公园提升改造，是滇池国家旅游度假区环湖生态旅游文化圈项目的重要组成部分，是昆明市确定的一个重点项目。9 月 12 日，签约的该合作项目为滇池海埂环湖生态文化旅游圈第一观景长廊。滇池海埂环湖生态文化旅游圈项目地域范围为：北至滇池，西至海埂公园西门，南至海埂公园南门，东至海埂公园东门。双方合作方式为：昆明滇池国家旅游度假区国有资产投资经营管理有限公司以海埂公园资产或项目范围内土地入股，云南强林投资有限公司作为规划建设运营投资方，对合作地域范围进行策划、规划，并进行相关设施开发和运营管理。双方成立具有独立法人资格的项目公司，云南强林投资有限公司占股 67%，昆明滇池国家旅游度假区国有资产投资经营管理公司占股33%。项目将委托一家高水平的设计单位9月20日前完成概念

---

① 傅碧东、任碧成：《阳宗海将打造成国际生态文化旅游休闲度假区》，http://yn.yunnan.cn/html/2012-04-21/content_2158346.htm（2012-04-21）。

性规划设计，设计完成后1个月内完成报批，在规划设计审批完成后1个月内开工建设。①

四、2014 年

2014 年 12 月 30 日，玉溪市抚仙湖管理局召开抚仙湖—星云湖生态建设与旅游改革发展综合试验区管理委员会第 19 次新闻发布会。此会议通报和介绍了抚仙湖流域绿色经济与生态文明建设战略研究的相关成果。相关研究成果提出，通过"国家公园+特区"模式，在抚仙湖流域构建"生态好、产业优、城乡美、百姓富、体制顺"的绿色经济与生态文明。近年来，抚仙湖部分区域呈现出由 I 类水质滑向 II 类水质的趋势。要保护好这"一泓净水"，让抚仙湖这颗高原明珠永放异彩，就必须拓出一条全新的生态文明绿色发展道路。2014 年 3 月，按照玉溪市政府安排，玉溪市抚仙湖管理局在全国公开招投标，最终选定清华大学为课题研究单位，由清华大学公共管理学院齐晔教授，中国国际经济交流中心副处长、副研究员张焕波等数十名专家学者组成课题研究组，在多次深入抚仙湖周边走访调研的基础上，完成了《抚仙湖流域绿色经济与生态文明建设战略研究》。2014 年 11 月 26 日，这一研究成果通过了云南省水利厅组织的专家审查。这一研究成果的精髓，是以"国家公园+特区"模式为载体，在抚仙湖流域通过"一区二园五基地"建设，构建"生态好、产业优、城乡美、百姓富、体制顺"的绿色经济与生态文明。"一区"是指成立抚仙湖绿色经济与生态文明特区，由澄江县全县域、江川县路居镇、江城镇和华宁县青龙镇组成，定位为生态文明、资源保护、绿色经济发展的特区；"二园"是指抚仙湖生态保护国家公园、帽天山国家地质公园，为游客提供观光、摄影、教育及亲近自然的场所，以及古生物遗迹保护、科考和教育基地，定位为水资源、水环境、水生态保护地；"五基地"是指特区内经济发展依托五大绿色生态产业及服务业，建成生态产业基地、休闲康养基地、户外运动基地、生态文明科教创新基地及国际商务静修基地。围绕将保护抚仙湖及其生态系统作为当地生态文明建设第一要务，通过"保护"、"修复"和"防控"三点位支撑的生态环境保护策略，走绿色发展、循环发展和低碳发展之路，实现区域绿色经济发展转型。②

---

① 杨雁：《海埂环湖生态文化旅游圈将提升改造》，http://yn.yunnan.cn/html/2012-09/13/content_2400787.htm（2012-09-13）。

② 邢定生：《玉溪探索抚仙湖绿色经济与生态文明建设新战略》，http://yuxi.yunnan.cn/html/2015-01/04/content_3534401. htm（2015-01-04）。

第二节　云南省生态经济建设发展阶段（2015 年）

2015 年 3 月 31 日，云南省首个生态农产品商业体——滇隆·生态印象商业城开工典礼暨首届健康美食文化节举行。玉溪市委常委、市委副书记夏立洪、副市长李平参加了开工典礼。滇隆·生态印象商业城位于玉溪市东风南路与宁州路交叉口，投资 1.2 亿元，预计在 2016 年 5 月 1 日前竣工开业。该项目采用双循环内外商业街区设计，规划布局了四幢建筑体，合围成既开放又相对独立的商圈，占地面积 17.55 亩，总建筑面积 5.4 万平方米，主体建筑高 17 层，商业中心主要集中在一至六层，初步规划了包括生鲜农贸市场、农特产品、中药材、有机产品、地方美食小吃、3D 影院、淘宝街区、农耕文化教育、百变公寓、快捷酒店等 10 种业态组合。据了解，滇隆·生态印象商业城是全省第一个城市生态农业综合体，以生态农产品专业市场为依托，反向融合互联网和电商的创新，立足玉溪，打造和完成多功能型的社区综合服务体系和农副产品互动交流平台，同时以 2015 "两会" 关于食品安全的有关政策为契机，构筑安全食品、健康食品、文明食品质量溯源网络体系。[①]

2015 年 3 月 2 日，云南省临沧市双江拉祜族佤族布朗族傣族自治县开展旨在推进冰岛茶生态文化产业的活动。此次冰岛茶的推广，不但保护和打响了勐库大叶种茶的知名度，而且建设了投资 3.8 亿的冰岛国际茶城，成功打造了双江冰岛湖特色生态民族文化旅游圈。据冰岛茶友协会会长杨加龙介绍，双江拉祜族佤族布朗族傣族自治县冰岛村是勐库大叶种茶的主要发源地，也是国内外茶产业界著名的冰岛茶主产区，历史悠久，有文字记载的时间为明朝（1485 年左右），不仅叶片长大、叶色墨绿，叶质肥厚柔软，而且茶香浓郁、回味悠长。杨加龙谈到，冰岛茶历经近千年的岁月洗礼，百年以上的古茶树 57 022 株，其中 500 年以上的古茶树达 16 664 株，被誉为世界茶树驯化和规模种植的 "活化石"，是极为珍贵、独特的生物资源和茶文化景观资源，具有巨大的科学价

---

① 李梅、郑云华：《云南省首个生态农产品商业城玉溪开工》，http://yuxi.yunnan.cn/html/2015-04/01/content_3672122.htm
（2015-04-01）。

值、景观价值和茶产业、茶文化价值。然而，令人遗憾的是，如此具有社会、经济价值的"冰岛茶"品牌却未经科学系统的设计策划，品牌被滥用、盗用现象较为突出，如在2015年初江浙某地举办的茶展会期间，便有厂商冒用假"冰岛茶"而获利。对此，杨加龙表示，目前各地流通的冰岛茶产品质量参差不齐，真伪难辨，不但使广大消费者利益受损，而且严重影响了冰岛茶声誉，为此，双江拉祜族佤族布朗族傣族自治县180余家茶企业发起组建了冰岛茶友会，从冰岛茶茶地规划、茶园管理、茶叶采摘、精制加工、品牌打造入手，推进冰岛茶生态文化产业发展。冰岛茶友会成立后，以双江拉祜族佤族布朗族傣族自治县勐库镇冰岛村为生态文化产业园核心区，按照"生态立县，绿色崛起"的发展理念，计划在保护原有古茶园的基础上兴建一批冰岛茶产业示范区，推进冰岛茶生态化、特色化、品牌化、庄园化。①

2015年7月5日，由昆明生态产业促进会，云南上楚生物科技公司、昆明久爱文化传播公司牵头，联合云南省生态农业发展促进会等多家科技、监测、商协会、社团组织及近百家龙头企业组成云南生态产业联盟，举行产品发布会。此次发布会旨在向都市人提供更多原生态、更安全、更健康的农产品和生活用品。据了解，云南生态产业联盟旗下的"新生活＋联盟"打造"万商互联+万家互联+万众快乐消费"的生态商业平台，该平台拥有自主知识产权、"生态"标识和认证检测机构，旨在保障消费者食品安全，使消费者享受货真价实的新生活方式。联盟负责人介绍，凡联盟的餐饮店、超市、便利店等商家均可获联盟授权的统一"生态"标识标牌和"生态文明共建单位"标牌或"指定消费单位"，向都市人提供更多原生态、更安全、更健康的农产品和生活用品。②

2015年10月9日，《大理日报》报道：洱源县以深化生态建设改革为抓手，探索出"政府主导、社会参与、金融支持"的生态信贷模式，支持生态基础设施建设和农业产业转型升级，带动农户增收致富，推动县域经济又好又快发展。在2014年发放"生态信贷"贷款4.62亿元的基础上，2015年上半年发放"生态信贷"贷款2.8亿元，加快了该县生态文明试点县的建设步伐，破解了企业和农户贷款难题。随着"生态信贷"贷款资金的投入，该县中小微企业、农民专业合作社和广大农户在经济发展中的资金瓶颈

① 赵岗、张耀辉：《云南双江茶企组建"冰岛茶友会" 推进茶生态文化产业》，http://yn.yunnan.cn/html/2015-03/03/content_3623272.htm（2015-03-03）。
② 赵岗、魏名：《云南生态产业联盟打造原生态农产品消费平台》，http://yn.yunnan.cn/html/2015-07/05/content_3807842.htm（2015-07-05）。

及融资难题得到切实解决。截至 2015 年 5 月底，"生态信贷"贷款余额达 7.42 亿元。经济林木（果）权抵押贷款余额 500 万元，农村土地承包经营权抵押贷款余额 219 万元，林权抵押贷款余额 1505 万元。目前该县共有支持"生态信贷"的银行业金融机构 5 个、小额贷款公司 4 个。2015 年 1 月至 5 月，金融机构存款余额 59.63 亿元、贷款余额 42.8 亿元，分别增加 3 亿元、3.01 亿元，分别增长 5.31%、7.57%。4 家小额贷款公司累计发放贷款 6171 万元。促进了高原特色农业发展。随着该县"一县一策，一县一品"金融服务模式不断创新，"生态信贷"深入开展，有力促进该县高原特色农业产业发展，实现了农户增收致富。目前，全县共种植绿色生态菜用型蚕豆 10 万亩、绿色水稻 3.15 万亩，推广蚕豆及玉米等间套种 25 万亩、农作物病虫害绿色防控技术 40 万亩。"洱宝生态梅果庄园""印象凤羽生态农业庄园"等 6 个高原特色农业庄园创建工作加快推进。全县省级农业产业化龙头企业达 6 家，农民专业合作社达 156 个。向 4344 个乳牛养殖户发放"生态信贷"贷款 1.32 亿元，向 6 个养殖专业合作社发放贷款 748 万元。助推了"信用县"创建工作。"生态信贷"的深入开展，有力助推该县农村信用体系建设，使该县被列入全省"综合性信用建设试点县"。该县以"生态信贷"有效破解了信息不对称导致的农户和企业贷款难题，优化了地区金融生态环境，促进了县域经济的快速发展。2015 年 1 月至 5 月，该县实现生产总值 18.9 亿元，同比增长 8.5%；财政总收入完成 2.17 亿元，同比增长 19.8%，增幅居全州第一。①

2015 年 10 月底，西双版纳傣族自治州委副书记、州长罗红江表示要打造国际旅游生态州。罗红江在接受记者采访时表示，西双版纳要打好"绿色生态、多元文化、区位优势、边境跨境和康体养身"5 张牌，加快培育一批特色化、国际化的旅游产品和线路，努力将西双版纳建设为面向西南开放的重要旅游目的地、面向东南亚的国际区域性旅游集散地和连接大湄公河次区域各国的交通枢纽地。

首先，大项目引爆西双版纳旅游业。罗红江说："西双版纳是云南唯一具有水、陆、空国际口岸的地州。它有优美的热带雨林自然风光、浓郁的民族文化风情、温暖湿润的气候、博大精深的南传佛教文化、享誉天下的普洱茶以及独特的沿边区位优势。"依托这些丰富的资源和优势，通过多年的努力，西双版纳傣族自治州实现了旅游产业综合实力向战略性支柱产业迈进；由旅游部门单打独斗向共同推动旅游产业全面发展转

① 李素敏：《洱源县盘活生态信贷助力经济发展》，http://dali.yunnan.cn/html/2015-10/09/content_3946391.htm（2015-10-09）。

变；由单一观光旅游向集休闲度假、康体养生、商务会展等于一体的复合型旅游转变，旅游业正在由观光旅游向休闲度假、养生康体转型。谈及西双版纳旅游如何转型升级时，罗红江说，西双版纳继续实施旅游重大项目建设，积极协调推进西双版纳嘎洒国际傣温泉养生旅游度假区（喜来登酒店）、告庄西双景旅游小镇等一批旅游项目。告庄西双景、万达国际旅游度假区等城市旅游综合体相继建成并投入使用，旅游公共服务体系不断健全。据统计，2015 年 1 月至 8 月，全州累计接待国内外游客 1354.44 万人次，同比增长 17.39%。旅游业总收入（预测）183.96 亿元，同比增长 27.89%。

其次，打造面向东南亚的国际区域性旅游集散地。记者在采访中了解到，西双版纳已成为世界旅游组织可持续发展观测点成员，是中国八家之一和云南唯一的观测点，这为其成为旅游可持续发展地区奠定了良好基础。罗红江说："我们始终把生态保护放在首位，作为西双版纳旅游可持续发展的源泉。要结合西双版纳独特的资源进行挖掘和创意，通过实施一批体现动植物王国特色的项目，逐步把西双版纳打造成为热带雨林美景的最佳观赏地；通过加快建设和完善'金四角旅游圈'，逐步把西双版纳打造成面向东南亚的国际旅游集散地。"罗红江说，西双版纳围绕"生态立州"战略，注重把生态文明建设成果转化为优质旅游资源，加快开发野象谷、孔明山、望天树等森林生态游、森林探险游特色生态旅游产品，努力把西双版纳打造成国际旅游生态州。①

2015 年 12 月 20 日，"云南省生态经济学会第八届会员代表大会暨第四届生态文明与生态经济学术大会"在西南林业大学召开。来自省内各行各业的 106 位涉及生态经济建设领域的专家、学者、企业家及基层农林技术人员参加了会议。本次大会由云南省生态经济学会主办，西南林业大学承办，围绕"生态文明与美丽云南建设"的主题，共收到涉及生态文明、生态资源、生态建设、生态技术等领域的学术论文 56 篇。在会上，云南财经大学首席教授明庆忠等 5 位专家做了学术报告，11 篇论文在青年论坛上进行了学术交流。经专家委员会审议，评选出优秀论文一等奖 1 名、二等奖 3 名、三等奖 7 名以及优秀奖 12 名。云南省生态经济学会由云南省民政厅于 1984 年 4 月批准成立，是中国和世界最早有组织地进行生态经济问题研究的学术性、科普性、公益性社会团体。其创办的《生态经济》杂志是全国首家以生态经济研究与应用为主题的国家级刊物。31

① 黄颖、向星权、张松平：《【云南地方官共话云南旅游】访西双版纳州州委副书记、州长罗红江：打造国际旅游生态州》，http://politics.yunnan.cn/html/2015-10-27/content_3976609.htm（2015-10-27）。

年来，云南省生态经济学会围绕云南的生态建设与产业发展需要，积极开展了学术研讨、技术创新和服务社会的一系列活动，培养了大批生态经济研究与建设人才，在云南生物多样性保护、自然保护区建设、高原特色农业发展、森林云南建设中发挥了积极作用；编辑出版了《云南野生珍稀植物》《云南野生珍稀动物》《最美云南》《七彩云南之最》《生态文明与低碳经济》《生态文明与城乡发展》等数十部专著，弘扬和传播生态经济的理论与知识，为云南省生态文明建设与绿色发展做出了重要的贡献。大会审议通过了云南省生态经济学会第七届理事会工作报告，并选举产生了云南省生态经济学会第八届理事会。西南林业大学教授董文渊博士被选举为云南省生态经济学会第八届理事会理事长。董文渊教授说："学会将依托全体会员，努力从生态经济的视角，在生态建设、生态保护、生态产业、低碳经济、循环经济等不同层面，进行理论研究、方法创新和实践探索，为建立云南绿色低碳循环发展产业体系贡献智慧和力量。这也是学会在未来较长时间内，弘扬践行生态文明理念、研究传播生态经济理论知识、服务云南经济社会发展的工作核心和重点。"[1]

2015年12月下旬《云南省人民政府关于加快发展节能环保产业的意见》出台。该意见提出，加快发展全省节能环保产业，培育绿色经济增长点。自2016年起，全省节能环保产业产值年均增长15%以上，到2020年，总产值达到1000亿元。据了解，云南将积极培育龙头企业、打造节能环保园区、加大节能环保产品研发和推广、加快发展环境治理技术装备、推进节能环保技术改造等。重点在新能源装备、高效燃烧器、节能机电、环保装备、资源综合利用装备等领域，培育10家生产经营规模大、市场竞争力强、产业辐射带动作用明显的龙头企业。此外，该意见强调，全省将通过大力支持技术创新能力建设、强化人才支撑、扩大市场消费需求、创新市场机制和优化发展环境，创造节能环保产业发展的良好环境。[2]

[1] 杨之辉：《"第四届生态文明与生态经济学术大会"在昆举行 专家学者畅谈绿色低碳循环发展》，http://yn.yunnan.cn/html/2015-12/20/content_4076040.htm（2015-12-20）。

[2] 胡晓蓉：《云南省政府出台意见 加快发展节能环保产业》，https://www.yndaily.com/html/2016/yaowenyunnan_0212/102112.html（2016-01-12）。

第二章　云南省生态文化建设事件编年

　　云南生态文化的历史极为悠久，作为少数民族众多的边疆大省，各民族的生态文化智慧对构建云南生态文化，形成生态文明理念，推进云南生态文明建设具有重要意义。

　　21 世纪以来，中国甚至国际的生态文化学术研讨会议多次在云南召开，如 2010 年 11 月 9 日，"首届中国昆明原生态文化国际学术研讨会"在昆明海埂会堂举行，此次生态文化学术研讨会在昆明的召开更是奠定了云南生态文化建设的基础；2015 年 2 月 13 日上午，《西南民族生态绘画——民族视角中的生态文化和生态文明》新书发布会在中国科学院昆明植物研究所举行，该书展示了云南民族生态环境，记录了云南地区朴素的民族生态学知识。例如，傣族人认为世界由森林、水、土地、食物和人类五元素组成；纳西族人认为人类和自然是同父异母的兄弟等，布朗族、彝族等少数民族中同样包含着丰富的生态文化观念。

　　云南少数民族生产生活、宗教信仰、风俗习惯等处处流露出人如何认识自然、对待自然的观念，形成了多元、丰富的环境伦理思想，他们将其付诸实践，是支撑生态文明建设极为重要的思想基础。但由于经济发展、外来文化冲击、现实需求刺激，传统的生态文化受到挑战，如何在更好保护传统生态文化的同时实现生态文化的转型亟待解决。

第一节　云南省生态文化建设的奠基阶段（2008—2014 年）

一、2008 年

2008 年 7 月 1 日，为期两天的"滇西北生态文化保护与旅游可持续发展高峰论坛"在大理闭幕。40 多名国内外专家学者、政府官员和经营管理人员围绕云南省政府出台的《关于加强滇西北生物多样性保护的若干意见》建言献策。论坛由哥伦比亚大学美中艺术交流中心，西南林学院，省林业厅，省文化厅，省环境保护局、旅游局，大理白族自治州政府和保山市政府共同主办，美国大自然保护协会和瑞尔保护协会协办。与会人员就滇西北地区生物多样性与文化多元性保护、生态旅游本土可持续发展和中国特色国家公园建设及管理体系的构建提出了意见和建议，对贯彻落实《关于加强滇西北生物多样性保护的若干意见》将起到积极作用。会前，与会人员考察了巍山古城保护和高黎贡山百花岭的保护与发展情况，并认真总结经验，探索国际交流与合作的新途径，积极寻求新项目合作。①

2008 年 7 月 3 日，梅里雪山国家公园生态文化走廊工程在云雾缭绕的云南第一峰面前拉开建设序幕。作为从香格里拉县进入梅里雪山核心区的前沿廊道，该工程绵延 103 千米，首期建设包括长江第一湾景点、雾露顶远眺梅里雪山观景台和飞来寺明珠啦卡森林公园环绕栈道及近距离看雪山观景点三个部分。2008 年 9 月底建成后，游客可以在两小时内饱览金沙江、澜沧江在大峡谷中的奔流气势和白茫雪山、梅里雪山的高洁风姿，一年四季可体验到从干热河谷迅速抬升到雪山顶端，再回到温暖谷地的垂直落差刺激。该工程的建设，标志着被誉为云南旅游皇冠上一颗璀璨明珠的梅里雪山进入了实质性的建设阶段。②

---

① 储东华、张议橙：《国内外专家齐聚大理为滇西北生态文化保护献策》，http://special.yunnan.cn/city/content/2008-07/02/content_36605.htm（2008-07-02）。
② 李毅铭：《梅里雪山国家公园生态文化走廊开建》，http://special.yunnan.cn/city/content/2008-07/04/content_38073.htm（2008-07-04）。

　　2008 年 10 月 24 日，红河哈尼族彝族自治州借助首届中国生态文化博览会展示独有的生态资源。红河哈尼族彝族自治州委宣传部副部长，红河哈尼族彝族自治州参加首届中国生态文化博览会组织委员会办公室主任王珞羽率相关工作人员，前往首届中国生态文化博览会组织委员会进行工作接洽后，当即表示希望中国生态文化博览会组织委员会帮助他们扩大展览面积。据了解，红河哈尼族彝族自治州有 13 个县（市），每个县（市）都有自己独特的自然生态资源、人文资源。红河哈尼族彝族自治州委、州政府对参加首届中国生态文化博览会非常重视，专门成立了博览会组织委员会，组织各县（市）积极参展。红河哈尼族彝族自治州各县（市）亦是精心准备，欲抓住博览会这一机会，展示自己最亮眼的生态文化资源富矿。首届中国生态文化博览会将于 11 月 14 日在昆明国际会展中心举办，目前各参展单位都在认真备展，欲推出自己的独特内容。届时，博览会将呈现区域资源特色内容的展示景象。王珞羽说："生态文化博览会不是传统展示产品的博览会，也不是传统的文化展览，它展示的是生态文化。这个新的理念对我们也是个极大的挑战。如何在这么短的时间内做好会展，需要我们对已有的资源进行再认识。"

　　2008 年 11 月 14 日上午，首届中国生态文化博览会在昆明国际会展中心隆重开幕。来自国内外的参展商将在为期 6 天的时间里，充分展示各地的自然生态资源、人文生态资源。本届博览会以"生态环境保护，共创和谐家园"为主题。由云南省政府支持，中国民间艺术家协会，文化部中外文化交流中心，云南省政府新闻办公室，云南中国西部研究发展促进会主办，云南瑞雅生态集团、昆明国际会展中心有限公司承办。有来自政府部门，科研单位，保护机构，文化艺术机构和团体，有关协会和商会，国内外企业的参展商。他们在展览上，利用图片、声音、实物等各种手段，充分展示各地的自然保护区、生态旅游景区、物质文化遗产和非物质文化遗产、生态文化产业、产品等。展馆中还专设了"云南生态文化旅游资源馆"，展示云南各地的生态和文化资源。云南农垦集团展示了"绿色基业"，昆明市官渡区、西山区、东川区等地的生态文化亮点；红河哈尼族彝族自治州的神秘风光；昭通市丰富多彩的民族文化；玉溪聂耳竹乐团的表演；省科技厅的"生态科技"成果等。据介绍，本届博览会的任务是宣传生态文化理念，研究生态文化理论，探讨生态系统文化经济发展思路及生态文化经济可行性模式；重点展示云南省各地生态文化特色，宣传各地自然生态资源、人文生态资源特色，以及各地自然生态资源、人文生态资源保护利用的创新模式，促进其推广与应用；形象系统地宣传企业创造的生态文化品牌产品，企业的生态文化创意模式，通过交流激励相关企业创造生态文化品牌产品，并积极参与国内外市场竞争。据悉，除在昆明国际会展中心举办大型会展外，博览会结束后，还将举办有关资源保护的国际论坛。会展前后，还将有一系列的生态文化旅游资源保护行动，如影视拍摄、生态文化基地科考、民族民俗文化资源展示等。①

二、2009 年

2009 年 12 月 28 日，云南省首个集中展示哈尼族历史文化、民族风俗、哈尼族茶文化的西双版纳哈尼族生态文化园，在勐海县格郎和哈尼族乡南糯山村开园。该文化园园区与哈尼族山寨、古茶山融为一体，由哈尼族生态博物馆、民族民居、服装服饰、民族手工艺展示、茶文化体验等组成，园区占地 10 余亩，计划总投资 600 万元，分两期建设。通过两年建设完成的一期项目哈尼族生态文化博物馆，由典型的哈尼族木瓦干栏式结构建筑群组成，设有哈尼族大家族族谱、服装服饰、阿卡老博（哈尼茶俗）、民族人物、农耕文明、民族纺织工艺、民俗礼仪、饮食起居等专项陈列展示厅，有千余件实物和百余幅图片资料，还设有民族歌舞表演场等设施。中国文学艺术界联合会副主席、中国作家协会副主席丹增，云南省老领导李先猷出席开园仪式。②

三、2010 年

2010 年 11 月 9 日，"首届中国昆明原生态文化国际学术研讨会"将在昆明海埂会堂举行。此次会议由云南省文学艺术界联合会主办，云南省文艺评论家协会，云南艺术学院文华学院，云南省文化厅非物质文化遗产处承办，会期一天。另据会议组织委员会介绍，目前，已确定参加会议的学术机构有五十个，国内外原生态学术领域的专家十人左右，数十家国内媒体同步报道会议进程。届时，将有来自国内外的大约 150 名代表参会。

① 保旭、蒋晨：《首届中国生态文化博览会昆明开幕》，http://news.163.com/08/1115/02/4QOP7G1Q000120GU.html（2008-11-15）。
② 赵汝碧、李树芬：《西双版纳哈尼族生态文化园开园》，http://zx.findart.com.cn/10526158-zx.html（2009-12-29）。

来自海内外的著名专家、学者和学术机构代表共聚一堂，探讨原生态文化的现状、研究原生态文化的发展前景。中国文学艺术界联合会副主席、中国作家协会副主席丹增，中国文学艺术界联合会原副主席、著名文艺评论家、中国传媒大学艺术研究院院长仲呈祥出席会议并做主题演讲。研讨会由省文学艺术界联合会，中国文学艺术界联合会理论研究室，云南艺术学院主办。会上，美国加州 Rebecca 文化基金会主席 Jeffrey Jin、美国柯盖特大学教授江克平、美籍华人文化学者王伟等国际著名专家，以及于坚、田川流等国内著名学者从原生态文化的概念与全球化时代的文化身份、"非遗"与旅游文化开发战略等多个角度进行了深入的剖析、阐述和探讨。云南省政协副主席倪慧芳、湖南省政协副主席谭仲池等出席会议。据云南省文学艺术界联合会文艺理论研究室主任、云南省文艺评论家协会副主席蔡雯介绍，云南是中国乃至世界上原生态文化保存得最好的地区之一。早在十年前，云南本土学术界已出现了"原生态文化"这一具有理论前瞻性的说法。蔡雯说，尽管"原生态文化"这一概念已提出十多年了，但直到今天，对原生态文化的研究尚停留在学术热身的阶段。也正因为如此，云南才决定举办首届中国昆明原生态文化国际学术研讨会。[①]

四、2011 年

2011 年 11 月 24 日，昆明市副市长王道兴率相关部门对昆明滇池（湖泊）污染防治合作研究中心进行调研。目前，该中心正积极参与"滇池流域生态文化博物馆建设"工作并积极搭建"滇池流域生态建设与生态文化信息平台"。昆明滇池（湖泊）污染防治合作研究中心是昆明市政府为治理保护滇池，委托昆明学院和市级职能部门共同合作，主要针对滇池治理和保护的相关问题开展合作与交流的研究平台。自 2008 年成立以来，该中心已成功申报云南省哲学社会科学研究基地，获得重点课题 2 项，一般课题 3 项。作为政府研究平台，该中心承接了市委、市政府多项课题，包括生态现代化指标体系研究、滇池流域生态村建设、村庄污水处理设施管理、低碳社区创建等，其决策咨询功能初步显现。王道兴希望中心能进一步整合昆明专家资源，主动融入昆明生态环境建设，发挥自身作用。市级各部门应加强与中心的联系，形成合力，共同研究探索治理滇

---

① 黄绚：《昆明将举办"原生态文化国际学术研讨会"》，http://yn.yunnan.cn/km/html/2010-11/05/content_1399532.htm（2010-11-05）。

池的新路子。①

五、2013 年

2013 年 12 月 16 日，昆明市官渡区政府对外通报，为建设世界知名旅游城市，促进环滇生态及文化资源保护，官渡区将打造文化生态新城，构建复合型旅游产品体系。据介绍，官渡文化生态新城项目辖 40 个社区，沿滇池湖岸线 17.6 千米。辖区内分布着官渡古镇、滇池国际城市湿地、五甲塘湿地公园、海东湿地公园、南部生态隔离带"禁建区"、滇池三个半岛等生态资源以及螺蛳湾国际商贸城、新亚洲体育城、福保文化城、云南文苑、云南省博物馆、云南艺术中心（云南大剧院）、云南艺术家园、昆明滇池国际会展中心等省级和市级重点文化项目。官渡文化生态新城项目实施后，将通过环湖湿地促进滇池水生态环境恢复，把入湖河道打造成为城市的水景公园、生态走廊。同时，加大辖区内民族、民俗、民间文化资源整理、保护和开发力度，整合辖区民间手工艺、民族服饰、地方乐器、歌舞、音乐等非物质文化遗产，赋予旅游产品丰厚的民族文化内涵。官渡区政府文化体育旅游局局长海志强表示，官渡文化生态新城项目将结合观光旅游、度假旅游和商务旅游，整合官渡区南部片区文化旅游资源，借助昆明环滇池旅游圈发展契机，使官渡区南部片区成为昆明市高品质文化、旅游、会展和休闲娱乐胜地。截至目前，官渡文化生态新城范围内已完成螺蛳湾国际商贸城建设。官渡古镇一二期建设，省文苑、云南省博物馆、云南艺术中心（云南大剧院）、昆明滇池国际会展中心也在推进中。②

第二节　云南省生态文化建设的发展阶段（2015 年）

2015 年 1 月 5 日，经中国生态学学会旅游生态专业委员会、中国旅游媒体联盟、中

---

① 杜托：《昆明滇池流域将建生态文化博物馆》，http://roll.sohu.com/20111124/n326801336.shtml（2011-11-24）。
② 赵岗：《昆明市官渡区构建文化生态新城 促环滇生态及文化资源保护》，http://yn.yunnan.cn/html/2013-12/16/content_2999740.htm（2013-12-16）。

国城市旅游杂志社专家团综合评审，迪庆藏族自治州荣获"中国特色生态文化旅游胜地"荣誉称号。评审中，专家团一致认为，迪庆藏族自治州文化旅游产品丰富、独特，具有悠久的历史，多元文化并存，是藏族和其他民族南北交往、东西融合的走廊和要道，优秀的生态资源适合休闲、养生、宜居。[①]

2015 年 2 月 13 日上午，《西南民族生态绘画——民族视角中的生态文化和生态文明》新书发布会在中国科学院昆明植物研究所举行。中国科学院院士裴盛基教授、国家行政学院张孝德教授出席发布会并致辞。该书由民族生态学专家许建初研究员和擅长民族植物画艺的杨建昆高级实验师合著。据许建初介绍，该书收集了 50 余位少数民族民间画家的 100 余幅民间绘画作品，围绕着家园、环境、生计和愿景四个主题，表达西南各个民族对美丽家园、和谐社会和美好未来的向往。此外，该书还分五个地区全方位展示了云南民族生态环境，记录了该地区朴素的民族生态学知识。例如，傣族认为世界由森林、水、土地、食物和人类五元素组成；纳西族认为人类和自然是同父异母的兄弟。除了传统民族的生产生活、自然环境和文化艺术外，书中还表现出了浓厚的科学魅力，如纳西族的造纸艺术、傣族的"铁刀木"栽培、哈尼族的农事历等。[②]

2015 年 4 月初，记者从云南文化农庄暨生态文化产业园试点专题调研座谈会上获悉，云南省创建生态文化产业园新模式打造的第一个文化农庄——西双版纳傣族自治州景洪市勐养镇曼掌文化农庄已现雏形，将于2015年6月试营业。为推进美丽乡村建设，创新非物质文化遗产保护与传承形式，探索特色村寨文化与旅游深度融合，云南省文化厅在全国率先提出打造文化农庄的构想。经多次调研论证，在全省范围内确定了曼掌村等五个文化农庄建设试点项目。曼掌文化农庄以村民为主体，以保护非物质文化遗产为核心，由农庄成员自愿组成集体经济组织形式，坚持政府主导、社会参与、长远规划、分步实施的原则建设。曼掌村是一个有 500 多年历史、以傣族为主体民族的特色村寨，传统文化保存完整。为建设好曼掌文化农庄，景洪市文化局和有关部门多次深入调研曼掌村文化资源现状，在充分尊重民意的基础上，与云南省城乡规划设计院制定了曼掌文化农庄建设总体规划和项目实施方案。为确保项目顺利实施，成立了由省文化厅，西双版纳傣族自治州，景洪市及勐养镇负责人组成的曼掌文化农庄协调领导小组，建立曼掌

---

① 永基卓玛：《迪庆荣获"中国特色生态文化旅游胜地"称号》，http://www.xgll.com.cn/xwzx/dqtt/2015-01/05/content_161103.htm（2015-01-05）。

② 张猛：《100 余幅民间画展现云南民族生态文明》，http://yn.yunnan.cn/html/2015-02/13/content_3603283.htm（2015-02-13）。

村文化农庄文化发展基金，成立曼掌村文化庄园管理委员会，负责农庄的整体运营。项目实施以来，曼掌文化庄园管理委员会引导村民在保持傣族特色的基础上装修、美化庭院，组织村干部先后到嘎洒镇曼景罕、曼丢、曼乱点等生态旅游村寨考察学习村寨规划和旅游运作方式；邀请景洪市和勐海县国家级、省级非物质文化传承人到曼掌村，进行傣族传统章哈、造纸、傣拳、慢轮制陶、贝叶经技艺和葫芦丝、高升、象脚鼓制作等现场培训。目前，全村已有 24 户掌握了慢轮制陶、贝叶经制作、章哈演唱等技艺。同时，成立曼掌农庄产业合作社，创建农文网培学校、传统文化少儿传习所和老年大学，组建了曼掌村歌舞团，每天定点演出傣族歌舞。[①]

2015 年 5 月 7 日至 9 日，纳板河流域国家级自然保护区管理局、省香港社区伙伴（出资方）和省绿色基金会（赠款方）共同在保护区内曼吕村开展了布朗族传统文化保护及传承的交流培训。此次交流培训活动共有来自保护区内的下大安、曼西龙傣和曼吕三个布朗族村 22 名村寨项目实施人员，来自保护区外的勐海西定哈尼族乡章朗、曼别两个布朗族村 2 名培训协助人员和勐腊关累镇坝落哈尼族村 1 名培训协助人员，来自省绿色基金会 1 名工作人员和省香港社区伙伴 1 名工作人员，共计 27 人参与。整个活动进行了以下几项议程：村寨项目实施人员对各自村寨的调查发现工作进行回顾；交流培训协助人员运用传统的布朗族文化对工作中存在的问题给予解答；分组绘制我心目中的布朗族村寨图并进行分享交流；交流培训协助人员对村寨图的文化内涵进行讲解；曼吕村现状及发现的村寨慢步；根据慢步发现的问题为课题分组在村里开展调查并进行成果分享；项目协助员进行民族文化传承工作的心得分享；三个保护区内项目实施人员制订本村生态及文化设施的改进计划。三天的交流培训活动丰富了保护区内三个布朗族村寨的项目实施人员布朗族文化的知识，提升了他们的项目工作技能，提振了对保护及传承布朗族文化的信心和热情。[②]

2015 年 5 月 25 日至 27 日，云南省政协就"争当生态文明建设排头兵"开展专题调研，倡导绿色发展，弘扬生态文化。省政协副主席王承才率省政协人口资源环境委员会

---

① 李开义：《云南创建生态文化产业园新模式 首个文化农庄落户景洪》，http://finance.yunnan.cn/html/2015-04/06/content_3678795.htm（2015-04-06）。

② 云南省政府信息公开门户网站：《纳板河流域国家级自然保护区管理局组织区内三个布朗族村参与布朗西定的传统文化交流研讨年会》，http://xxgk.yn.gov.cn/Info_Detail.aspx?DocumentKeyID=C77AC3EFD78A44D6 BAF2A57052C0E603（2015-12-24）。

部分省政协委员和专家，赴昆明市官渡区、东川区和禄劝彝族苗族自治县、富民县等地开展"争当生态文明建设排头兵"的专题调研。调研组一行先后前往东川区白泥沟小江流域治理项目、金沙公司博物馆、汤丹尾矿坝、四方地工业园区，昆明市危险废弃物集中处理处置中心、东郊垃圾填埋场、昆明市第十水质净化厂等地，实地查看各行业、各领域绿色生产和环境保护情况，听取相关情况汇报，与基层干部群众和企业负责人座谈交流。调研组看到，东川区具有丰富的风能、生物医药、旅游、矿产等资源，开发潜力巨大，但面临着生态环境脆弱、地质灾害隐患严重、发展方式粗放、城乡差距较大等问题。昆明市主要水源供给地的云龙水库保护区，在实行移民城镇化安置后，由"农"转"城"带来的一系列问题依然突出。针对调研中看到的一系列生态保护问题，调研组提出，建设生态文明是关系人民福祉、关乎民族未来的长远大计，在经济社会发展进程中，要坚持推进城市转型、产业转型、生态转型、思想转型、社会转型相结合，保护好生态环境。王承才指出，争当生态文明排头兵，要注重吸收现代生态文明的先进经验和做法，在全社会自觉形成"绿色发展，和谐发展"的理念；要大力倡导绿色生产生活方式和行为习惯，健全全民绿色消费的自觉规范，同时保护和弘扬好已有的生态文化；要建立领导干部任期生态文明建设责任制，使生态文明建设体制更加完善，考评体系更加科学，使风险防控、灾害防御能力明显提高，绿色生态循环发展水平明显提升。①

2015 年 7 月 16 日上午，云南省广播电视台马建宇副台长前往省环境保护宣传教育中心，调研指导环保影视宣传工作。首先，马建宇副台长查看了省环境保护宣传教育中心的影视资料室、影视编辑室、演播室，仔细了解设备种类、数量、性能、使用等情况，与工作人员面对面交流，认真观看省环境保护宣传教育中心近期制作的一些环保题材影视片，对省环境保护宣传教育中心充分发挥现有设备、设施的作用，围绕省环境保护厅的中心工作任务，在宣传环保方针政策、弘扬生态文明、传播环境文化、提高公众环保意识、推动绿色创建等方面开展的影视宣传工作给予了充分肯定。其次，马建宇副台长与省环境保护宣传教育中心全体职工进行了深入的座谈交流。听取王云斋主任的工作汇报后，马副台长对省环境保护宣传教育中心五个方面的工作思路表示肯定，并就省环境保护宣传教育中心影视新闻报道、宣传活动策划与建立联动机制提出了意见、建

---

① 张潇予：《云南省政协就"争当生态文明建设排头兵"开展专题调研》，http://politics.yunnan.cn/html/2015-05/29/content_3751766.htm（2015-05-29）。

议。马建宇副台长说，随着习总书记考察云南，在省委、省政府的正确领导下，云南的生态文明建设和环境保护工作推向了更高的层面，环境保护是功在当代、利在千秋的伟大事业，是一项艰巨的系统工程，需要各行业、各部门的积极参与，更要通过广泛宣传，动员全社会的力量共同参与。发挥影视作品的传播影响力是环保宣教的重要抓手，通过加强协作，建立多部门合作机制，上下联动，完成省委、省政府赋予我们的宣传任务，将各自的职能作用发挥出来，为成为全国生态文明建设排头兵贡献力量。他指出，在当前讲好云南生态环保故事的基础上，围绕宣传云南生态文明建设开展更加广泛的影视合作；通过信息共享、建立合作机制，挖掘环保题材，整合栏目资源，围绕生态文明建设和环境保护工作，逐步形成广播电视与环保宣传教育的长效战略合作机制。最后，马建宇副台长就电视台支持环保宣传教育影视工作，对设立云南省广播电视台驻省环境保护厅记者站的可能性和必要性进行了分析。会后大家共同观看了《共享绿色》环保影视专题片，在轻松愉快交流的气氛中结束本次调研指导工作。[1]

2015 年 8 月 18 日，云南省环境保护厅称：昆明市自创建国家森林城市以来，弘扬生态文化，新建市民林、公务员林、共青团林、河长林、杨善洲林等各类纪念林 5 万亩，义务植树尽责率90%以上。全市共有古树名木2.38万株，均得到有效保护。全市建有自然保护区 5 个，总面积达 2.79 万公顷，建有森林公园 4 个，主题森林公园 20 个，人工湿地公园1.38万公顷，均为生态文化建设的有力载体。昆明市属海口林场，以周总理栽种的油橄榄为历史脉络，以昆明丰富的森林生态资源为支撑，建成了云南省第一家林业展览馆，也是昆明市目前唯一的国家级生态文明教育基地。另建有省级生态文明教育基地 3 个，生态文明教育普及率达 30%，生态文化基础设施建设成绩明显。[2]

2015 年 8 月 18 日，云南省林业厅称：云南省临沧市多举措推进生态文化建设。近年来，临沧市抓载体、抓引领、抓宣传，强化生态文化平台建设、美丽乡村打造、生态文化传播能力提升，着力推进生态文化建设，努力成就天、地、人高度和谐的"大美临沧"。[3]

---

① 云南省环境保护宣传教育中心：《云南广播电视台马建宇副台长莅临省环保宣教中心调研指导环保影视宣传工作》，http://www.ynepb.gov.cn/zwxx/xxyw/xxywrdjj/201507/t20150717_91051.html（2015-07-17）。

② 小宇：《昆明市生态文化基础设施建设成绩明显》，http://city.china.com.cn/index.php?m=content&c=index&a=show&catid=78&id=25958665（2015-08-14）。

③ 小曼：《云南临沧市多举措推进生态文化建设》，http://www.zgmuye.com/news/show-29471.html（2015-07-28）。

2015年9月4日至7日，由昆明市姓名文化研究会主办的研讨会将吸引来自全国各地的300多位专家、学者和企业家以及民族文化、古镇文化、生态文化方面的代表，聚集在玉龙雪山下，共同探讨如何进一步弘扬中华民族传统文化，为古镇保护、古镇文化、传统文化与生态文明之间的共融发展建言献策。9月3日，云南大学客座教授余建达在中华民族传统文化高峰论坛暨云南省第二届古镇文化与生态文明建设研讨会新闻发布会上畅谈了自己对古镇保护与发展的观点，他说："原有的古镇在保护的基础上应充分发掘其文化内涵，新打造的古镇应在'古'字上多下功夫。"古镇作为中华民族悠久历史文化的见证，浓缩了中华民族几千年的历史文明，蕴涵着规划、建筑、人文、美学、生态等多方面的优秀历史文化资源；生态文明又是人类社会文明的一种形式，是社会物质文明、精神文明和政治文明在人与自然和谐发展方面的具体体现。研讨会将在继承和发扬传统古镇文化的同时，进一步牢固树立"生态文明建设"的观念。会议将围绕"古镇文化与生态文明"的主题进行，以云南的古镇历史起源和古镇历史特点、民族特点为研究背景，从传统文化与古镇的建设相结合；古镇建设与生态文明建设的关系；古镇文化、传统文化与生态文明之间的相互影响；生态文明理论基础、生态文明与环境可持续发展、生态修复与生态文明建设等方面展开交流和研讨。①

2015年10月，在国家级生物多样性保护专项资金支持下，纳板河流域国家级自然保护区管理局依托"纳板河流域国家级自然保护区生物多样性保护示范项目"，在保护区建成并投入使用"民族文化传习馆"。该民族文化传习馆是集展示、宣传、交流、沟通、学习、研讨等多功能的综合型场馆，总建筑面积192.7平方米。建设内容包括房屋主体、室内外装修等基础建设和展品（图文资料、实物、视频）的收集、设计等室内布展工作。其中，一楼为展示区，主要是对生活在纳板河流域内的拉祜族、哈尼族、傣族、彝族等少数民族与生物遗传资源相关的传统知识进行宣传和展示；二楼为交流区，主要为前来参观学习的人员提供交流沟通、学习研讨的平台。②

2015年10月8日起，国内首家以生物多样性为主题的展馆丽江滇西北生物多样性

---

① 罗昆娅、孙潇：《全国300名专家下月为丽江"把脉"》，http://society.yunnan.cn/html/2015-08/26/content_3882119.htm（2015-08-26）。

② 刘峰：《纳板河流域国家级自然保护区民族文化传习馆投入使用》，http://www.nbhbhq.cn/Article_show.aspx?id=569（2015-10-29）。

展示中心将向公众免费开放。该展示中心位于丽江城区荣华片区丽江市规划展览馆北侧，建筑面积共 6000 多平方米。楼前的一块石碑上铭刻着 2008 年 2 月云南省政府生物多样性保护工作会议发表的《滇西北生物多样性保护丽江宣言》，表明云南建设生态文明、保护生物多样性的坚定决心。进入大楼，一层和二层是展厅，以图片、视频、文字、标本等方式全面展示和介绍滇西北丰富的生物多样性。展厅分五个部分：引子——青藏高原；神奇的生命线——雪山、森林、草甸；生命的摇篮——江河、湖泊、湿地；大自然的杰作——地形、地貌、奇观；生态的天堂——世界物种基因库。工作人员告诉记者，这里将展出的图片近 600 幅，大部分是丽江当地摄影家的作品。为拍摄这些作品，摄影家跋山涉水、历尽艰辛，前后共花了 20 多年的心血。还有一些图片从中国科学院昆明动物研究所购得，非常珍贵。①

2015 年 11 月 2 日至 6 日，由香港社区伙伴作为技术支持，纳板河流域国家级自然保护区管理局承担的"布朗族社区生态文化和可持续生计探讨"项目，在曼西龙傣村举办结题交流会。来自香港社区伙伴云南办事处、保护区管理局和流域内三个布朗族村的社区协作者共计 26 人参与了该交流会。期间，共开展了以下几项工作：一是通过村民访谈、与社区协作者座谈，听取了社区协作者一年来对本村传统文化现状的调查成果汇报，讨论了社区协作者对本次结题交流会的期待，并以"社区协作者的期待"为题分组对曼西龙傣村的文化及生态建设管理现状开展了调查，同时进行了小组之间成果分享。二是听取了实施方保护区管理局对项目开展一年来的回顾。2015 年，迪庆藏族自治州加大生态文明建设力度，坚持走"生态建设产业化，产业发展生态化"的路子，着力推进林业生态重点工程建设均圆满完成任务。年内完成营造林任务 45.93 万亩，其中，人工造林 34.14 万亩，封山育林 11.79 万亩。完成人工造林 34.374 万亩，封山育林 11.79 万亩。天保工程公益林建设项目完成任务 2.1 万亩；巩固退耕还林成果林业产业建设项目 3.65 万亩。其中，新种植 0.74 万亩、林下种植 1.76 万亩、优化树种造林 1.15 万亩。新一轮退耕还林建设项目 4.5 万亩；藏区特色经济林产业建设项目 19 万亩；国家造林补贴建设项目 2.5 万亩；石漠化综合治理林业建设项目 2.3 万亩；木本油料产业基地建设项目 3 万亩，云南省香格里拉企鹅植被恢复森林碳汇造林项目 0.234 万亩。封山育林建设项

---

① 王法：《丽江生物多样性展示中心 10 月 8 日起免费开放》，http://lijiang.yunnan.cn/html/2015-09/24/content_3926589.htm（2015-09-24）。

目 11.79 万亩。全民义务植树建设任务 130 万株，已完成 206 万株，超额完成任务数；完成森林抚育建设任务 11 万亩；占任务数 100%。低效林改造建设任务 4.5 万亩。木本油料提质增效建设项目 2.5 万亩（省级安排 1.5 万亩、州级安排 1 万亩），超额完成下达任务数。[1]

---

[1] 和永亮：《迪庆完成 2015 年林业生态建设任务》，http://diqing.yunnan.cn/html/2016-01/15/content_4120394.htm（2015-01-15）。

第三章 云南省生态法治建设编年(2010—2015年)

生态法治是生态环境监管、环境保护督查的制度表现，必须加快法治建设，保障生态文明可持续发展。云南生态法治建设历史悠久，云南关于森林保护、生物多样性保护、水资源保护等方面在20世纪80年代以来，已有一系列法律法规出台，之后，又经过陆续修订正式颁行。但云南少数民族众多，自古以来，基层治理更多依赖于乡规民约、习惯法等，云南生态法治建设需要考虑地方特色，将国家与地方进行有效结合，才能更好地实现生态文明建设，使生态法治观念深入人心。

一、2010 年

2010 年 2 月 23 日，云南省副省长和段琪在召开的云南省环境保护工作会议上强调，要进一步强化环境保护责任制，千方百计完成"十一五"主要污染物减排任务。会议对 2009 年"七彩云南保护行动"责任制考核中成绩突出者进行了通报表彰，16 个州市、4 个省直单位共获得 144 万元奖励。会议上，云南省环境保护厅厅长王建华明确 2010 年全省环保工作要着力做好 8 项主要工作：确保完成"十一五"污染减排目标任务，继续加大以滇池为重点的九大高原湖泊水环境综合治理力度，切实解决重点地区重点行业的重金属污染问题，落实以滇西北和滇西南生物多样性保护为重点的各项措施，抓紧启动七彩云南生态文明建设十大工程，把环境管理水平提升与实现全省"十一五"经济社会发展目标有机结合起来，全面提升环保执法队伍能力和执法水平，精心谋划"十二五"环境保护规划的编制工作。和段琪代表省政府与全省 16 个州市政府签订了2010 年度"七彩云南保护行动"工作目标考核责任书和 2010 年主要污染物总量减排目标考核责任书，与省环境保护厅、住房和城乡建设厅等 13 个省直有关厅局签订了 2010年度"七彩云南保护行动"工作目标考核责任书。省环境保护厅厅长王建华与国电阳宗海发电有限公司、昆明滇池投资有限公司等 18 家企业分别签订了二氧化硫总量削减和化学需氧量总量削减目标考核责任书。和段琪在会议上说，2009 年全省化学需氧量、二氧化硫排放量均有所削减。2010 年，不计增量，全省化学需氧量、二氧化硫排放量分别要削减 3.951 万吨和 14.585 万吨。

和段琪强调，当前全省主要污染物减排的核心任务就是确保"十一五"及 2010 年度安排落实的重点减排项目按时按质完成和已建成的减排工程设施正常运行。会上签订的目标责任书已将减排任务分解落实到各州市政府和各重点企业，要认真组织实施，真正落到实处。和段琪说，签订 2010 年主要污染物总量削减目标责任书的昆明滇池投资有限公司等 6 家企业，要按照责任书的有关要求做好污水处理设施的建设和运行工作。和段琪还在会议上透露，为进一步强化环境保护责任制，确保各级政府和所有政府组成部门全面落实责任，省政府将尽快出台关于推行环境保护"一岗双责"制度的意见。根据云南省 2009 年度集中考核组对目标责任制执行情况考核结果，云南省政府决定：昆明市等 4 个州市获得一等奖。省教育厅、省环境保护厅，省商务局、省旅游局较好地完成了年度目标任务，被评为优秀奖并予以通报表扬。①

2010 年 4 月 17 日，云南省政府在全省正式全面推行环境保护"一岗双责"制度，各级政府主要领导干部是环境保护的第一责任人，对环保负全面领导责任，凡发生环境污染事故，将追究有关人员的责任。云南省推行环境保护"一岗双责"制度后，各级政府、各有关部门和生产经营单位负责人在职责岗位上，实行抓业务工作和环境保护双重责任，主要负责人为环境保护的第一责任人，对环保负全面领导责任；分管环保工作的负责人对环保工作负综合监管领导责任；其他负责人对分管业务工作的环保负直接领导

① 程伟平、蒋朝晖：《云南严格落实环保责任制——副省长和段琪表示，尽快出台环境保护"一岗双责"意见》，http://www.cenews.com.cn/xwzx/zhxw/ybyw/201002/t20100223_631067.html（2010-02-24）。

责任。按照环境保护"一岗双责"制度的规定，环保监督管理实行属地管理，谁主管、谁负责，谁审批、谁负责，谁污染、谁治理，谁破坏、谁恢复。凡发生环境污染事故和环境突发事件，必须查清原因，对照环境保护"一岗双责"制度确定的职责追究有关责任人的责任，构成犯罪的，要依法追究有关责任人责任。对重特大环境污染事故和环境突发事件，要尽快调查结案，向社会公布。凡在本行政区域内发生特别重大、重大事故，州市政府主要领导要向省政府写出书面检查。[①]

2010年5月16日至19日，环境保护部西南督查中心但家文处长一行三人在云南省环境保护厅和市县环境保护局，高黎贡山国家级自然保护区保山管理局领导的陪同下，对保山市国家级自然保护区——高黎贡山国家级自然保护区（保山段）进行专项执法检查。检查组深入高黎贡山国家级自然保护区腾冲界头管理站、天坛山管理点、隆阳区百花岭管理站及自然保护区部分试验区、核心区和生物走廊带进行了现场检查。检查组充分肯定了保护区近年来在建设管理、科研监测、宣传教育等方面取得的成就，要求高黎贡山国家级自然保护区保山管理局要全面总结回顾"十一五"自然保护区建设管理工作，科学编制"十二五"保护规划，严格执行国家有关自然保护的法律、法规和方针政策；规范自然保护区的各项管理制度，做好自然保护区管理工作。检查组还要求市县（区）环保部门按照《中华人民共和国自然保护区条例》的要求对辖区内自然保护区开展执法监察和环境监测、加大宣传教育力度、认真履行综合管理职能，确保自然保护区得到有效保护。[②]

二、2011年

2011年5月15日至16日，由环境保护部西南督查中心马仁波副处长带队，环境保护部环境规划院程亮同志及环境保护部西南督查中心马卉同志组成的检查组，在云南省环境保护厅规划财务处黄晔同志的陪同下，到大理白族自治州就环保专项资金项目进展情况进行检查指导，大理白族自治州环境保护局谢宝川副局长及相关工作人员陪同检

[①] 云南省人民政府办公厅：《云南省人民政府关于全面推行环境保护"一岗双责"制度的决定》，http://www.yn.gov.cn/ yn_zwlanmu/qy/wj/yzf/201006/t20100621_20545.html（2010-06-21）。

[②] 保山市环境保护局：《国家环保部西南督查中心对高黎贡山国家级自然保护区进行专项执法检查》，http://www.ynepb. gov.cn/zwxx/xxyw/xxywrdjj/201006/t20100603_7784.html（2010-06-03）。

查。此次检查的主要内容涉及大理白族自治州一个监测执法业务用房项目和五个中央环保专项资金项目，资金总和 1260 万元。检查组在短暂的两天内，通过翻阅项目相关资料、实地查看现场以及听取汇报等方式，先后对洱源县和大理市的相关项目进行了检查。在洱源县，主要检查了洱源县监测执法业务用房项目、洱源县右所镇三枚村（下山口片区）村落污水收集处理系统建设工程、洱源县监测监察能力建设等三个项目的进展情况，详细询问相关情况，并听取了洱源县环境保护局的项目工作汇报。在大理市，检查组主要检查了大理市截污治污罗时江入湖河口湿地恢复建设工程以及喜洲镇周城污水处理厂工程两个项目的进展情况，实地查看了罗时江入湖河口湿地恢复建设工程项目，并听取了大理市洱海保护管理局、喜洲镇政府的项目工作汇报。检查组检查完各项目之后表示，大理白族自治州各项目进展顺利，各相关项目负责单位，要认真按照要求，加快推进在建项目进度，早日使项目建成发挥作用。同时，提出殷切希望，大理环境优美，自然条件优越，环境保护工作成效明显，希望大理白族自治州环保系统再接再厉，创造出更好的成绩。①

三、2013 年

2013 年 5 月 22 日，云南省人民政府办公厅发布《云南省环境保护行政问责办法》（云政办发〔2013〕70 号）。②

四、2014 年

2014 年 1 月 6 日下午，继组织参加国务院法制办公室，环境保护部、农业部联合召开的《畜禽规模养殖污染防治条例》学习贯彻电视电话会议后，云南省政府法制办公室、省环境保护厅、农业厅联合召开了全省《畜禽规模养殖污染防治条例》学习贯彻电视电话会议。省、州、县共设 134 个会场，全省各级政府法制、环保、农业部门干部和

---

① 大理白族自治州环境保护局：《环保部专项资金项目检查组到大理州》，http://www.ynepb.gov.cn/zwxx/xxyw/xxywrdjj/201105/t20110525_8593.html（2011-05-25）。

② 云南省环境保护厅行政政策法规处：《云南省环境保护行政问责办法》，http://www.ynepb.gov.cn/zcfg/guizhang/dfzfgz/201408/t20140813_49019.html（2014-08-13）。

养殖企业代表共有 3122 人参加会议。按照国家电视电话会议的要求和部署，结合云南省实际，省环境保护厅高正文副厅长就认真组织好《畜禽规模养殖污染防治条例》的学习宣传、摸清云南省畜禽养殖"底数"、掌握养殖污染情况、强化分区管理、积极划定禁养区、强化环境监管、抓好源头控制，以污染物减排为硬抓手、推进"以减促治"、做好技术推广和服务、强化技术支撑和建立部门联动机制、形成工作合力七个方面提出了具体要求。省农业厅寸强副厅长就认真做好《畜禽规模养殖污染防治条例》宣传贯彻工作，超前规划，科学规划畜禽规模养殖用地和加强协调，处理好畜禽养殖与生态建设的关系明确了要求。会议指出，畜禽养殖污染防治工作事关畜牧业的持续健康发展，事关人民群众切身利益，事关生态文明建设，各地要认真学习好、宣传好《畜禽规模养殖污染防治条例》，领会好、把握好《畜禽规模养殖污染防治条例》的精神实质和特点、要点，不断加强制度建设，切实严格依法行政，加大政策支持力度，积极主动做好服务，加强协作，狠抓落实，确保云南省畜禽养殖科学发展、蓬勃发展，为推进云南省农村生态文明建设，改善农村人居环境做出应有的贡献。①

　　2014 年 8 月 21 日，云南省举办 2014 年修订的《中华人民共和国环境保护法》专题法制讲座，为确保 2014 年修订的《中华人民共和国环境保护法》的实施，云南省将启动环境保护条例修订工作，加强部门配合，履行好法律赋予的环境监管职责。本次讲座由七彩云南生态文明建设领导小组办公室，云南省人大法制委员会，省环境保护厅，省政府法制办公室联合举办，环境保护部政策法规司副司长别涛进行专题授课。别涛结合自身参与 2014 年修订《中华人民共和国环境保护法》的立法实践，以环境形势和环保法治为题，用大量翔实的事例、图片、数据，对修改背景过程、主要修改内容和新法实施准备等方面进行详细解读，并对 2014 年修订的《中华人民共和国环境保护法》的实施提出了自己的观点和思考。受云南省人大法制委员会，省环境保护厅，省政府法制办公室的委托，云南省环境保护厅副厅长高正文对学习宣传贯彻好 2014 年修订的《中华人民共和国环境保护法》提出了具体建议。他说，各有关单位要充分认识 2014 年修订的《中华人民共和国环境保护法》颁布的重要意义，认真学习、深入领会新理念、新制度、新举措，各司其职、相互配合、超前谋划、认真准备、改革创新，确保其实施。云

---

① 云南省环境保护厅自然生态保护处：《我省召开〈畜禽规模养殖污染防治条例〉学习贯彻电视电话会议》，http://www.ynepb.gov.cn/zwxx/xxyw/xxywrdjj/201401/t20140110_41962.html（2014-01-10）。

南省人大常委会，省政府，省政协，省高级人民法院、省检察院的有关部门和有关省属企事业单位，高等院校的相关负责人，省环保系统部分人员参加了讲座。①

2014 年 12 月 2 日，亚洲开发银行技术援助《云南省生物多样性保护"十三五"行动计划》评审会在昆明召开，会议由云南省环境保护厅对外交流合作处与自然生态保护处联合主持。来自省发展和改革委员会、省旅游发展委员会，省扶贫开发办公室，省财政厅、省国土资源厅、省科学技术厅、省林业厅、中国科学院昆明分院、中国科学院昆明植物所、中国科学院昆明动物研究所、云南大学、西南林业大学、大自然保护协会、野生动植物保护国际等相关政府部门、科研单位及非政府组织的代表和专家应邀参加了会议。会议听取了编制单位 AECOM 国际咨询公司代表对《云南省生物多样性保护"十三五"行动计划》的汇报，与会专家和领导审阅了行动计划文本，并进行了讨论。专家组一致认为，《云南省生物多样性保护"十三五"行动计划》回顾了《云南省生物多样性保护战略与行动计划（2012—2030 年）》的编制及实施情况，在已有框架下，通过国际通行的方法对生物多样性保护优先区和重要物种进行排序，识别保护的优先性，并根据识别的优先区、生态系统和物种，规划了"十三五"的八项重点任务、二十七个行动计划和项目安排，编制依据充分，保障措施较全面，组织实施可行，切合云南省实际，同意通过评审。此外，专家组还就进一步完善《云南省生物多样性保护"十三五"行动计划》提出意见和建议。②

五、2015 年

2015 年 3 月，景谷矿冶公司选冶厂 8 号料液池料液输送 2 号料液池 5 米处的管道发生断裂，200 立方米左右的硫酸铜料液泄漏。造成沿途景谷傣族彝族自治县民乐镇白象村和民乐村的部分农田被污染，并导致景谷傣族彝族自治县民乐河部分河段的鱼类死亡。泄漏事故发生后，景谷矿冶公司启动了公司环保事故应急预案，对泄漏位置进行封堵，对排洪沟至白象村灌溉大沟沿途采取了用氢氧化钠进行中和的方式对外泄料液进行

---

① 蒋朝晖：《云南加大新环保法宣贯力度 部门配合共同履责》，http://www.cenews.com.cn/cb/3b/201408/t20140822_779695.html（2014-08-22）。
② 云南省环境厅对外交流合作处：《亚洲开发银行技术援助项目云南省生物多样性保护"十三五"行动计划评审会召开》，http://www.7c.gov.cn/zwxx/xxyw/xxywrdjj/201412/t20141204_64665.html（2014-12-04）。

了稀释，并组织人员对民乐河道及白象村局部受影响的菜地、水沟进行了清理，但未对受损害的生态环境进行修复。据此，普洱市检察院作为公益诉讼人向普洱市中级人民法院提起民事公益诉讼。法院经审理，对起诉事实全部予以确认。经法院调解后，公益诉讼人与被告自愿达成协议，由被告赔偿生态环境损害修复费 829 700 元至普洱市财政局指定账户；由被告支付司法鉴定费人民币 400 000 元至景谷县环境保护局；案件受理费减半收取 7933 元，由被告承担。[①]

2015 年 9 月 7 日至 11 日，为促进生态环境保护，进一步加强云南省生物多样性保护工作，推动生物多样性保护立法，根据云南省人大常委会 2015 年监督工作计划，由省人大常委会环境与资源保护工作委员会王建华副主任带队组成的调研组赴保山市和德宏傣族景颇族自治州，对生物多样性保护工作及自然保护区建设与管理情况进行专题调研。调研组实地查看了高黎贡山国家级自然保护区、黑河老坡、铜壁关省级自然保护区瑞丽珍稀植物园、德宏傣族景颇族自治州野生动物收容所的建设管理及生物多样性保护与利用情况，听取了保山市、德宏傣族景颇族自治州关于生物多样性保护工作汇报及市（州）人大，法制办公室，环境保护局、林业局，自然保护区管理局等相关单位的意见和建议。通过实地调研和听取汇报，调研组对保山市、德宏傣族景颇族自治州在生物多样性保护工作方面所取得的成绩给予了充分肯定，并对保护区、植物园等的进一步建设与管理提出了意见和建议。本次调研对进一步加强生物多样性保护、自然保护区建设和管理工作，促进生物多样性保护立法起到了积极的推动作用。省人大常委会环境与资源保护工作委员会法规处处长朱江，省法制办公室执法监督处副调研员王恭前，省林业厅野生动植物保护与自然保护区管理处处长李承胜，省环境保护厅自然生态保护处处长夏峰及办公室主任科员周鑫、自然生态保护处科员关佳洁，中国科学院昆明动物研究所研究员蒋学龙参加调研。高正文副厅长带队省人大环境与资源保护工作委员会调研组赴西双版纳、普洱专题调研生物多样性保护工作。[②]

---

① 黄翘楚：《云南高院发布法院年度环资司法保护情况共受理 84 件环境公益诉讼案》，http://fazhi.yunnan.cn/html/2017-06/06/content_4846177.htm（2017-06-06）。

② 云南省环境保护厅自然生态保护处：《省人大环资工委调研组赴保山、德宏专题调研生物多样性保护工作》，http://www.ynepb.gov.cn/xxgk/read.aspx?newsid=92964（2015-09-21）。

第五编

云南省生态文明排头兵

建设区域特色篇

云南地处中国西南边疆，与缅甸、老挝、越南接壤，其独特的地理位置、气候特征、民族文化、生态环境，在中国生态文明建设的过程中发挥着至关重要的作用，更是云南争当生态文明排头兵建设所具备的区域优势。

2011年6月8日，《全国主体功能区规划》正式发布。该规划将国土空间划分为优化开发区域、重点开发区域、限制开发区域和禁止开发区域，云南在主体功能区中，重点开发区域以滇中地区为主，限制开发区域主要是重点生态功能区，包括桂黔滇喀斯特石漠化防治生态功能、川滇森林及生物多样性生态功能区，该规划确立了未来国土空间开发的主要目标和战略格局。一是构建以"两横三纵"为主体的城市化战略格局。二是构建以"七区二十三带"为主体的农业战略格局。三是构建以"两屏三带"为主体的生态安全战略格局。

2014年2月下旬，国家发展和改革委员会，中国气象局等12家部委联合印发了《全国生态保护与建设规划（2013—2020年）》，云南被纳入长江中上游地区和南方山地丘陵区。丰富的自然资源、生物多样聚集以及生态环境脆弱敏感并存的特征决定了云南在全国生态保护与建设中的重要地位和作用，此次的规划在充分考虑全国主体功能区布局的基础上，明确云南生态保护与建设重点为：青藏高原东南缘生态屏障、哀牢山-无量山生态屏障、南部边境生态屏障、滇东-滇东南喀斯特地带、干热河谷地带、高原湖泊区和其他点块状分布的"三屏两带一区多点"区域。该规划还明确了各区域保护与建设的主要措施，旨在构建起覆盖全国主体功能区分布于云南的重点生态功能区及云南六个二级分区的生态安全屏障。2014年，云南被列入首批生态文明示范区建设名单，成为全国生态文明建设排头兵。

对于云南而言，《全国主体功能区划》《全国生态保护与建设规划（2013—2020年）》等的出台，决定了云南在生态文明建设中的独特地位，更凸显了云南的区域特色。云南在西南生态安全格局中占据着重要地位，其生态屏障的构建、生态保护红线的划定关系着西南乃至我国的生态安全，更影响到边境地区的生态安全。近十年来，各种生态问题的突发严重危及人们的生产生活和自然生态系统的平衡，云南在国家政策的指导下，围绕区域环境安全、国家生态安全以及跨境生态安全开展了一系列工作，极大地推动了生态文明建设的进程。

第一章　云南生态安全建设编年

云南省发展和改革委员会巡视员李承宗曾说，保护云南生态，不仅关系到国家生态安全，更直接影响中国的国家形象。云南地处祖国西南边陲，西部与缅甸接壤，南部与老挝、越南毗邻，边境线长达 4 060 千米，是中国边境线最长的省份之一。云南具有气候类型多样、地形地貌多样、生物物种多样等特征，以其独特的自然资源和多元化人文，云南肩负着维护西南生态安全屏障的重担。

云南生态安全建设是构筑西南生态安全屏障的重要组成部分。2014 年 5 月 14 日，云南省印发《云南省主体功能区规划》对未来全省土地空间开发做出总体部署，并根据全省不同区域的资源环境承载能力、现有开发密度和未来发展潜力，划分重点开发区域（即关系全省乃至全国更大范围生态安全，更不适宜进行大规模、高强度工业化和城镇化开发，需要因地制宜地发展不影响主体功能定位的产业，引导超载人口逐步有序转移）、限制开发区域（即保障农产品供给和生态安全的重点区域）和禁止开发区域（即保护自然文化遗产的重要区域，总面积为 7.68 万平方千米，约占云南省总面积的19.5%，呈斑块状或点状镶嵌在重点开发区域和限制开发区域中）三类主体功能区，并明确了三类主体功能区的涵盖区域，逐步形成人口、经济、资源环境相协调的空间开发格局，着力构建以"三屏两带"为主体的生态安全战略格局。"三屏"指的是青藏高原南缘生态屏障、哀牢山—无量山生态屏障、南部边境生态屏障；"两带"指的是金沙江干热河谷地带、珠江上游喀斯特地带。[①]

云南省在具体的生态安全建设中，以及维护区域生态安全和跨境生态安全方面做出了一定成绩，并取得较好的效果。从区域生态安全建设的情况来看，高原湖泊作为水生态安全的重点治理对象，在云南争当生态文明排头兵的过程中发挥着重要作用，2011年12月15日，国务院下发的《国务院关于印发国家环境保护"十二五"规划的通知》中，抚仙湖与洞庭湖、鄱阳湖等成为国家保障和提升水生态安全的重点对象，并将采取相应的治理保护措施；2013年9月27日，保山市委、市政府出台了《保山市人民政府关于进一步加强"两江四路"沿岸沿边生态恢复治理的意见》《保山市人民政府关于加快森林保山建设构建桥头堡生态安全屏障的实施意见》等一系列指导性文件，有力地保障了森林生态安全；等等。从跨境生态安全建设的情况来看，2009年，西双版纳林业部门加快了构建中老边境绿色生态安全屏障建设步伐，中老双方成功建立首个跨境保护区；2011年10月中老双方第二个生物多样性联合保护区域建立，这对中老边境生物多样性绿色长廊建设，以及国家生态安全具有十分重要的意义。

云南生态安全建设主要围绕在云南所处的地理位置、所具有的独特自然环境展开，主要包含水生态安全、森林生态安全等。按照《云南省主体功能区划》的要求，稳步推进，加大跨境联合保护的力度，最终实现人与自然和谐发展。

第一节 云南生态安全建设的奠基阶段（2009—2014年）

一、2009年

2009年以来，昆明市实施产业结构调整、生态建设、污染治理和人口转移四大工程，开展了大规模、全方位的引用水源保护工作。目前，"三项治理"工作稳步推进，取得一定成效。完成了水源地排污口、排污量、污染源调查，全面清理水源地垃圾、粪堆、草堆，共在水库、河道周边种植中山杉920.25亩，占计划数的105%。对于非法定

[①] 佚名：《〈云南省主体功能区划〉将出台》，http://www.dychx.com/article.asp?id=31189（2014-05-15）。

责任田和承包地，逐步推进退耕还林，全市各县（市）区已实施完成 23 658.43 亩，占总上报面积的 44.79%，剩余部分全部为冬季造林。县级以上水源地保护规划编制完成，并完成围网、界桩、界碑以及警示标志设置。截至 8 月 8 日，松华坝水源区完成安置房分配选房的移民户为 1065 户，占应分配房源数的 84.3%；完成财产补偿协议签订 1083 户，总体签约率 85.3%。云龙水源区完成移民小区建设总工程量的 36%。①

2009 年，西双版纳林业部门加快了构建中老边境绿色生态安全屏障建设步伐，在总结以往合作经验的基础上，进一步加强了中老跨境联合保护工作的合作与交流，积极探索联合保护模式。经多次交流协商，达成了在中老边境相邻自然保护区之间（中国西双版纳尚勇保护区—老挝南塔南木哈保护区）建立面积为 5.4 万公顷的"中老联合保护区域"协定，2009 年 12 月在西双版纳景洪举行的第四次中老边境保护交流年会上，签订了《中老边境联合保护区域项目合作协议》。②

二、2011 年

2011 年 8 月 2 日，新华网广西频道记者从中国—东盟博览会秘书处获悉，将于 2011 年 10 月 21 日至 26 日在广西南宁举行的第八届中国—东盟博览会的主题为"环保合作"，届时将围绕这一主题举办中国—东盟环保合作论坛。中国—东盟自由贸易区建成后，中国与东盟各国的合作正在从经贸领域不断向文化、环保等领域拓展。目前，在海洋环境保护、跨境生态安全、次区域生态安全、热带雨林保护等领域的合作不断深入，并在澜沧江—湄公河国际合作项目、东亚酸雨监测网等方面开展了密切合作。第八届中国—东盟博览会还将展示环保产品，中国和东盟十国也将选择在环保领域具有合作商机和发展潜力的城市作为本国魅力之城进行展示。截至目前，印度尼西亚、老挝、马来西亚、缅甸、泰国、越南 6 个东盟国家已确定包馆参展，其中马来西亚已确定为本届博览会主题国。③

① 李殿荆：《昆明将多渠道筹资推进重点水利工程》，http://roll.sohu.com/20110902/n318128575.shtml（2011-09-02）。
② 王晓易：《中老再添一个跨国联合保护区 生物多样性保护将扩大到中缅边境》，http://news.163.com/11/1028/07/7HEE6PQQ00014AEE.html（2011-10-28）。
③ 程群：《第八届中国—东盟博览会主题将确定为"环保合作"》，http://www.gov.cn/jrzg/2011-07/31/content_1917091.htm（2011-07-31）。

2011年9月1日下午，昆明市召开全市饮用水源区保护工作暨重点水利工程建设电视电话会议，对全市饮用水源区保护工作和重点水利工程建设做总结，并对未来4个月的重点建设工程和目标任务进行部署，要求倒计时推进目标任务，多渠道筹资加快推进重点水利工程建设。虽然昆明市水源区保护工作已取得一定成效，但工作进展不平衡，供主城的水源地保护工作起步早，管理较为规范，供县城的水源地次之，乡、村水源地保护工作开展较为滞后。会议要求，各县（市、区）政府要把水源保护工作作为事关人民群众利益的头等大事，列入政府目标，纳入考核，与水源区乡、村层层建立水源保护目标责任制，加强领导、落实责任，抓好水源保护管理各项措施的落实。一方面要认真落实饮用水源地库（塘）长责任制；另一方面要建立饮用水源区"网格化"管理工作责任制。未来4个月内，在饮用水源区保护和水利重点工程建设中，昆明市将进一步落实责任、强化措施，倒计时推进目标任务。除了在年前完成县、乡、村三级水源地保护方案的编制，完善垃圾清运处置工作，加快污水收集处理设施建设外，还要求松华坝、云龙水源区经污水处理外排的废水水质在2011年年底必须达到一级A排放标准。

关于重点水利工程建设情况，2011年昆明市计划新建中型水库1座、续建中型水库1座；续建、新建小（一）型水源工程10座，开工建设14座小（一）型病险水库除险加固。按照目标要求，宜良海马箐中型水库主体工程要开工建设，并完成工程投资4000万元；寻甸木戛利水库完成工程投资5000万元；续建、新建10座小（一）型水源工程，完成投资1亿元。14座小（一）型病险水库除险加固完成主体工程建设，完成工程投资8000万元。截至8月底，宜良海马箐中型水库前期工作、进场道路基本实现开工建设，实际完成工程投资1750万元，待上级批复文件下达，立即启动项目建设；寻甸木戛利水库完成工程投资3490万元；续建、新建10座小（一）型水源工程，完成总投资5700万元，其中，安宁王家滩水库完成工程投资1700万元。14件病险水库已完成主体工程建设，完成工程投资5515万元，占年度目标的68.9%。

会议要求，各级各部门要清醒地认识到饮用水源保护工作中存在的薄弱环节和突出问题，加快重点水利工程建设；要围绕水质目标强化治理措施，围绕重点水利工程实现多渠道筹资，持之以恒地推进饮用水源保护和水利工程建设工作；饮用水源保护工作市级200名督查队员要进一步加大督查指导力度，整改不力的部门将受到严厉问责。市人大常委会副主任郭子贞、市政协副主席傅汝林出席会议。8月31日上午，各县区相关负责人调研了盘龙区石龙坝水库和铁冲生态清洁小流域建设和保护情况，表示要高度重视水源区保护工作，抓紧雨季蓄水保水，坚决杜绝污染和破坏水源的现象发生。

近年来，昆明市委、市政府深入践行科学发展观，把饮用水源区保护和水利重点工程建设工作作为民生工程的重点，树立可持续发展治水新思路，实施产业结构调整、生态建设、污染治理和人口转移四大工程，为全市经济社会发展提供了有力的水利保障。针对昆明目前存在的水源区保护工作进展不平衡，供主城的水源地保护工作起步早，管理较为规范，供县城的水源地次之，乡、村水源地保护工作开展较为滞后等问题，各地及相关责任单位要按全市饮用水源区保护工作暨重点水利工程建设电视电话会议的要求，把水源保护工作作为事关人民群众利益的头等大事，认真落实饮用水源地库（塘）长责任制，建立饮用水源区"网格化"管理工作责任制，加强领导、落实责任，抓好水源保护管理各项措施的落实。在认真抓好饮用水源区保护工作的同时，各地要加快重点水利工程建设。2011 年中央一号文件指出，要"把水利作为国家基础设施建设的优先领域"。水利作为经济社会的重要基础设施和基础产业，在未来的社会经济发展中必将更加凸显其基础性、全局性和战略性地位。要从根本上提高昆明防御水灾、旱灾的能力，提升水利基础保障水平，关键是下大决心加大水利投入，花大力气加快推进水利建设。"十二五"期间，昆明饮用水源区保护和水利建设面临着新形势、新任务和新挑战。全面建成小康社会和区域性国际城市的战略目标，以及建设社会主义新农村和全面推进现代农业，对城乡防洪、供水和水生态安全提出了更高的要求，我们要按照建设生态文明、推进经济结构战略调整要求，加快转变粗放的水资源开发利用方式，大力推进节水型社会建设，构建科学发展的长效机制，不断深化水利改革，走出一条可持续发展的水资源开发利用道路。[①]

2011 年 10 月 21 日，新华网云南频道记者在日前举行的"西双版纳热带雨林保护国际学术研讨会"上获悉，中老双方在"边境联合保护区域"成立近一年的时间内，全面推进跨境联合保护机制，共同确保了中老边境生态安全。中国西双版纳国家级自然保护区与老挝南木哈国家级自然保护区接壤，在这片区域内保存着珍贵的生物多样性系统。近几年来随着中老边境交流的日益增多，境内外不法分子的盗猎、盗伐等行为为保护热

① 李殿荆：《昆明将多渠道筹资推进重点水利工程》，http://news.163.com/11/0902/08/7CUEC21G00014AEE.html（2011-09-02）。

带雨林资源和亚洲象等珍稀物种带来了压力。针对这种情况，2009 年中老双方共同打造了"边境联合保护区域"，划定西双版纳国家级自然保护区尚勇子保护区 31 300 公顷和老挝南木哈国家级自然保护区与中国边境接壤的 23 400 公顷范围为联合保护区域。

据西双版纳国家级自然保护区管理局局长杨松海介绍，"边境联合保护区域"成立以来，中老双方为推进实质性的联合保护工作进行了四次会晤，并积极组织保护区工作人员和边民的交流活动，分别在中国云南省西双版纳傣族自治州勐腊县和老挝南塔省勐醒县举行了两次边民交流会。此外，中老双方组织人员参加了泰国 MIST 自然保护区管理信息系统技术及野外巡护技能培训，并应保护国际基金会邀请参加了红外触发相机检测培训。据了解，"中老边境联合保护区域"内目前已完成了五台红外线相机的野外安装，拍摄到了国家保护物种羰鹿和白鹇等珍贵动物的影像资料，为今后的保护区科研监测、资源保护和环境教育提供了生动的基础资料。中老双方还开展了一次针对尚勇子保护区动植物的联合监测巡护，并实施了影响生物多样性调查项目等工作。谈到建设中老跨境联合保护机制的必要性，来自老挝南木哈国家级自然保护区的 Dui 先生告诉记者："跨境联合保护区域的建立是非常必要的，通过跨境联合保护，能够联合打击边境一线的违法犯罪，努力维护边境的生态安全。"①

2011 年 10 月 21 日，在景洪召开的中老联合保护区域第六次交流年会上，西双版纳自然保护区管理局继 2009 年底与老挝南塔省签订了《中老边境联合保护区域项目合作协议》并实施后，再与老挝丰沙里省签订合作协议，拟建成面积约 5.5 万公顷（中方 3 万公顷，老方 2.5 万公顷）的中国西双版纳傣族自治州与老挝丰沙里省边境联合保护区域。与此同时，在中缅边境的中国西双版纳布朗山保护区——缅甸四特区联合保护区域建设，也在紧锣密鼓的会晤商谈之中。据介绍，为保护好地球北回归线上仅存的西双版纳与周边邻国边境这片绿洲，促进全球生物多样性保护工作，早在 1993 年，西双版纳就在勐腊县辖区与老挝北部 3 省的 6 个县开展森林防火合作，并通过多年的合作，双方逐步建立了长效的中老边境森林防火联防联控机制。自 2006 年以来，在国际爱护动物基金会、保护国际基金会等国际组织的支持下，西双版纳再次加强了中老边境地区自然保护区管理部门之间的合作，在边境一线开展了亚洲象的保护、监测与研究工作，取得

---

① 王晋源：《中老双方全面建设跨境联合生态保护机制》，http://news.163.com/10/1021/09/6JGPOTGO00014JB5.html（2010-10-21）。

了明显的保护成效，建立了长效的联合保护合作交流机制。

协议实施两年来，双边管理部门信守联合保护协定，在联合保护区域内开展了卓有成效的资源保护、联合巡护、村民交流、保护意识与能力提高培训、人象冲突研究等工作，取得了实效。并且近年来"中老联合保护区域"建设成效引起了国家有关部门的重视，也得到了双边群众的拥护和积极参与。据西双版纳傣族自治州林业局局长、自然保护区管理局局长杨松海介绍，2011 年 10 月中旬，西双版纳傣族自治州林业局根据桥头堡建设项目计划，再次派出了由中老项目办公室和勐腊保护区管理所人员组成的工作组，深入老挝丰沙里省进行边境生物多样性保护合作前期会晤，并就合作事项进行商谈，此举得到了老挝丰沙里省政府及管理部门的认同与支持。协议的正式签订，标志着中老边境第二个生物多样性联合保护区域建立，进入了实质性的建设阶段，对中老边境生物多样性绿色长廊建设，以及国家生态安全具有十分重要的意义。与此同时，中老边境第三个生物多样性联合保护区域，"中国西双版纳磨憨—老挝南塔省磨丁跨境经济合作区生态保护区域"合作规划前期工作已基本完成，基本形成了共识。

据悉，中老边境丰富的动植物资源是构建中老边境生态安全屏障的基础，因此建立联合保护区域对全面推进中老边境联合保护工作，以及对全球环境保护、生态安全、野生动物保护与交流有着十分重要的意义。目前西双版纳已经做出规划，计划用 3 年左右的时间，采取分段连线方式，构建起长约 220 千米、平均宽 5 千米、面积约 19 万公顷（其中核心保护面积为 11 万公顷，各占一半）的中老边境绿色生态长廊，野生动植物国际廊道，建立起牢固的中老边境绿色生态安全屏障。据杨松海透露，西双版纳在此基础上，还在与缅甸进行着生物多样性保护合作的协商会晤，争取在近年内，建立中国西双版纳布朗山保护区—缅甸四特区联合保护区域，逐步建立中缅生物多样性联合保护机制，开创中国西双版纳边境一线生物多样性联合保护工作新的局面。在中老和中缅边境地区，一个生态保护无国界的良好局面，正在悄然形成。[①]

2011 年 12 月 15 日，国务院下发的《国务院关于印发国家环境保护"十二五"规划的通知》中，抚仙湖与洞庭湖、鄱阳湖等成为国家保障和提升水生态安全的重点对象，国家将采取相应的治理保护措施。这意味着抚仙湖的治理保护已正式上升至国家层面。

---

① 王晓易：《中老再添一个跨国联合保护区 生物多样性保护将扩大到中缅边境》，http://news.163.com/11/1028/07/7HEE6PQQ00014AEE.html（2011-10-28）。

据了解，该通知要求在实施《国家环境保护"十二五"规划》的过程中，对抚仙湖等湖泊的治理保护工作要"探索建立水生态环境质量评价指标体系，开展水生态安全综合评估，落实水污染防治和水生态安全保障措施"。玉溪市抚仙湖管理局局长武继昌表示，"对于抚仙湖治理保护而言，这既是机遇，又是挑战"。列入国家"十二五"环境保护规划后，抚仙湖治理保护工作将提档升级，并得到国家相应的项目和资金支持，这样的机遇可谓前所未有。同时，挑战也如期而至，如地方政府需投入相应的配套资金，做好相关治理保护工程，确保项目早日取得成效。抚仙湖为珠江源头第一大湖，占全国淡水湖泊蓄水总量的 9.16%，其水质好坏直接影响整个珠江水系的水质，关乎珠江流域的生态安全以及泛珠三角地区的可持续发展。据介绍，2002 年，抚仙湖水质一度下降为 II 类。经过云南省及玉溪市坚持不懈的努力，抚仙湖终于恢复并一直保持 I 类水质。在此过程中，刘鸿亮等五位中国工程院院士联名上书国务院，建议将抚仙湖等作为国家战略水资源加以保护。①

三、2013 年

2013 年 9 月 27 日，云南网报道，为贯彻国家建设生态文明、美丽中国，云南省建设森林云南、美丽云南的重大战略，保山市做出了建设森林保山、美丽保山的重要工作部署，围绕市委"多种树、少砍树、管好林"的总体思路，重点从生态建设、产业发展、资源管理、生物多样性保护、支撑保障能力等方面全面抓好森林保山建设。

一是保山市委、市政府密集出台了一系列重要文件。市委、市政府出台了《保山市人民政府关于进一步加强"两江四路"沿岸沿边生态恢复治理的意见》《保山市人民政府关于加快森林保山建设构建桥头堡生态安全屏障的实施意见》等一系列指导性文件，有力推动了森林保山建设步伐。

二是着力抓好退耕还林工程。2002 年保山市实施退耕还林工程以来，已累计投资 5 亿元，完成工程造林 79 万亩，工程惠及退耕农户 5.86 万户、25.8 万农民，巩固退耕还林成果农村能源沼气池建设 3381 座、节柴灶 1068 眼、太阳能 1614 户，新植核桃 27.62

---

① 杨建华：《抚仙湖治理保护列入国家环保规划》，http://society.yunnan.cn/html/2012-04/02/content_2127647.htm （2012-04-02）。

万亩、茶叶 2.8 万亩、桑树 4.43 万亩、油茶 6.8 万亩、澳洲坚果 4.54 万亩、速生丰产用材林 2.49 万亩，开展技术技能培训 9000 人次，补植补造 3.27 万亩。到 2020 年计划实施陡坡地治理 75 万亩，2012 年已实施陡坡地退耕还林 4 万亩。

三是扎实推进绿化荒山行动。2012 年，通过整合项目，投入绿化荒山行动资金 4160 万元，完成重点地区生态恢复治理连片造林 10.987 万亩、零星植树 38.12 万株。实施封山育林 102.72 万亩，落实管护人员 411 人，建设封山育林标志碑（牌）246 块。2013 年落实绿化荒山行动造林地 18.46 万亩，目前已造林 14.14 万亩，补植补造 1.1 万亩，新建政府样板林 24 个、面积 4900 亩。计划在干热河谷地区发展高黎贡山糯橄榄 10 万亩，目前已完成种植 16 585 亩。开展砂石场整治，相续关停了 33 个对环境破坏大、影响坏的砂石场。局部地区生态恶化的趋势得到有效遏制。

四是大力推进林业产业发展。保山市将生态建设和林产业发展紧密结合起来，大力发展木本油料产业、林下资源产业、木材加工业。到 2012 年底，全市核桃面积已达 410 万亩，全省 7 个核桃面积超百万亩县（区），保山就有 3 个（隆阳、腾冲县、昌宁县），产量 4.2 万吨，产值 14.5 亿元，农民人均核桃收入超过 700 元，其中昌宁县超过 2100 元。油茶面积 95 万亩，鲜果产量 1.42 万吨，产值 8800 万元。石斛面积 413 万平方米，鲜条产量 1500 吨，产值 3.6 亿元。各类林产品加工经营企业 1055 户，其中省级林业龙头企业 16 户，木材加工业产值 6.25 亿元。各类林业专业合作社 90 多个，入社农户 1.1 万户，经营面积 33.22 万亩。"十一五"以来保山市林业产业保持了 15% 的年均增长速度，2012 年全市林业产业总产值实现 43.59 亿元，是 2005 年 14.57 亿元的近 3 倍。林业经济的快速壮大，又进一步推动了森林保山建设。

五是切实抓好自然保护区建设和公益林管理。目前保山市已建立高黎贡山国家级、龙陵小黑山和腾冲北海湿地省级、昌宁澜沧江县级等 4 个自然保护区，保护区面积 187.9 万亩，占市域面积的 6.6%。2009 年 3 月中国野生动物保护协会授予保山市"中国白眉长臂猿之乡"的称号，2009 年《北海湿地省级自然保护区总体规划》获云南省政府批准，2010 年国家林业局批准了《高黎贡山自然保护区生态旅游总体规划》和《高黎贡山国家公园规划》。全市规划生态公益林面积 482.22 万亩，其中国家级 356.28 万亩，省级 111.01 万亩，地方公益林 14.93 万亩，占林地面积的 24.5%。

六是规范实施低效林改造。2010—2012 年，省级下达保山市低效林改造任务 71.5

万亩，实际完成低效林改造 90 万亩，约为计划任务的 126%。2013 年全市低效林改造任务为 36 万亩，截至 8 月底已完成 17.68 万亩，占年度任务的 49.1%。

七是切实加强森林资源保护管理工作。加强林木采伐管理，严格执行森林采伐限额，加强木材加工管理，暂停了全市木材加工许可证审批。加强征占用林地管理，2013年全市征占用林地定额暂不分解到县（区），由市级统筹，优先保障重大基础设施及民生工程类项目。切实抓好森林防火工作，2013 年保山市林业局被国家森林防火指挥部和国家林业局表彰为"全国森林防火先进单位"。强化林政执法，切实保护森林资源，有力打击了涉林违法犯罪行为。

八是启动实施"三项清理整治行动"。为全面整治非法加工经营木材、非法加工木炭、非法移植野生树木等涉林违法行为，保山市政府于 6 月 15 日起在全市范围内开展为期半年多的"三项清理整治行动"。截至 8 月底，共清查炭窑 1623 座，已拆除 1570座；清理野生树木移植 283 户，清理野生树木 81 677 株；清查木材经营加工户 1205 户，其中有证经营加工 851 户、无证经营加工 336 户，已自行拆除 167 户。

九是加大林业建设支撑保障力度。2010—2012 年，共争取到国家、省林业发展资金近 8.45 亿元，为保山市森林保山建设提供了必需的资金保障；完成了 1395.15 万亩集体林的确权发证，林权证发证率达 99.67%，五县区林权服务中心已基本建成，已办理林权抵押面积 63.26 万亩、贷款 9.12 亿元，林权流转面积 97.69 万亩、流转金额 1.7 亿元。2012 年探索开展森林防火公众责任保险和野生动物肇事责任保险试点工作，2013年落实投保资金 790 万元、140 万元。每年开展核桃、澳洲坚果、红花油茶、高黎贡山糯橄榄等林产业技术培训 100 期以上，1 万人次左右，建设各类样板林 2 万亩以上，辐射带动了每年上百万亩的经济林栽培或抚育管理。2010—2012 年林业部门建沼气池12 494 座。加强林业干部队伍建设，切实提高林业干部职工的综合素质。开展森林保山建设以来，工作有序推进，成绩显著。4 年来全市完成人工造林 210 万亩，实施封山育林 118 万亩。2012 年底，全市农村户用沼气池保有量 15 万座，占全市农户数的 27.8%，节能灶 32.4 万座，占全市农户数的 60%。2012 年农民人均从林业上获得的收入达 1100元。核桃、油茶、石斛、食用菌等一批绿色健康的食品走进千家万户，丰富了群众的物质生活。以城镇面山、"两江四路"沿岸沿边为重点的生态恢复治理工作全面开展，社会各界参与森林保山建设的积极性高涨，爱绿护绿增绿的意识逐步增强。腾冲县、昌宁县被全国绿化委员会表彰为"全国绿化模范单位"，2011 年善洲林场获"国家生态文明教育基地"称号，2012 年腾冲县林业局、施甸县善洲林场被全国绿化委员会表彰为"国土绿化突出贡献单位"。保山市已建成国家级生态乡镇3个、省级生态乡镇30个，市级生态村93个，同时保山市正在积极申报国家生态文明示范市。①

四、2014 年

2014 年 6 月 26 日，昆明市西山区水务局执法人员和捕捞小龙虾的公司负责人在大观河入湖口捕捞现场介绍了如何捕捞小龙虾以及如何处理等情况。小龙虾威胁水生态安全，被列入外来入侵物种黑名单，它具有繁殖力强、性成熟早、生长发育快、环境可塑性强的特点，其大量生长蔓延对本地生物物种及生态平衡具有极大的破坏性。鉴于其目前蔓延的趋势，昆明市政府要求滇池沿岸各县区对各自属地范围内的小龙虾进行捕杀。每年 4 月到 8 月是小龙虾繁殖最快的季节。为保护滇池生态系统平衡，部分县区采取引进专业捕捞队的方式对辖区水域的小龙虾进行捕捞。②

第二节　云南生态安全建设的发展阶段（2015 年）

2015 年初，经国家林业局专家考察论证和初步审查，晋宁东大河湿地被命名为"云南晋宁南滇池国家湿地公园试点"，成为滇池保护生物多样性、维护水生态安全屏障的重要组成部分。③

2015 年，中国环境科学研究院完成的《抚仙湖生态安全调查与评估研究》报告显示，2010 年以来，抚仙湖生态安全指数逐年上升，数值均在 85 以上，处于安全级别且

---

① 郑治明：《以生态建设为抓手 森林保山建设成效显著》，http://www.baoshan.cn/561/2013/09/27/402@60658.htm（2013-09-27）。

② 朱家吉：《昆明各水域共捕捞到 3.4 吨小龙虾 均卖到外省》，http://society.yunnan.cn/html/2014-06/27/content_3263447.htm（2014-06-27）。

③ 陆敏：《中国避暑休闲百佳县 昆明晋宁县居第二》，http://society.yunnan.cn/html/2015-08/06/content_3852364.htm（2015-08-06）。

生态安全有逐渐变好的趋势。"十二五"期间，流域监测能力及长效机制方面有所提高，调控管理在近五年内上升趋势明显。①

2015年6月2日，长城网昆明记者在云南大学采访中了解到，云南大学国际河流与生态安全研究起步并不早，但进展较为迅速，在国内外学术界具有广泛影响力。据了解，自2000年始，国家重点基础研究发展计划（973计划）首席科学家、云南省科技领军人才、云南大学何大明教授带领一支优秀的科研团队确立了以中国西南与东南亚、南亚的国际河流为研究主体，重点开展跨境资源环境领域的基础研究和应用基础研究的总体思路，并形成了以国际河流与高原山地环境研究为主体的水文过程与跨境影响、水域生态功能与河流健康、地缘合作与跨境生态安全、陆疆环境监测评价与生态修复等四个特色研究方向，取得了诸多重要成绩。此外，云南大学还联合校内优势力量，承担完成了"211工程"国家重点学科"高原山地环境变化与跨境生态安全"项目的各项建设任务。2010年"云南省国际河流与跨境生态安全重点实验室"正式挂牌建设，与此同时，云南大学不断拓展新的学科生长点，积极培育特色优势学科群，促进"地理学"创新团队的凝练和科研教育机构能力建设，并独立申报成功"环境工程"专业硕士点。在国际交流方面，云南大学积极拓展与美国、澳大利亚，欧洲和东南亚等有关国家和地区的国际机构的学术、教育和科学研究等方面的合作。②

2015年10月10日，为促进经济社会生态协调发展，从2015年开始云南彝良县启动生态保护红线划定工作，通过制定相关政策、开展执法检查等措施，在全县建立最为严格的生态保护制度。据了解，生态保护红线的实质是生态环境安全的底线，目的是建立最为严格的生态保护制度，对生态功能保障、环境质量安全和自然资源利用等方面提出更高的监管要求，从而促进人口资源环境相均衡、经济社会生态效益相统一。为实现这一目标，近年来彝良县通过深入持久地开展"七彩云南·彝良保护行动"和环保世纪行等活动，不断加大生态保护力度，美丽彝良、生态彝良建设取得了阶段性成效。为进一步加强对生态环境的保护，2015年彝良县制订出台了全面深化生态文明体制改革实施方案，其中启动生态保护红线划定工作是其重要内容之一。根据彝良县生态红线划定

① 李晓兰：《保护治理"三湖"推进生态玉溪建设》，http://www.yunnan.cn/html/2017-04/21/content_4799381.htm（2017-04-21）。
② 靳璐阳：《国际河流与跨境生态安全研究助力云南大学建设》，http://report.hebei.com.cn/system/2015/06/02/015630660.shtml（2015-06-02）。

相关要求，2015 年工作的重点是编制《彝良县生态保护红线划定工作方案》，启动森林、湿地、物种等生态红线研究工作，出台相关政策措施，组织开展森林、湿地、物种等生态红线执法检查，确保到 2016 年完成生态红线划定改革等任务。①

2015 年 12 月中旬，云南省水利改革发展工作会议暨冬春农田水利建设现场会在陆良县召开，会议强调，推动治水兴水新跨越，为全面建成小康社会提供水资源支撑和水安全保障。李纪恒出席会议并讲话，陈豪主持会议。会议强调，要从战略和全局出发，充分认识发展水利事业、加强水利改革发展的重要性和紧迫性，按照党的十八届五中全会和省委九届十二次全会部署，把治水兴水这件事关乎国计民生、子孙后代的大事要事抓实办好，推动水利改革发展迈上新台阶。会议总结了"十二五"期间云南省全面实施"兴水强滇"战略取得的显著成绩。会议指出，对照党的十八届五中全会部署，站在同步全面建成小康社会的高度，审视全省水利工作，发展不平衡、不协调、不可持续问题仍然突出，从根本上解决云南工程型、资源型、水质型缺水矛盾，任重而道远。会议强调，对于云南而言，水资源是经济发展和生态保护的约束性、先导性、控制性要素，水利是全面建成小康社会的重要基础和关键支撑，水利工作与人民群众的幸福安康息息相关，富民强滇、同步小康，必先兴水治水，要全力打好水网建设五年大会战，与时俱进谋划好"十三五"云南水利改革发展各项工作。

李纪恒说："兴修水利，功在当代，利在千秋，要切实把创新、协调、绿色、开放、共享的发展理念贯穿于水利改革发展全过程和各领域，全力打好水网建设五年大会战，构建与全面建成小康社会相适应的水安全保障体系。"李纪恒强调，要坚持系统治理，按照确有需要、生态安全、可以持续的原则，完善全省水利建设相关规划，促进规划之间、项目之间的有效衔接，着力完善水利工程体系。要坚持泽惠民生，把农村饮水安全作为脱贫摘帽的底线，加快完善贫困地区水利基础设施网络，确保全省农村群众喝上安全水、放心水、方便水；加强防洪骨干工程建设，提高抗旱减灾现代化管理水平，加强防灾减灾综合能力建设，着力巩固提升民生水利。要坚持人水和谐，统筹好水资源开发与保护的关系，实行源头治理和污染治理双管齐下、共同发力，着力加强水生态保护，筑牢国家西南生态安全屏障。

---

① 杨之辉、彭洪：《云南彝良开展生态保护红线划定工作》，http://society.yunnan.cn/html/2015-10/10/content_3946938.htm（2015-10-10）。

李纪恒指出，水利改革是全面深化改革的组成部分，是实现水利全面、协调、可持续发展的关键举措。加快构建全省水安全保障体系，必须坚持政府和市场两手发力，向改革要动力，向改革要活力，向改革要合力，使水利发展更加充满活力、富有效率。要在全省范围内全面推广陆良县恨虎坝灌区、中坝村和澄江县高西片区三个地方的试点经验，破解云南省农田水利"最后一公里"问题。要努力破解资金难题，在稳定并增加公共财政投入、积极争取中央支持的同时，充分运用市场机制，在创新融资方式、拓展融资渠道上多想办法，敞开大门鼓励社会资本投资水利。要充分利用水权、水价、水市场优化配置水资源，把农业水价综合改革作为重要突破口，积极发挥水价在节水中的杠杆作用，培育水市场。要全面落实最严格水资源管理制度，实行水资源消耗总量和强度双控行动；加强用水需求管理，以水定城、以水定地、以水定人、以水定产；着力推进节水型社会建设。

李纪恒强调，水利改革发展需要营造良好环境，要强化组织领导，形成工作有人管、责任有人负、任务有人抓的工作格局；要明确部门责任，加强沟通，密切配合，协同作战，形成合力；要强化监督管理，确保工程安全、资金安全、生产安全、干部安全；要加强宣传引导，凝聚起全省关心、关注、支持和参与水利改革发展的良好舆论氛围和环境；要推进依法治水管水，构筑云南水利安全发展的制度"防渗墙"，努力推动水利改革发展迈上新台阶，实现治水兴水新跨越，为夺取云南全面建成小康社会决胜阶段的伟大胜利提供水资源支撑和水安全保障。

陈豪在总结讲话中指出，当前正是水利建设的黄金季节，要迅速掀起农田水利建设高潮，做到把抢进度与保质量、保安全生产统筹起来，把冬春农田水利建设与冬农开发、库塘蓄水统筹起来，把建设工程项目与完善管理机制统筹起来，把建设重大水源项目与解决农田水利"最后一公里"问题统筹起来，把加强农田水利建设与深化农田水利改革统筹起来，把生产生活用水保障与水生态安全统筹起来，把加强农田水利建设与推进高原特色农业现代化统筹起来，聚合各方面的力量，形成合力，大干冬春农田水利。陈豪强调，"改革只有进行时没有完成时，水利改革试点经验只有全面铺开才有意义"，要"先建机制，后建工程"，把握好初始水权分配、水价形成、社会资本参与等七项试点经验，立足各地实际分类别、按步骤、有重点地推广试点经验，增强针对性和适用性。要立足长远，树立战略思维，注重长短结合，加强统筹衔接，强化系统推进，统筹谋划好水利改革发展重点工作，科学谋划"十三五"水利改革发展蓝图。各级各部门要主动作为，敢于担当，把做好当前各项工作与推进水利改革结合起来，确保取得实实在在的成效。张祖林、李邑飞出席会议。会议期间，与会人员参观了曲靖市陆良县恨虎坝中型灌区农田水利改革项目、中坝农业水价改革项目、曲靖大型灌区永清排灌渠建设情况。曲靖市、红河哈尼族彝族自治州，陆良县、澄江县，甘肃大禹节水集团的代表做了经验交流。①

---

① 谭晶纯、瞿姝宁、李银发等：《云南推动治水兴水　为全面建成小康社会提供水资源支撑和安全保障》，http://politics.
yunnan.cn/html/2015-12/14/content_4064591.htm（2015-12-14）。

第二章 云南省生态红线建设编年(2013—2015 年)

为更好地保护云南的生态环境,结合云南实际,生态红线划定范围具体包括各级自然保护区、风景名胜区、森林公园、地质公园、湿地、国家公园、世界自然遗产地、水产种质资源保护区、生态公益林、饮用水水源地保护区、牛栏江流域水源保护区、九大高原湖泊等区域,以及各地各部门认为需要划为生态保护红线的区域等,然而,云南的生态红线划定工作尚处于探索阶段,正在陆续开展,自然保护区、高原湖泊区、湿地、国家公园、森林公园等区域取得了一定成效,通过逐渐建立生态保护红线管控办法,初步形成具有云南特色的生态保护空间格局,能够为云南生态文明排头兵建设提供坚实保障。

一、2013 年

2013 年 7 月初,在召开的抚仙湖—星云湖生态建设与旅游改革发展综合试验区新闻发布会上,玉溪市旅游局局长曾建志表示,玉溪市将坚守"四条红线",全力保护抚仙湖、星云湖的生态环境。

生活生产污染大,入湖污染难根除。玉溪市历来高度重视抚仙湖保护治理工作,通过构建生态屏障、减少人为污染,坚持高位统筹保护与开发、理顺管理体制与机制,健全完善入湖河道河长责任制，推进"退一进三、退二进三"，加快推进面山绿化的努力，2013 年上半年，抚仙湖水质综合评价达到 I 类，浮游植物、水体富营养化等水生态指标均有所下降，水生态环境有所改善。然而不容乐观的是抚仙湖的水质状况，特别是总氮在0.16至0.18之间，离 I 类水质的标准临界值非常接近。据玉溪市环境保护局发布的数据，从 2008 年至 2012 年，监测的马料河、隔河和路居河的综合水质呈现下降的趋势，至 2012 年，这些河道的水质都为 V 类或劣 V 类。2013 年新增检测的 6 条入湖河道中有 4 条水质为劣 V 类。玉溪市抚仙湖管理局党组书记张武实介绍，"4 年连续干旱导致抚仙湖水位比法定水位低 242 厘米，蓄水量减少 5 亿多立方米"。抚仙湖沿湖 3 县人口近 18 万人，环湖路以内居民达 2.7 万人，这些人生产生活产生大量的污染是多年来入湖污染难以根除的症结所在。

"四退三还"，七措施加大保护力度。针对抚仙湖目前存在的突出问题，玉溪市提出实施"四退三还"的总体思路，即退人、退房、退田、退塘，还湖、还水、还湿地，并提出七项整治措施，加大治理保护力度。其一，规划引领，保护优先。坚持统一规划、统一管理、统一保护，进一步完善保护治理规划；完善项目审查机制，健全项目准入及退出机制，制定实时保护治理 3 年行动计划。其二，迁出人口，调整就业结构。"十二五"末将一级保护区内至新环湖路外侧 50 米范围的所有村庄和农村人口全部迁出，调整沿湖农村劳动力就业结构，并于 2013 年启动抚仙湖备案生态湿地建设项目。其三，退耕还林，优化生产结构。对 25 度以上坡耕地全部退耕还林，重点发展经济林果，调整沿湖农业生产结构，重点发展莲藕等低污染品种，逐步淘汰鲜切花等高污染品种。其四，环湖截污，整治入湖污染。两年内将 16 条主要入湖河道建成"绿色走廊、生态湿地、达标水体、休闲通道、城乡景观"；"十二五"末径流区内的城镇生活污水收集率达80%以上，生活垃圾处置率达90%以上。其五，配置工程，加大应急补水。加快建设东片区暨三湖生态水资源应急配置工程，尽可能替代沿湖 3 县群众生产生活向抚仙湖取水。其六，明确权责，落实管护责任。认真落实《云南省抚仙湖保护条例》，加大生态文明教育力度，提高非工程措施的到位率。其七，积极争取，多渠道筹措资金。积极请示汇报，争取国家资金和政策支持；创新融资方式，加大对抚仙湖保护开发投资有限公司的扶持力度。与此同时，《抚仙湖—星云湖试验区旅游功能区控制性规划》于2013 年4月通过了玉溪市委、市政府组织的控制性规划验收。该控规明确提出将对两湖的旅游项目执行最严格的环境准入制，并坚守"四条红线"，力争实现环境保护、项目开发、景观改造、村落环境改善与沿湖居民的致富相协调、相统一。①

二、2014 年

2014 年，昆明市展开了对生态红线划定的相关研究工作，并于 2013 年正式启动该项工作。②

2014 年 1 月 15 日，云南又划出生态红线，到 2020 年云南森林覆盖率要力争达到并保持在 60%左右。云南省林业厅厅长在 15 日召开的云南省林业局局长会议上提出："到 2020 年，确保云南省林地面积不低于 2487 万公顷，森林面积不低于 2143 万公顷，森林覆盖率要力争达到并保持在 60%左右，森林蓄积量要保持在 18.5 亿立方米以上。"作为"森林王国"，云南的生态环境建设备受外界关注。近年来，云南提出建设"森林云南"和构筑中国重要的生物多样性宝库以及西南生态安全屏障的战略部署，并启动了包括生态红线保护行动、生态公益林保护行动和森林灾害防控行动、生态补偿等措施。省林业厅厅长介绍，2013 年中央和云南省共下达云南省林业资金 62.6 亿元人民币，完成营造林 850 万亩，木本油料基地 257 万亩，低效林改造 402 万亩，陡坡地生态治理 80 万亩，森林管护 1.98 亿亩。省内森林覆盖率、活立木蓄积量实现双增长，分别达 54.64%和 18.75 亿立方米。云南地处长江、澜沧江等六大水系源头或中上游，是东南亚国家和中国南方大部分省区的"水塔"，是中国乃至世界生物多样性集聚区和物种遗传"基因库"。云南省森林生态系统服务功能价值达 10 257 亿元，拥有多个以林业为主的国家级自然保护区，因此被誉为"森林王国"。③

2014 年 4 月修订的《中华人民共和国环境保护法》首次将生态保护红线写入法律，明确指出"国家在重点生态功能区、生态环境敏感区和脆弱区等区域划定生态

---

① 潘殊含：《保护抚仙湖 玉溪将坚守四条红线》，http://jjrbpaper.yunnan.cn/html/2013-07-02/content_723705.htm?div=-1（2013-07-02）。
② 董宇虹：《昆明生态红线划定工作 2020 年前完成勘界和落地》，http://society.yunnan.cn/html/2016-05/08/content_4325902.htm（2016-05-08）。
③ 余雪彬：《云南划生态红线：到2020年六成区域都是森林》，http://www.yn.chinanews.com.cn/pub/html/special/sthx/?pc_hash=uITtcU（2014-01-15）。

保护红线"①。

2014 年 4 月初，昆明市领导干部培训日专题讲座开始，在第三讲中，国家林业局昆明勘察设计院院长、中国林业工程协会副理事长、生态学博士唐芳林以"树立生态安全意识，强化生态文明建设"为题，以生动翔实的事例，从树立和提高生态安全意识、构建生态文明建设体系及国家公园建设等方面做了全面阐释。近一百年来，云南的平均温度上升了 0.31℃，降水平均减少 72.88 毫米。随着人口增长和社会经济发展，人类活动对环境的压力不断增大。由环境退化和生态破坏及其引发的环境灾害和生态灾难没有得到减缓，全球变暖、极端气候出现并迅速扩大，以及生物多样性锐减等关系到人类本身安全的全球性生态问题向人类敲响警钟。保持全球及区域性的生态安全、环境安全和经济的可持续发展等已成为国际社会和人类的普遍共识。唐芳林认为，生态文明需要有发达的经济、先进的科技文化和良好的生态，应把生态文明建设纳入经济、政治、社会、文化的各方面和全过程，推动绿色、循环、低碳发展。云南敢为天下先，率先在中国内地探索国家公园建设试点，形成了"研究—试点—规划—标准—立法—推广"的国家公园建设"云南模式"。昆明具有建立国家公园的资源禀赋，轿子山、石林九乡、西山滇池，都具备建立国家公园的条件，建议昆明以建立国家公园为契机，分析生态需求，留足生态用地和生态空间，划定生态红线，建设国家公园，构建昆明市保护生态环境的体系。将城镇上山和滇池治理、石漠化治理相结合，"五采区"治理和城市建设、公园建设相结合，通道绿化和苗木产业相结合，大力培育乡土树种，慎重引进外来树种，以"成功不必在我"的精神境界，践行生态文明。②

三、2015 年

2015 年，洱海县开展流域环境综合整治。按照"党政同责、属地为主、部门挂钩、分片包干、责任到人"的工作机制，洱海保护治理责任全方位分解到全流域 16 个乡镇和两个办事处、167 个村委会和 33 个社区、29 条重点入湖河流的具体责任单位和责

① 董宇虹：《昆明生态红线划定工作 2020 年前完成勘界和落地》，http://society.yunnan.cn/html/2016-05/08/content_4325902.htm（2016-05-08）。
② 杜仲莹：《昆明领导干部培训日专题讲座：以国家公园建设为契机构建生态文明》，http://politics.yunnan.cn/html/2014-04/08/content_3163883.htm（2014-04-08）。

任人。同时，纵向建立和完善以党政主要领导、镇挂钩领导为段长，村支书、村委会主任和村民小组长为片长，河道管理员、滩地协管员、垃圾收集员等为直接责任人的"网格化"责任体系。横向重点以入湖河道、沟渠、村庄及道路环境、村庄规划建设、滩地、湿地、林地、农田、环保设施、生产经营、养殖加工、客栈餐饮服务的单位和个人等为管理内容的"网格化"管理体系。河道管理员、滩地协管员、垃圾清洁员、客栈经营者、当地村民……洱海的治理从"一湖之治"扩大到"流域之治"，洱海的保护责任细化到每一块滩地和农田、每一条入湖河道和沟渠。①

2015年4月25日，《中共中央 国务院关于加快推进生态文明建设的意见》要求，"在重点生态功能区、生态环境敏感区和脆弱区等区域划定生态红线，确保生态功能不降低、面积不减少、性质不改变"②。

2015年6月4日，云南省德宏傣族景颇族自治州林业局推进自然保护区、森林公园、湿地公园建设和铜壁关自然保护区建设，率先启动极小种群物种保护，自然保护区野生动植物得到有效保护，物种、遗传基因和生态系统多样性得到重点保护，基本建成了生物多样性保护体系。其中铜壁关自然保护区是1986年由云南省政府批准成立的以保护珍稀动植物资源、保护生物气候垂直景观为主要对象的省级自然保护区，由盈江、陇川、瑞丽等县市的大娘山、铜壁关、陇巴、户勇山、植物园和南宛河六个片区共同组成，总面积51 650.5公顷。分布着阿姿姆罗双、盈江龙脑香、东京龙脑香为标志树种的热带雨林，同时也是中国内地面积最大、纬度最北的热带雨林、热带季节性雨林。据德宏傣族景颇族自治州林业局局长杨新凯介绍，铜壁关保护区是中国狭域鸟种分布最多的地区之一，有10种鸟类在中国仅发现于该区域，包括花冠皱盔犀鸟、红腿小隼、白颊山鹧鸪、黄嘴河燕鸥、栗鸨、灰林鸽、红嘴椋鸟、红嘴钩嘴鹛、大长嘴地鸫、线尾燕。爬行动物中，伊江巨蜥在中国仅分布于铜壁关保护区，属于伊洛瓦底江（中国境内称独龙江）特有种。犀鸟为世界热带地区的大型巨嘴鸟类，是热带森林的重要成分，中国境内迄今记录过5种犀鸟，而铜壁关自然保护区是中国唯一5种犀鸟都有分布的保护区。保护区的52种土著鱼类中，有1/3的种类在中国仅分布于铜壁关保护区，特有比例极

① 冯文雅：《云南大理古生村网格管理划定生态红线：护得洱海清水 守住美丽乡愁》，http://news.xinhuanet.com/politics/2016-06/15/c_129063530.htm（2016-06-15）。
② 董宇虹：《昆明生态红线划定工作2020年前完成勘界和落地》，http://society.yunnan.cn/html/2016-05/08/content_4325902.htm（2016-05-08）。

高。保护区内分布较多的珍稀濒危保护动植物种类，包括国家重点保护植物 30 种，国家重点保护动物 89 种；极小种群物种有云南蓝果树、萼翅藤、滇桐、滇藏榄、白眉长臂猿、印度穿山甲、绿孔雀、花冠皱盔犀鸟、伊江巨蜥等 27 余种。重点保护植物包括国家Ⅰ级保护植物 5 种，即萼翅藤、云南蓝果树、红豆杉、篦齿苏铁、东京龙脑香；国家Ⅱ级保护植物 25 种。兰科植物 251 种，占中国兰科植物的 18%。国家重点保护动物包括白眉长臂猿、灰叶猴、林麝、豚尾猴、羚牛、云豹、熊猴、蜂猴、小熊猫、印度穿山甲、孔雀雉、绿孔雀、白腹锦鸡、灰头鹦鹉、黑鹇、冠斑犀鸟、双角犀鸟、花冠皱盔犀鸟、棕颈犀鸟、白喉犀鸟、黑颈长尾雉、长尾阔嘴鸟、蟒蛇、圆鼻巨蜥、红瘰疣螈等。铜壁关自然保护区目前已成为德宏林业生态文明建设中最靓丽的一张名片，是德宏生态红线保护的最核心区和构建生态安全屏障及生物多样性宝库最重要的载体。[1]

2015 年 9 月，《生态文明体制改革总体方案》印发，强调"将用途管制扩大到所有自然生态空间，划定并严守生态红线，严禁任意改变用途，防止不合理开发建设活动对生态红线的破坏"[2]。

2015 年底，玉溪市对抚仙湖径流区实行统一托管，增强与江川区和华宁县的沟通衔接，助力抚仙湖径流区的统一规划、统一保护、统一开发、统一管理；实施入湖河道河段长责任制，将入湖主要河道的保护、治理、监管责任分解落实到县级领导和县政府组成部门、沿河镇（街道）、村（社区）责任人；按照"截污、贯通、绿化、加宽、保洁"10 字措施和"绿色视廊、生态湿地、达标水体、休闲通道、城乡景观"20 字目标，抓好入湖河道环境综合整治，建立巡查通报和环卫周检制；探索河道治理管护的有效途径，推行环境卫生管理市场化运行和"网格化"管理机制，实行沿湖环卫分片包干制。玉溪市划定了抚仙湖生态保护红线，确立了禁止开发区、控制开发区、开发区、生态修复区及湖岸利用准则，对抚仙湖生态环境敏感区、脆弱区等区域实施严格保护，确保禁控区、生态修复区面积占到陆域面积的 90%。拓宽资金渠道，加大抚仙湖保护投入，成功争取将抚仙湖列为国家首批水质良好湖泊生态环境保护试点，进入国家重点支持江河湖泊生态环境保护专项。"十二五"期间，累计争取国家江河湖泊生态环境保护

---

[1] 赵岗、张耀辉、李秋雯：《云南德宏林业打造生物多样性宝库 启动极小种群物种保护》，http://society.yunnan.cn/html/2015-06/05/content_3768137.htm（2015-06-05）。

[2] 董宇虹：《昆明生态红线划定工作 2020 年前完成勘界和落地》，http://society.yunnan.cn/html/2016-05/08/content_4325902.htm（2016-05-08）。

专项资金 10.8 亿元，省级专项资金 5.2 亿元。立足实际，逐年加大对抚仙湖治理保护人力、财力方面的投入。抓紧建立与市场化相适应的投融资体制，加快引入政府和社会资本合作、建设–经营–转让等模式，吸引社会资金、民间资本及外资参与抚仙湖保护治理。①

---

① 王密：《玉溪市全方位强化抚仙湖治理》，http://www.yunnan.cn/html/2017-03-29/content_4774089.htm（2017-03-29）。

参 考 文 献

一、专著

（北宋）王钦若等编：《册府元龟》，北京：中华书局，1960 年。

（明）刘文征撰、古永继校点、王云、尤中审定：《滇志》，昆明：云南教育出版社，1991 年。

（明）谢肇淛撰：《滇略》，昆明：云南大学历史系民族历史研究室，1979 年。

（明）杨慎：《元谋县歌》，（清）莫顺蕴修、彭雪曾篡、王弘任增修：康熙《元谋县志》，康熙五十一年（1712）增刻本。

（清）岑毓英修、陈灿篡：光绪《云南通志》，光绪廿年（1894）刻本。

（清）呈肇奎修、叶涞等篡：《康熙建水州志》，康熙五十四年（1715）刻本。

（清）刘毓珂等篡修：光绪《永昌府志》，光绪十一年（1885）刻本。

（清）王崧著、（清）杜允中注、刘景毛点校、李春龙审定：《道光云南志钞》，昆明：云南省社会科学院文献研究所，1995 年。

（清）夏瑾修：康熙《呈贡县志》，康熙五十五年（1716 年）钞本。

（唐）樊绰著、赵吕甫校释：《云南志校释》，北京：中国社会科学出版社，1985 年。

曹善寿主编、李荣高编注、金沙勇审校：《云南林业文化碑刻》，潞西：德宏民族出版社，2005 年。

段金录、张锡禄主编：《大理历代名碑》，昆明：云南民族出版社，2000 年。

洪富艳：《生态文明与中国生态治理模式创新》，北京：中国致公出版社，2011 年。

蓝勇：《历史时期西南经济开发与生态变迁》，昆明：云南教育出版社，1992 年。

李昆声：《云南艺术史》，昆明：云南教育出版社，1995 年。

樊友檐编：《蒙化县志稿》，杨世钰、赵寅松主编：《大理丛书·方志篇》，北京：民族出版社，2007 年。

林耀华：《凉山夷家》，上海：商务印书馆，1947 年。

四川省编辑组编写：《四川省凉山彝族社会历史调查》，成都：四川省社会科学院出版社，1985 年。

云南森林编写委员会编著：《云南森林》，昆明：云南科技出版社，1986 年。

张增祺：《滇国与滇文化》，昆明：云南美术出版社，1997 年。

二、期刊

曹寿清：《探讨泸沽湖旅游开发导致的生态问题及对策措施》，《生态与环境工程》2011 年第 19 期。

邓振镛、闵庆文、张强等：《中国生态气象灾害研究》，《高原气象》2010 年第 3 期。

方国瑜：《滇池水域的变迁》，《思想战线》1979 年第 1 期。

高正文：《提高认识、加强管理开创云南生物多样性保护新局面》，《环境教育》2005 年第 9 期。

耿金：《环境史视野下的明清云南人—虎关系研究》，《文山学院农学报》2013 年第 2 期。

何玉芹、欧晓昆：《云南省水电站开发对生态环境的影响及保护对策》，《云南环境科学》2006 年第 2 期。

解明恩：《云南气象灾害的时空分布规律》，《自然灾害学报》2004 年第 5 期。

蓝勇：《明清美洲农作物引进对亚热带山地结构性贫困形成的影响》，《中国农史》2001 年第 4 期。

马永排：《云南高速公路建设对生态环境的影响及对策分析》，《林业调查规划》2011 年第 3 期。

欧阳志云、王如松：《生态规划的回顾与展望》，《自然资源学报》1995 年第 3 期。

阮雪梅、侯明明：《重视生物因子对环境变化的影响，维护云南生态屏障》，《中国科技信息》2006 年第 2 期。

谭刚：《个旧锡业开发与生态环境变迁（1890-1949）》，《中国历史地理论丛》2010 年第 1 期。

王俊、黄红、欧阳安：《云南少数民族法文化演变及成因分析：以生态环境保护为视角》，《云南行政学院学报》2011 年第 4 期。

王伟营、杨君兴、陈小勇：《云南境内南盘江水系鱼类种质资源现状及保护对策》，《水生态学杂志》2011 年第 5 期。

吴雨、梁立成、王道智：《旧中国烟毒概述》，《公民与法治》2005 年第 7 期。

薛联芳、顾洪宾、李懿媛：《水电建设对生物多样性的影响与保护措施》，《水电站设计》2007 年第 3 期。

杨桂华：《云南自然生态环境与旅游开发》，《生态经济》1999 年第 2 期。

尹绍亭、尹仑：《生态与历史——从滇国青铜器动物图像看"滇人"对动物的认知与利用》，《云南民族大学学报》（哲学社会科学版）2011 年第 5 期。

云南省民政厅：《我省鸦片烟毒情况（1954 年 11 月）》，《云南档案史料》1991 年第 4 期。

周琼：《云南生态文明建设的历史回顾和经验启示》，《昆明理工大学学报》（社会科学版）2016 年第 4 期。

三、网络资源

保山市环境保护局：《国家环保部西南督查中心对高黎贡山国家级自然保护区进行专项执法检查》，http://www.ynepb.gov.cn/zwxx/xxyw/xxywrdjj/201006/t20100603_7784.html（2010-06-03）。

毕波：《思茅区扎实开展 环境保护宣传教育活动》，http://puer.yunnan.cn/html/2015-06/05/content_3770087.htm（2015-06-05）。

陈灿华：《我市两单位通过"省级生态文明教育基地"评审》，http://www.lincang.gov.

cn/Jrlc/Jrlc/201401/50184.html（2014-01-06）。

陈敏、闫国柱、曹璐：《晋宁以"四最"创建生态文明县》，http://yn.yunnan.cn/km/
html/2011-08/25/content_1791695.htm（2011-08-25）。

陈晓波、碧玉：《陈豪在大理州调研时强调加强洱海保护全力稳增长 守住绿水青山 推
动富民强州》，http://dali.yunnan.cn/html/2015-08/07/content_3854644.htm（2015-
08-07）。

陈晓波、王永刚：《陈豪在西双版纳调研时提出扩大开放提高水平争做全省生态文明建
设排头兵》，http://politics.yunnan.cn/html/2015-03/21/content_3657227.htm（2015-
03-21）。

陈正师：《云南文山马关县生态文明建设取得新成绩》，http://wenshan.yunnan.cn/html/
2014-01/20/content_3045381.htm（2014-01-20）。

程伟平、蒋朝晖：《云南严格落实环保责任制——副省长和段琪表示，尽快出台环境保
护"一岗双责"意见》，http://www.cenews.com.cn/xwzx/zhxw/ybyw/201002/t20100
223_631067.html（2010-02-24）。

程伟平、资敏：《云南社区讲解池畔栽树 环境宣传活动异彩纷呈》，http://www.cenews.
com.cn/xwzx/zhxw/qt/201306/t20130604_742639.html（2013-06-05）。

程伟平、资敏：《云南省副省长和段琪在全省环保工作会议上强调 全面推进争当全国
生态文明建设排头兵工作》，http://www.ynepb.gov.cn/zt/zt/2009zt/2009gzh/tpxwll/
200902/t20090220_157749.html（2009-02-20）。

程伟平、资敏：《抓好七项工作 建设生态文明》，http://www.cenews.com.cn/xwzx/
zhxw/qt/200902/t20090224_599044.html（2009-02-24）。

储东华、张议橙：《国内外专家齐聚大理为滇西北生态文化保护献策》，http://special.
yunnan.cn/city/content/2008-07/02/content_36605.htm（2008-07-02）。

楚雄彝族自治州环境保护局：《云南省环保厅第八督查组到楚雄督查工作》，http://7c.
gov.cn/zwxx/xxyw/xxywrdjj/201505/t20150525_78091.html（2015-05-25）。

崔永红、王琳：《云南环保世纪行采访团聚焦玉溪美丽家园建设》，http://yuxi.yunnan.
cn/html/2015-07/07/content_3810546.htm（2015-07-07）。

崔永红、王一涵：《玉溪市 9 乡镇成生态文明建设试点》，http://yuxi.yunnan.cn/html/
2013-02/06/content_2610043.htm（2013-02-06）。

寸红亮：《鹤庆县开展"6.5 世界环保日"宣传活动》，http://dali.yunnan.cn/html/2015-06/04/content_3767544.htm（2015-06-04）。

大理白族自治州环境保护局：《环保部专项资金项目检查组到大理州》，http://www.ynepb.gov.cn/zwxx/xxyw/xxywrdjj/201105/t20110525_8593.html（2011-05-25）。

大理白族自治州环境保护局：《省环保厅任治忠副厅长到洱源调研洱海保护治理及生态文明建设工作》，http://www.7c.gov.cn/zwxx/xxyw/xxywrdjj/201108/t20110805_8842.html（2011-08-05）。

邓代敏、王楠：《西畴围绕"六美"目标推进生态文明建设》，http://wenshan.yunnan.cn/html/2013-10-22/content_2926953.htm（2013-10-22）。

董宇虹：《昆明要争当生态文明建设排头兵》，http://www.yn.gov.cn/yn_zwlanmu/yn_dfzw/201505/t20150529_17663.html（2015-05-29）。

董宇虹、吴杰：《昆明 17 乡镇拟申报国家级生态乡镇》，http://yn.yunnan.cn/html/2015-06/24/content_3792020.htm（2015-06-24）。

段晓瑞：《保山生态文明建设取得新的进展》，http://baoshan.yunnan.cn/html/2014-01/10/content_3031406.htm（2014-01-10）。

冯君：《云南省生态文明研究会学术年会在昆召开》，http://edu.yunnan.cn/html/2013-11-26/content_2973784.htm（2013-11-26）。

付雪：《2015 年楚雄环保世纪行活动正式启动》，http://chuxiong.yunnan.cn/html/2015-07/24/content_3835057.htm（2015-07-24）。

傅碧东、任碧成：《阳宗海将打造成国际生态文化旅游休闲度假区》，http://yn.yunnan.cn/html/2012-04/21/content_2158346.htm（2012-04-21）。

傅碧东、杨春波：《昆明加快生态文明建设 2020 年森林覆盖率将达 55%》，http://yn.yunnan.cn/html/2013-11/02/content_2942367.htm（2013-11-02）。

高佛雁：《迪庆州被列为首批国家级生态保护与建设示范区》，http://diqing.yunnan.cn/html/2015-07/03/content_3805870.htm（2015-07-03）。

龚垠卿：《昆明将建生态城市 生态文明建设纳入干部政绩考核》，http://news.sina.com.cn/c/2010-06-10/072117637338s.shtml（2010-06-10）。

巩立刚：《云南省环境保护宣传教育中心组织开展"5·22 国际生物多样性日"宣传活动》，http://www.ynepbxj.com/hjxc/xchd/201605/t20160523_153255.html（2016-

05-23）。

管毓树、李享：《云南大理州推进"森林大理"建设》，http://finance.yunnan.cn/html/2015-04/16/content_3693519.htm（2015-04-16）。

和启光：《云南省政协中共界别委员到迪庆州调研生态文明建设》，http://www.xgll.com.cn/xwzx/dqzw/zw/szyw/2015-09/09/content_190564.htm（2015-09-09）。

和永亮：《迪庆完成2015年林业生态建设任务》，http://diqing.yunnan.cn/html/2016-01/15/content_4120394.htm（2016-01-15）。

侯滢松：《加拿大皇家科学院院士到大理作水资源管理讲座》，http://www.daliepb.gov.cn/news/local/2676.html（2015-05-25）。

胡晓蓉：《推进生态文明建设美丽家园 2015年云南环保世纪行启动》，http://politics.yunnan.cn/html/2015-06/05/content_3768503.htm（2015-06-05）。

胡晓蓉：《云南6个村获评"全国生态文化村"》，http://yn.yunnan.cn/html/2015-12/02/content_4044950.htm（2015-12-02）。

胡晓蓉：《云南省政府与青海省考察组在昆举行座谈会 深入交流共同推进生态文明建设》，http://politics.yunnan.cn/html/2014-10/21/content_3413831.htm（2014-10-21）。

胡晓蓉、高佛雁：《规划先行 计划引领 德宏州积极构建绿色生态屏障》，http://dehong.yunnan.cn/html/2015-06/26/content_3795372.htm（2015-06-26）。

胡晓蓉、唐莉娜：《云南建立全面生态指标考核体系 考核结果与生态转移支付资金和干部考核挂钩》，http://politics.yunnan.cn/html/2015-06/24/content_3792116.htm（2015-06-24）。

胡晓蓉、王琳：《迪庆州扎实推进生态文明建设》，http://finance.yunnan.cn/html/2014-06/30/content_3266225.htm（2014-06-30）。

环境保护部南京环境科学研究所：《我所成功举办"2015年全国生态保护红线划定与管理培训班"》，http://www.nies.org/news/detail.asp?ID=2551（2015-07-21）。

黄鹏、冯彪：《西畴荣膺绿色中国生态成就奖》，https://www.yndaily.com/html/2015/zhoushi_1207/101287.html（2015-12-07）。

黄绚：《昆明将举办"原生态文化国际学术研讨会"》，http://yn.yunnan.cn/km/html/2010-11/05/content_1399532.htm（2010-11-05）。

黄颖、向星权、张松平：《【云南地方官共话云南旅游】访西双版纳州州委副书记、州长罗红江：打造国际旅游生态州》，http://politics.yunnan.cn/html/2015-10/27/content_3976609.htm（2015-10-27）。

江枫、陆月玲：《云南省政府命名第一批 8 个生态文明县市区》，http://finance.yunnan.cn/html/2014-11/22/content_3466431.htm（2014-11-22）。

蒋朝晖：《保护七彩云南 建设生态文明》，http://www.cenews.com.cn/xwzx/zhxw/ybyw/201212/t20121230_734486.html（2012-12-31）。

蒋朝晖：《加大一产向二产、三产转移力度 调升生态建设考核权重——玉溪"三湖"水污染防治提速增效》，http://www.cenews.com.cn/cb/7b/201509/t20150908_797093.html（2015-09-08）。

蒋朝晖：《昆明应急处置滇池蓝藻 目前未出现大规模富集》，http://www.ywrp.gov.cn/hydt/3526.html（2015-07-16）。

蒋朝晖：《生态文明建设要走在全国前列 云南"十三五"规划建议通过审议》，http://www.ynepb.gov.cn/zwxx/xxyw/xxywrdjj/201512/t20151222_100034.html（2015-12-22）。

蒋朝晖：《云南加大新环保法宣贯力度 部门配合共同履责》http://www.cenews.com.cn/cb/3b/201408/t20140822_779695.html（2014-08-22）。

蒋朝晖：《云南启动湿地保护演讲大赛企业参与搭建公众宣教平台》，http://www.cenews.com.cn/ywz_3513/jy/lsxy/201702/t20170208_820432.html（2017-02-08）。

蒋朝晖：《争当全国生态文明建设排头兵》，http://www.cenews.com.cn/xwzx/zhxw/ybyw/201301/t20130123_735640.html（2013-01-24）。

蒋朝晖：《重金属污染防治为何有成效？云南马关县着眼提高矿业科学发展水平，消除污染存量，实施生态修复》，http://www.ywrp.gov.cn/hydt/3819.html（2015-10-10）。

蒋燕、王一涵：《69个"生态文明之家"先进集体受表彰》，http://yuxi.yunnan.cn/html/2012-11/27/content_2509197.htm（2012-11-27）。

靳璐阳：《国际河流与跨境生态安全研究助力云南大学建设》，http://report.hebei.com.cn/system/2015/06/02/015630660.shtml（2015-06-02）。

孔菁菁：《环境保护部环境评估中心课题调研组到祥云县调研农业面源污染防治情况》，http://www.daliepb.gov.cn/news/local/2795.html（2015-07-21）。

郎晶晶：《云南跨越式发展生态文明建设专题培训班圆满结束》，http://yn.yunnan.cn/html/2015-11/07/content_4001150.htm（2015-11-07）。

雷啸岳：《云南推进七彩云南保护行动 生态文明建设成绩显著》，http://yn.yunnan.cn/html/2012-12/28/content_2555402_2.htm（2012-12-28）。

雷泽宇、王琳：《景洪市抓好创建国家生态市迎检工作》，http://xsbn.yunnan.cn/html/2015-08/04/content_3850326.htm（2015-08-04）。

李承韩、罗浩：《赵金在"关爱云南九大高原湖泊"志愿服务活动上指出弘扬志愿服务精神 助力生态文明建设》，http://politics.yunnan.cn/html/2015-10/17/content_3962164.htm（2015-10-17）。

李春林、谢进：《沧源评为"中国最具原生态景区"》，http://lincang.yunnan.cn/html/2015-08/28/content_3886911.htm（2015-08-28）。

李聪华、魏道俊：《站位全局以新定位引领红河"十三五"发展》，http://www.cnepaper.com/hhrb/html/2015-12/06/content_1_1.htm（2015-12-06）。

李丹丹：《打造宜居环境 八大生态工程助力森林云南的建设》，http://www.ynepb.gov.cn/zwxx/xxyw/xxywrdjj/201206/t20120613_9591.html（2012-06-13）。

李福龙：《普者黑湿地公园申报省级生态文明教育基地》，http://wenshan.yunnan.cn/html/2015-11/04/content_3995547.htm（2015-11-04）。

李洁：《争当生态文明建设排头兵 云南驻京机构党委组织义务植树活动》，http://yn.yunnan.cn/html/2015-04/21/content_3700573.htm（2015-04-21）。

李锦芳、赵璐：《大理市依托"环保学校"让保护洱海理念深植妇女心中》，http://dali.yunnan.cn/html/2016-02/01/content_4150668.htm（2016-02-01）。

李婧、杨春萍：《"七彩云南生态文明建设研促会"昨在昆明召开专家提出——昆明应率先试行"绿色GDP"》，http://yn.yunnan.cn/html/2012-12/29/content_2555710.htm（2012-12-29）。

李俊茜：《云南科学大讲堂首次在楚雄开讲》，http://edu.yunnan.cn/html/2015-12/14/content_4065259.htm（2015-12-14）。

李开义：《云南创建生态文化产业园新模式 首个文化农庄落户景洪》，http://finance.yunnan.cn/html/2015-04/06/content_3678795.htm（2015-04-06）。

李梅、郑云华：《云南省首个生态农产品商业城玉溪开工》，http://yuxi.yunnan.cn/html/2015-04/01/content_3672122.htm（2015-04-01）。

李孟承、郑舒文、王一涵：《全省水生态文明试点建设咨询会在普洱市召开》，http://

puer.yunnan.cn/html/2013-07/29/content_2824419.htm（2013-07-29）。

李启刚：《景东成为中国 TEEB 项目首个授牌示范县》，http://puer.yunnan.cn/html/ 2015-10/23/content_3972153.htm（2015-10-23）。

李树芬、谭雅竹：《【美丽云南】曲靖完善生态文明建设机制》，http://yn.yunnan.cn/ html/2013-07/27/content_2822598.htm（2013-07-27）。

李树芬、王佳：《个旧环保世纪行活动启动》，http://honghe.yunnan.cn/html/2015-08/21/ content_3876112.htm（2015-08-21）。

李素敏：《洱源县盘活生态信贷助力经济发展》，http://dali.yunnan.cn/html/2015-10/09/ content_3946391.htm（2015-10-09）。

李廷昌：《凤庆：建设生态文明提升人居环境》，http://lincang.yunnan.cn/html/2014-02/ 17/content_3081720.htm（2014-02-17）。

李晓兰：《保护治理"三湖"推进生态玉溪建设》，http://www.yunnan.cn/html/2017-04/ 21/content_4799381.htm（2017-04-21）。

李晓燕：《云南生态建设沙龙：生态文明建设凸显云南特色》，http://www.7c.gov.cn/ zwxx/xxyw/xxywrdjj/201106/t20110607_8644.html（2011-06-07）。

李晓燕：《争当全国生态文明建设排头兵——我们在行动"大学生演讲比赛决赛举 行》，http://yn.yunnan.cn/html/2014-06/05/content_3236787.htm（2014-06-05）。

李秀春、韩焕玉：《树立绿色发展新理念 坚持生态文明争排头 大美丽江建设彰显丽江 魅力》，http://yn.yunnan.cn/html/2015-12/23/content_4080688.htm（2015-12-23）。

李秀春、江世震、王永刚：《省政府召开滇西北生物多样性保护工作座谈会》，http:// news.sina.com.cn/c/2008-02-21/094013450036s.shtml（2008-02-21）。

李严：《美丽春城：十大工程提质昆明生态文明建设》，http://www.yndpc.yn.gov.cn/ content.aspx?id=398088621476（2013-07-26）。

李毅铭：《梅里雪山国家公园生态文化走廊开建》，http://special.yunnan.cn/city/content/ 2008-07/04/content_38073.htm（2008-07-04）。

李智林、曾永洪：《罗应光：全力以赴加快抚仙湖生态文明建设步伐》，http://yuxi. yunnan.cn/html/2015-01/07/content_3539299.htm（2015-01-07）。

李自超：《云南晋宁县通过省级生态文明县考核验收》，http://yn.yunnan.cn/html/ 2014-01/04/content_3022520.htm（2014-01-04）。

刘峰：《纳板河流域国家级自然保护区民族文化传习馆投入使用》，http://www.nbhbhq.cn/Article_show.aspx?id=569（2015-10-29）。

刘绍容、陆月玲：《水利部调研普洱市水生态文明建设工作》，http://puer.yunnan.cn/html/2015-01/12/content_3547008.htm（2015-01-12）。

刘文玲、王琳：《双柏县省级可持续发展实验区建设规划顺利通过省级评审》，http://chuxiong.yunnan.cn/html/2015-07/17/content_3826358.htm（2015-07-17）。

刘晓颖、武铭方：《云南省生态文明体制改革专项小组提出科学确定任务形成强大合力狠抓工作落实》，http://politics.yunnan.cn/html/2015-03/05/content_3627858.htm（2015-03-05）。

刘跃、曾永洪：《张祖林：建设生态文明 提速杞麓湖保护治理》，http://yuxi.yunnan.cn/html/2014-07/08/content_3276619.htm（2014-07-08）。

刘跃、唐唐：《玉溪"两会"特稿：建设生态文明建设 实现科学发展》，http://yn.yunnan.cn/yx/html/2009-03/30/content_306999.htm（2009-03-30）。

刘云、王静：《昆明市政协参与滇池治理 为生态文明建设献计出力》，http://politics.yunnan.cn/html/2014-01/12/content_3033352.htm（2014-01-12）。

柳发龙、彭蕊、杨雯：《马龙获"全国生态文明先进县"称号》，http://qj.news.yunnan.cn/html/2014-05/06/content_3199816.htm（2014-05-06）。

龙舟、蒋万国：《云南：狠抓落实确保滇池和阳宗海治理年度目标任务按时完成》，http://finance.people.com.cn/n/2012/1010/c70846-19217014.html（2012-10-10）。

罗浩：《1500 余名志愿者参与洱海保护活动 倡议关爱云南九大高原湖泊》，http://society.yunnan.cn/html/2015-10/17/content_3960353.htm（2015-10-17）。

罗浩：《云南省第九届社科学术年会举行 探讨如何争当生态文明排头兵》，http://society.yunnan.cn/html/2015-11/13/content_4011167.htm（2015-11-13）。

罗浩：《云南省发改委：为生态文明建设提供坚实的制度保障》，http://yn.yunnan.cn/html/2015-12/28/content_4090877.htm（2015-12-28）。

罗浩：《云南省高校百场形势政策报告会揭幕 建言如何发展生态农业》，http://society.yunnan.cn/html/2015-11/13/content_4011168.htm（2015-11-13）。

罗昆娅、孙潇：《全国 300 名专家下月为丽江"把脉"》，http://society.yunnan.cn/html/2015-08/26/content_3882119.htm（2015-08-26）。

罗南疆、张雅棋、胡思倩：《"美丽云南"将做全国生态文明建设排头兵》，http://yn.
yunnan.cn/html/2013-08/08/content_2836071.htm（2013-08-08）。

纳板河国家级自然保护区管理局：《纳板河保护区创建"平安林区"工作通过省级
考核》，http://www.ynepb.gov.cn/zwxx/xxyw/xxywrdjj/201512/t20151209_99544.html
（2015-12-09）。

娜雪兰：《2015 年怒江环保世纪行活动启动》，http://nujiang.yunnan.cn/html/2015-07/
17/content_3826084.htm（2015-07-17）。

庞继光：《昆明完善城市排水设施建设 力建"海绵城市"》，http://yn.yunnan.cn/html/
2015-05/11/content_3726484.htm（2015-05-11）。

皮秀清：《丽江环保世纪行活动启动》，http://lijiang.yunnan.cn/html/2015-08/25/content_
3881120.htm（2015-08-25）。

浦美玲：《云南省政府滇池水污染防治专家督导组：滇中产业新区要争当生态文明建
设典范》，http://politics.yunnan.cn/html/2015-04/01/content_3671734.htm（2015-
04-01）。

浦美玲、陆月玲：《滇池生态建设要实现污染治理与生态文明建设双赢》，http://
finance.yunnan.cn/html/2014-02/13/content_3076051.htm（2014-02-13）。

普洱市环境保护局：《云南省环境保护厅自然处副处长李进伟调研景谷县农村环境综合
整治工作》，http://www.7c.gov.cn/zwxx/xxyw/xxywrdjj/201511/t20151102_96171.
html（2015-11-02）。

普国富、唐唐：《"三八"节期间新平县妇联开展生态文明环保活动》，http://yn.
yunnan.cn/yx/html/2009-03/12/content_280203.htm（2009-03-12）。

普日果萱：《专家支招云南生态文明建设 建议发展生物多样性经济》，http://yn.
yunnan.cn/html/2012-12/28/content_2555546.htm（2012-12-28）。

钱霓：《云南 5 年内对 350 个乡镇进行整乡推进以及生态文明村建设》，http://politics.
yunnan.cn/html/2013-07/08/content_2796146.htm（2013-07-08）。

钱秀英、段绍飞：《新华社等多家媒体聚焦海棠村生态文明建设》，http://www.
baoshan.cn/561/2014/08/18/402@75797.htm（2014-08-18）。

秦建国：《永德：奏响生态文明建设最强音》，http://lincang.yunnan.cn/html/2014-05/30/
content_3230395.htm（2014-05-30）。

邱捷、陆月玲：《普洱市13个乡镇获云南省生态文明乡镇称号》，http://puer.yunnan.cn/html/2015-04/14/content_3689812.htm（2015-04-14）。

曲靖市环境保护局：《省人大执法检查组到开发区检查水污染防治法实施情况》，http://www.ynepb.gov.cn/zwxx/xxyw/xxywrdjj/201507/t20150729_91382.html（2015-07-29）。

沈浩、高佛雁：《善洲林场成为国家生态文明教育基地6月28日授牌》，http://special.yunnan.cn/feature3/html/2012-06/29/content_2276631.htm（2012-06-29）。

施才、王一涵：《玉溪市检查生态文明村建设补助资金使用情况》，http://yuxi.yunnan.cn/html/2013-01/16/content_2580130.htm（2013-01-16）。

施贵兴：《西南民族大学到大理州开展课题研究并进行座谈》，http://dali.yunnan.cn/html/2015-10/21/content_3967414.htm（2015-10-21）。

施新弟、王一涵：《国家环保部领导到洱源县调研生态文明建设工作》，http://dali.yunnan.cn/html/2012-09/24/content_2416992.htm（2012-09-24）。

石显尧：《香格里拉市获"全国十佳生态文明城市"称号》，http://www.xgll.com.cn/xwzx/dqtt/2015-07/28/content_184784.htm（2015-07-28）。

苏端阳、杨旭、金涛等：《绿色殡葬不叫座 云南生态葬12年安葬率仅19.2%》，http://society.yunnan.cn/html/2015-04/05/content_3677328.htm（2015-04-05）。

谭晶纯、露露：《李纪恒：统筹城乡协调发展 建设生态文明城市》，http://special.yunnan.cn/city/content/2008-08/14/content_61746.htm（2008-08-14）。

谭晶纯、瞿姝宁、李银发等：《云南推动治水兴水 为全面建成小康社会提供水资源支撑和安全保障》，http://politics.yunnan.cn/html/2015-12/14/content_4064591.htm（2015-12-14）。

唐文霖：《云南玉溪红塔区大力推进农村生态建设》，http://yuxi.yunnan.cn/html/2015-12/24/content_4084451.htm（2015-12-24）。

唐娅楠：《卯稳国在普洱调研时强调推动国家森林公园管理立法》，http://puer.yunnan.cn/html/2015-07/24/content_3834758.htm（2015-07-24）。

陶园园：《"动物题材铜扣饰"增古滇情趣》，http://spzx.foods1.com/show_1167371.htm（2011-07-08）。

王东、高佛雁：《西双版纳三县市率先在云南省完成国家生态县市技术评估》，http://

xsbn.yunnan.cn/html/2015-09/14/content_3910104.htm（2015-09-14）。

王法：《丽江生物多样性展示中心 10 月 8 日起免费开放》，http://lijiang.yunnan.cn/html/2015-09/24/content_3926589.htm（2015-09-24）。

王海涛：《云南探索领导干部自然资源资产离任审计 领导干部损害生态环境要终身追责》，http://politics.yunnan.cn/html/2015-07/17/content_3825641.htm（2015-07-17）。

王静：《云南双柏县举办 10 余场专题宣讲 助推生态文明建设》，http://yn.yunnan.cn/html/2013-10/29/content_2937129.htm（2013-10-29）。

王克强、江洪临：《保山市组织部分省十二届人大代表到腾冲视察》，http://baoshan.yunnan.cn/html/2015-10/23/content_3972067.htm（2015-10-23）。

王琳、钱霓：《以"美丽"的名义云南 16 州市召开新闻发布会介绍生态文明建设情况》，http://politics.yunnan.cn/html/2013-07/12/content_2802898.htm（2013-07-12）。

王琳、赵岗：《[美丽云南]专访楚雄副州长任锦云："和谐"是生态文明建设追求的目的》，http://yn.yunnan.cn/html/2013-07/18/content_2811267.htm（2013-07-18）。

王密：《环保部在滇召开"水质较好湖泊生态环保"座谈会 洱海保护经验被表扬》，http://yn.yunnan.cn/html/2015-10/28/content_3980106.htm（2015-10-28）。

王楠：《陈玉侯：把西双版纳建成美丽中国生态文明示范区》，http://special.yunnan.cn/feature3/html/2013-07/24/content_2818531.htm（2013-07-24）。

王楠：《思茅区被列为全国生态文明示范工程试点》，http://puer.yunnan.cn/html/2012-07/13/content_2301440.htm（2012-07-13）。

王楠、陈超：《澄江县召开生态文明建设暨绿化造林工作会》，http://yuxi.yunnan.cn/html/2013-11/12/content_2953981.htm（2013-11-12）。

王世明：《坚持生态优先 扎实推进生态文明试点县建设 洱源生态县重点推进七大体系建设》，http://www.7c.gov.cn/zwxx/xxyw/xxywrdjj/200901/t20090122_6467.html（2009-01-22）。

王仪、段晓瑞：《昆明 4 个生态文明村通过市级验收》http://kunming.yunnan.cn/html/2014-05/12/content_3206499.htm（2014-05-12）。

文山壮族苗族自治州环境保护局：《省环保厅副厅长贺彬对丘北普者黑湖泊生态环境保护工作提出四点要求》，http://www.ynepb.gov.cn/zwxx/xxyw/xxywrdjj/201507/t20150713_

90843.html（2015-07-13）。

吴晓松、冯丽俐：《昆明市代表团审查〈政府工作报告〉时表示：昆明要做生态文明建设领头羊》，http://yn.yunnan.cn/km/html/2010-01-23/content_1053486.htm（2010-01-23）。

武建雷：《普洱市荣获"国家森林城市"称号》，http://www.ynly.gov.cn/8415/8477/104930.html（2015-11-30）。

武建雷：《中国生态建设学术研讨会在昆明召开》，http://www.ynly.gov.cn/yunnanwz/pub/cms/2/8407/8415/8477/103562.html（2015-08-20）。

西双版纳傣族自治州环境保护局：《环保部西南督查中心到西双版纳州开展国家级自然保护区专项执法检查》，http://www.ynepb.gov.cn/zwxx/xxyw/xxywrdjj/201005/t20100526_7758.html（2010-05-26）。

西双版纳傣族自治州环境保护局：《全省生态市（县）创建暨生物多样性保护工作培训班在景洪市召开》，http://www.ynepb.gov.cn/zwxx/xxyw/xxywrdjj/201106/t20110609_8653.html（2011-06-09）。

夏娜、王琳：《澄江江川华宁3县保护抚仙湖 中央财政来买单》，http://yuxi.yunnan.cn/html/2015-07-03/content_3806173.htm（2015-07-03）。

夏文燕：《西双版纳州环境友好型生态胶园茶园建设推进会召开》，http://xsbn.yunnan.cn/html/2015-06-12/content_3778998.htm（2015-06-12）。

夏文燕、高佛雁：《西双版纳州美丽乡村建设启动会在勐罕镇召开》，http://xsbn.yunnan.cn/html/2015-06-29/content_3798964.htm（2015-06-29）。

小曼：《云南临沧市多举措推进生态文化建设》，http://www.zgmuye.com/news/show-29471.html（2015-07-28）。

小宇：《昆明市生态文化基础设施建设成绩明显》，http://city.china.com.cn/index.php?m=content&c=index&a=show&catid=78&id=25958665（2015-08-14）。

谢进、李春林、王琳：《临沧积极开展"洁净临沧"行动 大力开展绿色发展新实践》，http://lincang.yunnan.cn/html/2016-01-12/content_4112551_2.htm（2016-01-12）。

谢先斌：《彰显生态之美——景洪市创建国家环境保护模范城市纪实》，http://www.bndaily.com/c/2013-06-03/14202_2.shtml（2013-06-03）。

邢定生：《玉溪探索抚仙湖绿色经济与生态文明建设新战略》，http://yuxi.yunnan.cn/
html/2015-01-04/content_3534401.htm（2015-01-04）。

熊明、李菊娟、唐莉娜：《石林创建国家级生态县通过技术评估》，http://yn.yunnan.cn/
html/2015-09-14/content_3909570.htm（2015-09-14）。

徐前、朱红霞：《陈豪与国家林业局局长张建龙在昆座谈 提出发挥 3 大优势推进生态
文明建设》，http://yn.people.com.cn/news/yunnan/n/2015/0824/c228496-26095357.
html（2015-08-24）。

许月丽：《玉溪市生态文明建设暨绿化造林动员大会召开》，http://yuxi.yunnan.cn/html/
2013-10-30/content_2938495.htm（2013-10-30）。

严娅、石勇、依应香：《勐腊县生态文明建设开启新局面》，http://xsbn.yunnan.cn/html/
2016-08-09/content_4478990.htm（2016-08-09）。

燕子：《善洲林场成为国家生态文明教育基地》，http://special.yunnan.cn/feature3/html/
2011-05-27/content_1635486.htm（2011-05-27）。

杨春、高佛雁：《陈玉侯：西双版纳要率先摘取中国生态文明奖桂冠》，http://xsbn.
yunnan.cn/html/2015-04-29/content_3711233.htm（2015-04-29）。

杨官荣、陆月玲：《云南拟命名首批生态文明县 8 个名额中昆明占 5 个》，http://
kunming.yunnan.cn/html/2014-07-08/content_3276730.htm（2014-07-08）。

杨建华：《抚仙湖治理保护列入国家环保规划》，http://society.yunnan.cn/html/2012-04/
02/content_2127647.htm（2012-04-02）。

杨学松：《省人大组织召开洱海保护治理与流域生态建设"十三五"规划专家座谈
会》，http://www.zhongguodali.com/huanbao/201507/28/743.html（2015-07-28）。

杨雁：《海埂环湖生态文化旅游圈将提升改造》，http://yn.yunnan.cn/html/2012-09-13/
content_2400787.htm（2012-09-13）。

杨之辉：《"第四届生态文明与生态经济学术大会"在昆举行 专家学者畅谈绿色低碳循
环发展》，http://yn.yunnan.cn/html/2015-12-20/content_4076040.htm（2015-12-20）。

杨之辉：《"云南争当全国生态文明建设排头兵"青少年生态文明志愿行动在玉溪启
动》，http://society.yunnan.cn/html/2015-06-05/content_3770340.htm（2015-06-05）。

杨之辉、陈应国、董翔宇：《云南祥云县大力推进生物多样性保护 促进绿色崛起》，
http://dali.yunnan.cn/html/2015-10-15/content_3956273.htm（2015-10-15）。

杨之辉、彭洪：《云南彝良开展生态保护红线划定工作》，http://society.yunnan.cn/html/2015-10/10/content_3946938.htm（2015-10-10）。

杨之辉、武建雷：《云南启动省级生态文明教育基地创建活动》，http://yn.yunnan.cn/html/2013-06/04/content_2757348.htm（2013-06-04）。

杨之辉、彭锡、王娇：《生态文明建设排头兵 云南迈向"绿富美"》，http://special.yunnan.cn/feature12/html/2015-09/06/content_3898080.htm（2015-09-06）。

杨之辉、赵功修、陆月玲：《云南祥云沙龙镇列入省级生态文明乡镇》，http://dali.yunnan.cn/html/2015-04/22/content_3703330.htm（2015-04-22）。

杨之辉、赵淑芳、贺文英等：《云南沧源荣获"中国最具原生态景区"称号》，http://society.yunnan.cn/html/2015-07/19/content_3827914.htm（2015-07-19）。

佚名：《【云南社科专家怒江行】怒江的绿色生态建设是解决发展问题的关键》，http://yn.yunnan.cn/html/2015-06/18/content_3787121.htm（2015-06-18）。

殷雷、雷啸岳：《昆明东川区入列全国生态文明示范工程试点》，http://finance.yunnan.cn/html/2012-04/12/content_2142157.htm（2012-04-12）。

尹朝平、王静：《李纪恒昆明调研林业工作：深化林业改革发展 促进生态文明建设》，http://politics.yunnan.cn/html/2013-06/22/content_2778595.htm（2013-06-22）。

尹朝平、谭晶纯、唐莉娜：《云南省委召开常委会议强调要争当生态文明建设排头兵 让天更蓝水更清山更绿空气更清新》，http://politics.yunnan.cn/html/2015-07/30/content_3843273.htm（2015-07-30）。

永基卓玛：《迪庆荣获"中国特色生态文化旅游胜地"称号》，http://www.xgll.com.cn/xwzx/dqtt/2015-01/05/content_161103.htm（2015-01-05）。

尤祥能、江初：《"梅里雪山生态文化与区域可持续发展"高端论坛落幕》，http://yn.yunnan.cn/html/2015-09/16/content_3913366.htm（2015-09-16）。

尤祥能、唐莉娜：《王承才迪庆视察：争取在体制机制创新上走在全省前列》，http://politics.yunnan.cn/html/2015-09/19/content_3920404.htm（2015-09-19）。

余红：《争当全省生态文明建设排头兵 玉溪启动"仙湖卫士"行动计划》，http://news.hexun.com/2015-03-13/174000576.html（2015-03-13）。

余红、韩福云、余霞：《昆明石林成功创建为云南省首个省级生态文明县》，http://yn.yunnan.cn/html/2013-12/19/content_3004135_2.htm（2013-12-19）。

玉罕：《西双版纳勐阿镇助力勐海县创建国家级生态县》，http://xsbn.yunnan.cn/html/2015-09-09/content_3903122.htm（2015-09-09）。

岳盛：《大理市举行洱海卫士志愿服务活动启动仪式》，http://dali.yunnan.cn/html/2015-06-15/content_3781921.htm（2015-06-15）。

岳盛：《孔垂柱在大理市调研时强调加大环境保护力度推进生态文明建设》，http://dali.yunnan.cn/html/2013-09-22/content_2892813.htm（2013-09-22）。

云南省环境保护局办公室：《云南省人民政府在丽江召开滇西北生物多样性保护工作会议强调：坚持生态立省实现三个转变建设生态文明 开创滇西北生态环保经济社会发展新局面》，http://www.7c.gov.cn/ zwxx/xxyw/xxywrdjj/200802/t20080222_5198.html（2008-02-22）。

云南省环境保护厅：《大湄公河次区域核心环境项目生物多样性保护走廊项目一期中国成果推介会在西双版纳召开》，http://www.ynepb.gov.cn/xxgk/read.aspx?newsid=8518（2011-04-22）。

云南省环境保护厅：《亚洲开发银行技术援助项目云南省生物多样性保护"十三五"行动计划评审会召开》，http://www.7c.gov.cn/zwxx/xxyw/xxywrdjj/201412/t20141204_64665.html（2014-12-04）。

云南省环境保护厅：《云南省政府代表团赴澳门参加 2011 年国际环保合作发展论坛》，http://www.ynepb.gov.cn/zwxx/xxyw/xxywrdjj/201104/t20110415_8506.html（2011-04-15）。

云南省环境保护厅办公室、生态文明建设处：《云南省环境保护厅组织召开重点提案面商会》，http://www.ynepbxj.com/hbxw/201510/t20151023_95702.html（2015-10-23）。

云南省环境保护厅对外交流合作处：《澳门国际环保产业联盟代表团来访云南省环保厅》，http://www.ynepb.gov.cn/dwhz/dwhzgjjlhz/201306/t20130608_39090.html（2013-06-08）。

云南省环境保护厅对外交流合作处：《老挝人民民主共和国琅勃拉邦省自然资源与环境厅代表到云南考察访问》，http://www.7c.gov.cn/zwxx/xxyw/xxywrdjj/201511/t20151102_96166.html（2015-11-02）。

云南省环境保护厅对外交流合作处：《苏里南民族民主干部考察团赴云南进行环保考察》，http://ynepb.gov.cn/dwhz/dwhzgjjlhz/201306/t20130621_39313.html（2013-

06-21）。

云南省环境保护厅对外交流合作处：《中国-南盟召开交流研讨会 促进区域生物多样性保护》，http://www.mdjepb.gov.cn/Shown.asp?ClassID=136&ID=1899&flag=15（2013-06-03）。

云南省环境保护厅湖泊保护与治理处：《九湖动态总第 89 期——云南省九大高原湖泊2012 年一季度水质状况及治理情况公告》，http://www.ynepb.gov.cn/gyhp/jhdt/201206/t20120607_11652.html（2012-06-07）。

云南省环境保护厅湖泊保护与治理处：《省九大高原湖泊水污染综合防治领导小组办公室组织开展九大高原湖泊"十三五"水环境保护治理规划编制培训会》，http://www.ynepb.gov.cn/zwxx/xxyw/xxywrdjj/201511/t20151106_96332.html（2015-11-06）。

云南省环境保护厅湖泊保护与治理处：《云南省环境保护厅副厅长贺彬赴万峰湖、阳宗海调研湖泊保护治理工作》，http://www.7c.gov.cn/zwxx/xxyw/xxywrdjj/201507/t20150713_90854.html（2015-07-13）。

云南省环境保护厅环境监测处：《高正文在云南省国家重点生态功能区县域生态环境质量监测、评价与考核工作培训班上指出全力做好2016年工作》，http://wap.ynepbxj.com/zwxx/xxyw/xxywrdjj/201510/t20151019_95476.html（2015-10-19）。

云南省环境保护厅环境监测处：《云南省县域生态环境质量监测评价与考核培训班第一期举办》，http://www.ynepb.gov.cn/zwxx/xxyw/xxywrdjj/201507/t20150720_91073.html（2015-07-20）。

云南省环境保护厅生态文明建设处、政策法规处：《省政协副主席王承才率队赴省环境保护厅调研生态文明建设工作》，http://www.ynepb.gov.cn/zwxx/xxyw/xxywrdjj/201504/t20150409_77425.html（2015-04-09）。

云南省环境保护厅生态文明建设处：《〈云南省生态文明建设规划大纲〉咨询会在昆召开》，http://www.7c.gov.cn/zwxx/xxyw/xxywrdjj/201504/t20150403_77372.html（2015-04-03）。

云南省环境保护厅生态文明建设处：《2014 年云南省生态建设示范区创建培训会议在昆召开》，http://www.ynepb.gov.cn/zwxx/xxyw/xxywrdjj/201405/t20140527_47688.html（2014-05-27）。

云南省环境保护厅生态文明建设处：《环保厅张志华副厅长出席临沧市生态市建设规划专家审查会并带队调研》，http://www.ynepb.gov.cn/zwxx/xxyw/xxywrdjj/201209/t20120920_35819.html（2012-09-20）。

云南省环境保护厅生态文明建设处：《生态文明体制改革专项小组参加了省全面深化改革专项小组联络员会议》，http://www.ynepb.gov.cn/zwxx/xxyw/xxywrdjj/201405/t20140513_47511.html（2014-05-13）。

云南省环境保护厅生态文明建设处：《生态文明体制改革专项小组召开办公室第一次会议》，http://www.ynepb.gov.cn/zwxx/xxyw/xxywrdjj/201405/t20140515_47559.html（2014-05-15）。

云南省环境保护厅生态文明建设处：《省生态文明体制改革专项小组召开 专题会议研究部署生态文明体制改革工作》，http://www.ynepbxj.com/hbxw/201509/t20150918_92904.html（2015-09-18）。

云南省环境保护厅生态文明建设处：《省生态文明体制改革专项小组召开第五次会议》，http://www.ynepb.gov.cn/zwxx/xxyw/xxywrdjj/201512/t20151218_99977.html（2015-12-18）。

云南省环境保护厅生态文明建设处：《云环发〔2015〕11 号云南省环境保护厅关于推进昆明市五华区生态区建设的意见》，http://www.7c.gov.cn/zwxx/zfwj/yhf/201510/t20151028_95835.html（2015-03-23）。

云南省环境保护厅生态文明建设处：《云环发〔2015〕26 号云南省环境保护厅关于威信生态县建设的意见》，http://www.7c.gov.cn/zwxx/zfwj/yhf/201510/t20151028_95856.html（2015-04-30）。

云南省环境保护厅生态文明建设处：《云环发〔2015〕30 号云南省环境保护厅关于富宁生态县建设的意见》，http://www.ynepb.gov.cn/zwxx/zfwj/yhf/201510/t20151028_95863.html（2015-05-25）。

云南省环境保护厅生态文明建设处：《云环发〔2015〕31 号云南省环境保护厅关于开远生态市建设的意见》，http://www.ynepb.gov.cn/zwxx/zfwj/yhf/201510/t20151028_95865.html（2015-05-25）。

云南省环境保护厅生态文明建设处：《云环发〔2015〕35 号云南省环境保护厅关于思茅生态区建设的意见》，http://www.ynepb.gov.cn/zwxx/zfwj/yhf/201510/t20151028_

95867.html（2015-06-03）。

云南省环境保护厅生态文明建设处：《云环发〔2015〕36 号云南省环境保护厅关于江城哈尼族彝族自治县生态县建设的意见》，http://www.ynepb.gov.cn/zwxx/zfwj/yhf/201510/t20151028_95869.html（2015-06-03）。

云南省环境保护厅生态文明建设处：《云环发〔2015〕37 号云南省环境保护厅关于孟连傣族拉祜族佤族自治县生态县建设的意见》，http://www.ynepb.gov.cn/zwxx/zfwj/yhf/201510/t20151028_95871.html（2015-06-03）。

云南省环境保护厅生态文明建设处：《云环发〔2015〕49 号云南省环境保护厅关于楚雄州南华县生态县建设的意见》，http://www.ynepb.gov.cn/zwxx/zfwj/yhf/201510/t20151028_95873.html（2015-09-14）。

云南省环境保护厅生态文明建设处：《云环发〔2015〕50 号云南省环境保护厅关于楚雄州永仁县生态县建设的意见》，http://www.ynepb.gov.cn/zwxx/zfwj/yhf/201510/t20151028_95875.html（2015-09-25）。

云南省环境保护厅生态文明建设处：《云环发〔2015〕51 号云南省环境保护厅关于楚雄州大姚县生态县建设的意见》，http://www.ynepb.gov.cn/zwxx/zfwj/yhf/201510/t20151028_95877.html（2015-09-25）。

云南省环境保护厅生态文明建设处：《云南省国家级生态乡镇申报工作顺利完成》，http://www.ynepb.gov.cn/zwxx/xxyw/xxywrdjj/201207/t20120716_9657.html（2012-07-16）。

云南省环境保护厅生态文明建设处：《云南省环境保护厅专题研究部署生态文明体制改革相关工作》，http://www.ynepbxj.com/hbxw/201508/t20150821_92136.html（2015-08-21）。

云南省环境保护厅生态文明建设处：《云南省环境保护厅专题研究部署中央生态文明体制改革系列方案相关工作》，http://www.7c.gov.cn/zwxx/xxyw/xxywrdjj/201509/t20150918_92918.html（2015-09-18）。

云南省环境保护厅生态文明建设处：《云南省环境保护厅组织召开〈关于积极推进我省生态文明建设〉提案面商会》，http://www.ynepb.gov.cn/zwxx/xxyw/xxywrdjj/201405/t20140530_47729.html（2014-05-30）。

云南省环境保护厅生态文明建设处：《云南省命名 8 个省级生态文明县市区 实现省级生态

文明县市区零的突破》, http://www.ynepb.gov.cn/zwxx/xxyw/xxywrdjj/201411/
　　　t20141125_63610.html（2014-11-25）。

云南省环境保护厅生态文明建设处：《云南省人民政府办公厅关于命名第七批云南省生
　　　态乡镇的通知》, http://www.ynepb.gov.cn/zwxx/zfwj/yhf/201305/t20130509_38604.
　　　html（2013-05-09）。

云南省环境保护厅生态文明建设处：《云南省生态文明体制改革专项小组工作全面启
　　　动》, http://www.ynepb.gov.cn/zwxx/xxyw/xxywrdjj/201404/t20140403_43148.html
　　　（2014-04- 03）。

云南省环境保护厅政策法规处：《云南省环境保护行政问责办法》, http://www.ynepb.
　　　gov.cn/zcfg/guizhang/dfzfgz/201408/t20140813_49019.html（2014- 08-13）。

云南省环境保护厅自然生态保护处：《2011 年全国生物多样性保护专项生物物种资源
　　　调查项目中期检查会议在香格里拉召开》, http://www.7c.gov.cn/xxgk/read.aspx?
　　　newsid=8815（2011-07-28）。

云南省环境保护厅自然生态保护处：《高正文副厅长带队省人大环资工委调研组赴西双
　　　版纳、普洱专题调研生物多样性保护工作》, http://lzjc.7c.gov.cn/zwxx/xxyw/
　　　xxywrdjj/201509/t20150906_92441.html（2015-09-06）。

云南省环境保护厅自然生态保护处：《环保部生态司到我省调研指导农村环境综合整治工
　　　作》, http://www.ynepbxj.com/hbxw/201509/t20150915_92742.html（2015-09-15）。

云南省环境保护厅自然生态保护处：《屏边县生态文明建设规划通过省级专家论证》,
　　　http://www.7c.gov.cn/zwxx/xxyw/xxywrdjj/201103/t20110322_8450.html（2011-03-22）。

云南省环境保护厅自然生态保护处：《任治忠副厅长到西双版纳州督查农村环境连片整治
　　　项目进展》, http://www.ynepb.gov.cn/zwxx/xxyw/xxywrdjj/201112/t20111221_9182.html
　　　（2011-12-21）。

云南省环境保护厅自然生态保护处：《省环保厅任治忠副厅长一行到独龙江督查调
　　　研》, http://www.ynepb.gov.cn/zwxx/xxyw/xxywrdjj/201110/t20111019_9025.html
　　　（2011-10-19）。

云南省环境保护厅自然生态保护处：《省人大环资工委组织调研组分别赴广西、海南和
　　　红河州、文山州开展生物多样性保护专题调研》, http://wap.ynepbxj.com/zwxx/
　　　xxyw/xxywrdjj/201511/t20151110_98520.html（2015-11-10）。

云南省环境保护厅自然生态保护处：《我省 6 个县（市、区）被环境保护部命名为"国家级生态示范区"》，http:// www.ynepb.gov.cn/zwxx/xxyw/xxywrdjj/201111/t20111123_9113.html（2011-11-23）。

云南省环境保护厅自然生态保护处：《云环通〔2015〕280 号 云南省环境保护厅关于印发〈云南省农村环境综合整治项目工作指南〉的通知》，http://www.ynepb.gov.cn/xxgk/read.aspx?newsid=99814（2015-12-11）。

云南省环境保护厅自然生态保护处：《云南跨境生物多样性保护现状调查与对策研究项目启动》，http://www.ynepb. gov.cn/zwxx/xxyw/xxywrdjj/201502/t20150211_75215.html（2015-02-11）。

云南省环境保护厅自然生态保护处：《云南省农村环境连片整治整县推进试点工作座谈会在昆明召开》，http://www.ynepb.gov.cn/zwxx/xxyw/xxywrdjj/201510/t20151020_95535.html（2015-10-20）。

云南省环境保护厅自然生态保护处：《张志华副厅长带队陪同省政协领导调研湿地保护工作》，http://www.ynepb.gov.cn/zwxx/xxyw/xxywrdjj/201208/t20120813_9702.html（2012-08-13）。

云南省环境保护宣传教育中心：《"云南环保绿色讲堂进社区"活动正式启动》，http://www.ynepb. gov.cn/xxgk/read.aspx?newsid=93135（2015-09-28）。

云南省环境保护宣传教育中心：《将生态文明理念润泽在翁丁村的每寸土地——云南环境保护宣传教育培训活动在沧源县翁丁村举行》，http://www.ynepb.gov.cn/zwxx/xxyw/xxywrdjj/201509/t20150910_92641.html（2015-09-10）。

云南省环境保护宣传教育中心：《云南高原明珠首部环保公益微电影〈滇池牧歌〉开机启动》，http://www.ynepb.gov.cn/xxgk/read.aspx?newsid=99564（2015-12-10）。

云南省环境保护宣传教育中心：《云南广播电视台马建宇副台长莅临省环保宣教中心调研指导环保影视宣传工作》，http://www.ynepb.gov.cn/zwxx/xxyw/xxywrdjj/201507/t20150717_91051.html（2015-07-17）。

云南省环境保护宣传教育中心：《云南省环保宣教中心开展"12·4"全国法制宣传日活动》，http://www.ynepb.gov.cn/zwxx/xxyw/xxywrdjj/201512/t20151205_99378.html（2015-12-05）。

云南省环境保护宣传教育中心：《云南省环保宣教中心与云南师大商学院举行共建"大

学绿色教育"合作启动仪式》，http://www.ynepb.gov.cn/zwxx/xxyw/xxywrdjj/2015
12/t20151222_100065.html（2015-12-22）。

云南省环境保护宣传教育中心：《云南省绿色创建领导小组召开绿色创建表彰授牌汇报
审定会》，http://www.ynepb.gov.cn/zwxx/xxyw/xxywrdjj/201511/t20151127_99122.
html（2015-11-27）。

云南省环境保护宣传教育中心：《云南省少年儿童生态道德教育公益项目第三阶段讲座和
总结会在海源小学召开》，http://www.7c.gov.cn/zwxx/xxyw/xxywrdjj/201512/t201512
28_100362.html（2015-12-28）。

云南省环境监察总队：《环境保护部西南督查中心对保山市进行环境执法稽查》，
http://ynepb.gov.cn/zwxx/xxyw/xxywrdjj/201505/t20150527_78156.html（2015-05-27）。

云南省环境科学学会：《云南省环境科学学会在禄丰县妥安乡琅井村开展生态文明建设
调研与培训》，http://www.ynepb.gov.cn/zwxx/xxyw/xxywrdjj/201505/t20150528_78
178.html（2015-05-28）。

云南省政府信息公开门户网站：《纳板河流域国家级自然保护区管理局组织区内三
个布朗族村参与布朗西定的传统文化交流研讨年会》，http://xxgk.yn.gov.cn/
Info_Detail.aspx?DocumentKeyID=C77AC3EFD78A44D6BAF2A57052C0E603
（2015-12-24）。

云南省政府信息公开门户网站：《亚行技术援助云南省生物多样性保护战略与行动计划研
究项目正式启动》，http://xxgk.yn.gov.cn/Info_Detail.aspx?DocumentKeyID=dd4dc2c2-
0267-4d14-9218-b4b65a5bc282（2013-11-26）。

云南省政府信息公开门户网站：《云南省环境保护厅召开"数字环保"项目云南省
生态文明建设目标体系考核管理系统项目初验会》，http://xxgk.yn.gov.cn/
Info_Detail.aspx?DocumentKeyID=CFE76F0D071046A9B6B6947E64C5552A
（2015- 12-16）。

詹晶晶：《"世界环境日"将至 云南举行"生态文明建设·环保法规政策知识竞
赛"》，http://yn.yunnan.cn/html/2015-06-02/content_3764205.htm（2015-06-02）。

张成：《李培：为云南争当全国生态文明建设排头兵贡献智慧和力量》，http://yn.
yunnan.cn/html/2015-07-02/content_3805137.htm（2015-07-02）。

张成、罗浩：《丽江力争十三五末森林覆盖率超 70%》，http://lijiang.yunnan.cn/html/

2015-10/22/content_3971236.htm（2015-10-22）。

张春玲、李玉洁：《西双版纳州部署推进生态文明建设工作》，http://xsbn.yunnan.cn/html/2014-01/16/content_3040025.htm（2014-01-16）。

张珂、郭云旗：《云南湿地生态保护加速》，http://ynjjrb.yunnan.cn/html/2015-07/16/content_3823720_2.htm（2015-07-16）。

张猛：《100余幅民间画展现云南民族生态文明》，http://yn.yunnan.cn/html/2015-02/13/content_3603283.htm（2015-02-13）。

张锐荣、高佛雁：《西双版纳州召开国家生态 县（市）迎检工作会》，http://xsbn.yunnan.cn/html/2015-06/24/content_3792804.htm（2015-06-24）。

张雯：《曲靖环保世纪行追踪 挖掘生态潜力 建设美丽家园》，http://qj.news.yunnan.cn/html/2015-08/26/content_3883066.htm（2015-08-26）。

张潇予：《云南省政协就"争当生态文明建设排头兵"开展专题调研》，http://politics.yunnan.cn/html/2015-05/29/content_3751766.htm（2015-05-29）。

张潇予：《云南省政协举行专题协商会 推进生态文明建设美丽云南》，http://politics.yunnan.cn/html/2014-10/17/content_3409548.htm（2014-10-17）。

张杨、杨泉伟：《赵金到洱源县调研农村基层文化建设和生态文明建设》，http://dali.yunnan.cn/html/2012-12/13/content_2533077.htm（2012-12-13）。

张一群：《〈亚洲象保护工程规划〉通过专家论证》，http://www.ynly.gov.cn/8415/8494/8497/103655.html（2015-08-24）。

张寅：《云南省委省政府与环保部举行工作座谈 李纪恒主持》，http://yn.yunnan.cn/html/2015-09/26/content_3930890.htm（2015-09-26）。

张寅、谭晶纯：《秦光荣：云南要争当全国生态文明排头兵》，http://politics.yunnan.cn/html/2013-06/28/content_2785505.htm（2013-06-28）。

张寅、杨春萍：《钟勉在昆明调研时强调 打造生态现代文明城市新形象》，http://politics.yunnan.cn/html/2015-08/11/content_3858883.htm（2015-08-11）。

张莹莹：《生态宝库盛开民族文化之花》，http://xsbn.yunnan.cn/html/2012-06/19/content_2258711.htm（2012-06-19）。

赵岗：《昆明市官渡区构建文化生态新城 促环滇生态及文化资源保护》，http://yn.yunnan.cn/html/2013-12/16/content_2999740.htm（2013-12-16）。

赵岗、王琳：《["美丽云南"昆明发布会]李文荣：考核政绩先看环保指标》，http://
yn.yunnan.cn/html/2013-07/15/content_2806043.htm（2013-07-15）。

赵岗、魏名：《云南生态产业联盟打造原生态农产品消费平台》，http://yn.yunnan.cn/
html/2015-07/05/content_3807842.htm（2015-07-05）。

赵岗、熊楠、张云洪：《昆明 40 志愿者参与"生态南博绿色出行"文明交通志愿服务
活动》，http://yn.yunnan.cn/html/2015-05/29/content_3752203.htm（2015-05-29）。

赵岗、张耀辉、吴杰：《云南玉溪造林 48.5 万亩林业龙头企业实现总产值 12.46 亿元》，
http://society.yunnan.cn/html/2015-04/10/content_3686251.htm（2015-04-10）。

赵岗、张耀辉：《云南双江茶企组建"冰岛茶友会" 推进茶生态文化产业》，
http://yn.yunnan.cn/ html/2015/03/03/content_3623272.htm（2015-03-03）。

赵淑芳、李学军：《沧源生态文化旅游产业发展试验区暨南滚河国家公园建设项目启
动》，http://lincang.yunnan.cn/html/2012-01/11/content_1995610.htm（2012-01-11）。

郑劲松、资敏：《云南要争当生态文明建设的排头兵》，http://www.7c.gov.cn/zwxx/xxyw/
xxywrdjj/200904/t20090421_6740.html（2009-04-21）。

中华人民共和国商务部：《老挝南塔省自然资源和环境保护厅赴云南西双版纳州进行环
境保护交流访问》，http://news.eastday.com/eastday/13news/auto/news/china/u7ai21261
74_K4.html（2014-07-28）。

庄俊华、邓珍真：《大理海东开发管理委员会采取多项措施 标本兼治不让污水入洱海》，
http:// society.yunnan.cn/html/2015-04/19/content_3697055.htm（2015-04-19）。

资敏：《全面推进生态文明建设》，http://www.cenews.com.cn/xwzx/zhxw/ybyw/201102/
t20110209_692423.html（2011-02-10）。

资敏：《用十年时间建设生态省》，http://www.cenews.com.cn/xwzx/zhxw/ybyw/200912/
t20091215_628824.html（2009-12-15）。

资敏：《云南省省长秦光荣在十一届人大二次会议上指出 努力争当全国建设生态文明
的排头兵》，http://www.7c.gov.cn/zwxx/xxyw/xxywrdjj/200902/t20090209_6501.html
（2009-02-09）。

资敏：《云南召开"七彩云南保护行动"研讨座谈会 全面推进云南生态文明建设》，
http://www.7c.gov.cn/zwxx/xxyw/xxywrdjj/200912/t20091211_7366.html（2009-12-11）。

自建丽：《专家学者昆明学院共论云南高原湖泊生态文明建设》，http://yn.yunnan.cn/

html/2014-10/15/content_3407237.htm（2014-10-15）。

左超、陆月玲：《省委生态文明体制改革小组提出争当生态文明排头兵》，http://politics.yunnan.cn/html/2014-02/14/content_3077907.htm（2014-02-14）。

附录：生态文明建设相关通知、公示文件、规划、方案目录

一、相关通知、公示文件

（一）2007年

2007年6月26日印发

云政办发〔2007〕136号云南省人民政府办公厅关于命名第二批云南省生态乡镇的通知

2007年10月23日印发

云环发〔2007〕382号云南省环保局关于表彰第二批云南省生态乡镇建设先进单位和先进个人的通报

（二）2008年

2008年3月10日发布

云南省环境保护局对拟命名的第六批国家级生态示范区和第三批云南省生态乡镇进行公示的通告

2008 年 3 月 17 日发布

云南省环保局关于对拟命名的"第七批全国环境优美乡镇"和"第一批国家级生态村"的公示

（三）2009 年

2009 年 2 月 28 日印发

云发〔2009〕5 号中共云南省委、云南省人民政府关于加强生态文明建设的决定

2009 年 3 月 27 日印发

云环发〔2009〕55 号云南省环保厅关于印发《云南省生态乡镇建设管理规定》的通知

2009 年 4 月 30 日印发

云政办发〔2009〕79 号云南省人民政府办公厅关于命名第四批云南省生态乡镇的通知

2009 年 8 月 19 日发布

云南省环境保护厅关于《七彩云南生态文明建设规划纲要》（送审稿）的公示

2009 年 8 月 30 日发布

云南省环境保护厅关于对拟报环境保护部复核的国家级生态乡镇、生态村的公示

2009 年 9 月 7 日发布

云南省环境保护厅关于印发《云南省生态功能区划》的通知

2009 年 12 月 24 日发布

云南省环境保护厅关于对拟命名表彰的第五批云南省生态乡镇的公示

（四）2010 年

2010 年 10 月 20 日发布

云南省环境保护厅关于对已命名"全国环境优美乡镇"更名为"国家级生态乡镇"的公示

（五）2011 年

2011 年 1 月 5 日发布

云南省环境保护厅通告（对申请晋升和调整的国家级自然保护区进行公示）

2011 年 3 月 18 日发布

云南省环境保护厅关于对拟命名表彰的第六批云南省生态乡镇的公示

2011 年 7 月 6 日发布

云南省环境保护厅关于对 2011 年拟报环境保护部复核的国家级生态乡镇（街道）的公示

2011 年 8 月 17 日

对江川县等 6 个县（市、区）拟命名为国家生态示范区的公示

（六）2012 年

2012 年 7 月 25 日发布

云环发〔2012〕98 号云南省环境保护厅关于印发《云南省省级生态乡镇（街道）申报及管理规定（修订）》和《云南省省级生态村申报及管理规定（试行）》的通知

2012 年 11 月 8 日发布

云南省环境保护厅关于拟上报省人民政府命名的第七批"云南省生态乡镇"的公示

2012 年 12 月 12 日印发

云南省人民政府办公厅关于命名第七批云南省生态乡镇的通知

2012 年 12 月 24 日发布

环境保护部公告：关于国家级生态乡镇的公告（2012 年第 75 号）

（七）2013 年

2013 年 4 月 18 日发布

环境保护部公告：关于国家级生态乡镇的公告（2013 年第 22 号）

2013 年 6 月 18 日发布

云南省环境保护厅关于 2013 年度拟上报环保部复核命名的"国家级生态乡镇"的公示

2013 年 10 月 21 日发布

云南省环境保护厅关于拟上报省人民政府命名的第八批"云南省生态乡镇"和第一

批"云南省生态村"的公示

（八）2014 年

2014 年 4 月 29 日发布

云南省生态文明州市县区申报管理规定（试行）正式颁布实施

2014 年 6 月 16 日发布

云南省环境保护厅关于 2014 年度各州市初审上报的"国家级生态乡镇"的公示

2014 年 7 月 2 日发布

云南省环境保护厅关于拟上报省政府命名的第一批云南省生态文明县（市、区）的公示

2014 年 11 月 12 日发布

云南省人民政府办公厅关于命名第一批云南省生态文明县市区的通知

2014 年 12 月 11 日发布

云南省环境保护厅关于拟上报省人民政府命名的第九批"云南省生态文明乡镇"和第二批"云南省生态文明村"的公示

（九）2015 年

2015 年 6 月 19 日发布

云南省环境保护厅关于 2015 年拟上报环境保护部复核命名的国家级生态乡镇的公示

2015 年 12 月 7 日发布

2015 年全省生态文明建设示范区创建培训工作会交流材料

二、规划、方案、实施意见

（一）规划

1. 2008 年

《晋宁生态县规划》

2. 2009 年

《西双版纳傣族自治州生态立州建设规划》

《大理生态州建设规划（2009—2020 年）》

3. 2010 年

《昆明市国家森林城市建设总体规划》

4. 2011 年

《云南省森林旅游发展规划（2011—2020 年）》

《三江并流风景名胜区总体规划（2011—2020 年）》

5. 2012 年

《临沧市生态市建设规划》

《普洱市国家森林城市建设总体规划》

6. 2013 年

《大理州主体功能区和生态文明建设规划（2013—2030 年）》

《八湖流域"十二五"水污染综合防治规划》

《滇中引水工程受退水区水污染防治规划（2013—2040 年）》

7. 2014 年

《云南省生态文明建设林业行动计划》（2013—2020 年）

《云南通海杞麓湖国家湿地公园总体规划》

《大理州湿地保护规划》

8. 2015 年

《云南省生态保护与建设规划（2014—2020 年）》

《云南湿地生态监测规划（2015—2025 年）》

《云南九大高原湖泊"十三五"水污染综合防治规划大纲》

《云南九大高原湖泊"十三五"水污染综合防治规划编制技术导则》

《富宁生态县建设规划》

《开远生态市建设规划》

《思茅生态区建设规划》

《牟定生态县建设规划》

《红河生态州建设规划》

《孟连傣族拉祜族佤族自治县生态县建设规划》

《南华生态县建设规划（2015—2020年）》

《永仁生态县建设规划（2015—2020年）》

《大姚生态县建设规划（2015—2020年）》

《祥云生态县建设规划（2015—2020年）》

《亚洲象保护工程规划（2016—2025年）》

《临沧市国家森林城市建设总体规划》

《普者黑湖流域生态环境保护与旅游产业发展规划》

《九大高原湖泊"十三五"水环境保护治理规划》

《洱海保护和流域生态建设"十三五"规划》

（二）方案

1. 2012 年

《泸沽湖流域水污染综合防治重点工程实施方案》

2. 2013 年

《保山市生物多样性保护实施方案》

3. 2015 年

《玉溪市生物多样性保护实施方案（2015—2020）》

《大理州深化林业改革专项方案》

（三）实施意见

1. 2011 年

《保山市人民政府关于进一步加强"两江四路"沿岸沿边生态恢复治理的意见》

2. 2012 年

《关于加快森林云南建设构建西南生态安全屏障的意见》

3. 2013 年

《关于实施绿化荒山行动的意见》
《关于加强生态文明建设提高可持续发展能力的意见》
《保山市人民政府关于加快森林保山建设构建桥头堡生态安全屏障的实施意见》

4. 2014 年

《红河州州级生态村建设管理规定（试行）》

5. 2015 年

《云南省九大高原湖泊基于污染负荷总量控制的基础调查技术导则》
《云南省县域生态环境质量检测评价与考核办法（试行）》
《大屯海环湖生态格局构建工程可行性研究报告》

后　记

　　本书是云南大学服务云南行动计划项目"生态文明建设的云南模式研究"（KS161005）的中期成果之一，笔者于2015年开展云南生态文明建设相关研究，鉴于云南生态文明建设在历史进程中所取得的成绩斐然，业师周琼教授认为云南生态文明建设事件应当以书本形式保留下来，这对于云南乃至我国生态文明建设理论与实践探索具有重要意义。

　　受业师周琼教授委托，笔者于2016年3月开始搜集资料，由于信息更迭频繁，资料搜集工作与编辑、分类、考证工作同时进行，一直到2017年6月结束，加上书稿的后期修改，历时一年零4个月。在书稿的修改中，业师周琼教授对书稿的格式、内容给予了极大的帮助，从章节的构思到内容的修正，以及一些细节上的考辨，业师周琼教授进行了细致、深入的指导。经过多次修订，业师周琼教授及笔者共同完成本书，在此对业师周琼教授表示真挚的感谢。

　　"博学之，审问之，慎思之，明辨之，笃行之"，虽书稿面世，但仍有尚待补充之内容，亦有待考辨之处，敬请有识之士多加指正！

杜香玉

2017年7月于云南大学西南环境史研究所